智慧建造

关键技术与工程应用

李久林　等著

中国建筑工业出版社

图书在版编目（CIP）数据

智慧建造关键技术与工程应用／李久林等著．—北京：中国建筑工业出版社，2017.12
ISBN 978-7-112-21533-1

Ⅰ．①智…　Ⅱ．①李…　Ⅲ．①智能化建筑－研究
Ⅳ．①TU18

中国版本图书馆CIP数据核字（2017）第284620号

本书系统总结了我国大型建筑工程数字化建造的实践经验，构建新兴信息技术与先进工程建造技术高度融合的智慧建造概念体系、技术体系、评价体系，并在各示范工程中应用示范，形成相关实施指南。另精练介绍了槐房再生水厂工程、长沙梅溪湖国际文化艺术中心工程、北京新机构工程、跨永定河特大桥工程等大型工程项目的智慧建造技术应用实践，为读者提供实例介绍。

责任编辑：刘　江　赵晓菲　朱晓瑜
责任校对：芦欣甜

智慧建造关键技术与工程应用
李久林　等著
*
中国建筑工业出版社出版、发行（北京海淀三里河路9号）
各地新华书店、建筑书店经销
北京锋尚制版有限公司制版
廊坊市海涛印刷有限公司印刷
*
开本：787×1092毫米　1/16　印张：25　字数：554千字
2017年12月第一版　2017年12月第一次印刷
定价：70.00元
ISBN 978-7-112-21533-1
（31174）

版权所有　翻印必究
如有印装质量问题，可寄本社退换
（邮政编码 100037）

编写委员会

总 顾 问： 陈代华　郭延红　郑　江

顾　　问： 储昭武　彭成均　张晋勋　吴继华　刘月明　姚自然

主　　编： 李久林

副 主 编： 温爱东　张建平　马智亮

编写人员：（按姓氏笔画排序）

弓俊青　马辰飞　王　勇　王叶红　王亚婧　田　军
田佩龙　冯　硕　刘　鹏　刘长宇　刘金兴　刘京城
刘奎生　刘震国　闫桂兰　关云峰　汤洪彬　苏李渊
李　承　李　烨　李明奎　李建华　李洪兵　杨国良
肖杨平　何辉斌　汪家继　张　勇　张云翼　张文超
张东东　张仕睿　张振宇　陈利敏　林　力　林佳瑞
孟　涛　孟文博　胡振中　段先军　段劲松　费　恺
聂　鑫　顾银鑫　郭利佳　陶慕轩　崔　彦　寇志强
董锐哲　蒋　军　蒋　勇　谢敬革　雷素素　窦　一

序

建筑业是国民经济的支柱产业。改革开放以来，我国建筑业快速发展，建造能力不断增强，产业规模不断扩大，对经济社会发展、城乡建设和民生改善作出了重要贡献。然而，在工程建造过程中仍然存在着科技含量相对较低、管理相对粗放、能耗相对较高的问题。目前，在我国经济全面深化改革的浪潮中，建筑产业作为典型的传统行业，在政策、经济、社会、技术等因素的共同推动下也将迎来重大变革。

"十三五"期间，随着建筑业全面深化改革步伐不断加大，迫切需要利用以信息技术为代表的现代科技手段，实现中国建筑产业转型升级与跨越式发展。2017 年 2 月 21 日，国务院办公厅正式发布了《国务院办公厅关于促进建筑业持续健康发展的意见》(国办发〔2017〕19 号)，明确提出推进建筑产业现代化，推广智能建筑，推动建造方式创新，提高建筑产品的品质。

在互联网 + 时代，随着建筑施工行业对信息化建设的探索不断深入，越来越多的信息技术手段集成应用改变了传统的建造方式，使工程建造更加智慧化。"智慧建造"应运而生，它是建立在高度的信息化、工业化和社会化基础上的一种信息融合、全面物联、协同运作、激励创新的工程建造模式，是 BIM、物联网、大数据等信息技术与先进建造技术的有机融合，顺应了时代和社会的发展需求，体现了建筑业的创新变革。

李久林是"智慧建造"概念的提出者及倡导者之一，拥有完整的理论知识与丰富的工程实践经验，已经出版《智慧建造理论与实践》、《大型施工总承包工程 BIM 技术研究与应用》等专著。在此基础上，结合近几年工程实践，其团队进一步总结提升编著了《智慧建造关键技术与工程应用》一书，系统地总结完善了智慧建造理论体系，收集剖析槐房再生水厂、北京新机场、长沙梅溪湖等大型工程智慧建造实践案例，为建筑业推广智慧建造提供了系统性的理论和实践指导。

总之，该书理论体系完整、应用案例丰富，相信本书的出版发行将为我国智慧建造模式的发展，起到重要的推动作用。

清华大学土木工程系教授，清华大学未来城镇与基础设施研究院院长，清华大学学术委员会副主任，中国钢结构协会专家委员会主任，中国工程院院士

聂建国

2017.12.12于清华园

前言

目前，我国正在进行着世界上最大规模的工程建设，随着 BIM、物联网、移动互联网、云计算、大数据等信息技术的研究与应用，智慧建造已经成为广大学者的共识。就现阶段而言，智慧建造在关键技术、评价体系以及产业模式等方面仍存在着一些需要解决的问题。

北京城建集团是我国最早倡导智慧建造的先行者，积极开展智慧建造技术科学研究与工程应用，取得了丰硕的成果，极大地推进了智慧建造事业的快速健康发展。2014 年 5 月，由北京城建集团牵头，联合业内多家大型企事业单位共同成立了“中国城市科学研究会数字城市专业委员会智慧建造学组”，搭建了全国首个智慧建造学术交流平台；2015 年 6 月，由北京城建集团牵头，联合清华大学、北京排水集团、北京市市政设计研究总院共同承担了北京市科技计划课题——《大型建筑工程智慧建造与运维关键技术研究与应用示范》；2015 年 7 月，出版了国内首部智慧建造专著——《智慧建造理论与实践》，阐述了智慧建造理论、描绘了智慧建造发展蓝图，这是我国首个系统研究智慧建造的科研课题；同时，集团注重工程实践集成应用，先后在国家体育场、昆明新机场、北京英特宜家购物中心、北京新机场、北京槐房再生水厂、长沙梅溪湖文化艺术中心、长安街西延跨永定河特大桥等大型工程中集成应用。

在多年科研与实践的基础上，团队成员总结编写了此专著，以期更进一步推进智慧建造的发展。本专著的编写人员既有多年从事智慧建造相关研究的专家学者，也有长年奋斗在工程一线的高级技术人员。具体编著分工如下：第 1 章由李久林、陈利敏、王勇、田军编写；第 2 章由张建平、林佳瑞、张云翼编写；第 3 章由马智亮、张东东、李洪兵、李承、蒋军编写；第 4 章由温爱东、冯硕、王亚婧、谢敬革编写，第 5 章由刘奎生、段劲松、刘震国、弓俊青、郭利佳、李明奎、窦一、孟涛编写；第 6 章第 1、2、3、4 节由胡振中、田佩龙编写，第 5 节由蒋勇、张文超、李烨编写；第 7 章由刘京城、苏李渊编写；第 8 章由李建华、段先军、雷素素、刘金兴编写；第9章第1、3、4、5节由杨国良、寇志强、何辉斌、刘长宇、崔彦、张振宇、张勇、肖杨平、张仕睿编写，第2节由陶慕轩、董锐哲、聂鑫、汪家继、刘鹏、马辰飞编写；第10章由费恺、汤洪彬、王叶红、顾银鑫编写；第11章由关云峰、闫桂兰、孟文博、林力编写。全书由李久林、陈利敏统稿，全书由李久林审定。

本书在编写和审核的过程中，得到了有关专家和业内同行的大力支持和帮助，在此编者表示衷心感谢。

由于编者水平有限，书中难免存在不足之处，恳请广大读者给予指正。

目录

第 3 章
集成项目交付模式应用

第 4 章
槐房再生水厂智慧设计实践

第 5 章
槐房再生水厂智慧施工实践

第 6 章

槐房再生水厂智慧辅助运维管理实践

第 7 章

长沙梅溪湖国际文化艺术中心智慧建造实践

第 8 章

北京新机场智慧建造实践

第9章

跨永定河特大桥智慧建造实践

第10章

基于BIM的千佛阁复建工程实践

第 11 章 基于 BIM 平台的建筑室内空气环境单元式控制

第1章

建筑工程智慧建造理论体系

1.1 工程建造的发展历程

建筑工程智慧建造的发展是循序渐进的，总结起来，依次经历了数字化建造和信息化建造两大发展阶段。

1.1.1 数字化建造阶段

建筑工程数字化建造的思想由来已久，伴随着机械化、工业化和信息技术的进步而不断发展。早在1997年，美国著名建筑师弗兰克•盖里在西班牙毕尔巴鄂古根海姆博物馆的设计过程中，通过在计算机上建立博物馆的三维建筑表皮模型进行建筑构型，然后将三维模型数据输送到数控机床中加工成各种构件，最后运送到现场组装成建筑物，这一过程已具备数字化建造的基本雏形。在我国，大型建筑工程的数字化建造实践是随着以国家体育场、首都机场T3航站楼等为代表的奥运工程建设而兴起，并随着上海中心等大型工程的建造而不断实践、发展。

国家体育场（鸟巢）于2003年开工时便引入CATIA软件[1]，是我国建筑行业首次使用BIM技术建造的工程，拉开了我国数字化建造的大幕。该工程建造中基于BIM技术数字化仿真分析、工厂化加工、机械化安装、精密测控、结构安全监测与健康监测以及信息化管理这六个方面的研究与应用，为我国数字化建造提供了宝贵的经验。

诚然，随着以国家体育场等为代表的多项大型建筑工程的研究与应用，极大地推动了我国数字化建造技术的提升，但仍存在较多问题。首先，工程建造各参与方无法有效协同，数字技术在工程建造中各自为战，各应用之间的信息是割裂的，从而造成工程项目的底层数据不统一、大量重复建模、大量人材机重复投入、信息数据大量浪费等问题；其次，工程项目建设中的视频监控数据、应力应变数据等难以融入BIM模型及平台，无法进一步挖掘；最后，工程项目建设中的人、材、物信息难以实现自动化，无法全面高效地融入信息化管理，无法发挥数字化建造技术的优势。

1.1.2 信息化建造阶段

在BIM技术的不断研究与应用的基础上，以昆明新机场和北京英特宜家购物中心工程为代表，我国建造行业进入了信息化建造阶段。在2008年昆明新机场工程中，针对机电设备安装工程特点定制开发了支持宏观、微观（精细）和系统示意图等多层次的4D施工模拟与动态管理，建立了我国首个基于BIM的运维管理系统，同时还建立了综合施工技术知识管理平台，强调了在工程建造中对信息的管理与应用。在2012年北京英特宜家购物中心工程建造中，在全面深化运用BIM技术的基础上，搭建了国内首个基于BIM的信息化管理系统，除实现通用项目管理系统的功能外，可与4D施工管理系统中的BIM数据库实现无损链接，实现各项业务管理之间的关联和联动，通过系统可以对项目进行进度、质量、物料、OA 协同、收发文、合同、变更、支付、采购、安全等多方面管理，实现轻量级的 4D 施工管理和日常项目管理[1]。

信息化建造阶段是数字化建造阶段的升级，一定程度上解决了数字化建造阶段的问题，提升了施工效率和管理水平。一方面，信息化建造技术促进了建筑工程和建造过程的全面信息化以及基于信息的管理；另一方面，信息化建造技术强调建筑工程全生命期、各参与方之间的信息共享，并注重对于信息的积累、分析和挖掘。但总体来看，在信息技术与工程建造技术的融合、物理信息交互以及绿色化、工业化、信息化“三化”融合等方面需要深入研究与应用。

1.1.3 智慧建造阶段

通过数字化建造和信息化建造阶段的发展与积累，以北京槐房再生水厂、北京新机场和北京城市副中心的建设为代表，我国建筑行业逐渐进入智慧建造阶段。北京槐房再生水厂是亚洲最大的全地下再生水厂，规划流域面积 137km^2，日处理能力为 60 万 m^3，该水厂以“智慧水厂”为建设目标，通过运用 BIM、云计算、物联网等信息化技术，研究了工程信息建模、建筑性能分析、深化设计、工厂化加工、精密测量、结构监测、5D 施工管理、运维管理等集成化智慧应用，打造出基于 BIM 和物联网的“智慧水厂”建设平台，实现了全生命周期的智慧建造。

智慧建造是工程建造的高级阶段，通过信息技术与建造技术的深度融合以及智能技术的不断更新应用，从项目的全生命周期角度考虑，实现基于大数据的项目管理和决策，以及无处不在的实时感知，最终达到工程建设项目工业化、信息化和绿色化的三化集成与融合，促进建筑产业模式的根本性变革。

1.2 智慧建造的概念体系

智慧建造是指在工程建造过程中运用信息化技术方法、手段最大限度地实现项目自动化、智慧化的工程活动。它是一种新兴的工程建造模式，是建立在高度的信息化、工业化和社会化基础上的一种信息融合、全面物联、协同运作、激励创新的工程建造模式。智慧建造的概念体系由广义和狭义两种类型构成。

1.2.1 广义智慧建造

广义的智慧建造是指在建筑产生的全过程，包括工程立项策划、设计、施工阶段，通过运用以 BIM 为代表的信息化技术开展的工程建设活动。其内涵主要包括多个方面：

（1）智慧建造的目标是实现工程建造的自动化、智慧化、信息化和工业化，进一步推动社会经济可持续发展和生态文明建设。

（2）智慧建造的本质是以人为本，通过技术的应用逐步从繁重的体力劳动和脑力劳动中把人解放出来。

（3）智慧建造的实现要依托科学技术的进步以及系统化的管理。

（4）智慧建造的前提条件是保证工程项目建设的质量与安全。

（5）智慧建造需要多方共同努力，协同推进，包括建设方、设计方、施工方、使用方以及政府等。

（6）智慧建造包含立项、设计和施工三个阶段，但不是这三个阶段孤立或简单叠加式地存在，而是相辅相成，有机融合的，是信息不断传递、不断交互的过程。

1.2.2 狭义智慧建造

狭义的智慧建造是指在设计和施工全过程中，立足于工程建设项目主体，运用信息技术实现工程建造的信息化和智慧化。狭义的智慧建造着眼点在于工程项目的建造阶段，通过BIM、物联网等新兴信息技术的支撑，实现工程深化设计及优化、工厂化加工、精密测控、智能化安装、动态监控、信息化管理这六大典型应用，如图 1-1 所示。

图 1-1 智慧建造的典型应用场景[2]

（1）工程设计及优化可以实现BIM信息建模、碰撞检测、施工方案模拟、性能分析等。

（2）工厂化加工可以实现混凝土预制构件、钢结构、幕墙龙骨及玻璃、机电管线等工厂化。

（3）精密测控可以实现施工现场精准定位、复杂形体放样、实景逆向工程等。

（4）智能化安装可以实现模架系统的爬升、钢结构的滑移及卸载等。

（5）动态监测可以实现施工期的变形监测、温度监测、应力监测、运维期健康监测等。

（6）信息化管理包括企业 ERP 系统、协同设计系统、施工项目管理系统、运维管理系统等。

1.3 智慧建造的支撑技术

1．BIM 技术

建筑信息模型（Building Information Modeling，BIM）是在计算机辅助设计（CAD）等技术基础上发展起来的多维模型信息集成技术，它是对建筑工程物理特征和功能特性信息的数字化承载和可视化表达。BIM 能够支撑建筑全生命期各参与方之间的信息共享，支持对工程环境、能耗、经济、质量、安全等方面的分析、检查和模拟，可实现工程项目的虚拟建造和精细化管理，为建筑业的提质增效和产业升级提供技术保障。

我国各级政府都在积极倡导 BIM 技术在工程建设行业的应用推广，将 BIM 技术应用作为促进建筑领域生产方式变革的重要抓手。在 2011 年住建部颁发的《2011–2015 年建筑业信息化发展纲要》中，已将“加快 BIM 等新技术在工程中的应用”列入“十二五”建筑业信息化发展的总体目标和重要任务之一。2015 年住建部发布的《关于推进建筑信息模型应用的指导意见》要求到 2020 年末实现国有资金投资为主的大中型建筑及申报绿色建筑的工程应集成应用 BIM，特级、一级房屋建筑工程施工企业应掌握并实现 BIM 与企业管理系统和其他信息技术的一体化集成应用。

当前，我国工程建设行业正在如火如荼地开展 BIM 工程应用实践与推广。BIM 技术被广泛地应用在深化设计、管线综合、施工工作面管理、方案优化、物料追踪、精细算量、逆向工程、3D 打印、虚拟现实等应用场景。BIM 应用正逐渐融入工程建设的各个环节和阶段，成为工程建造的一个不可或缺的重要手段。

2．物联网

物联网（Internet of Things，IoT）是通过装置在各类物体上的各种信息传感设备，如射频识别（RFID）装置、二维码、红外感应器、全球定位系统、激光扫描器等装置与互联网或无线网络相连而成的一个巨大网络。其目的是让所有的物品都与网络连接在一起，方便智慧化识别、定位、跟踪、监控和管理。

在《2016-2020年建筑业信息化发展纲要》中，明确提出要通过物联网技术，结合建筑业需求，加强低成本、低功耗、智能化传感器及相关设备的研发，实现物联网核心芯片、仪器仪表、配套软件等在建筑业的集成应用。物联网技术也是“智慧工地”应用的核心技术之一。

物联网通过在建筑施工作业现场安装各种信息传感设备，按约定的协议，把任何与工程建设相关的物品与互联网连接起来，进行信息交换和通信，以实现智能化识别、定位、跟踪、监控和管理。物联网可有效弥补传统方法和技术在监管中的缺陷，实现对施工现场人、机、料、法、环的全方位实时监控，变被动“监督”为主动“监控”。物联网具备三大特征：一是全面感知利用传感器、RFID、二维码等技术，随时随地获取用户或者产品信息；二是可靠传送，通过通信网与互联网，信息可以随时随地的交互、共享；三是智能处理，利用云计算、模式识别等智能计算技术，对海量的信息数据进行分析与处理，并实现智能决策与控制。

3．云计算

云计算是一种新的计算方法和商业模式，即通过虚拟化、分布式存储和并行计算以及宽带网络等技术，按照“即插即用”的方式，自助管理计算、存储等资源能力，形成高效、弹性的公共信息处理资源，使用者通过公众通信网络，以按需分配的服务形式，获得动态可扩展信息处理能力和应用服务。

云计算是一种新的互联网应用模式，它是基于互联网的相关服务的增加、使用和交付而建立，其资源具有动态易扩展及虚拟化的特点，云计算依赖互联网实现；云计算是交付和使用模式的服务，这种基于互联网、采用按需和易于扩展的方式获得所需资源的服务，可以让软件和互联网以及其他服务相关，标志着计算能力作为商品在互联网的正式流通。

在工程建设过程中，云计算作为基础应用技术是不可或缺的，物联网、移动应用、大数据等技术的应用过程中，普遍搭建云服务平台，实现终端设备的协同、数据的处理和资源的共享。传统信息化基于企业服务器部署的模式逐渐被基于公有云或私有云的信息化架构模式所取代，特别是一些移动应用提供了公有云，用户只需要在手机上安装APP，注册后就可以使用，避免施工现场部署网络服务器，简化了现场互联网应用，有利于现场信息化的推广。

4．移动互联网

移动互联网（Mobile Internet，MI）是一种通过智能移动终端，采用移动无线通信方式获取业务和服务的新兴业态，包含终端、软件和应用三个层面。终端层包括智能手机、平板电脑、电子书、MID等；软件包括操作系统、中间件、数据库和安全软件等。应用层包括休闲娱乐类、工具媒体类、商务财经类等不同应用与服务。

移动互联网整合了互联网与移动通信技术，将各类网站和企业的大量信息及各种各样的业务引入到移动互联网之中，搭建了一个适合业务和管理需要的移动信息化应用平台，能够满足用户需要，并能够提供有竞争力的服务。包括：（1）更大数据吞吐量，并且低时延；（2）更低的建设和运行维护成本；（3）与现有网络的可兼容性；（4）更高的鉴权能力和安全能力；（5）高品质互动操作。

移动应用对于建筑施工现场管理有着天然的符合度，施工现场人员的主要工作职责和日常工作发生地点一般在施工生产现场，而不是办公区的固定办公室。基于 PC 机的信息化系统难以满足走动式办公的需求，移动应用解决了信息化应用最后一公里的尴尬。通过项目现场移动 APP 的应用，实现项目施工现场一线管理人员的碎片化时间整合利用，现场移动应用被广泛地应用在现场即时沟通协同、现场质量安全检查、规范资料的实时查询等方面。同时移动应用与物联网技术、云技术和 BIM 技术的集成，在手机视频监控、二维码扫描跟踪、模型现场检查、多方图档协同工作上得到深度应用，产生了极大的价值。

5．大数据

大数据是指无法在一定时间内用常规软件工具对其内容进行抓取、管理和处理的数据集合。大数据分析是指对大量结构化和非结构化的数据进行分析处理，从中获得新的价值，具有数据量大、数据类型多、处理要求快等特点，需要用到大量的存储设备和计算资源。

大数据就像人的血液一样遍布智慧交通、智慧医疗、智慧教育等智慧城市建设的各个领域。对大数据进行分类、重组分析、再利用等一系列的智慧化处理后，其结果将为智慧城市建设的决策者提供参考。从政府决策到人们的衣食住行，从创建节约型社会到以人为本，科技惠民，都将在大数据的支撑下走向“智慧化”，大数据真正成为智慧城市的智慧引擎。

目前，工程建造阶段的大数据应用还处于起步阶段。随着智慧工地的实施与应用，更多的物联网、BIM 技术被引入，建设项目产生的数据将成倍地增加。以一个建筑物为例，一栋楼在设计施工阶段大概能产生 10T 的数据，如果到了运维阶段，数据量还会更大。这些数据充分体现了大数据的四个特征，多源、多格式、海量等，对这些数据进行收集整理并再利用，可帮助企业更好地预测项目风险，提前预测，提高决策能力；也可帮助业务人员分析提取分类业务指标，并用于后续的项目。例如从大量预算工程中分析提取不同类型工程的造价指标，辅助后续项目的估算。

1.4 智慧建造的建造技术

1．钢结构深化设计与物联网应用

钢结构深化设计是以设计院的施工图、计算书及其他相关资料为依据，依托专业深化设计软件平台，建立三维实体模型，开展施工过程仿真分析，进行施工过程安全验算，计算节点坐标定位调整值，并生成结构安装布置图、零构件图、报表清单等的过程。钢结构深化设计与BIM结合，实现了模型信息化共享，由传统的“放样出图”延伸到施工全过程。

在钢结构施工过程中应用物联网技术，从根本上打破了原有数据价值链的围墙，改善施工数据的采集、传递、存储、处理、使用等各个环节，将人员、材料、机器、产品等与施工管理、决策建立更为密切的关系，并可进一步将信息与BIM模型进行关联，提高施工效率、产品质量和企业创新能力，提升产品制造和企业管理的信息化水平。

2．预制构件工厂化生产加工

预制构件工厂化生产加工指采用自动化流水线、机组流水线、长线台座生产线生产标准定型预制构件并兼顾异型预制构件，采用固定台模线生产市政和公路工程预制构件，满足预制构件的批量生产加工和集中供应要求。

工厂化生产加工包括预制构件工厂规划设计、各类预制构件生产工艺设计、预制构件模具方案设计及其加工技术、钢筋制品机械化加工和成型技术、预制构件机械化成型技术、预制构件节能养护技术、预制构件生产质量控制技术。

预应力混凝土预制构件生产技术涵盖先张法和后张有粘结预制构件的生产技术，除了建筑工程中使用的预应力圆孔板、双T板、屋面梁、屋架、屋面板等，还包括市政和公路领域的预制桥梁构件等，重点研究预应力生产工艺和质量控制技术。

3．钢结构虚拟预拼装

用三维设计软件，将钢结构分段构件控制点的实测三维坐标，在计算机中模拟拼装形成分段构件的轮廓模型，与深化设计的理论模型拟合比对，检查分析加工拼装精度，得到所需修改的调整信息。经过必要的反复加工修改与模拟拼装，直至满足精度要求。

虚拟预拼装技术主要包括：（1）根据设计图文资料和加工安装方案等技术文件，在构件分段与胎架设置等安装措施可保证自重受力变形不致影响安装精度的前提下，建立设计、制造、安装全部信息的拼装工艺三维几何模型，完全整合形成一致的输入文件，通过模型导出分段构件和相关零件的加工制作详图。（2）构件制作验收后，利用全站仪实测外轮廓控制点三维坐标。（3）计算机模拟拼装，形成实体构件的轮廓模型。（4）将理论模型导入三维图形软件，合理地插入实测整体预拼装坐标系。（5）采用拟合方法，将构件实测模拟拼装模型与拼装工艺图的理论模型比对，得到分段构件和端口的加工误差以及构件间的连接误差。（6）统计分析相关数据记录，对于不符合规范允许公差和现场安装精度的分段构件或零件，修改校正后重新测量、拼装、比对，直至符合精度要求。

4．钢结构滑移、顶（提）升施工

滑移技术是在建筑物的一侧搭设一条施工平台，在建筑物两边或跨中铺设滑道，所有构件都在施工平台上组装，分条组装后用牵引设备向前牵引滑移（可用分条滑移或整体累积滑移）。结构整体安装完毕并滑移到位后，拆除滑道实现就位。滑移可分为结构直接滑移、结构和胎架一起滑移、胎架滑移等多种方式。牵引系统由卷扬机牵引、液压千斤顶牵引与顶进系统等组成。结构滑移设计时要对滑移工况进行受力性能验算，保证结构的杆件内力与变形符合规范和设计要求。

整体顶升与提升是一项成熟的钢结构与大型设备安装技术，它集机械、液压、计算机控制、传感器监测等技术于一体，解决了传统吊装工艺和大型起重机械在起重高度、起重重量、结构面积、作业场地等方面无法克服的难题。顶（提）升方案的确定，必须同时考虑承载结构（永久的或临时的）和被顶（提）升钢结构或设备本身的强度、刚度和稳定性。要做施工状态下结构整体受力性能验算，并计算各顶（提）点的作用力，配备千斤顶。对于施工支架或下部结构及地基基础应验算承载能力与整体稳定性，保证在最不利工况下足够的安全性。施工时各作用点的不同步值应通过计算合理选取。

5．钢结构智能焊接技术

智能焊接指在焊接加工过程中对相关机器与构件进行智能化、信息化升级[3~4]。智能焊接仍旧以“传感—决策—执行”为着眼点，对焊接过程参数进行监测与控制。一方面，智能焊接强调在加工过程中引入信息流，通过安装多种传感器的方式，更全面、具体地获取加工过程信息，从而认识加工过程；另一方面，智能焊接强调信息与人之间的转换与融合，从而实现智能焊接加工系统与系统操作者无缝的人机交互[5]。智能焊接技术的重要组成部分就是机器人焊接技术，它是智能技术与传统焊接工艺的深度融合。焊接机器人具有智能化程度高、焊接质量稳定、一次探伤合格率高等特点。与人工焊接相比有很大的优势，生产效率提高一倍以上，大大降低了工人劳动强度，同时改善了劳动条件。

6．钢结构智能测量

钢结构智能测量技术是指在钢结构施工的不同阶段，采用基于全站仪、电子水准仪、GPS 全球定位系统、北斗卫星定位系统、三维激光扫描仪、数字摄影测量、物联网、无线数据传输、多源信息融合等多种智能测量技术，解决特大型、异型、大跨径和超高层等钢结构工程中传统测量方法难以解决的测量速度、精度、变形等技术难题，实现对钢结构安装精度、质量、安全、施工进度的有效控制。主要包括以下几个方面：

（1）高精度三维测量控制网布设

采用 GPS 空间定位技术或北斗空间定位技术，利用智能型全站仪 [具有双轴自动补偿、伺服马达、自动目标识别（ATR）功能和机载多测回测角程序] 和高精度电子水准仪以及条码因瓦水准尺，按照现行《工程测量规范》，建立多层级、高精度的三维测量控制网。

（2）钢结构地面拼装智能测量

使用智能型全站仪及配套测量设备，利用具有无线传输功能的自动测量系统，结合工业三坐标测量软件，实现空间复杂钢构件的实时、同步、快速地面拼装定位。

（3）钢结构精准空中智能化快速定位

采用带无线传输功能的自动测量机器人对空中钢结构安装进行实时跟踪定位，利用工业三坐标测量软件计算出相应控制点的空间坐标，并同对应的设计坐标相比较，及时纠偏、校正，实现钢结构快速精准安装。

（4）基于三维激光扫描的高精度钢结构质量检测及变形监测

采用三维激光扫描仪，获取安装后的钢结构空间点云，通过比较特征点、线、面的实测三维坐标与设计三维坐标的偏差值，从而实现成品安装质量的检测。该技术的优点是通过扫描数据点云实现对构件的特征线、特征面进行分析比较，比传统检测技术更能全面反映构件的空间状态和拼装质量。

（5）基于数字近景摄影测量的高精度钢结构性能检测及变形监测

利用数字近景摄影测量技术对钢结构桥梁、大型钢结构进行精确测量，建立钢结构的真实三维模型，并同设计模型进行比较、验证，确保钢结构安装的空间位置准确。

（6）基于物联网和无线传输的变形监测

通过基于智能全站仪的自动化监测系统及无线传输技术，融合现场钢结构拼装施工过程中不同部位的温度、湿度、应力应变、GPS 数据等传感器信息，采用多源信息融合技术，及时汇总、分析、计算，全方位反映钢结构的施工状态和空间位置等信息，确保钢结构施工的精准性和安全性。

7．智能模架系统

智能模架系统的典型应用主要包括：智能整体顶升平台、智能液压爬升模板系统。智能整体顶升平台采用长行程油缸和智能控制系统，顶升模板和整个操作平台装置，具有操作平台在高位，支撑系在低处的特点，适应复杂多变的核心筒结构施工，满足平均 3 天一层的工期要求，保证全过程施工安全和施工质量，并形成整套综合施工技术；智能液压爬升模板通过承载体附着或支承在混凝土结构上，当新浇筑的混凝土脱模后，以液压油缸为动力，以导轨为爬升轨道，将爬模装置向上爬升一层，反复循环作业的施工工艺，简称爬模。目前我国的爬模技术在工程质量、安全生产、施工进度、降低成本、提高工效和经济效益等方面均有良好的效果。

8．基于 BIM 的管线综合

机电工程施工中，水、暖、电、智能化、通信等各种管线错综复杂，管路走向密集交错，若在施工中发生碰撞情况，则会出现拆除返工现象，甚至会导致设计方案的重新修改，不仅浪费材料、延误工期，还会增加项目成本。基于 BIM 技术的管线综合技术可将建筑、结构、机电等专业模型整合，再根据各专业要求及净高要求将综合模型导入相关软件进行碰撞检查，根据碰撞报告结果对管线进行调整、避让，对设备和管线进行综合布置，从而在工程开始施工前发现问题，通过深化设计进行优化和解决问题。

9．机电管线及设备工厂化预制

工厂模块化预制技术是将建筑给水排水、采暖、电气、智能化、通风与空调工程等领域的建筑机电产品按照模块化、集成化的思想，从设计、生产到安装和调试深度结合集成，通过这种模块化及集成技术对机电产品进行规模化的预加工，工厂化流水线制作生产，从而实现建筑机电安装标准化、产品模块化及集成化。利用这种技术，不仅能提高生产效率和质量水平，降低建筑机电工程建造成本，还能减少现场施工工程量、缩短工期、减少污染、实现建筑机电安装全过程绿色施工。

10．3D 打印装饰造型模板

3D 打印装饰造型模板采用聚氨酯橡胶、硅胶等有机材料，打印或浇筑而成，有较好的抗拉强度、抗撕裂强度和粘结强度，且耐碱、耐油，可重复使用 50～100 次。通过有装饰造型的模板给混凝土表面做出不同的纹理和肌理，可形成多种多样的装饰图案和线条，利用不同的肌理显示颜色的深浅不同，实现材料的真实质感，具有很好的仿真效果。

1.5 建筑信息物理交互技术

1.5.1 定义

信息物理融合系统（Cyber Physical Systems，简称 CPS）是一个综合计算、网络和物理的多维复杂系统，通过 3C（Communication，Computer，Control）技术的有机融合与深度协作，实现大型工程系统的实时感知、动态控制和信息服务。这个概念首先在美国被提出，2006 年底，美国国家科学基金会（NSF）宣布该系统为国家科研核心课题[6]，它也是工业 4.0 的核心。

建筑设计信息物理交互系统是借鉴制造业的理念而提出的，它针对建筑全寿命周期过程中形成的信息，运用计算机、信息模型及网络系统等技术手段，实现信息模型的高效管理以及与物理实体的无障碍交互。有的学者将其命名为“建筑信息物理交互系统”（Building Information Physical Interaction System，简称 BIPIS）[7]。一方面，它打破建筑项目各参与方在全生命周期的信息传递障碍，实现建筑信息实时、准确高效的交互协同；另一方面，有助于形成大数据基础，进一步向大数据管理发展，并通过机器交互来实现建筑全流程的智慧化、弹性化、自治化。

1.5.2 系统的特点

系统的最终目的是实现建筑全过程中信息世界和物理世界的有机融合，作为一种新型智慧系统，具有如下特点：

（1）实时性强：建筑全过程中会产生海量的信息，会运用多种多样的物理设备和软件系统，因此，对于计算和信息处理能力提出了很高的要求。而为了无延迟地实现信息模型与物理实体的无障碍交互，实时地监测物理设备运行情况以及处理异常状况，只有拥有较高实时性的系统才能满足要求。当然，这也是该系统最重要的特征。

（2）通信能力强：建筑各参与方可能在任何时间、任何地点、任何情况下要求接入网络，而物理设备可能分布在多个地点，因此，需要一个巨大的网络实现实时通信，将信息与物理实体互联的同时，还要保证数据传输的准确性和高效性，所以，该系统就需要具有超强的通信能力。

（3）自治性高：建筑项目一般覆盖一个大的现场甚至区域，对于数量庞大的物理设备实行人工管理显然是行不通的。而建筑设计信息物理交互系统则是根据不断变化的环境作出判断并执行相应的程序，因此，它具有自我感知、自我优化、自我保护和自动执行等能力，从而自动排除各种系统故障（包括物理系统故障和信息系统故障），进而确保系统的正常运行。

（4）异构性好：建筑设计信息物理交互系统中包含建筑全过程中使用的多种物理设备、软件系统，以及通信协议，而要实现对这些异质部件、异构体和异构网络的无障碍连接，则必须是大型的异构分布式系统。

（5）容错性强；为了使系统满足实时性和异构性要求，实现自治性，容错能力强成为其必不可少的功能特点。为了避免信息和物理中一些不确定性因素使系统或部分功能出错、崩溃，为了保证系统健康稳定的运行，强容错性则成为其必不可少的重要性能指标。

1.5.3　系统架构及功能

CPS系统是由众多异构元素构成的复杂系统，对于不同行业的特定应用通常不完全一致。建筑设计信息物理交互系统是贯穿于建筑全生命周期不同阶段、不同参与方之间的建筑信息交互协同技术，因此，从技术角度可以划分为感知层、计算层和控制层。

以上不同层的协同，构成了完整的信息物理交互协同技术体系，如图1–2所示，解决了建筑业信息与物理相互分割的问题。

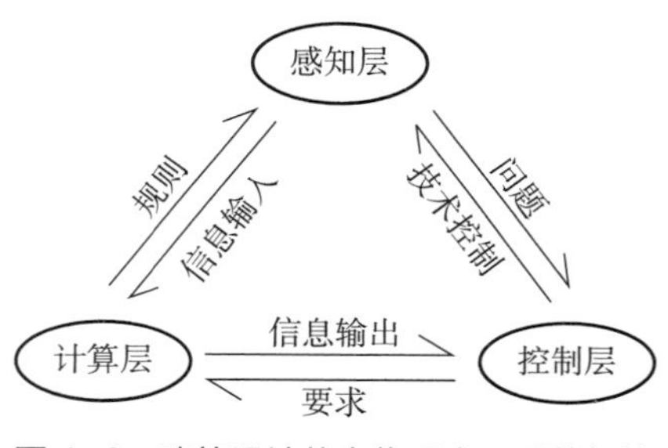

图1–2　建筑设计信息物理交互系统架构

以上三层的协同运作可分为正逆两个方向。正向上，感知层通过感知单元获取信息，输入至计算层进行分析计算，形成决策后，输出至控制层，由相应的控制单元对感知单元进行技术控制；逆向上，控制层将多种要求输入至计算层，计算分析形成相应的规则，规范感知单元的运作，感知单元通过不断发现问题推动控制层工作。

1．感知层

感知层是建筑设计信息物理交互系统的基础，是联系物理世界与信息世界的纽带。感知层作用于各阶段的物理实体感知环节，通过感知的内容、深度等接口标准限定，结合新型信息设备和技术，实现各阶段物理实体信息向信息模型的精准和实时反馈。

物理层由现场分布的各种感知单元组成，这些单元可能是独立运行的节点，如手持电脑、移动手机等，也可能是一组节点集合，如温度应力智能监测传感集合等。

2．计算层

计算层是整个建筑设计信息物理交互系统的大脑，是信息与模型碰撞的环节。计算层作用于各阶段的信息模型，通过感知层输入的物理实体信息与控制层制定的模型要求等碰撞对比，计算分析存在的差异、问题及原因，在此基础上形成决策。

计算层是以各阶段的信息模型、建造信息为主，计算分析系统软件为辅构成。

3．控制层

控制层是整个建筑设计信息物理交互系统的舵手，是要求发布与感知控制的源头，是人机交互的环节。控制层作用于各阶段的信息模型创建与信息输出管理环节，通过设计与建模、可视与模拟、协同与管理流程制定，通过设计阶段向制造、建造和运维阶段的信息模型交付管控机制与要求，实现信息模型对各阶段建筑物理实体生产过程的管理与控制。

控制层是由多种信息化硬件及建模软件构成。

1.5.4 研究与应用

建筑设计信息物理交互系统在建筑业还属于新兴的技术手段，仅个别企业和高校开展了相应的研究工作，归纳起来，现阶段的重点研究方向有接口标准、系统建设和应用三个方面。

1．建筑设计信息物理交互系统接口标准研究

实现建筑设计信息在“设计—生产—建造—运维”全过程的交互与反馈，满足建筑项目全生命周期各阶段各专业对设计信息的技术要求，支持建筑设计、性能模拟、工厂加工、智能建造等环节的标准化信息接口研究是建筑设计信息物理交互系统的基础，有助于实现建筑全生命周期设计信息的统一性与准确性。重点应研究建筑设计与建造施工、建筑设计与加工制造、建造施工与运维管理等之间的信息物理交互接口标准。

2．建筑设计信息物理交互系统平台建设

建筑设计信息物理交互系统平台建设应研究平台的总体架构，按照建筑设计信息的“采集—存储—传输—分析—运维—展示”划分功能模块并确定平台需要支撑的信息交互与反馈的关键接口，以问题为导向进行接口协议与相关插件的编制，实现设计信息的可视化展示，完成三维建筑公共信息模块、具有控制属性的建筑设计基础信息、携带深入技术数据的优秀案例资源库的建设，实现信息传递与存储、多方交互、实时展示、多系统协同设计、可视化过程控制、辅助管理、智能化运维、数据回收、模块化资源库。

3．建筑设计信息物理交互系统项目应用

建筑设计信息物理交互系统的不断完善需要不断的实践应用，针对不同的项目特点开展相应的示范应用研究，建立多专业团队协同设计、信息交互、远程协作的工作模式，完成建筑设计在流程上、技术性能上的整体优化，实现模块化数据库与定制性设计的有机融合等。

1.6 智慧工地

1.6.1 背景及意义

1. 背景

建筑行业是我国国民经济的重要物质生产部门和支柱产业之一，同时，也是安全事故多发、污染严重、法律纠纷较多的行业。建设工程的劳动密集和投资大等特点，导致建设工程安全事故所造成的人员伤亡和财产损失较为严重，据住房和城乡建设部网站消息，2016 年，全国共发生房屋市政工程生产安全事故 634 起、死亡 735 人，比 2015 年同期事故起数增加 192 起（图 1–3）、死亡人数增加 181 人（图 1–4），造成了巨大的经济损失；2011～2015 年北京市建筑业共计发生事故 288 起、死亡 337 人，分别占近五年安全事故总起数和死亡总人数的 65.3% 和 65.9%。另一方面，随着建筑工地数量和规模的不断扩大，劳动人员流动性增大，容易形成建筑质量问题，同时人员管理和调查取证难度增大，从而造成的劳务费用纠纷增多。

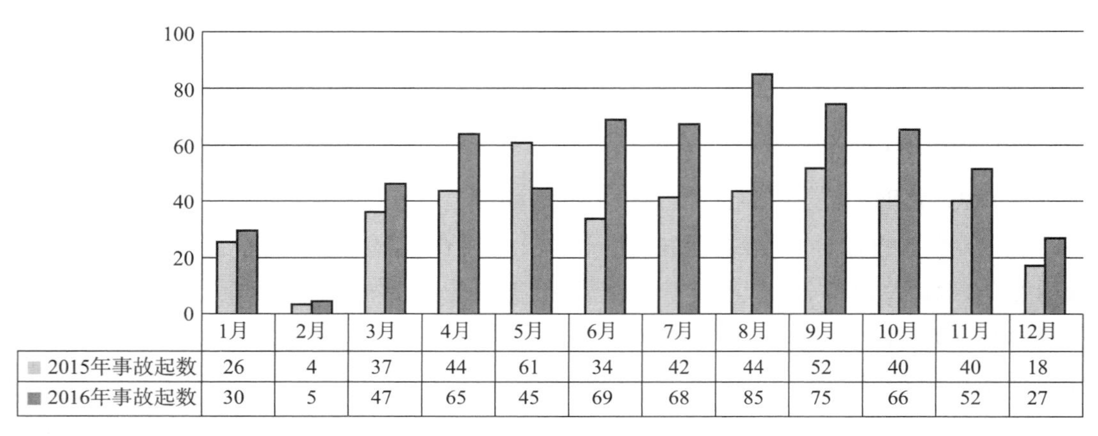

	1月	2月	3月	4月	5月	6月	7月	8月	9月	10月	11月	12月
2015年事故起数	26	4	37	44	61	34	42	44	52	40	40	18
2016年事故起数	30	5	47	65	45	69	68	85	75	66	52	27

图 1–3　2015 和 2016 年事故数量对比

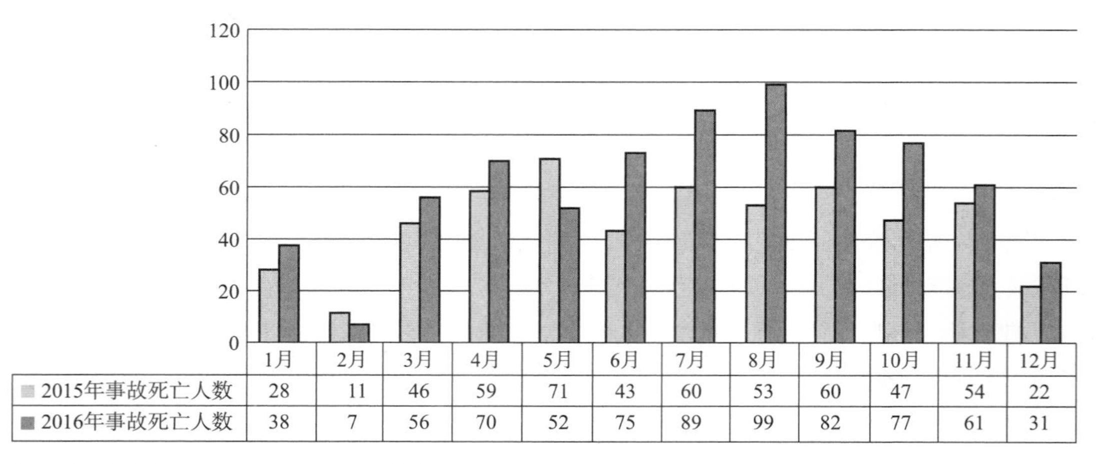

	1月	2月	3月	4月	5月	6月	7月	8月	9月	10月	11月	12月
2015年事故死亡人数	28	11	46	59	71	43	60	53	60	47	54	22
2016年事故死亡人数	38	7	56	70	52	75	89	99	82	77	61	31

图 1–4　2015 和 2016 年事故死亡人数对比

我国政府先后出台多项推进智慧工地建设的政策。住房和城乡建设部建市 [2014]92 号文件要求建立质量安全一体化工作平台，有效实现建筑市场和工程现场的联动；住房和城乡建设部建市 [2014]108 号文件要求建立地区级的工程建设基础数据库，建立质量安全监管一体化平台，全面实现全国建筑市场“数据一个库、监管一张网、管理一条线”的信息化监管目标；《2016–2020 年建筑业信息化发展纲要》要求：“十三五”时期，全面提高建筑业信息化水平，着力增强 BIM、大数据、智能化、移动通信、云计算、物联网等信息技术集成应用能力，建筑业数字化、网络化、智能化取得突破性进展，初步建成一体化行业监管和服务平台，数据资源利用水平和信息服务能力明显提升，形成一批具有较强信息技术创新能力和信息化应用达到国际先进水平的建筑企业及具有关键自主知识产权的建筑业信息技术企业。

2．意义

“智慧工地”是智慧城市理念在建筑工程行业的具体体现。它是一种新型施工现场的信息化管理手段，它聚焦工程施工现场，紧紧围绕人机料法环等关键要素，综合运用 BIM 技术、云计算、大数据、物联网、移动技术和智能设备等软硬件信息化技术，对施工的策划、生产、质量、成本等管理过程加以改造，使这些技术与一线施工生产过程相融合。实现现场数据智能采集、全方位监控、信息高效协同、数据科学分析、过程智慧预测等不同的信息化系统和平台，实现工程施工现场的全方位、全过程、全天候和多视点、多角度、多层面的实时管理和监控；为项目部、企业管理及监管部门提供现场进度、质量安全、劳务、环境等方面关键信息；帮助工程项目识别安全风险，控制实施成本，保质保量按时交付；提高工地现场的生产效率、管理效率和决策能力等，提升工程管理信息化水平，实现工地的智慧化管理。

“智慧工地”是建立在高度的信息化基础上的一种信息感知、互联互通、全面智能和协同共享的新型信息化手段，更会催生出创新的工程现场管理模式，也是 BIM 技术、物联网等信息技术与先进的建造技术的深度融合的产物。从这个角度来讲，“智慧工地”具有以下四个特征：

（1）聚焦施工一线生产活动，实现信息化技术与生产过程深度融合。

传统的企业信息化的实施聚焦管理流程，以表单、流程、统计分析为主要应用手段，形成填报式的信息化模式，往往造成数据的失真、延迟和不一致，也无法真正解决现场的监控和管理的问题。那么如何让现场的各种资源要素更有效率，质量、进度、成本的监控更加到位，这就需要突破传统的信息化应用模式，将信息化技术应用到一线工作中，通过不同的系统和平台解决不同的业务问题。例如在劳务管理上，如何通过各种先进的技术，不管是一卡通也罢，或者是人脸识别、红外线、智能安全帽，总之能实现现场劳务工人的透明、安全和实时的管理，这就是目的，也是“智慧工地”应用的核心特征。

（2）保证数据实时获取和共享，提高现场基于数据的协同工作能力。

一是在现场数据的采集方面，要充分利用图像识别、定位跟踪等物联网技术手段，实时获取现场数据，并能通过云端实现多方共享，保证信息的准确性和及时性；二是在信息的共享方面，要保证互联互通，覆盖项目全生命周期。按照项目现场业务管理的逻辑，打通数据之间的互联互通，形成横向到边、纵向到底的数据交互关系，避免信息孤岛和数据死角。并通过移动终端等技术手段，基于这些数据实现协同工作，加快解决问题和处理问题的效率。

（3）追求数据的分析与预测能力，提高领导智慧化决策和过程预测能力。

智慧工地必须以智能化的决策支持为目的，建立数据结构的框架和标准，打通数据之间的内在联系，建立数据归集、整理、分析展示的机制，使现场管理中产生的大量数据能够及时为各个管理层级提供决策辅助支持，对管理过程进行预警和响应，并将此数据在虚拟现实环境下与物联网采集到的工程信息进行数据挖掘分析，通过大数据的积累、分析和判断，利用系统建立的内在工作机制，让管理体系能自动产生预警和管理响应。提供过程趋势预测及专家预案，实现工程可视化智能管理，以提高工程管理信息化水平。

（4）集成应用软硬件技术，满足施工现场变化多端的需求和环境，保证信息化系统的有效性和可行性。

"智慧工地"必须应用最新的信息技术，以一种"更智慧"的方法来改进工程各干系组织和岗位人员相互交互的方式，以便提高交互的明确性、效率、灵活性和响应速度。信息技术应用的重点包括：一是要采用物联网技术，将感应器植入到建筑、机械、人员穿戴设施、场地进出关口等各类物体中，并且被普遍互联，形成"物联网"，再与"互联网"整合在一切；二是通过移动技术并通过移动终端的使用，直接在现场工作，实现工程管理关系人与工程施工现场的整合，保证实施协同工作；三是集成化的需求和应用，企业和项目部都有对工地现场进行统一管理和监控的需求，因此，在规范不同系统的标准数据接口的基础上，建立集成化的平台系统，实现智慧工地监管系统。系统还要保证现在的管理体系、现有的管理系统等进行无缝整合。

1.6.2 研究应用现状

近两年，一些机构和学者对智慧工地进行了研究。《中国建筑施工行业信息化发展报告（2017）：智慧工地应用与发展》对全国474个工地项目智慧工地应用情况进行问卷调查[8]，北京市住房与城乡建设委员会2017年设立课题，对智慧工地应用指南开展研究工作。

1．概述

根据《中国建筑施工行业信息化发展报告（2017）：智慧工地应用与发展》统计分析总体来看，全国各地区发展不均衡，东部沿海发达地区应用数量较中西部高，如图1–5所示，华东地区占比达52.84%，而西北地区占比仅为9.37%。

2．应用范围和深度

从建筑施工企业的应用现状来看，目前，大多数企业对智慧工地的应用尚处于探索阶段，同时，企业的智慧工地应用范围较为集中。从统计数据分析可知，智慧工地的应

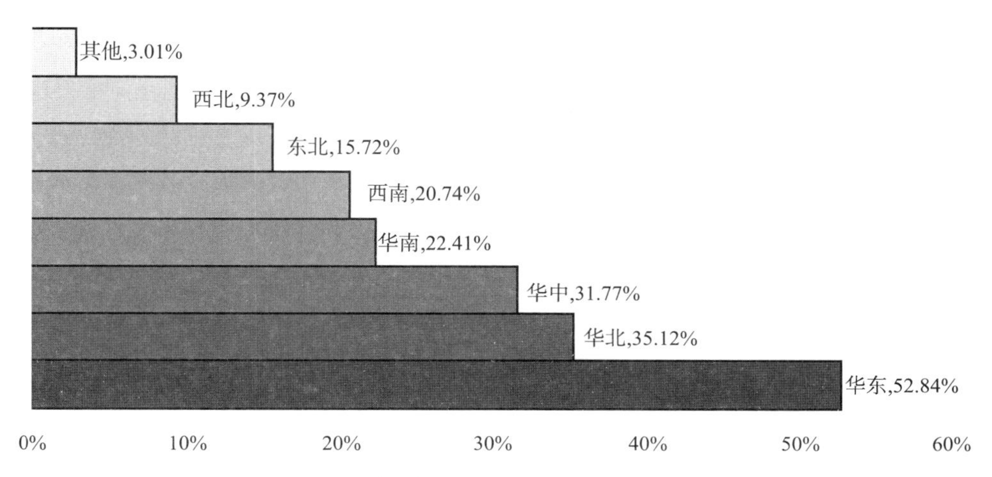

图 1-5 被访对象所在企业业务主要分布区域

注：华东地区包括山东、江苏、安徽、浙江、福建、上海；华北地区包括北京、天津、河北、山西、内蒙古；华中地区包括湖北、湖南、河南、江西；华南地区包括广东、广西、海南；西南地区包括四川、云南、贵州、西藏、重庆；东北地区包括辽宁、吉林、黑龙江；西北地区包括宁夏、新疆、青海、陕西、甘肃

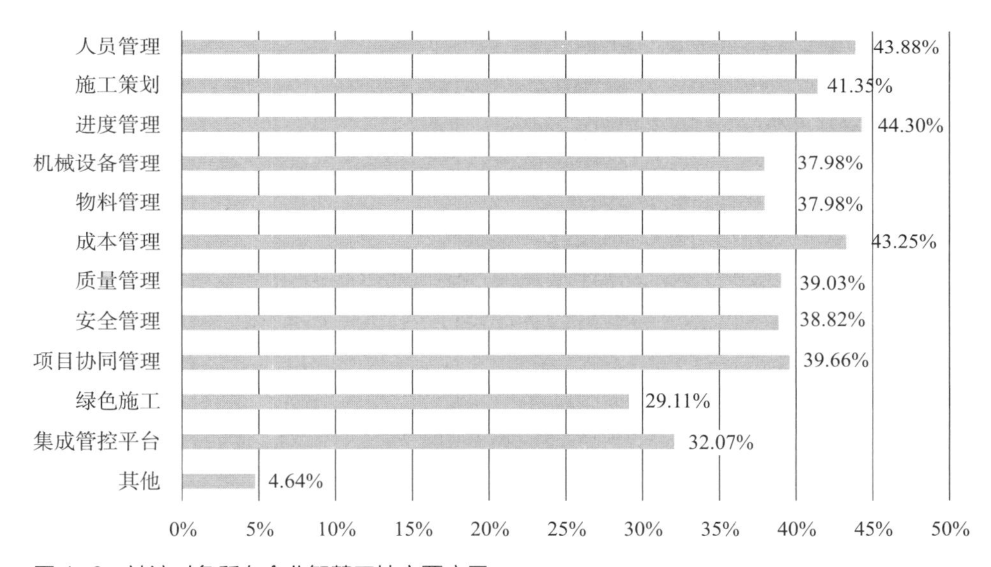

图 1-6 被访对象所在企业智慧工地主要应用

用点应用率从高到低依次为进度管理、人员管理、成本管理、施工策划、协同管理、质量管理、安全管理、设备管理、物料管理、集成管控平台、绿色施工和其他，应用率从4.64%～44.30%，如图 1-6 所示，目前绝大多数企业的智慧工地应用主要集中在工程施工现场管理，并围绕人、机、料等关键要素进行应用，同时对于直接影响施工效果的关键环节应用较多，这也是由于智慧工地的特征所决定的。智慧工地的集成应用、延展性应用相对较少，这也说明智慧工地应用有待进一步深入。

（1）施工策划应用

在施工策划应用点，大部分被访对象所在企业应用了基于 BIM 的施工方案及工艺模拟、进度计划编制与模拟、场地布置，还有企业应用了基于 BIM 的资源计划和可视化施工组织设计交底等，如图 1–7 所示。可见，企业正在积极探索施工策划阶段的智慧应用，并在施工方案模拟、进度计划编制、场地布置等方面以 BIM 技术等相关技术为基础开展了智慧应用。这些智慧应用可以有效降低企业成本、控制风险、优化方案，帮助施工人员更高效地进行施工策划，为施工企业带来更多直接效益。

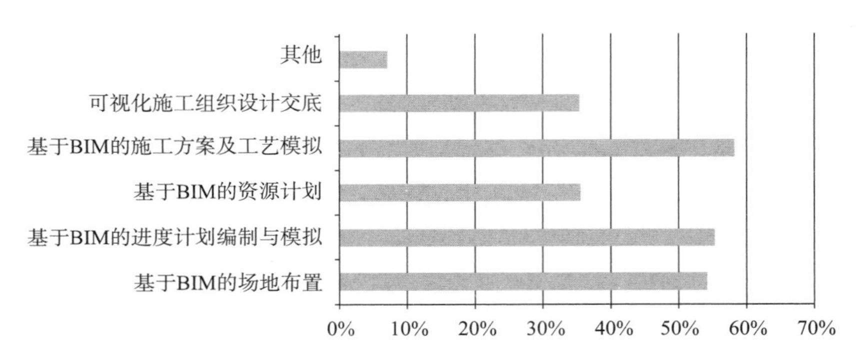

图 1–7　施工策划阶段，被访对象所在企业智慧应用情况

（2）进度管理

智慧工地中进度管理应用大部分是基于智能化的计划分级管理和动态监控、计划管理数据分析及基于信息化的智能计划管理和基于工序标准化的施工组织等方面，如图 1–8 所示。

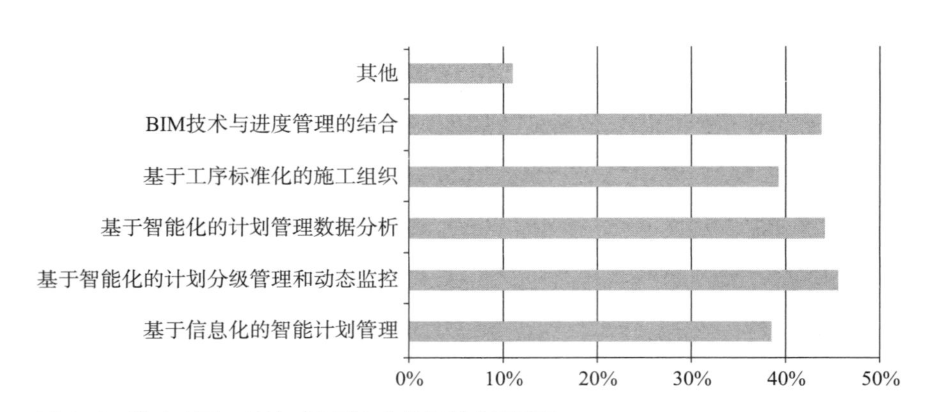

图 1–8　进度方面，被访对象所在企业智慧应用情况

（3）人员管理

现场劳务实名制管理应用最多，调查显示多达 57.38% 的企业进行此项智慧应用。智慧工地人员管理应用主要包括基于一卡通的人员管理、基于互联网的人员培训和用工管理、基

于物联网的人员现场综合管理（智能安全帽），同时，有接近 20% 的企业应用了农民工的电子支付体系建设和生物识别等，如图 1-9 所示。可见，目前建筑施工企业对于施工现场人员管理进行了大量智慧应用探索，企业在劳务管理方面开始重视信息化技术应用和投入，这也是基于施工现场管理的需求所在。随着移动应用技术的飞速发展，企业对于人员培训和用工管理方面利用移动应用替代传统的作业方式，这意味着建筑业从业人员管理正在向信息化管理方向发展。但对于综合管理、现场考勤和电子支付等以物联网为核心的智能化应用目前鲜少尝试。

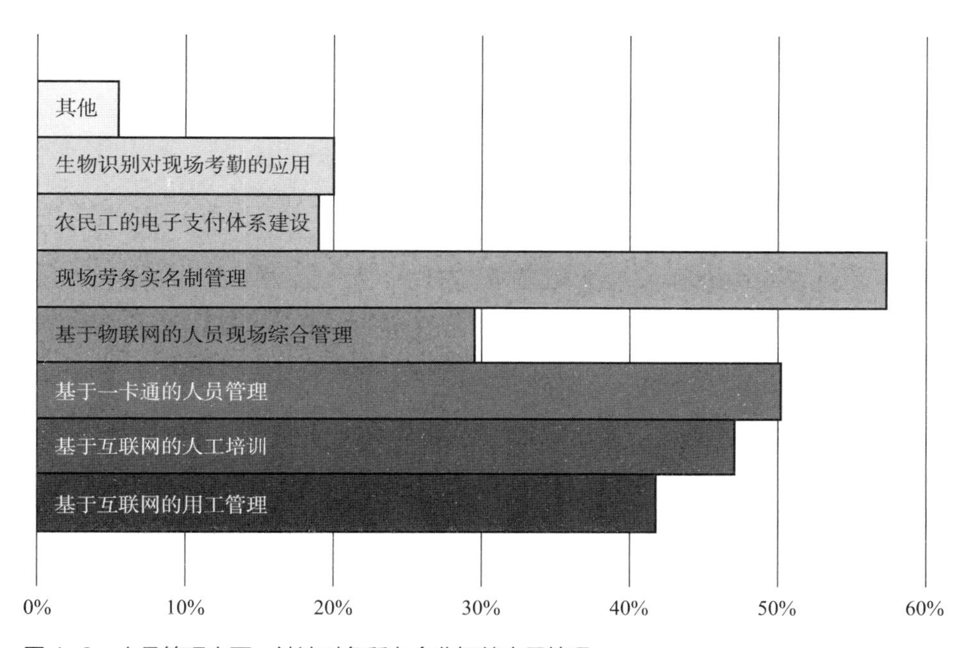

图 1-9　人员管理方面，被访对象所在企业智慧应用情况

（4）机械设备管理

超过一半的企业进行智能化的机械设备日常管理，有的企业还进行了钢筋翻样加工一体化生产管理、基于 GIS 平台的机械进出场和调度管理以及基于互联网的设备租赁，如图 1-10 所示。这表明，企业更多地对常规化机械设备管理进行智慧应用，对于专业性、集成性机械设备管理的智慧应用仍处于探索阶段。

（5）物料管理

近一半的企业应用物料进出场检查验收系统和互联网采购，还有企业应用了基于 BIM 的材料管理、现场钢筋精细化管理和二维码物料跟踪管理，如图 1-11 所示。可见，企业在物料管理方面的智慧应用范围较广，基于互联网的采购管理、基于 BIM 的材料管理、基于物联网的物料进出场验收和基于二维码的物料跟踪管理等一系列的智慧应用将会进一步降低物资管理的复杂性，简化管理操作。

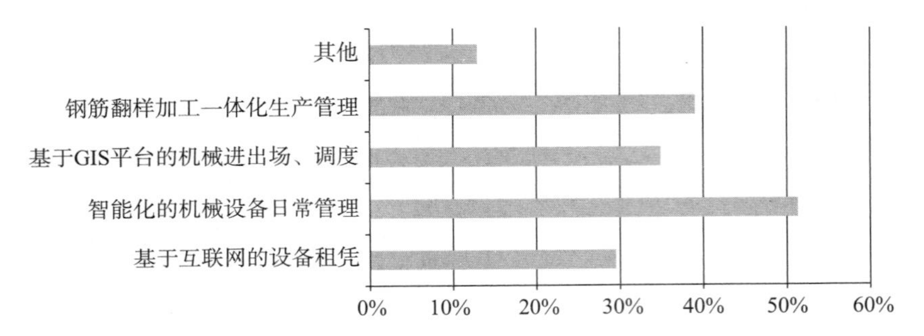

图 1-10 机械设备管理方面，被访对象所在企业智慧应用情况

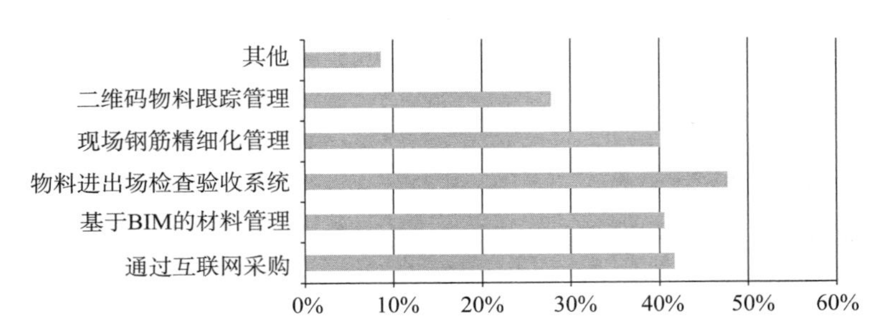

图 1-11 物料管理方面，被访对象所在企业智慧应用情况

（6）成本管理

55% 的企业应用了基于大数据的项目成本分析与控制技术，近一半的企业应用基于 BIM 的工程造价形成、基于大数据的材价信息和基于 BIM 的 5D 管理，如图 1-12 所示。这表明，企业通过综合运用 BIM 技术、大数据等信息化技术手段，聚焦成本管理，建立了信息智能采集、数据科学分析的信息网络，从而帮助企业从多个角度进行成本管控。

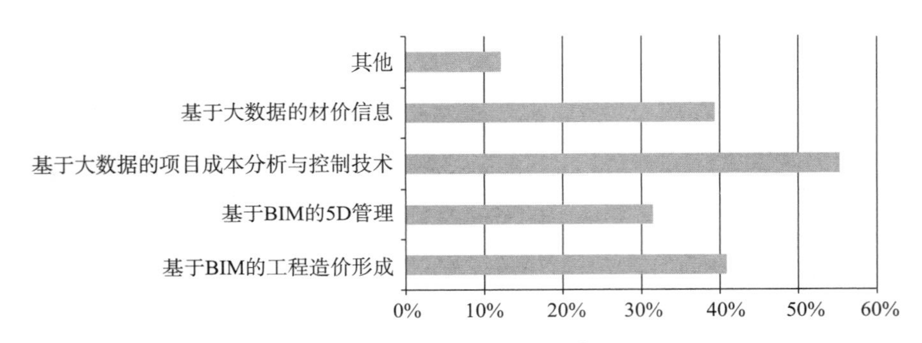

图 1-12 成本管理方面，被访对象所在企业智慧应用情况

（7）质量管理

近一半的企业进行了检查记录监测、基于 BIM 的质量管理、混凝土温度监测和二维码质量跟踪，近三成的企业基于物联网的基坑变形监测，如图 1-13 所示。可见，施工现场质

量安全管理正逐渐由人工方式转变为信息化、智能化管理，但目前物联网、移动应用等新技术在质量管理方面的应用并不多。

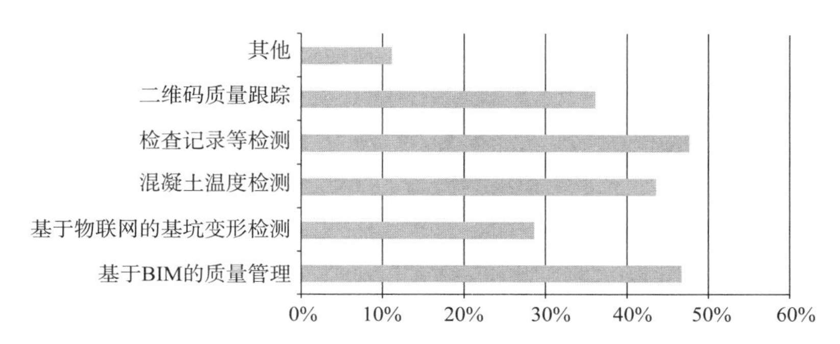

图 1–13　质量管理方面，被访对象所在企业智慧应用情况

（8）安全管理

一半以上的企业智慧工地安全管理进行了劳务人员、机械设备的管理，还有企业进行危险源、临边防护等的安全管理和基于 BIM 的可视化安全管理，如图 1–14 所示。这表明，企业在安全管理方面已经广泛进行了智慧应用，通过集成多种信息技术，辅助施工安全管理，以减少施工现场安全事故的发生；对于专项安全管理方面的智慧应用不断深化，这也说明企业对于安全管理日趋重视。

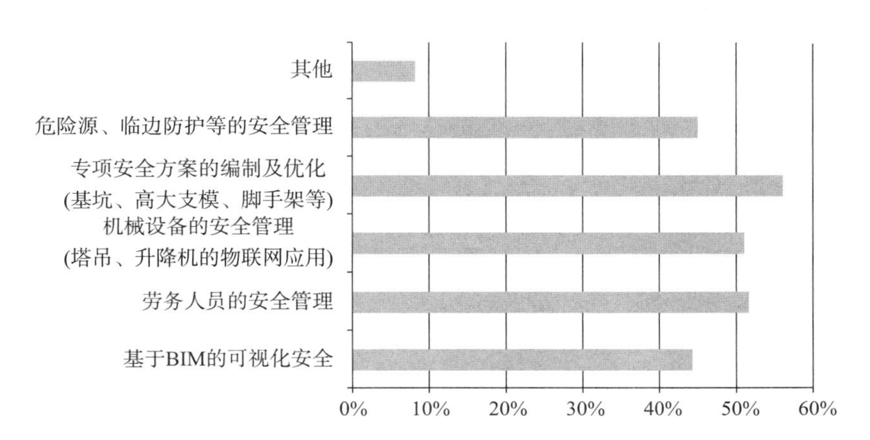

图 1–14　安全管理方面，被访对象所在企业智慧应用情况

（9）绿色施工

被访对象所在企业中大部分企业进行了现场环境管理与控制，占比近 70%；60.34% 的企业在现场进行“四节”应用，建筑垃圾管理与控制的应用则占比较小，为 43.88%；还有 8.86% 的企业在绿色施工方面进行了其他智慧应用，如图 1–15 所示。这表明，企业在绿色施工方面的智慧应用主要集中在现场环境和节水、节电、节材、节地等基本环节，单点的智慧应用较多，绿色施工的集成化智慧应用还有待探索。

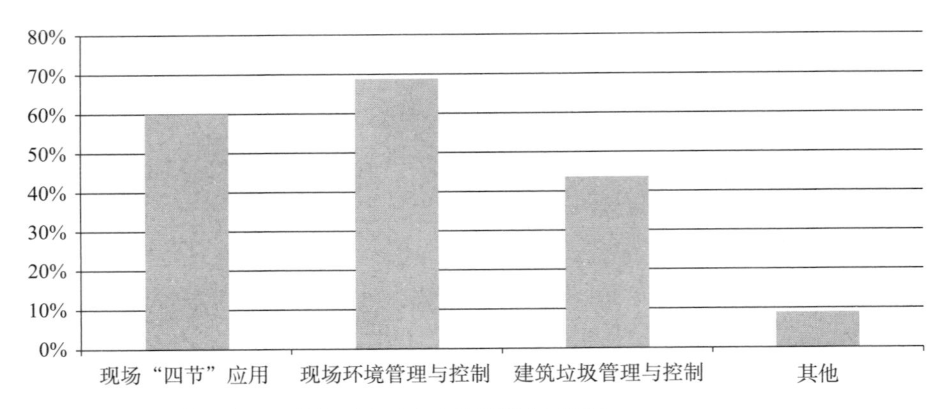

图 1-15　绿色施工方面，被访对象所在企业智慧应用情况

（10）协同管理

被访对象所在企业中有多达 60.34% 的企业进行了施工现场移动协同应用，52.95% 的企业进行了基于 BIM 的协同应用，另外有 37.76% 的企业进行基于云平台的图档协同，10.34% 的企业进行了其他方面的智慧化协同应用，如图 1-16 所示。可见，BIM 技术、移动通信、物联网、云技术、大数据等信息化技术的出现，使项目协同管理方法和工具发生了改变。目前，建筑施工企业对于施工现场的移动应用需求较大，这也是由施工现场的特点所决定的，同时，以 BIM 技术为核心的智慧项目协同管理方式在行业内的应用正日益普遍，但基于云端的智慧化协同应用还不成熟。

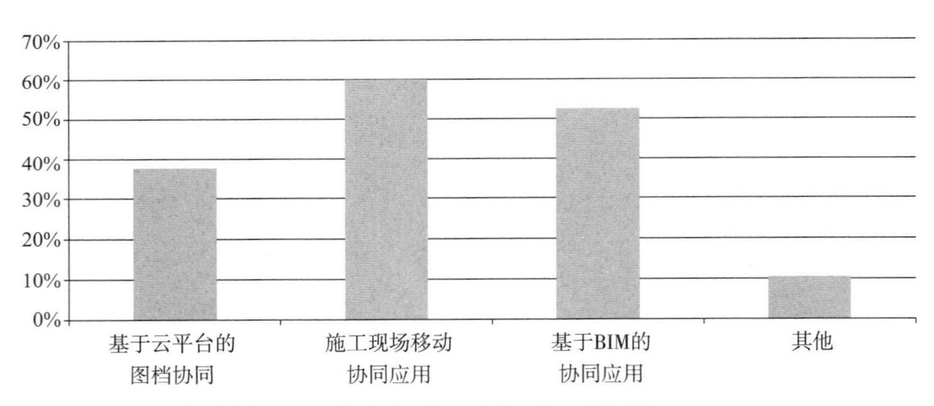

图 1-16　项目协同管理方面，被访对象所在企业智慧应用情况

1.6.3　智慧工地管理平台

1．应用背景

随着施工企业在管理上的不断深化，在智慧工地应用领域得到了长足的发展，施工企业智慧工地应用的案例逐渐增多。但是智慧工地各个物联网应用系统呈现碎片化，各应用模块之间单独运转，如果不能将各模块之间有效整合，则无法发挥数据的协同和共享价值，智慧

工地的建设多会流于形式，数据价值无法得到充分应用。项目以及施工企业对于智慧工地投入无法换取项目精益管理能力的有效提升，对于智慧工地的长期发展不利。

智慧工地的碎片化使应用系统无法单独准确地了解各类业务数据的变动情况与变动影响程度，无法通过分析识别出哪些是关键因素，因此，必须将各系统相互串联，实现数据的协同功效，构建智慧工地集成管理平台。

2．平台系统

智慧工地集成管理平台是根据相关标准，结合施工现场实际情况，依托物联网、云计算、BIM 等创新型技术手段，整合工地信息化行业优质资源，旨在为政府职能部门提供信息化监管手段，为施工企业提供信息化管理支撑，如图 1-17 所示。智慧工地集成管理平台通过一个 BIM 可视化平台，集成多个业务应用子系统，借助于多种应用终端，最终实现施工信息化、管理智能化、监测自动化和决策可视化。目前市面上有多类工地信息化管理系统，例如，由清华大学研发、北京云建信科技有限公司进行产品化开发和商业化推广的“基于 BIM 的工程项目 4D 动态管理系统”。该系统通过将 BIM 与 4D 技术有机结合，建立基于 IFC 标准的 4D-BIM 模型，实现了基于 BIM 的施工进度、资源与成本、安全与质量、场地与设施的 4D 集成管理、实时控制和动态模拟，支持多参与方、多终端协同工作。又如，由广联达科技股份有限公司研发的“广联达筑梦智慧工地项目管理平台”定位于项目层级，以

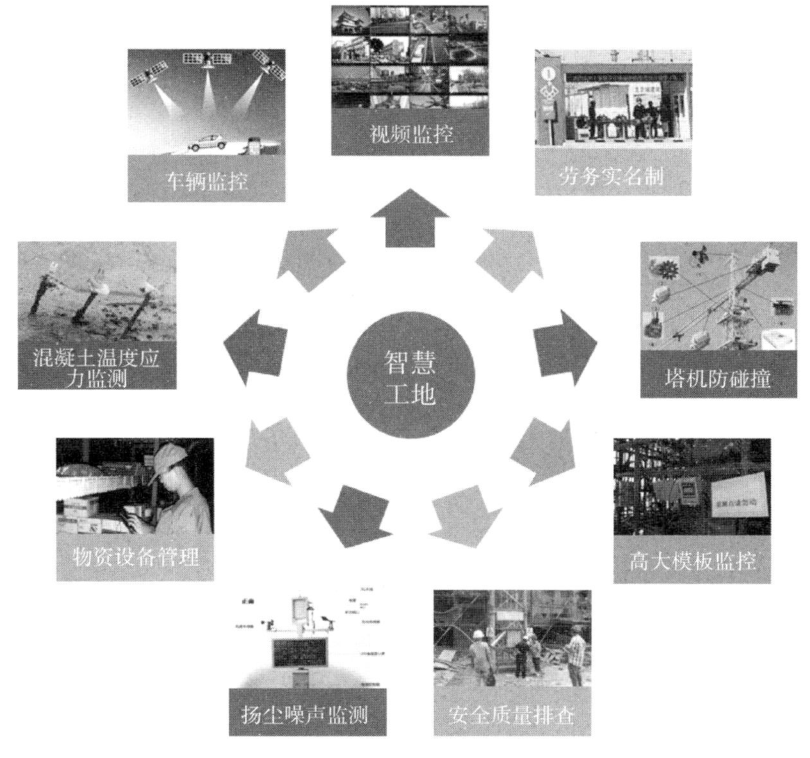

图 1-17　智慧工地综合集成平台结构图

项目生产管理为主线，以基于 BIM 的项目技术管理为基础，以基于工程项目成本管理为中心，通过集成智慧工地现场的碎片化应用工具，实现工程项目管理的业务数据整合，实现项目管理目标执行情况跟踪，目标实现的预测与趋势分析以及实时项目管理风险预警与提醒。而由北京城建集团研发的智慧工地集成管理平台，则以 GIS-BIM 作为数据动态可视化展示的技术支撑，运用计算机图形学和图像处理技术，将 GIS 环境信息、各类物联网信息等多源数据充分结合，依托现有管理体系和技术支撑，梳理工地管理关键业务需求，建立智慧工地管理体系和技术标准，形成“采集融合—动态展示—分析预警—决策反馈”闭环业务流，以信息化手段支撑工地现场管理。

以下以北京城建集团智慧工地集成管理平台为例，对平台系统的架构、接口、数据集成方法及功能等进行说明。

（1）平台架构

该平台基于 BIM 技术，利用移动宽带互联网、物联网、云计算、大数据等先进技术，融合 BIM 数据、GIS 数据以及物联网数据，如图 1–18 所示，实现智慧工地相关业务应用系统，提供智慧工地应用。

该平台是以 BIM 技术为核心技术思想的智慧建造物联网管理信息平台，采用 JAVA EE 及基于 OSG 的 GIS 引擎的开发平台，面向对象的构架及客户端的技术方法，具有良好的系统稳定性、环境适应性、安全可靠性和高效的数据交换能力。

该平台采用四层架构设计，分别为应用表现层、业务逻辑层、资源访问层和硬件层，架构设计如图 1–19 所示。

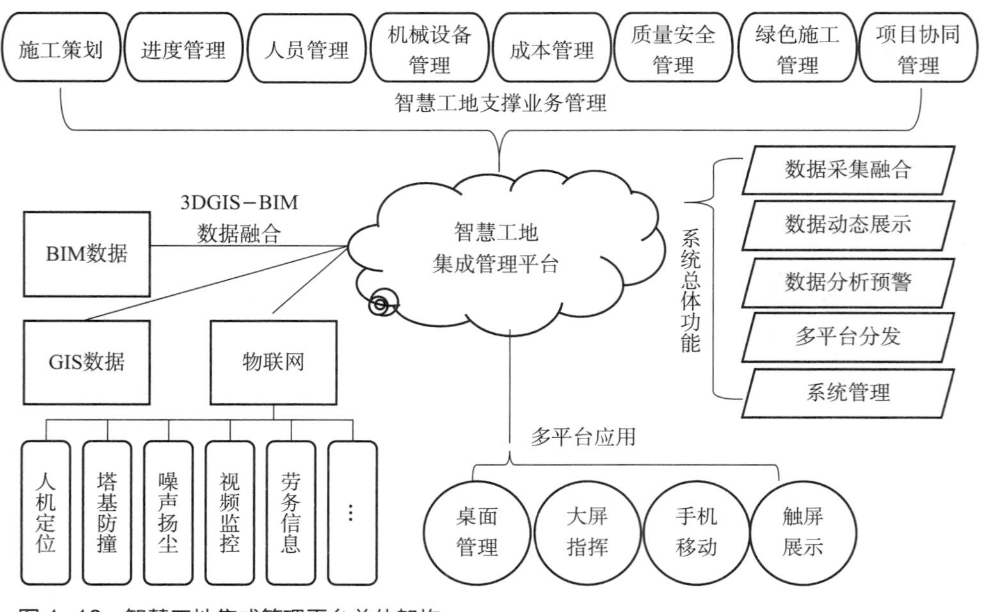

图 1–18　智慧工地集成管理平台总体架构

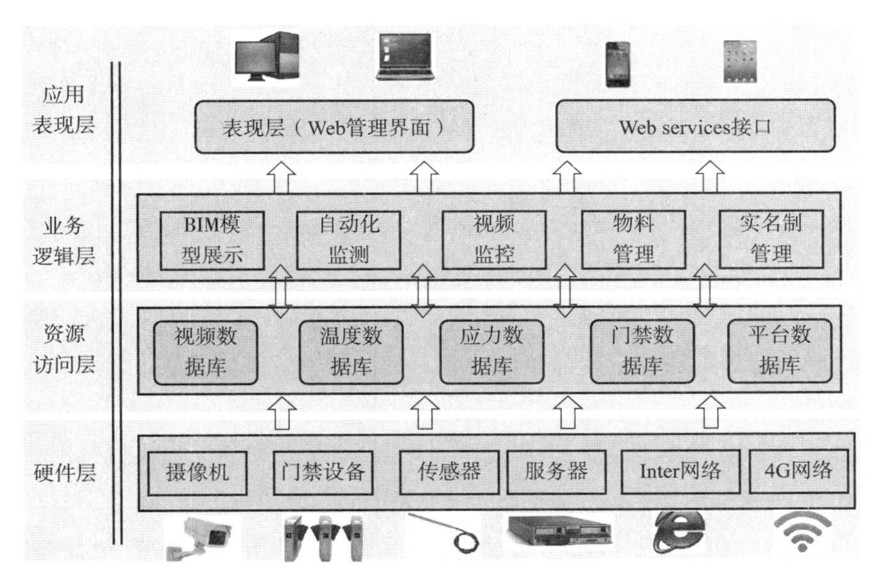

图 1-19　智慧工地集成管理平台架构设计图

应用表现层处于平台架构的最顶层，负责提供外部访问接口。使外部程序（浏览器和手机端）能够访问系统业务逻辑功能，应用表现层的所有业务功能均通过调用业务逻辑层接口来实现。

业务逻辑层主要负责进行 BIM 模型展示、自动化监测、视频监控、物料管理等业务逻辑的计算和处理，以实现具体的业务管理逻辑功能，进行事务控制等操作，并对上层提供完整的业务功能接口。

资源访问层主要负责从底层获取虚拟化的资源，从特定数据库获取数据，并将数据转换为易于处理的内部对象，供上层更加方便地进行处理，同时实现对网络资源的访问和控制管理。

硬件层代表系统平台运行所需的硬件支撑，包括计算机网络、硬件平台、传感器设备、通信设施等基础设施。

（2）平台接口

智慧工地中各种业务应用系统和信息化管理平台仍处于独立状态，相互之间没有交集，相对比较零散，这样的独立业务体系在安全和隐私方面有一定优势，但是各个单独的业务应用系统或信息化管理平台之间缺乏交互和联动，每个业务应用系统不仅要部署物联网硬件设备，还要部署相应的支撑系统的接口设备，信息化平台也相对独立的承担部分管理职能，这样的情况既不利于业务的整合开发，也导致整体资源的浪费。而且，对于单个业务而言，由于独立的业务应用系统无法便捷获取其他相关业务和环境资源，单个业务的应用价值无法实现更大提升。

为实现业务应用系统与智慧工地集成管理平台的集成，首先定义平台接口协议，平台接口设计主要采用Http+JSON协议进行数据传输，在连接上采用Http协议，内容上采用JSON的编码方式；其次要遵循三个原则，接口URI设计原则、接口上传原则、接口调用安全原则。

1）接口URI设计为如下形式：

http://ip:port/api/appid/operationName/parameter1/value1/parameter2/value2，其中http://是指采用的协议是HTTP协议；ip:port表明服务器地址和端口号；api说明在这之后都是接口服务；appid表示调用的接口来源；operationName表明当前执行的具体操作；parameter和value是参数和参数值。

2）工地中各种业务应用系统和信息化管理平台必须对智慧工地集成管理平台开放接口，按照统一的规范标准，智慧工地集成管理平台能够获取相应的数据。

3）所有对平台接口的调用都需要进行授权，保证接口调用的安全性。

（3）数据集成方法

平台的数据集成，主要是指基于建筑工地分散的各类信息化系统的业务数据进行集中、综合、统一管理的过程，这个过程贯穿整个工地建设的全生命周期，是一个渐进的过程，一旦产生新的、有差异的数据，就需要按步骤执行数据集成。目前随着智慧工地的发展，工地信息化建设也越来越多样化，杂乱、复杂、各异的数据接踵而至，在信息化资源共享上存在着数据分散、标准各异、难以集成共享的问题，如何将多源海量的数据充分利用，充分挖掘数据的价值，成为当前亟待解决的问题，数据集成的空间与需求更加迫切，需要一个数据中心来集中交换、分发、调度、管理企业基础数据。

对于数据中心的建立，首先需要建立一套严谨的统一标准的数据管理框架，从数据项目、数据属性、数据交互结构上进行统一规范；其次，要建立数据共享与数据安全管理机制，通过严格的权限分配实现对信息的共享，对多机构、多层面同时又相对独立的应用部署模式的整体规划，实现对数据流向的统一管理；再次，在以上基础上建立数据统一管理、信息集成实现机制，从源头对数据集成共享进行管理，建立灵活的集成传输模式。

（4）平台功能

该平台以项目工地实际的业务为依托，将项目工地各个环节的业务进行集成化、数字化，为相关人员提供一站式、全方位的服务。从功能来说，智慧工地集成管理平台包括数个模块，涵盖了施工策划、进度管理、人员管理、机械设备管理、成本管理、质量安全管理、绿色施工管理、项目协同管理等各个环节，满足项目工地实现对人员、设备、流程等环节的管理，保证项目平稳有序地开展。

1）施工组织策划功能

应用BIM技术对现场平面布置、施工道路、材料堆场、垂直运输设备建立模型及设备参数，通过可视化模拟的方式辅助处理标段间及标段内的场地布置问题。标段间的平面协调问题如航站楼核心区标段与指廊标段、综合服务楼标段之间的场地协调问题；标段内的平面协调问题如航站楼核心区内的场内运输、大型设备的进场及调运，钢构件进场及拼装场地等各专业协调问题。

通过 BIM 可视化协调做到现场平面管理的合理可行，减少场内搬迁等问题。根据不同阶段的变化、专业插入等情况，动态合理有效地进行平面布置与管理，避免因施工场地的问题导致施工阻滞。

在该平台中，可以利用虚拟构件表达工作面模型，从而实现工作面与进度计划对应层级的映射关系，实现工作面与进度计划的自动关联。同时综合进度信息及工作面布置信息，动态显示工作面的管理分配计划，实现工作面布置与进度计划的关联，并系统支持对公共资源冲突的预警功能。从而解决多家分包同时使用施工资源、工作面冲突的问题。

2）施工进度管理

在进度管理过程中将 BIM 模型与施工进度计划进行关联，通过可视化的 BIM 模拟，分析与优化建筑、钢结构、机电、屋面及其他专业协同施工安排，通过 BIM 模型展示形象进度。

3）人员管理

人员管理包含两个方面内容：劳务实名制管理和人员定位。

劳务实名制系统主要是对施工现场实行全封闭管理，对劳务人员实施实名制管理。在出入口安装门禁闸机设备，所有劳务人员实名制刷卡进出现场，避免因非法外来人员进入施工现场而带来的麻烦；实时读取闸机数据信息，并进行整理统计；实时统计现场劳务人员数量，查看劳务队和个人考勤、教育等情况。劳务实名制管理功能模块包括：人员信息管理、闸机门禁管理、劳务考核管理、入场教育管理、统计分析等。

人员定位主要是通过无线网络和物联网标签，实现工地劳务施工人员考勤、区域定位、安全预警、灾后急救、日常管理等功能，使管理人员能够随时掌握施工现场人员的分布状况和每个人员及设备的运动轨迹，便于进行更加合理的调度管理以及安全监控管理。人员定位系统主要实现施工现场的人员、机械设备的实时定位、轨迹追踪、紧急报警以及查询统计。功能模块包括：标签管理、实时定位、轨迹回放、紧急求助、电子围栏这六大功能模块。

4）机械设备管理

综合利用信息管理系统（MIS）、电子标签（RFID）、卫星定位终端（北斗 /GPS）和手持终端设备（APP）实现工地各类机械设备的备案、查询、出入库、巡检、定位等管理功能，包含如下模块：机械设备台账、机械设备巡检、机械设备监控、机械设备领用和综合查询统计。

5）成本管理

在项目成本管理过程中，BIM 模型为项目管理人员提供按进度、按流水段等多维度工程量统计功能，为施工过程的商务管理提供可靠数据支撑，也为项目的施工作业人员安排、材料采购进场安排等提供高效的分析手段，避免劳动力和施工材料等浪费问题。

6）质量安全管理

在质量管理过程中，通过移动应用和BIM信息集成平台，建立施工质量问题过程管控平台，实现对施工过程质量问题点的跟踪和监控。同时，应用BIM模型展示关键的施工方案及质量控制措施，通过可视化的方式，准确、清晰地向施工人员展示及传递技术质量信息，帮助施工人员理解、熟悉施工工艺和流程，避免由于理解偏差造成质量问题。另外，BIM可为钢结构、屋面、幕墙等预制构件的加工提供准确的加工数据，提升加工构件的质量。

安全文明施工中将重要的安全防护措施进行建模，应用BIM模型安全漫游、BIM动画等技术进行安全技术交底。通过基于三维模型的浏览，在施工过程中动态地识别危险源，加强安全策划工作，减少施工中不安全行为的发生。基于BIM模型建立应急方案模拟，通过动态的分析优化应急处理方案。

7）绿色施工管理

绿色文明施工管理包括对施工区域噪声、粉尘、污水排放的监控及生活区用电综合管理。

工地施工范围大，随着后续不断地扩大建筑规模，如何避免彻夜加班赶工噪声过大、扬尘四起，可利用现代科技、优化监控手段，实现实时的、全过程的、不间断的安全监督。每个施工点放置一台噪声扬尘监测仪器，该仪器通过GPRS/3G网络与机场智慧工地管理平台进行数据交换，该仪器实时获得数据对建筑工地和周围环境的影响监测。当粉尘、噪声超过定值后就会实时提醒管理人员对施工情况进行处理，逾期不处理即将报警数据上传到管理平台。可以根据传感器获取的数据进行实时数据分析，并绘制专题图。

系统架构主要以常见施工工地情况为基础，采用污水排放监测终端获取污水数据，利用COD在线分析仪进行实时监测，将监测数据通过网络实时传输到3D GIS-BIM云管理平台，通过管理平台进行数据分析。最终实现，生活区流量、污染值实时显示，污水池库容量实时显示，流量、污染、容量超限报警，水闸控制。

一方面本着以人为本的原则，为提高工人生活待遇和水平，允许核定范围内的空调、电热设备、电脑等进入生活区。在此基础上，必然导致生活区用电越来越多。传统的用电管理模式受到挑战，如何在一定程度上控制工人生活区用电量，避免发生灾情隐患，传统的机械式电表、IC卡电表都是针对单个用电对象：针对有一定特殊要求的群体用电对象如何实现商品负载（比如电炉子、热的快、电热杯等严重存在安全隐患的用电器）识别。通过工地管理平台可以对用电管理公寓柜进行管理、控制，可以实现用户过载保护，调换房间数据交换等一系列管理功能。

8）项目协同管理

工程文档协同管理是工程项目管理的重要组成部分。结合云技术，拟采用云文档管理系统对本项目的各类工程文档进行协同管理，解决工程文档资料存储分散、版本管理难、文件丢失、检索查询费时费力等难题。利用统一的云端服务器，对项目的海量信息、资料、文档进行综合管理，并针对项目的不同参与单位或个人，设置不同的访问权限，实现具有信息的安全存储、集中管理、快速分发和多方共享协同；通过网页端、移动端等各类终端，可以随时访问工程项目文件，了解项目进展，辅助项目决策。

在平台或者移动端，利用虚拟构件表达工作面模型，从而实现工作面与进度计划对应层级的映射关系，实现工作面与进度计划的自动关联。同时综合进度信息及工作面布置信息，动态显示工作面的管理分配计划，实现工作面布置与进度计划的关联。移动端系统支持对公共资源冲突的预警功能。从而解决多家分包同时使用施工资源、工作面冲突问题。

基于 BIM 技术，综合时间维度，可以进行虚拟施工模拟，以实现 BIM 的协同应用。随时随地直观快速地将施工计划与实际进展进行对比，同时进行有效协同，施工方、监理方、甚至非工程行业出身的业主领导都对工程项目的各种问题和情况了如指掌。这样通过 BIM 技术结合施工方案、施工模拟和现场视频监测，大大减少建筑质量问题、安全问题，减少返工和整改。

1.6.4 存在问题及发展趋势

1．存在的问题

“智慧工地”概念从 2015 年提出以来，各地建设智慧工地热情不断高涨，智慧工地得到快速发展，行业在 BIM 基础上，结合物联网、大数据、云计算等概念进行智慧工地集成平台的建设，由于工地具有空间地域属性，公司具有差异性需求，所以客观上来讲智慧工地集成平台的建设存在以下几个方面的问题：

（1）智慧工地集成平台建设中集成的子系统在内容和数量上存在差异，没有统一的建设标准，并且平台接口是否能够兼容不同物联网系统、信息化系统，集成的数据源多样化，包含物联网数据、BIM 数据、信息化数据、GIS 数据等，各数据之间融合协同的标准不统一，并且数据的呈现方式及价值的挖掘不够充分，对数据的集成应用深度有待提高。

（2）工程建设过程中需要监管层、集团层、公司层、项目层等多个层面的协同工作，各层面对建设过程中的关注点及需求不同，智慧工地集成平台能否满足各层面的使用需求，面向不同用户的使用目的。

（3）工地建设环境复杂，网络环境恶劣，物联网设备对数据的传输具有一定的局限性，从客观条件极大地影响平台使用的稳定性。

（4）平台集成商的水平良莠不齐，智慧工地市场主要在建筑领域要有针对性地开发，满足工程各种要求，如何发挥智慧工地的最大价值，要有设计、规划、施工、监理、验收一整套的流程，在这当中，与平台集成商的水平相关，需要平台集成商与建筑领域相关部门很好结合。

2．发展趋势

根据上述问题的陈述，智慧工地集成平台的主要发展趋势主要有以下几个方面：

（1）智慧工地集成平台趋向通用性。随着工地的标准化和统一化，智慧工地平台能够适用于大多数工地实际情况，平台建设逐步实现轻量化、低耦合，能够移植并适用于各种终端；另外智慧工地的平台接口和数据接口实现统一的标准化和可扩张性。

（2）平台建设的过程和使用目的逐步贯穿工程建设的整个全生命周期。从开始规划设计到后期竣工验收阶段，实现应用全生命周期化。

（3）平台实现大数据积累和分析应用。通过集成工地物联网大数据的基础上利用云计算等先进手段进行数据的深层挖掘，对大数据进行应用分析，与更多的信息化系统或物联网系统进行集成，最终在平台实现数据的集成和应用的集成。

第 2 章

基于云技术的建筑工程全生命期 BIM 集成管理应用

2.1 面向建筑全生命期的BIM实施模式研究

2.1.1 建筑全生命期管理

项目作为一种创造独特产品与服务的一次性活动是有始有终的，项目从始到终的整个过程构成了一个项目的生命周期。对于项目生命周期也有一些不同的定义，美国项目管理协会的定义："项目是分阶段完成的一项独特性的任务，一个组织在完成一个项目时会将项目划分成一系列的项目阶段，以便更好地管理和控制项目，更好地将组织的日常运作与项目管理结合在一起。项目的各个阶段整体就构成了一个项目的生命周期[9]。"

建设项目全生命周期管理对应英文"Building Lifecycle Management"，即"BLM"。虽然BLM的思想得到了广泛的重视，但目前还没有一个比较权威的定义，许多公司和研究单位都尝试定义BLM，例如：

达索公司认为："建筑全生命期管理是运用单一的可交换的数据集进行设计、建造、运行设施的行为[10]。"

Autodesk公司认为："贯穿于建设全过程，即从概念设计到拆除或拆除后再利用，通过数字化的方法来创建、管理和共享所建造资本资产的信息[11]。"

另有文献提出："建筑生命期管理(BLM，Building Lifecycle Management)是在建筑工程生命期利用信息技术、过程和人力来集中管理建筑工程项目信息的策略，其核心在于如何解决工程项目实施过程中的数据管理和共享问题[12]。"

虽然这些定义各有不同，但有许多概念和认识是共性的。例如，所有定义都指出管理的范围应涵盖建筑产品的所有阶段，数据或信息是实现全生命期管理的重点所在。

一般认为，为了实现建设项目生命期管理，最重要的是建立建筑物的信息模型(Building Information Model, BIM)。建筑信息模型是对建筑物物理特性和功能特性的数字化表达，是对工程对象的完整描述，可被建设项目各参与方普遍使用，能够连接建筑生命期不同阶段的数据、过程和资源，帮助项目团队提升决策的效率与正确性[13]。基于BIM信息模型，可以使本专业的各种设计图纸之间以及图纸与文档之间协调一致，同时也可以实现不同专业之间的设计信息共享，防止错漏碰缺等问题的发生，各专业CAD系统可从信息模型中获取所需的设计参数和相关信息，无需重复录入数据，减少了数据错误、版本不一致等问题，从而提高了设计质量和设计效率。

建筑信息模型不仅在工程的规划、设计、施工、运维等单个阶段得到使用，而且可以支持工程项目全生命期的综合管理，使项目全生命期的信息能够得到有效的组织和追踪，保证信息从一阶段传递到另一阶段时不会发生"信息断层"，减少信息歧义和不一致的问题。要实现这一目标，除建立完备的建筑信息模型之外，通常还需要一个面向建设项目全生命期的集成管理平台，并且建立相关的数据编码交换等标准，才能对项目各阶段相关的工程信息进行有机的集成、共享和管理，支持项目各参与方、各阶段、各专业之间的信息交换，实现项目全生命期的集成管理[14]。

全生命期管理涉及与之相关的组织、过程、方法和手段等，它比传统的信息管理涉及的层次更深、方位更广、理念更先进，它是集成化思想在建设工程信息管理中的应用，是建筑业的一场变革[15]。其核心在于如何解决工程项目实施过程中的数据管理和共享问题。对于减少建筑项目传统全流程中的冗余投资、资源浪费和多种失误，具有重大的技术和商业价值。据普华永道的研究报告显示，因 BLM 技术的使用，工程项目总体周期将缩短 5%，其中沟通交流时间节省 30%～60%，信息搜索时间节省 50%，从而显著改善工程运行中的信息交流效率并节约成本。[16]

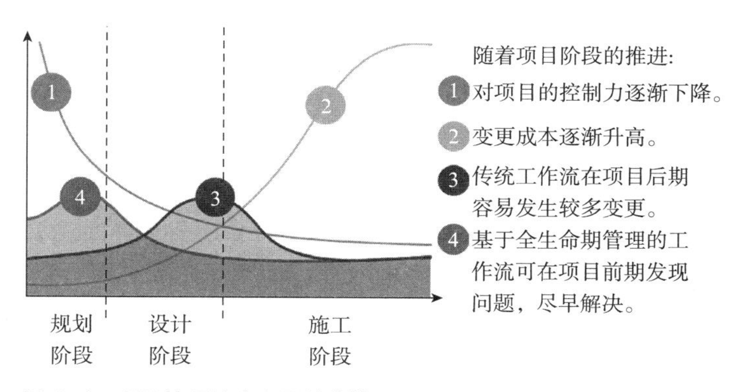

图 2–1　项目管理的麦克里美曲线

根据图 2–1 麦克里美曲线所解释的规律，随着项目阶段的推进，对项目的控制力逐渐下降，变更成本逐渐升高。传统的工作模式在项目后期容易发生较多变更，而基于全生命期管理的工作流可在项目前期发现问题，尽早解决，从而降低不必要的重复工作、成本及材料的浪费，而且可以使项目始终处于可预见、可控制的状态。[16]

2.1.2　建筑工程管理模式分析

建筑全生命期即从建筑产品的策划、设计、建造到运营使用的全过程，由一系列建设过程组成。建筑全生命期的过程划分具有树状结构特性。譬如，建筑全生命期整体上可为策划、设计、施工和运营维护四个主要过程（阶段），施工过程又可细分为施工准备、实际施工和竣工移交等过程，实际施工还可根据分部、分项进行进一步细分。建筑全生命期的各个过程根据工程逻辑建立前后搭接关系，譬如设计完成后才能施工，即设计任务是施工任务的前置任务。理论上而言，建筑全生命期的所有过程逻辑上相互关联，不存在独立的过程。[17]

结合实际情况及对有关文献[18～24]进行分析及梳理，目前我国主要采用的管理模式包括设计—招标—施工（Design–Bid–Build，DBB）模式、施工管理（Construction Management，CM）模式、设计—建造（Design–Build，DB）模式等几种常见建筑工程管理模式，以及 Partnering、集成项目交付（Integrated Project Delivery，IPD）模式等新兴工程项目管理模式。

1. DBB 模式[17]

DBB 模式首先由建设方或业主委托设计师进行项目前期策划与设计，待完成设计工作后，根据项目特点通过招标过程选择相应的施工承包商，施工承包商完成施工后交付建设方[16]。该模式是国际通用模式，也是我国目前最常用的工程管理模式，由业主、设计方、承包方三方组成，业主分别与两方签订合同。

该模式的典型特征主要包括：设计、施工相互独立，双方沟通协调困难，事故责任不明确；设计、招标、施工依次进行，工程周期较长；业主可独立选择设计、施工单位，以提高设计质量、减少施工成本。

2．CM 模式[17]

CM 模式是由业主聘请建设管理单位，由其在设计阶段参与项目设计，在施工阶段参与施工管理，并组织设计方与施工方协调的模式。该模式根据建设管理单位负责工作的多少又分为代理型 CM 及风险型 CM（CM@R）模式[18]。代理型 CM 模式由业主分别与建设管理单位、设计方、施工方签订合同，由建设管理单位承担前述工作。而 CM@R 模式中建设管理单位同时承担施工任务，业主仅需要与设计方及建设管理单位签订合同，并由建设管理单位与施工单位签订合同。

该模式的主要特征是：设计、施工之间不再存在明显界限，不必按照线性模式进行，使得建设时间变短；建设管理单位早期介入，可减少设计变更，提高设计质量，但对建设管理单位要求较高。

该模式可以认为是 DBB 模式的变体，由业主引入建设管理单位协调和组织设计、施工单位，从而使得设计、施工不必线性进行，以减少协调成本、缩短工程施工时间。

3．DB 模式[17]

DB 模式在项目前期就由业主提出项目要求与基本设计需求，通过一定手段（可通过招标）选定一家总承包商，由其负责设计与施工，完成后交付业主[19]。项目实施过程中，业主和总承包商可从规划、设计到施工密切配合。

该模式的典型特征是：责任单一，业主仅与总承包商签订合同，不必担心索赔，但总承包商承担的责任和风险较大；总承包商统一进行设计与施工，设计变更较少，施工质量易提高；项目可以同时进行设计与施工，从而提高实施效率、缩短建设时间；项目由总承包商统一管理，业主对项目的跟踪及监管能力较弱。

DB 模式中业主如果将工程采购也统一交由总承包商负责，则可演变为 EPC（Engineering-Procurement-Construction）模式，而若总承包商同时负责运营则又可发展为 DBO（Design-Build-Operation）模式等，进一步也可演变为 BOT（Build-Operation-Transfer）模式等。

4．Partnering 模式[17]

Partnering 模式又称伙伴合作模式，是指以最大化的资源利用、获得特殊商业利益为目的，在两个或多个组织之间达成的长期约定。该模式要求不同组织机构在互信基础上签订资源共享协议，以双方在各自利益上的充分考虑达成一致目标，构建一个小组，互相信任、互相合作、共担风险[18][20]。

该模式的特点是：各组织自愿加入，打破传统组织界限，从理解、信任和合作的角度看待处理问题，降低索赔的发生；各组织订立 Partnering 协议，相互合作、共担风险，但该协议不具法律效力，工程项目只有各方签订合同之后方可订立该协议；各组织机构充分信息共享，及时沟通、增进互信；该模式可明确估计业主的利益，但较难客观评估其他各方的利益。

5．IPD 模式[17]

据有关研究[25]，业内广泛接受的 IPD 模式定义由美国建筑师协会（the American Institute of Architects，AIA）组织提出，即“在项目中充分整合人力资源、工程体系、商业结构和实践等各方面因素，通过有效协作以利用所有参与方的智慧和洞察力，从而优化项目各个阶段，减少浪费的项目实施交付模式”[26]。该模式要求项目主要参与方在早期就形成统一的团队，并贡献各自的专业知识，通过公开、透明的沟通交流，围绕项目设计、施工和全生命期管理进行协作，从而为业主提供最优化的产品[25][27]。

IPD 模式的主要特征包括：所有参与方早期介入；项目所有参与方共担风险、共享收益[22]；相互尊重和信任，提倡开放式交流；协作创新并共同制定决策；需与之相适应的技术支持（包括 BIM 技术）[23]。

2.1.3　全生命期各阶段 BIM 建模与交付

1．各阶段 BIM 建模与交付的基本原则

基于统一的 BIM 平台，设计、施工、运维的各阶段 BIM 建模均应在上一阶段的基础之上进行。为了实现模型信息的平稳过渡，需要对各阶段的 BIM 建模提出标准，以便使下一阶段的建模能充分利用前一阶段的信息，实现全生命期管理。

参照《建筑信息模型施工应用标准》[28]的相关规定，建模基本原则包括：

（1）各阶段宜事先协商，采用同一版本的建模软件。

（2）模型应涵盖项目 BIM 应用所需的全部专业。

（3）建模采用固定坐标和单一坐标原点。

（4）模型数据应进行分类和编码，并满足数据互用的要求。

（5）BIM 模型应包含信息所有权的状态、信息的创建者与更新者、创建和更新的时间以及所使用的软件及版本。

（6）模型交付前，应进行正确性、协调性和一致性检查，确保模型数据已经过审核、清理，模型数据是经过确认的最终版本。

（7）接收方在使用共享数据前，应进行核对和确认。

2．设计阶段向施工阶段的 BIM 建模与交付

设计 BIM 模型的精细度可以分为 LOD100、LOD200、LOD300 三个等级，见表 2-1。

设计阶段模型精细度[28] 表 2-1

等级名称（代号）	用途	阶段
概念设计模型（LOD100）	方案比选	概念设计阶段
方案及扩初设计模型（LOD200）	系统分析、一般性表现	方案及扩初设计阶段
施工图模型（LOD300）	施工图设计、碰撞检查、成本估算	设计交付阶段

其中，LOD100、LOD200 模型可供设计阶段应用，但交付到施工阶段的模型应满足 LOD300 模型的精度要求。其要求可参照《建筑信息模型施工应用标准》[28] 的相关规定，以梁、柱为例，交付到施工阶段的模型应满足相应要求，见表 2-2。

LOD300 模型中梁、柱精度要求[28] 表 2-2

需要录入的对象信息	精细度要求
柱子	非承重柱子应归类于“建筑柱”，承重柱子应归类于“结构柱”，应在“类型”属性中注明
	柱子宜按照施工工法分层建模
	柱子截面应为柱子外廓尺寸，建模几何精度宜为 10mm
	外露钢结构柱的防火防腐等性能
梁	应按照需求输入梁系统的几何信息和非几何信息，建模几何精度宜为 50mm
	外露钢结构梁的防火防腐等性能

注：其余各对象的具体见附录。

3．施工阶段向运维阶段的 BIM 建模与交付

施工 BIM 模型的精细度可以分为 LOD350、LOD400、LOD500 三个等级，见表 2-3。

施工阶段模型精细度[28] 表 2-3

等级名称（代号）	用途	阶段
深化设计模型（LOD350）	深化设计、施工模拟、虚拟建造	深化设计阶段
施工过程模型（LOD400）	进度管理、安全管理、施工算量与造价	施工实施阶段
竣工交付模型（LOD500）	验收、交付	竣工交付阶段

其中，LOD350、LOD400 模型可供施工阶段应用，但交付到运维阶段的模型应满足 LOD500 模型的精度要求。其要求可参照《建筑信息模型施工应用标准》[28] 的相关规定，以梁、柱为例，交付到运维阶段的模型应满足相应要求，见表 2-4。

LOD500 模型中梁、柱精度要求 [28]　　表 2-4

需要录入的对象信息	精细度要求
柱子	非承重柱子应归类于“建筑柱”，承重柱子应归类于“结构柱”，应在“类型”属性中注明
	柱子截面应为实际竣工验收的柱子外廓尺寸，建模几何精度宜为 3mm
梁	应按照需求输入梁系统的几何信息和非几何信息，建模几何精度宜为 3mm，以实际竣工验收的尺寸为准

注：其余各对象的具体见附录。

2.2 基于云计算的 BIM 数据整合与共享

2.2.1 基于云的 BIM 集成与管理平台架构

云计算技术的提出，使得不同专业、不同地区的工作人员可以方便地连接到同一个数据源，实现更加有效地数据共享、沟通与协作。基于云的 BIM 数据存储则为大量 BIM 数据的高效存储、处理、分析与管理提供了有力的支撑，便于不同用户快速高效地获取与分析有关数据。[17]

一个典型的云平台架构如图 2-2 所示，该架构由一系列的存储及分析集群组成，每个集群均可面向业主、总包或其他参与方提供数据存储与数据处理等。同时，每个集群一般又包含元数据模型和基于 NoSQL 数据库的数据存储单元两部分，其中元数据模型用于定义数据的类型、组织结构等，数据存储单元则是基于元数据所定义的格式储存大量的工程数据。通常情况下，为提高大量数据的处理效率，云平台会提供一种称为 MapReduce 编程模型，基于该模型可实现大型数据集群上的数据并行处理。MapReduce 模型包括两个主要步骤：Map 和 Reduce，前者将数据按照特定格式进行组织后分发到集群的不同节点，由各节点进行数据处理，而后者

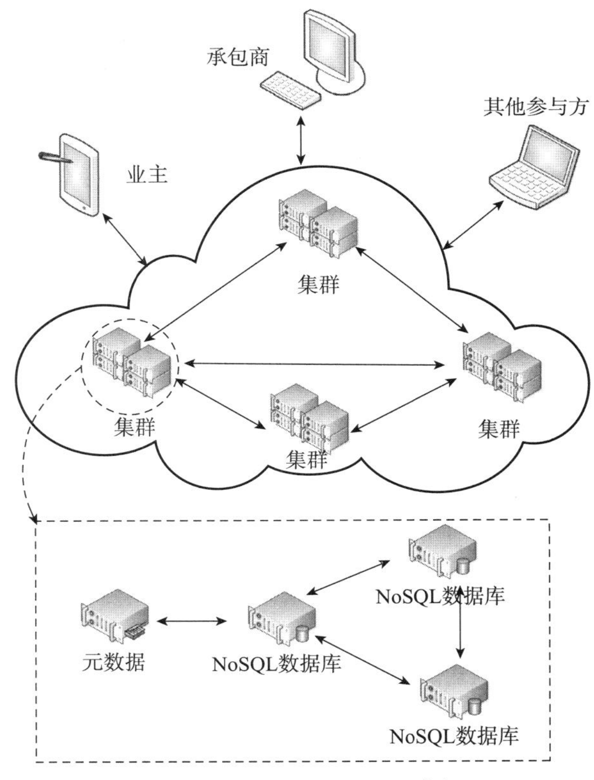

图 2-2　基于云的信息集成与管理架构 [17]

则可将各节点的计算或处理结果进行汇总，并将数据归集到一起。通过这种方式，可充分利用云平台各节点的计算与数据处理能力，提高数据处理、分析的速度。[17]

2.2.2 基于 IFC 的 BIM 模型结构

一个完整的 IFC 模型由类型定义、函数、规则及预定义属性集组成。其中，类型定义是 IFC 模型的主要组成部分，包括定义类型（Defined Type）、枚举类型（Enumeration）、选择类型（Select Types）和实体类型（Entity Types）。其中，实体类型采用面向对象的方式构建，与面向对象中类的概念对应。实体的实例是信息交换与共享的载体，而定义类型、枚举类型、选择类型以及实体实例的引用作为属性值出现在实体实例中。IFC 模型对常用的属性集进行了定义，称之为预定义属性集。另外，IFC 模型中的函数及规则用于计算实体的属性值，控制实体属性值需满足的约束条件，以及用于验证模型的正确性等。[29]

IFC 模型可以划分为四个功能层次，即资源层、核心层、交互层和领域层。IFC 模型的类型定义在各功能层中的分布见表 2–5。资源层定义了用于信息描述的基本元素，包括全部分布在该层的定义类型、主要分布在该层的选择类型及函数、半数以上的实体类型。资源层内的实体不能独立使用，需依赖于上层实体而存在。核心层、交互层及领域层中的非抽象实体则直接用于信息交换，这些实体均由 IfcRoot 继承。[29]

IFC 模型元素在各功能层中的分布　　表 2–5

项目	资源层	核心层	交互层	领域层
定义类型	117	0	0	0
枚举类型	41	14	39	72
选择类型	43	0	0	3
实体类型	352	98	96	114
函数	35	1	1	1
规则	1	1	0	0
预定义属性集	0	57	81	172

注：表中数据针对 IFC2x3 统计。

IFC 规范将实体按照功能和领域进行了划分，如图 2–3 所示。其中与主体实体相关的功能和领域分类包括：

（1）核心层：核心、控制扩展、产品扩展、过程扩展。

（2）交互层：共享的建筑服务实体、共享的构件实体、共享的建筑构件实体、共享的管理实体、共享的设施实体。

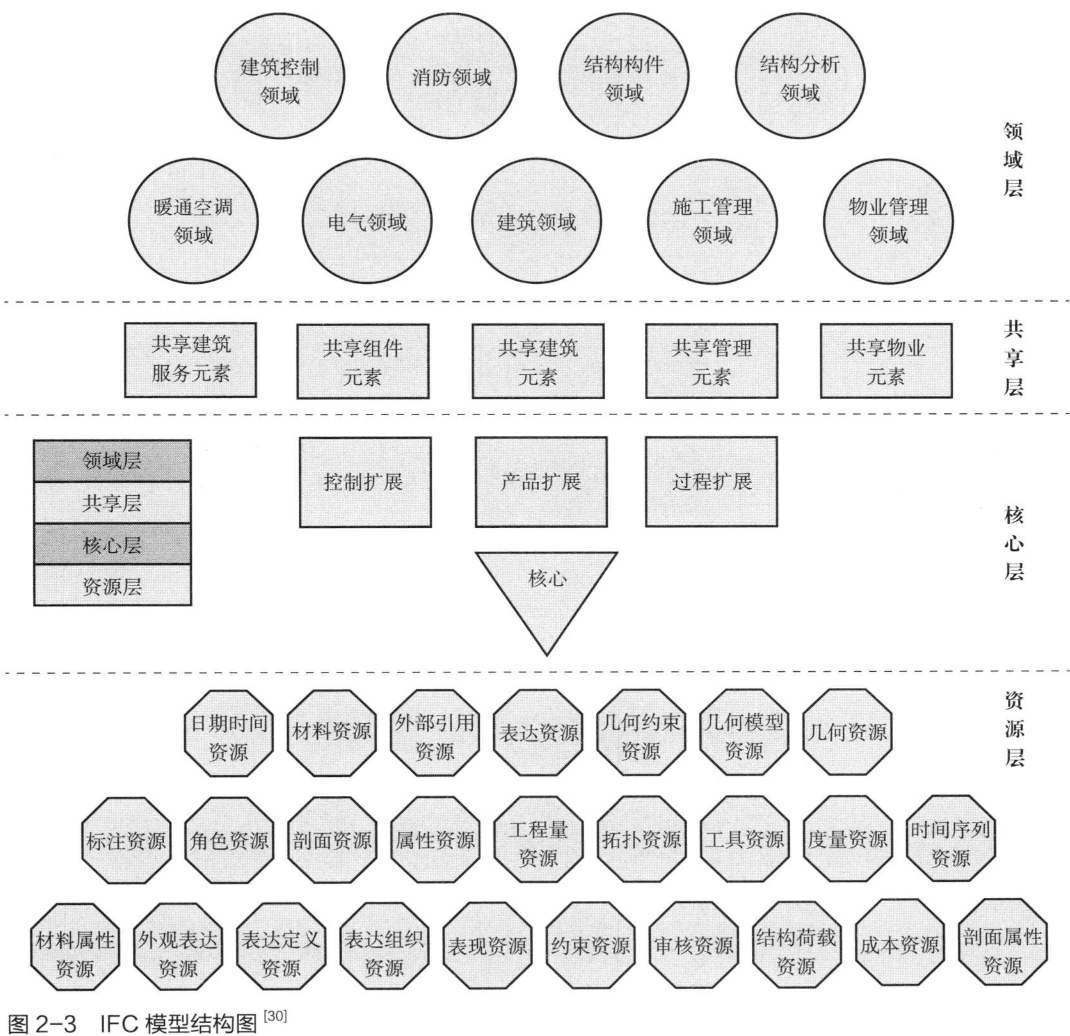

图 2-3 IFC 模型结构图[30]

（3）领域层：建筑领域、建筑控制领域、结构构件领域、结构分析领域、施工管理领域、物业管理领域、电气领域、管道及消防领域、HVAC 领域。

IfcRoot 是核心层及以上层次中全部实体类型的抽象基类型。图 2-4 描述了 IfcRoot 的主要派生关系。IfcRoot 的 GlobalId 属性极为特殊，用于存储一个 GUID 值。GUID 通过一种特殊的算法生成，可以保证在计算机世界中值的唯一性。因此，IfcRoot 派生类通过 GlobalId 属性便具有了全局标识特性，可以在信息交换过程中独立使用。处于资源层的实体由于不是 IfcRoot 的派生类，不继承 GlobalId 属性，在信息交换过程中无法惟一的标识自己，不能独立用于信息交换。这类实体通常作为上层实体的属性值存在。[30]

IfcRoot 派生了三个主要类型，分别是 IfcObjectDefinition、IfcPropertyDefinition 及 IfcRelationship，如图 2-4 A 部分所示。这三个实体类型及其部分派生类构成了 IFC 模型的

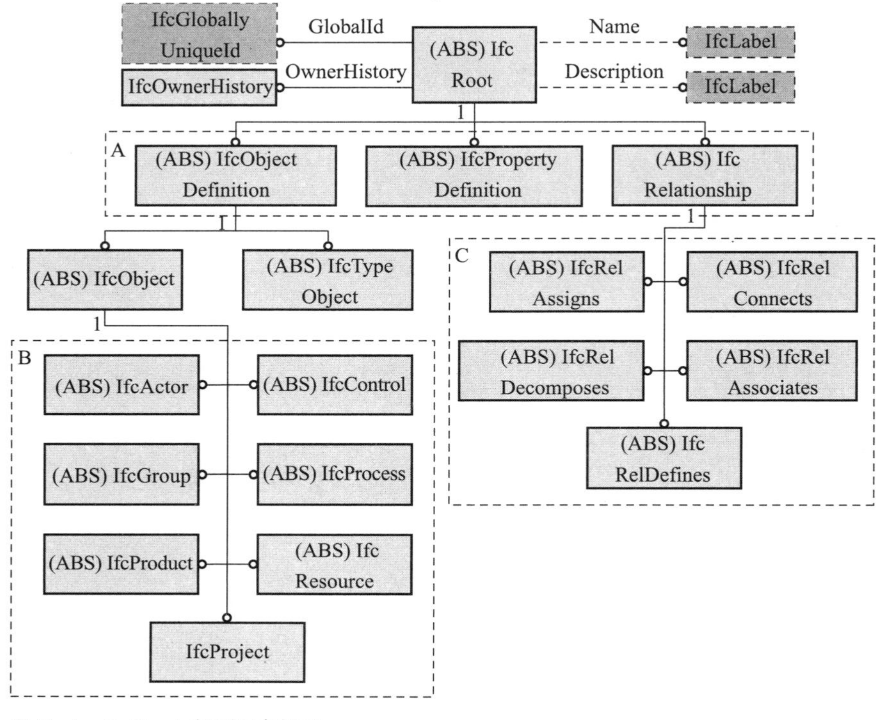

图 2-4　IfcRoot 主要派生关系

核心结构，分布在核心层。其他类型则由核心层中的实体继续派生，形成面向不同领域和专业的实体类型，分布在交互层和领域层。

IfcObject 派生类描述具体的事务及过程信息，派生了 IfcActor、IfcControl、IfcGroup、IfcProcess、IfcProduct、IfcResource 及 IfcProject 七个子类型，如图 2-4B 部分所示。这七个类型及其派生类型构成 IFC 模型信息交换的核心，包括 IfcBeam、IfcColumn、IfcFlowSegment、IfcTask、IfcAsset 等实体。IfcTypeObject 派生类提供了类型信息的定义机制，例如 IfcTypeObject 的派生类 IfcDoorStyle 用于描述某类门的特性，该特性由若干属性和属性集组成，与 IfcDoor 实体配合使用。

IfcPropertyDefinition 派生类定义了常用的属性信息，并提供动态扩展信息的机制，是为 IfcObject 派生类附加属性信息的方式之一。其中特定的派生类与相关的 IfcObject 派生类关联。

IfcRelationship 派生类实现了 IFC 对象模型五种对象化的关联关系，分别是 IfcRelAssigns、IfcRelConnects、IfcRelDecomposes、IfcRelAssociates 和 IfcRelDefines，如图 2-4 C 部分所示。通过这些关系类及其派生类可实现实体与实体、实体与属性间各种复杂关系的定义。对象化的关系类将实体引用保存在自身实例中，这些引用关系在实体中表示为反向属性（Inverse Attribute）。

实体是 IFC 信息交换的载体，IFC 中的其他类型（定义类型、枚举类型、选择类型）均为实现实体的数据描述而服务。然而，实体在信息交换过程中扮演的角色及作用并不完全相同。按照是否可以独立交换分为可独立交换实体、不可独立交换实体两类，见表 2-6。所谓可独立交换实体是指可以在不依赖其他实体的情况下参与完整数据交换过程的实体。不可独立交换实体是指在不依赖其他实体的情况下无法参与完整数据交换过程的实体。

IFC 实体的分类　　表 2-6

分类方式	类别	描述
按照是否可以独立交换	可独立交换	可独立交换的实体指 IfcRoot 派生的实体，分布在核心层、交互层和领域层，具有 GlobalId 属性，具有全局表示特性
	不可独立交换（资源实体）	不可独立交换的实体指不是由 IfcRoot 派生的实体，又称为资源实体。该类实体全部分布在资源层，不具有全局标识特性，通常作为可独立交换实体的属性存在

2.2.3 基于 HBase 的 BIM 数据存储

由于 IFC 数据的面向对象特性，针对每个类定义一个表的结构化存储方式，在对象提取时要进行大量 Join 操作，效率低。因此结合 IFC 模型结构，采用半结构化 IFC 模型存储方法更为合适。鉴于 IFC 实体中只有可交换实体被单独提取和共享，而资源实体不可被独立提取和交换；因此可以只针对各个可交换实体建立单独的表，而不建立资源实体对应的表，资源实体信息直接存储在使用它的可交换实体中。下面详细说明可交换实体的存储方法：

（1）针对每个可交换实体建立表，每个属性建立一列，列名即为属性名称。

（2）由于 Hbase 将所有项目 BIM 数据统一存储，因此表名采用“项目名称 . 实体名称”。

（3）考虑到产品实体和产品类型实体的几何属性数据量较为庞大，针对产品和产品类型表建立几何列族 (geometric) 和基本列族 (base)，而其他可交换实体建立一个列族即可。

（4）存储时，将简单类型（非实体类型）属性直接序列化成二进制数据存储到的相应列中。

（5）对于资源实体类型的属性，自动生成和附加 GlobalId 属性，与实体以前序列化存储到相应的列中；使数据提取时同一资源实体的多个副本可快速匹配，消除数据冗余，减小提取的模型的大小，便于信息交换。

（6）对于关系实体和类型实体中可交换实体类型的属性，由于其具体信息在相应的表中已存储，仅存储其 GlobalId 和实体类型名称，减少数据冗余。

（7）为支持快速查询可交换式实体关联的关系实体和其他可交换实体，且考虑到反向属性的类型均为关系实体；Hbase 数据库中针对实体的每个反向属性定义一列，存储其 GlobalId 和实体类型。

（8）对于资源实体的反向属性，其类型一般为资源层级关系实体，序列化时也只存储属性值的 GlobalId 和实体类型。

半结构存储方式具有以下优势：[30]

（1）若需提取某个可交换实体的信息，通过 GlobalId 或名称直接从 IfcProduct 表中查询对应的记录即可提取所有所需信息，而无需进行复杂的多表 Join 操作，可极大地提高数据提取效率。

（2）面向列的存储方式，不用为 IFC 实体的空值属性预留空间，可减少数据存储空间。

（3）存储了实体的反向属性，易于查找实体关联的关系实体，从而查找相关的其他主体实体。反向属性存储与关系实体的信息冗余，可能导致信息不一致；因此在应用过程中，若两者信息出现不一致，以关系实体存储的实体关联关系信息为准。该方式同时具有以下两点不足：

（1）同一个资源实体若被多个可交换实体采用，会重复存储，增大数据量；但该方式一方面通过面向列存储可以节省空间，另一方面 NoSql 数据库天然具有大数据存储和吞吐能力，可较好地解决该问题。

（2）资源实体被序列化存储，难以实现基于资源实体属性的过滤；比如不能直接通过数据库过滤实现提取长度小于 3 的构件（IfcExtrudedAreaSolid. Depth<3）；但实际上，这种提取需求在面向过程的子模型提取中很少见，可暂时不考虑该问题。

2.2.4 基于 IFC 的 BIM 数据集成与共享

1．基于 IFC 的 BIM 数据转化[17]

鉴于目前不少建筑项目在设计阶段应用 AutoCAD、3dsMax 等 CAD 软件创建建筑的 3D 几何模型，因此为在施工阶段中应用这些 3D 模型，可通过 AutoCAD、obj、3dxml 等几何格式与 IFC 几何数据的转化技术实现信息的集成。

通过研究和实现常用 3D 模型标准（主要有 dwg、dxf、3ds 和 obj）与 IFC 几何模型的转化，可支持各种绝大部分 CAD 软件创建的 3D 模型与 IFC 模型的转化。同时考虑到 AutoCAD 能够导入 dwg、dxf 和 3ds 标准的 3D 模型，所以可以通过 AutoCAD 与 IFC 的转化接口实现 dwg、dxf 和 3ds 格式描述的 3D 模型的转化。基于清华大学 IFC 引擎，可利用 AutoCAD 托管函数库实现 IFC 几何模型与 AutoCAD 几何模型的转化。一方面，该技术可将 IFC 几何模型转化为 AutoCAD 模型，便于 IFC 几何模型浏览，并为工程信息附加提供 3D 环境。另一方面，可将 AutoCAD 创建的 3D 模型转化为 IFC 模型，实现 3D 模型的集成与应用。

2．基于子模型的信息提取[31]

子模型数据的提取需要与全局模型数据分离，其分离通过两种不同的机制实现。一种是通过实体的反向属性分离，另一种是通过子模型视图中实体属性的访问表示进行分离。

第一种分离机制利用 BIM 模型中对象化的关系实体实现。关系实体（IfcRelationship）提供了一种类似于关系数据库中关系表的功能，它将相关联的实体引用保存在自身的实例中，而被关联的实体则通过反向属性查询存储关系的关系实体的实例。实体的反向属性是一个接口在需要时被动态调用，并不被存储。因此，子模型可以自然的通过反向属性与全局模型分离。

第二种分离机制利用子模型视图中定义的实体属性的访问方式实现，提供了更加灵活的子模型分离控制。子模型在访问方式被标识为 Ignore 的实体属性处分离。当子模型重新集成时，被标识为 Ignore 的实体属性忽略外部作出的修改，保留原有数据。例如对于 IfcProduct 的派生实体，在某些应用中不需要提取 Representation 属性，该属性存储几何模型。通常几何模型占用大量的存储空间，而在该属性处分离子模型可以提高子模型的提取和传输效率。

子模型视图存储了用于信息交换的实体类型，由主体实体和辅助实体构成，均为可独立交换的实体。而对于某一实体其属性值对应的实体类型，既可为可独立交换的实体又可为资源实体。在实体数据的提取过程中，依次提取实体的显式属性（Explicit Attribute），若显式属性为引用类型，则按照递归的方式继续调用提取实体的算法。递归调用的终止条件有两个，满足其一便可终止递归调用过程返回临时结果，这两个条件是：（1）属性值为非引用类型；（2）模型视图中访问属性为 Ignore。

由于 IFC 模型实体间存在着复杂的关联关系，一个实体实例可能被多个实体实例引用。为了避免实体提取过程中出现重复提取，进而造成数据的不一致和冲突，在实体的提取过程中，将成功提取的实体存储在一个以 GUID 为关键字的字典结构中。每次提取实体前首先在该字典中检索实体是否已被提取，若已被提取则直接由实体字典获取实体引用，若未被提取则调用上述的实体提取算法。

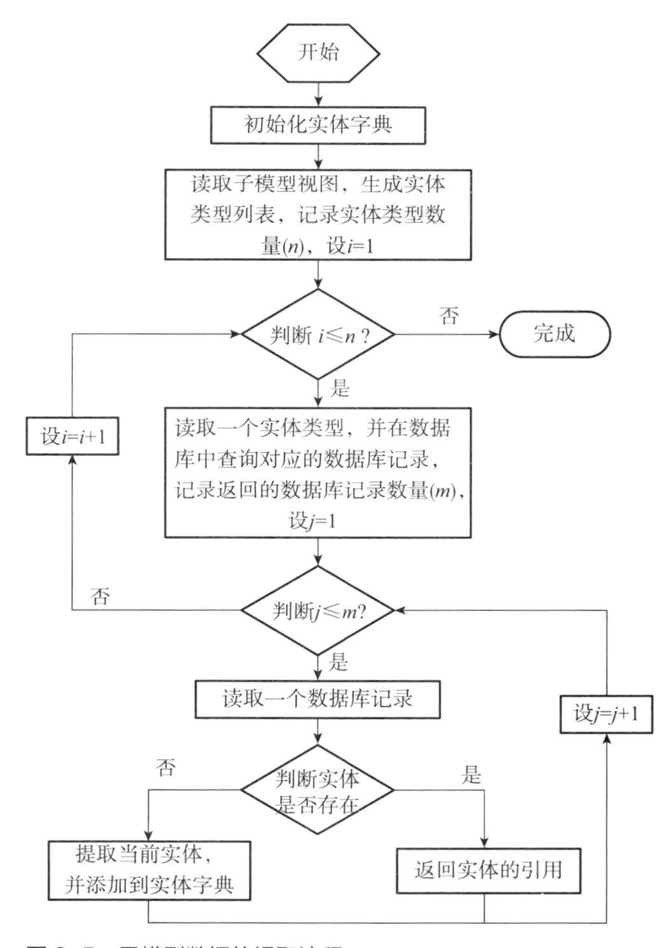

图 2-5　子模型数据的提取流程

子模型数据的提取流程如图 2-5 所示。首先初始化实体字典结构，并读取子模型视图，生成实体类型列表。然后对实体列表中的每一个类型进行遍历，并根据实体类型在数据库中查询对应的数据库记录。对数据库记录集进行遍历，每一条记录对应一个实体实例，并由一个 GUID 作为主键。由于 IFC 模型的复杂引用关系，当前的实体可能在之前的过程中已经建立。根据 GUID 在实体字典中查询实体是否存在，若存在则处理下一条记录，若不存在则应用上节中的方法提取实体，并将成功提取的实体添加到数据字典中。数据的提取过程不删除数据库中的记录，在提取的同时为相应的数据记录标记实体的访问方式。

3．基于子模型的信息集成 [31]

子模型数据的集成过程需要根据子模型数据和子模型视图对数据库执行添加、更新和删除操作。这些操作首先要根据子模型中的实体数据对数据库中的实体记录进行定位。根据 BIM 模型的特点，实体的定位有两种情况，即可独立交换实体的定位及资源实体的定位。可独立交换实体的定位通过匹配 GlobalId 属性实现。然而，资源实体由于不具备 GlobalId 属性，无法找到对应的数据库记录进行直接定位。因此，对于资源实体需采取重写数据库记录的方式提交。

在实体数据的提交过程中，依次提交实体的显式属性（Explicit Attribute），若显式属性为引用类型则按照递归的方式继续调用提交实体数据的算法。递归调用的终止条件是实体属性不再包含任何引用类型。

子模型数据的集成流程如图 2–6 所示。首先，读取子模型视图，子模型视图中记录着实体属性的访问方式。然后，建立可独立交换的实体实例列表，对该列表中的实体实例进行遍历并执行上节描述的实体提交过程。

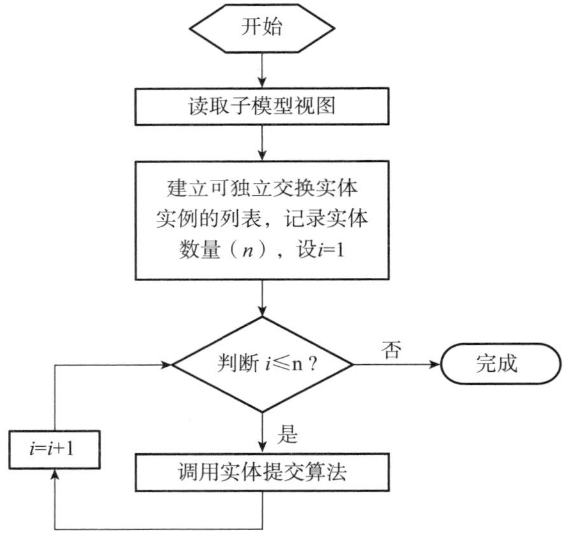

图 2–6　子模型数据的集成流程

2.3　面向建筑全生命期 BIM 集成与应用管理实践

2.3.1　系统部署

将基于云计算的 BIM 数据集成与管理平台部署于北京槐房水厂项目。在建设方布置平台管理服务器，在其中运行 Ubuntu 虚拟机，安装 Hadoop 集群并配置 HDFS、Hbase、

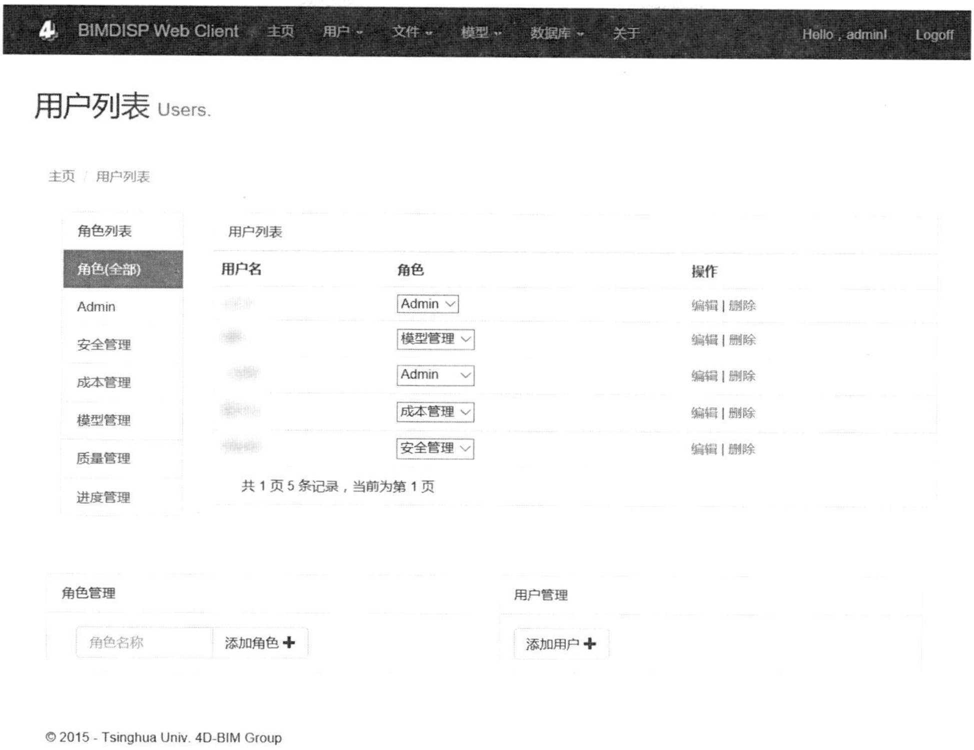

BIMDISP Web Client 主页 用户 文件 模型 数据库 关于 Hello，admin! Logoff

用户列表 Users.

主页 / 用户列表

角色列表
角色(全部)
Admin
安全管理
成本管理
模型管理
质量管理
进度管理

用户列表

用户名	角色	操作
	Admin	编辑 | 删除
	模型管理	编辑 | 删除
	Admin	编辑 | 删除
	成本管理	编辑 | 删除
	安全管理	编辑 | 删除

共 1 页 5 条记录，当前为第 1 页

角色管理
角色名称 添加角色 +

用户管理
添加用户 +

© 2015 - Tsinghua Univ. 4D-BIM Group

图 2-7　用户列表

Zookeeper、Redis 等组件，再安装 BIMDISP 服务模块，配置基于 SQL Server 2012 的平台管理数据库和平台管理服务模块，搭建基于云计算的 BIM 数据集成与管理平台。

平台管理服务器部署完成后，为各个参与方服务器配置用户信息，在服务器管理 Web 客户端中建立用户，输入用户名、密码、权限等。图 2-7 为施工总包方建立的用户列表。服务器会将其中的管理员用户自动发送到平台管理服务器，成为平台中本方服务器的管理员，可以使用相同的账号登陆平台管理服务，此外平台管理服务器在建立时会自动添加一个名为 admin 的平台管理员管理账号。

至此，基于云计算的 BIM 数据集成与管理平台在北京槐房水厂项目的部署工作完毕，进入数据准备阶段。

2.3.2　数据准备

用户建立完成后，使用 MVD 快速定义工具为各个参与方建立 MVDXML 文件描述数据需求。建设方需要项目的完整数据，基础公司需要基础部分的模型和施工数据，施工总包需要主体部分的模型和施工数据，监理公司需要全部的施工数据，而咨询团队与业主方一样，需要项目的完整数据。各参与方的数据需求情况见表 2-7。

各参与方数据需求情况　　表 2-7

参与方	数据需求
建设方	项目完整数据
设计方	基础部分和主体部分设计数据
基础公司	基础部分设计和施工数据，“IfcTask.Name=‘基础施工’”
施工总包	主体部分设计和施工数据，“IfcTask.Name=‘主体施工’”

各个参与方的数据需求确定后，可以开始上传 IFC 格式的模型数据。在本项目中，由于模型量大，设计方分流水段上传 BIM 模型文件，共包括主体结构若干分区，以及臭氧接触池、紫外消毒车间、配水泵房、清水池等。在本次应用实践中上传模型量见表 2-8，部分模型展示如图 2-8～图 2-12 所示。

工程各部位模型量统计　　表 2-8

模型	IFC 文件大小（MB）	模型	IFC 文件大小（MB）
HF-5 区	31.1	HF-11 区	18.8
HF-6 区	39.3	臭氧接触池、紫外消毒车间	2.4
HF-7 区	39.0	配水泵房	12.0
HF-8 区	31.1	清水池	3.9
HF-10 区	30.2	细格栅板	17.0

图 2-8　HF-6 区模型

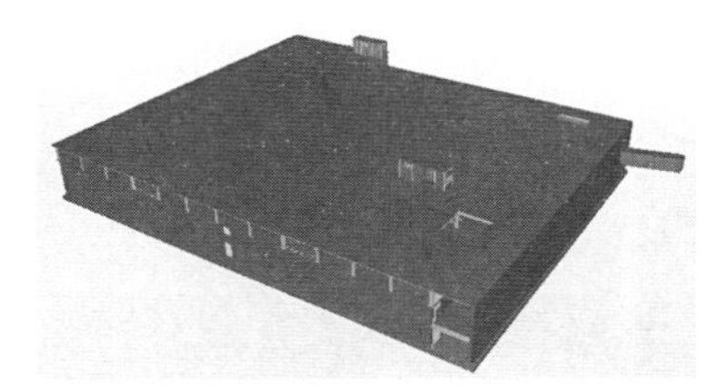

图 2-9　HF-11 区模型

图 2-10　臭氧接触池模型

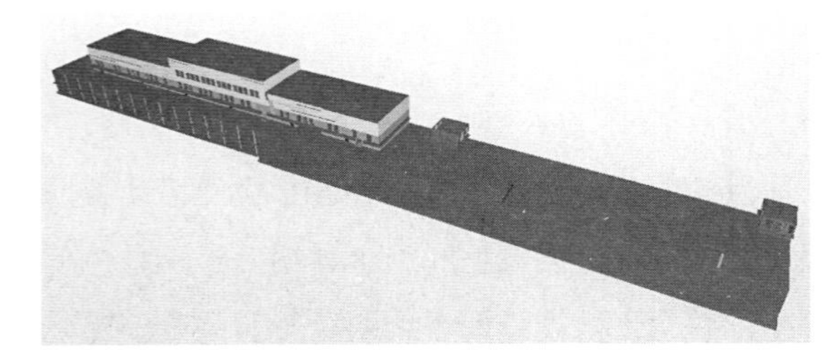

图 2-11　配水泵房模型

图 2-12　清水池模型

2.3.3 数据互用与管理

在完成基于云计算的 BIM 数据集成与管理平台部署和基础数据（系统用户、参与方数据需求、设计模型）的准备后，按照数据的不同创建者，分别从各个参与方服务器上传基础数据。由前文论述可知，在向平台新增数据时，多参与方的数据互用过程会自动被触发，按照需求驱动的数据互用模式，各个参与方服务器将陆续从各个其他参与方服务器接收到符合本方需求描述的 BIM 实体集，通过 BIM 的集成技术，集成到参与方 BIM 数据库之中。所有基础数据上传完成后，各参与方的数据权限状态如图 2–13 所示。

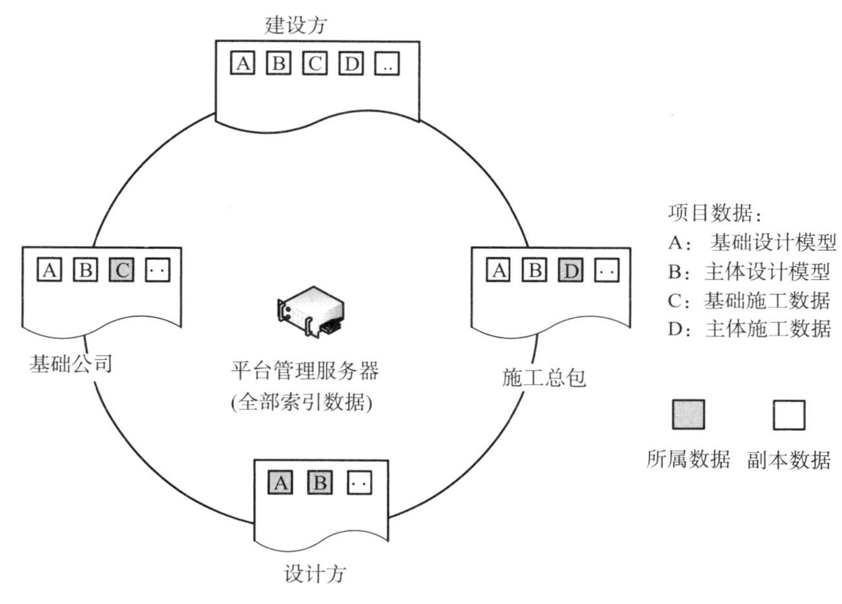

图 2–13　数据权限状态

从平台管理服务器的全局索引数据中能够更直观地了解到需求驱动的数据互用模式下，各个参与方的数据状态。图 2–14 统计了各参与方所属实体和副本实体的数量。

BIMDISP 云平台管理服务

属性	属性值	操作
ID：	1	
服务器名：	建设方	
IP地址：		
访问链接：		
所有权实体	0	
副本实体	769419	

© 2017 - Tsinghua Univ. 4D-BIM Group

BIMDISP 云平台管理服务

属性	属性值	操作
ID：	2	
服务器名：	施工总包	
IP地址：		
访问链接：		
所有权实体	410482	
副本实体	291680	

© 2017 - Tsinghua Univ. 4D-BIM Group

BIMDISP 云平台管理服务

属性	属性值	操作
ID：	3	
服务器名：	基础公司	
IP地址：		
访问链接：		
所有权实体	107313	
副本实体	127488	

© 2017 - Tsinghua Univ. 4D-BIM Group

BIMDISP 云平台管理服务

属性	属性值	操作
ID：	4	
服务器名：	设计方	
IP地址：		
访问链接：		
所有权实体	251624	
副本实体	0	

© 2017 - Tsinghua Univ. 4D-BIM Group

图 2–14　各参与方所属实体和副本实体统计

2.3.4 数据集成

前文已经提到，北京槐房水厂的紫外消毒车间、配水泵房、清水池等模型分别由不同的设计人员设计和建模，形成的模型通过不同节点上传至服务器。在向平台新增数据时，各参与方的数据互用过程会自动被触发，按照需求驱动的数据互用模式，各个参与方服务器将陆续集成 BIM 数据，平台中心管理服务器记录所有可交换实体的索引。在模型上传后，即可浏览并查询所有实体的信息，如图 2–15、图 2–16 所示。

BIMDISP 云平台管理服务 主页 用户 服务器 实体 关于 联系 您好，admin! 注销

服务器 服务器(全部) 权限 请选择权限 实体类型 实体名称 每页 20 条记录 搜索

实体类型	GlobalId	实体名称	归属方	操作
IfcColumn	3uKqNG4MH6qvAdVmTCdODJ	\X2\6DF751DD571F\X0\-\X2\77E95F62\X0\-\X2\67F1\X0\:450*500:321441	设计方	查看详情
IfcColumn	3uKqNG4MH6qvAdVmTCdODH	\X2\6DF751DD571F\X0\-\X2\77E95F62\X0\-\X2\67F1\X0\:450*500:321443	设计方	查看详情
IfcColumn	3uKqNG4MH6qvAdVmTCdODN	\X2\6DF751DD571F\X0\-\X2\77E95F62\X0\-\X2\67F1\X0\:450*500:321445	设计方	查看详情
IfcColumn	3uKqNG4MH6qvAdVmTCdODL	\X2\6DF751DD571F\X0\-\X2\77E95F62\X0\-\X2\67F1\X0\:450*500:321447	设计方	查看详情
IfcColumn	3uKqNG4MH6qvAdVmTCdODR	\X2\6DF751DD571F\X0\-\X2\77E95F62\X0\-\X2\67F1\X0\:450*500:321449	设计方	查看详情
IfcColumn	3uKqNG4MH6qvAdVmTCdODP	\X2\6DF751DD571F\X0\-\X2\77E95F62\X0\-\X2\67F1\X0\:450*500:321451	设计方	查看详情
IfcColumn	3uKqNG4MH6qvAdVmTCdODV	\X2\6DF751DD571F\X0\-\X2\77E95F62\X0\-\X2\67F1\X0\:450*500:321453	设计方	查看详情
IfcColumn	3uKqNG4MH6qvAdVmTCdODT	\X2\6DF751DD571F\X0\-\X2\77E95F62\X0\-\X2\67F1\X0\:450*500:321455	设计方	查看详情
IfcColumn	3uKqNG4MH6qvAdVmTCdOD3	\X2\6DF751DD571F\X0\-\X2\77E95F62\X0\-\X2\67F1\X0\:kz2:321457	设计方	查看详情
IfcColumnType	2lPnY6qYX0pAU0pt7CEQPg	H-\X2\73B06D476DF751DD571F\X0\-\X2\578276F4501289D2\X0\ 200*200*4000	设计方	查看详情
IfcColumnType	2bl5S6QRz43vnJCzPIBGKl	H-\X2\73B06D476DF751DD571F\X0\-\X2\578276F4501289D2\X0\ 200*200*4000	设计方	查看详情
IfcColumnType	3uKqNG4MH6qvAdTmTCdODp	450*500	设计方	查看详情

共 38471 页 769419 条记录，当前为第 10 页　首页 上一页 ... 5 6 7 8 9 10 11 12 13 14 ... 下一页 尾页 10

© 2017 - Tsinghua Univ. 4D-BIM Group

图 2–15　实体查看

BIMDISP 云平台管理服务 主页 用户 服务器 实体 关于 联系 您好，admin! 注销

实体详情 Entity Details.

主页 / 实体列表 / 实体详情

属性	属性值	操作
GlobalId :	3uKqNG4MH6qvAdTmTCdODT	
实体类型：	IfcColumnType	
实体名称：	450*500	
归属方：	设计方	服务器详情
副本存储方：	建设方 施工总包	服务器详情 服务器详情

返回

© 2017 - Tsinghua Univ. 4D-BIM Group

图 2–16　实体详情查询

对于业主方，设计方将设计模型上传后，平台管理服务器建立索引后，业主方就会自动获取所需实体，并最终集成为完整模型，如图 2-17 所示。对于施工总包，设计方上传模型后，会自动筛选其中属于主体部分的模型，获取相应实体进行集成，形成完整的主体模型，如图 2-18 所示。而对于基础公司，与之类似，会自动筛选其中属于基础部分的模型，并获取相应实体进行集成，形成完整的基础模型，如图 2-19 所示。结果表明，本文提出的基于云计算的 BIM 集成管理机制，在本项目的应用中实现了数据的存储、集成与互用。

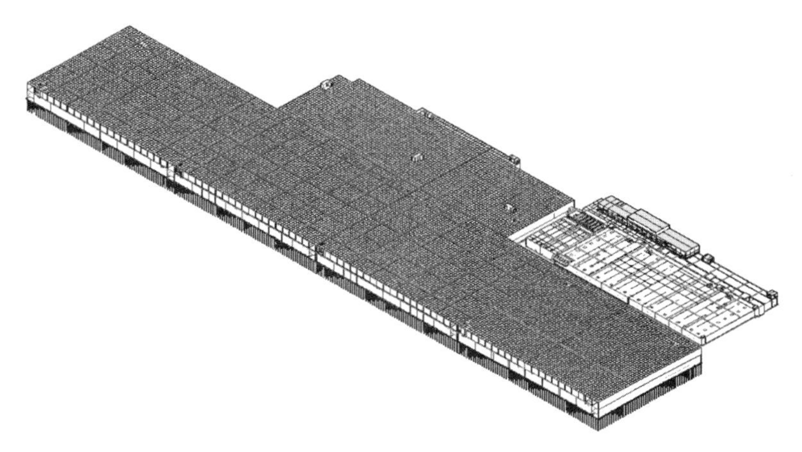

图 2-17　完整模型集成结果

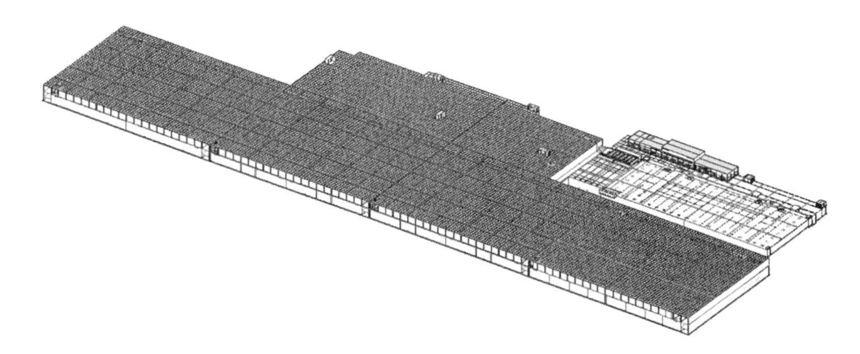

图 2-18　主体模型集成结果

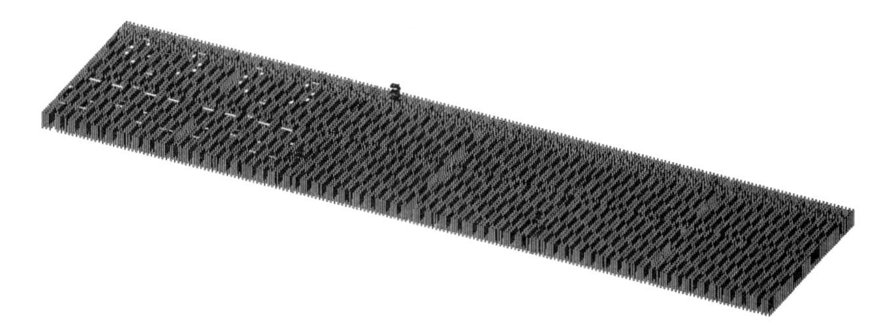

图 2-19　桩基模型集成结果

第3章

集成项目交付模式应用

3.1 集成项目交付模式概述

集成项目交付（Integrated Project Delivery，简称 IPD）是一种新兴的项目交付模式。AIA（The American Institute of Architects，美国建筑师协会）将 IPD 定义为：将商业结构、系统、实践与人员集成至项目实施过程中，充分利用每个项目参与方的知识和远见，达到优化项目执行结果，提升项目对于业主的价值，在制造和建造等项目实施各个阶段中减小浪费和提高效率的目的。相较于传统项目交付模式，在 IPD 项目（采用 IPD 模式的项目）中，各参与方在 IPD 合同的约束与激励下，以项目整体利益最大化为目标，充分交流、密切协作[24]。在执行效果上，IPD 可提升项目价值，大大减少出现各类风险（如专业间冲突、返工、变更等）的可能性，有力地保证项目目标的实现。根据 2010 年美国学者进行的一项研究，在其调查的 IPD 项目中，70.3% 的项目实现了成本节约，59.4% 的项目成功地缩短了工期[25]。对大型、复杂项目，IPD 的优势尤为明显。[32]

IPD 项目实施一般采取如下原则[26～33]：

（1）各参与方之间互相尊重与信任。

（2）各参与方利益共享、风险共担。

（3）各参与方协同创新与决策以使项目整体收益最大化。

（4）关键参与方提前参与项目，在项目早期即开始协同工作。

（5）在项目早期，各参与方协商确定项目目标。

（6）在项目实施过程中，加强工作执行的计划性。

（7）在项目实施过程中，各参与方之间应进行开放性地交流。

（8）项目应选用 BIM、智慧板、协同工作平台等先进的技术。

（9）项目应采用民主的组织与领导体系。

荷兰的 Volker 和 Klein[34]、美国的 Leicht[35]、Motiar 和 Kumaraswany[36]、中国香港的 Dey[37]、中国的徐韫玺[38]等学者也在自己的研究中确认 IPD 项目应该完全遵守或者部分遵守上述原则。

3.1.1 国外 IPD 项目法律架构

IPD 项目中存在多种法律架构（Legal Structure），这些法律架构由相应的合同进行规定。法律架构是 IPD 项目实施的基础，它从根本上决定了 IPD 项目各参与方之间的关系、合作形式以及利益风险分配方法，在实施 IPD 项目时需根据实际情况进行灵活的选择。目前国外 IPD 项目常见的法律架构按集成度由低到高可分为三种，分别为：多个独立合同（Multiple Independent Contracts）、单个多方合同（Single Multi-party Contract）、单一项目实体（Single Project Entity）[39]。下面分别对这三种架构进行简要介绍。

1．多个独立合同

与传统方法类似，业主分别与设计、总包、分包、供应商等签订独立的合同，但各合同条款体现了 IPD 项目实施的基本原则。AIA 提供了相应的标准合同样板：A195–2008[40] 用于规定 IPD 项目中业主与总包之间的关系；B195–2008[41] 用于规定 IPD 项目中业主与设计方之间的关系；A295–2008[42] 用于规定 IPD 项目，同时适用于设计方与总包的通用条件，以供前两个合同进行引用。

在该架构下，各参与方进行各自专业范围内的工作。各参与方代表定期举行会议协调各专业间的工作。由于各方均独立地与业主签订合同，各参与方的利益关系不强，不利于协同工作的开展。为此，在此法律架构下，业主建立利益池（Profit Pool），将各参与方的一部分利益放入该池中，项目结束后，各参与方从该池中获取利益的多寡直接取决于项目整体收益 [39]。

2．单个多方合同

业主、设计、总包等核心参与方共同签订一个多方合同。该合同规定了各参与方之间的权利义务关系，以及业主向各参与方的支付模式。该法律架构下的标准合同包括：AIA 组织提供的 C191–2009[43]，精益建造协会组织发布的 Consensus300[44]，Five Hills Regional Health Authority 发布的 IFOA（Integrated Form of Agreement）[45]。

在该架构下，合同的签订方共同建立项目管理委员会，负责项目的日常管理工作。同样的，各参与方将一部分收益放到收益池中以实现利益共享，风险共担。

3．单一项目实体

除业主之外的多个参与方间签订合同成立合资公司，规定公司内部各参与方之间的权利义务。该公司的目的是完成项目的设计与施工工作。然后，合资公司作为一个整体与业主签订合同，明确业主与合资公司之间的权利义务关系。该法律架构下的标准合同包括：AIA 组织发布的 C195–2008[46] 用于规定组建合资公司的相关事宜、C196–2008[47] 用于规定业主与合资公司的关系、C197–2008[48] 用于规定合资公司与内部各参与方之间的关系。

在该架构下，合资公司作为整体向业主负责。如果合资公司中任意一方违约，则其他参与方需连带承担相关责任。合资公司的管理团队由各参与方代表共同组成，公司的整体盈收与亏损按合同规定比例分配至公司的各参与方。

3.1.2 国外 IPD 项目流程

在实际实施过程中，IPD 项目的实施流程随项目的不同而不同。2007 年，AIA 组织针对各参与方集成度最高的“单一项目实体”法律架构 [49]，发布了 IPD 指南，提出了 IPD 项目典型实施流程。该流程将项目实施分为八个阶段，包括概念设计（Conceptualization）、指标设计（Criteria Design）、详细设计（Detailed Design）、施工图设计（Construction Documents）、政府审查（Agency Review）、采购（Buyout）、建造（Construction）、竣工收尾（Closeout）阶段。通过这八个阶段，IPD 项目参与方解决了有关项目的四个问题，即谁来建（Who）、建什么（What）、怎么建（How）以及具体实现（Realize）。各阶段完成的任务如下：

（1）概念设计：从宏观上初步确定 What，Who 以及 How。

（2）指标设计：项目初步成型，几项主要指标被评价、测试及确定。

（3）详细设计：完全确定 What，与传统项目相比，施工图阶段的很多任务被提前到详细设计阶段来做。

（4）施工图设计：在已经确定的 What 基础上，设计方会同总包、分包、供应商等共同确定 How。

（5）政府评审：在理想状态下，在前四个阶段，政府评审人员已经深入介入到项目中以跟踪项目实施，因此该阶段的工作量较传统项目大大减少。

（6）采购：供应商已经参与到前面几个项目中，部分已经确定好的定制、供货周期长的材料已在前几个阶段进行了采购，本阶段主要采购尚未采购过的材料。

（7）建造：由于总包、分包的深度参与，建造相关的所有问题基本上已在 1～4 阶段得到解决。相应的，在建造过程中，由于设计信息不全面、错误等导致的变更、工期拖延等情况大大减少。施工过程中，施工方将更多的精力放在质量与造价控制上。

（8）竣工收尾：交付项目，根据项目收益以及合同条款的规定，完成对各参与方的支付。

与传统项目相比，在 IPD 项目中，由于各参与方已在项目早期参与进来，很多工作较传统项目也尽可能提前完成。在建筑工程项目中，在项目前期阶段进行修改与调整较后期阶段进行更加容易，且产生的成本浪费也要小于在后期阶段。与传统项目相比，IPD 项目在降低成本、提高效率方面有较大的优势。当然，在 IPD 项目中，设计阶段要完成的成果比传统项目更多、更细，导致 IPD 项目的设计时间要长于传统项目，但施工工期要短于传统项目。

3.1.3 国外 IPD 项目实施方法

IPD 项目并未对实施方法作出严格的规定，理论上讲，如果一个工程项目在合同上、实施上体现了 IPD 项目实施原则，则可称之为一个 IPD 项目。但是，经过行业协会、研究组织、工程企业的探索，国外逐步形成了一套实施 IPD 项目的有效方法，总结如下。

1．大屋

IPD 项目要求各参与方从参与项目开始，至项目结束，须始终在统一的工作地点进行项目相关的工作，以保证各参与方之间的协同效率。这个统一的工作地点称之为“大屋”（Big Room）。该大屋既是各参与方交流的场所，也是各参与方工作的场所[50～52]。对大屋的构成要素进行的总结：

（1）可移动工位：IPD 项目的任务由各参与方抽调合适人员组成的跨专业任务小组（Cross Functional Team）完成，处于同一任务小组的人员在实施该任务时，其工位集中在一起，便于随时进行讨论交流。

（2）信息展示墙：大屋四周的墙面用于张贴项目各个方面、层次的信息，包括项目计划、项目指标、成本信息、设计想法、产品信息、碰撞检查发现的问题、可持续性能信息等。其目的是使大屋中的每一个人都能了解项目整体、本任务小组、其他任务小组的最新状态，以引导每个项目参与人员在进行各自工作时能考虑项目整体价值，同时营造一种信息公开、密切协作的良好氛围。

（3）大、小会议室：用于召开不同规模的会议，如项目全体会议、任务小组内部会议等。

（4）智慧板（Smart Board）：用于展示各类电子文件，如图纸、BIM 模型等，以支持各参与方基于这些文件进行讨论。

（5）计划墙：用于支持各参与方共同制定项目计划，各任务小组负责人以贴标签的形式向计划墙张贴任务标签，讨论任务间的依赖关系，确定任务顺序与执行时间，最终建立项目计划。

2．交流

高效的协同工作依赖于顺畅、开放的交流。交流分为两种形式，即同步交流与异步交流。其中，同步交流是实时进行的，参与交流的人员可以立刻得到对方的反馈，其方法包括面对面交流、会议、视频会议、电话、即时消息等。异步交流是非实时的，即交流人员不能马上得到对方的反馈[53]。就交流效率来说，同步交流的效率要高于异步交流。

在 IPD 项目中，由于各参与方均在大屋中，相应的交流也以同步交流为主。其中，当项目实施人员遇到困难，需要其他参与方人员的帮助时，可以立刻在大屋中与其进行讨论，获得相关信息，以克服当前困难。利用该方法，很多跨专业的小问题均可有效地得到快速解决，对于提高协同工作效率大有裨益[54]。

相对于传统项目，IPD 项目的会议频率大大提高，会议类型一般包括管理团队例会、项目团队全体例会、任务小组内部例会以及针对特殊情况的专题会议[55]。其中管理团队例会一般为一周一次，项目管理人员就项目执行过程中碰到的问题进行讨论并确定解决方案。项目团队全体例会一般为一周或两周一次，项目团队全体成员就项目的计划、成本、质量等进行讨论并提出优化建议，使项目的优化能够吸收全体成员的知识与经验。任务小组内部例会一般为每天一次，小组内部成员就当天工作中出现的问题、完成的任务，以及下一步的计划进行讨论，加强了小组内部成员间的交流，同时及时解决工作中出现的问题。

3．末位计划系统

末位计划系统（Last Planner System，简称 LPS）是精益建造（Lean Construction，简称 LC）中的一种方法。该方法起源于 20 世纪 90 年代的美国，其不单纯是一种计划制定方法，更是一种项目计划与控制的操作系统，如图 3–1 所示，该系统利用“拉式”方法制定分层计划，确保计划实施的前提条件都已具备。在实施过程中，一线管理、工作人员（称之为最后计划者）不再机械地执行已制定的计划，而是在计划执行过程中，将一线实际执行情况的变化，迅速进行反馈，将这些变化及时体现在计划中，使计划能符合实际情况，提高计划的可靠性[56~58]。

计划的制定与实施包含 4 个关键要素，包括：进度要求的应完成的工作（Should）；由于现实环境与计划执行情况的约束而能够完成的工作（Can）；在约束允许的前提下，实施人员决定要完成的工作（Will）；已经完成的工作（Did）[59]。

传统的计划系统，即推式计划系统，只体现了以上两个要素，即 Should 与 Did。计划者在制定计划时未充分考虑项目的约束，计划实施过程中遇到的实际情况（约束、前序任务延期等）无法及时体现在计划中，这导致计划的制定与实施脱节，如图 3–1 所示。

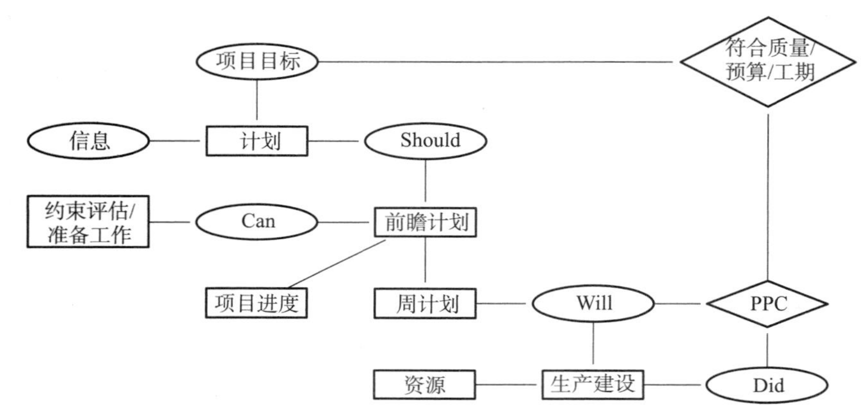

图 3–1　末位计划系统实施示意图[60]

具体的，LPS 的执行过程介绍如下[58、60]：

（1）上层管理者以及一线工作人员共同进行讨论，根据项目的目标与时间要求制定主计划，主计划包含一系列的里程碑。

（2）在里程碑的限制下，对约束及准备工作进行评估，确定哪些工作可以做，形成前瞻计划。

（3）对前瞻计划进行细化，确定接下来较近的时间段内（一周或两周）将要做什么工作，这些工作由最后计划者确认并承诺完成，形成周计划。

（4）根据周计划的要求，执行计划规定的工作。

（5）当周计划完成后，根据最后计划者反应的计划完成情况，及时对主计划、前瞻计划进行修改，使其符合现实，同时开始制定新的周计划。此外，项目管理人员应评估“计划完成百分比”（Percent Plan Complete，简称 PPC），即实际完成的任务数占计划完成的任务数的比值，以评估计划执行者的绩效。

在建筑工程项目的设计阶段，对设计方案的修改会触发设计迭代，即对已创建的设计提交物进行修改[58、61]。在IPD项目的设计阶段，各参与方提前参与项目，并对设计方案提出大量优化建议。相对应地，设计迭代的数量较传统项目大大增加。针对此种情况，传统的推式计划系统很难对设计过程进行有效的计划与约束，而LPS能较好地适应这种情况。Hamzeh等对某实施LPS的IPD项目的设计过程进行了分析，总结了在IPD项目中实施LPS的流程，并通过访问该项目参与人员，发现通过实施LPS，IPD项目的实施水平提到显著提高，具体体现为：计划的可靠性、项目参与人员的工作效率、设计成果的质量得到提高，项目的设计按期完成，各种错误、浪费、重复劳动等显著减少[62]。正因为LPS对IPD项目的促进作用，有相当一部分IPD项目采用了LPS[33、55、63~64]。

4．目标价值设计

目标价值设计（Target Value Design，简称TVD）起源于制造业，首次在Macomber的论文中进行了定义[65]。利用传统方法，一般是在设计完成后对项目的各项指标进行评估，然后根据评估结果对设计结果进行优化。与之不同，在采用TVD时，首先根据业主需求制定的一系列要实现的价值目标（成本、质量、功能等），TVD的实施过程一方面包含在价值目标的严格约束下进行的设计，另一方面包含与设计过程相并行的判断设计结果是否满足价值目标要求的评估。TVD关注的价值不单是成本，而是包含成本、质量、功能等业主需求的复合性的价值。Zimina等对美国12个系统应用TVD的项目的应用效果进行了评估，发现这些项目的实施成本较市场同类项目的平均成本下降了约15%，同时在质量、功能、可持续性等其他指标方面均能很好地满足业主的需求[66]。

TVD可以在很多项目交付模式中加以使用，但是该方法最适用于IPD模式。原因在于该方法要求各参与方（业主、设计方、施工方）在设计阶段进行紧密的协同，以便及时对设计结果满足目标的程度进行评估[67]。在IPD项目中，由于各参与方提前参与项目，为实施TVD打下了良好基础，且利益共享、风险共担的机制激励着各参与方主观上共同为满足项目的目标价值而努力。而传统的项目交付模式，典型的如DBB，各参与方分阶段参与到项目中，客观上不具备实施TVD的条件。当然，DBB模式也可以要求潜在中标的施工方提前参与到项目中，但由于施工方并不能确定自己未来能中标以分享TVD所取得的收益，主观上并不会积极地为TVD作贡献[68]。正是因为TVD方法显著的收益，及与IPD模式良好的匹配性，有相当一部分IPD项目采用了TVD方法[55、63~64]。

具体的，Orihuelat等结合一个典型项目，给出该项目设计阶段实施TVD的典型流程，该流程具有以下三个特点：多专业间高度耦合、设计与评估高度耦合、存在大量设计迭代。这三个特点也说明了各参与方之间进行紧密协同对实施TVD的必要性，验证了IPD与TVD之间的匹配性。

5．基于集的设计

传统的设计一般采用的是基于点的设计（Point–Based Design，简称 PBD），基于点的设计被 Evans 总结为设计螺旋，其实施过程描述如下[69、70]：

（1）定义问题。

（2）确定多个解决方案。

（3）择优选择一个解决方案进行进一步细化。

（4）对选择的方案进行分析、修改，直至方案满足需求。

（5）如果选择的方案即使通过优化也无法满足要求，则会回到步骤 1 或 2 迭代进行。

PBD 的主要缺陷体现在两个方面：首先，其产生的方案虽然是满足要求的方案，但有很大可能不是最优方案；其次，当 PBD 执行至上述第 5 步时，需重新选择方案进行设计，从而使计划失控，无法保证设计按时完成。

基于集的设计（Set–Based Design，简称 SBD）最早由 Ward 于 1995 年提出，它源自于丰田公司的开发过程管理方法[71]，其实施过程描述如下[72]：

（1）确定所有可能的设计方案组成设计集合。

（2）细化设计集合中所有的设计方案。

（3）在细化过程中逐步筛选掉明显有缺陷的方案。

（4）多设计方案平行进行细化，直至唯一的最优方案被选中。

与 PBD 方法相比，SBD 方法更有可能获得项目的最优方案，同时将大大减少迭代的次数。当然，SBD 使相当一部分时间、精力浪费在被淘汰方案的设计上，但同时由于减少了迭代而节省了时间。总体来看，对于复杂、要求高的项目，SBD 反而会花费更少的时间[58]。

为评价与选择 SBD 中的多个方案，基于优势选择（Choosing by Advantages，简称 CBA）的方法经常被采用以确定哪些设计方案优于其他设计方案。CBA 方法中包含 4 个关键概念，分别为："CBA 选项"，指备选的两个或多个设计方案；"CBA 要素"，指影响决策的要素，如成本、可施工性、能耗等；"CBA 属性"指备选设计方案的特点、质量或结果，即 CBA 要素的值；"CBA 指标"分为两类，分别为"强制指标"与"非强制指标"，前者指每个备选方案必须满足的指标，后者指决策者倾向于越高 / 低越好的指标。

3.2　集成项目交付模式实施模型与标准

由于国内外建筑工程行业的差异性，源于国外的 IPD 模式不能照搬进国内，需结合国内工程实际进行适应性的调整。为此，本研究根据对国内工程项目从业人员的访谈、调研结果，对 IPD 项目的实施方法进行了改进，建立了符合我国工程实际的 IPD 项目实施模型，用于规定 IPD 模式在我国建筑工程项目中的落地与实施方法。更进一步地，在该实施模型指导下，本研究建立了 IPD 项目实施标准，具体指导国内建筑工程企业实施 IPD 项目。

该实施模型如图 3-2 所示，由三个基本要素构成，即工作流程、组织架构以及信息。这三个基本要素相交构成了三个交叉要素，分别为协同工作、信息传递与交流。下面将对这六个要素进行介绍。

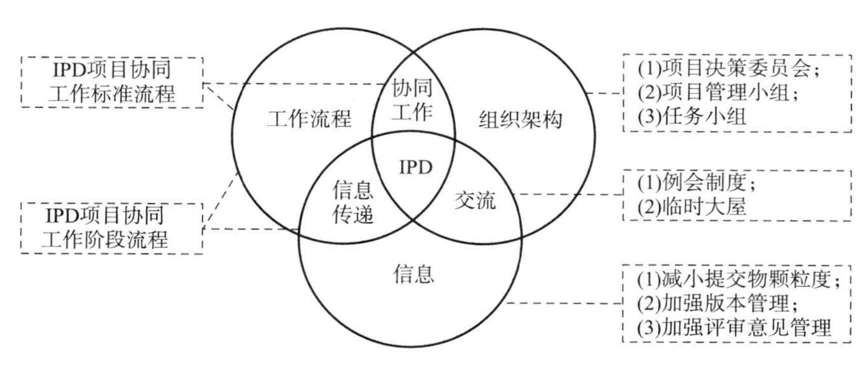

图 3-2　IPD 项目实施模型

3.2.1　组织架构

依然采用三层组织架构，分别为：

项目决策委员会。由业主、设计方、总包方、重要咨询方的领导组成，负责就项目重大事宜进行决策，解决项目管理小组无法解决的各参与方之间的纠纷。当纠纷仍无法处理时，业主具有最终裁定权。

项目管理小组。由业主、设计方、总包方、分包方、重要咨询方在本项目的负责人组成，负责项目日常管理工作。

任务小组。负责项目分解出的一部分工作。在项目不同阶段开始时，各任务小组主要由同一个参与方人员构成，并由其他相关参与方提供人员作为补充以提供支持。例如，结构设计任务小组主要由结构设计方的人员组成，但需要总包提供人员予以支持，以保证结构设计的可施工性。

除以上三层组织架构外，需设置 IPD 项目协调员，设计阶段一般由设计方负责人担任，施工阶段一般由总包方负责人担任，用于协调 IPD 项目团队的协同工作。

3.2.2　工作流程

工作流程可分为两类，分别是 IPD 项目协同工作阶段流程与 IPD 项目协同工作标准流程。前者规定了各参与方创建、修改、评审各提交物的顺序，也可看作信息传递的流程。后者规定了日常协同工作的标准流程，各参与方按该标准流程来协调之间的工作，推进协同工作阶段流程的制定、修改与执行。两者分别体现在信息传递与协同工作两个要素中。

3.2.3 信息

传统项目的设计过程可被视做串行工程（Sequential Engineering），即把整个设计过程细分成很多步骤，每个参与方和个人都只做其中的一部分工作，而且是相对独立进行的，工作做完以后把结果交给下一参与方[73]。而IPD项目的设计过程可被视做并行工程（Concurrent Engineering），即多个参与方集成地、并行地设计建筑产品及其相关过程（包括施工过程和相关支持过程）[74]。

由于设计过程较传统项目的不同，导致在IPD项目中，各参与方不再是将各自专业范围内的所有信息（在这里特指各参与方创建的提交物）全部完成后再移交给其他参与方，而是需要及时将阶段性完成的信息提交给其他参与方。通过这种方法，一方面使其他参与方尽快获得所需信息以便开展下一步工作，另一方面使其他参与方能对接收到的信息进行评估并提出评审意见，使信息创建方尽可能早地对已完成的信息进行修改与优化，以减少修改引起的附加工作量。

这意味着IPD项目中信息的颗粒度要小于传统项目。例如，在传统项目中，结构设计方完成所有楼层的施工图BIM模型后，将其提交给总包；而在IPD项目中，结构设计方分楼层地将刚刚完成的施工图BIM模型提交给总包，总包及时对接收到的提交物进行可施工性评价并提出优化建议。结构设计方能根据优化建议较早地对结构设计模型进行修改，由于结构设计仅部分完成，修改引起的附加影响也较小，减少了修改工作量。此外，总包拿到各楼层的BIM模型后也能针对这些楼层并行开展工程量计算、施工方案与计划的制定等工作，达到节约时间的目的。

根据IPD项目协同工作标准流程的描述，由于大量设计迭代的存在，产生了大量的顺序版本。而由于大量并行设计方案的存在，产生了大量的并行版本。这意味着IPD项目的版本结构较传统项目更加复杂，提交物之间极易出现不一致、互相冲突的情况。例如，根据评审意见要求修改建筑模型中的电梯间尺寸后，而结构模型未相应地改变相关尺寸，使两个模型间出现不一致，以及设计错误。因此，应加强对版本的管理，防止以上情况出现。

除提交物信息外，相较于传统项目，IPD项目产生了更多的评审意见信息，而其中的有效评审意见将进一步触发对设计方案的修改与优化。因此，应加强对评审意见提出、评价/筛选、落实的管理与跟踪。

3.2.4 信息传递

各参与方之间的信息传递主要体现在协同工作阶段流程中，协同工作阶段流程包含一系列任务，以及任务的信息输入、信息输出、约束、执行人等信息，这里采用IDEF0方法[71]表达协同工作阶段流程，如图3–3所示。

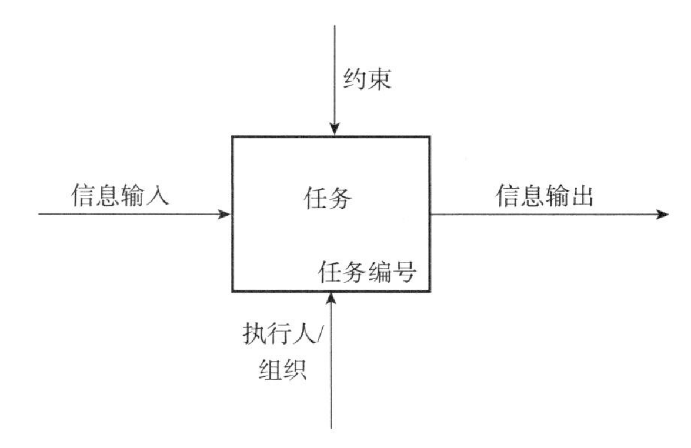

图3–3　协同工作阶段流程包含的任务示意图

对于不同建筑工程项目，其具体的协同工作流程随着实际情况的不同存在很大差别，无法进行统一的规定。但是，从各参与方尽早参与IPD项目的原则以及我国建筑工程行业的实际情况出发，可以从整体上规定在项目不同阶段，需要哪些参与方参与到协同工作中以及这些参与方需要创建哪些信息，即建立IPD项目协同工作阶段流程，如图3–4所示。对该协同工作阶段流程中包含的信息项的说明见表3–1。在该协同工作阶段流程的指导下，在IPD项目的不同阶段，IPD项目协调员可根据实际情况制定详细的协同工作阶段流程，以规定如何完成协同工作阶段流程中规定的该阶段的信息输出项。

在概念设计阶段，设计方配合业主建立项目目标与需求，一般涉及成本、质量、功能、环保、工期等方面。在项目目标与需求的约束下，设计方提供多个设计方案供选择，并制定设计里程碑计划。施工方基于自身经验，进行初步的成本概算与施工计划，并针对各设计方案提出选择与优化建议。

在初步设计阶段，设计方完成初步设计方案以及与之相对应的各类计算/分析报告，并根据业主的要求、总包的评审意见及时对设计方案进行修改，直至所有合理的评审意见被落实。同时，总包并行地对设计方案进行可施工性检查、初步设计成本计算、初步施工计划等工作，并根据工作过程中发现的问题及时向设计方提出评审意见。业主在初步设计方案中及时根据自身需求对设计方案提出意见，但该需求一般不能与概念设计阶段确定的项目目标与需求相冲突。在初步设计阶段接近完成时，业主需在总包的协助下选择各专业分包。

在施工图设计阶段，设计方完成施工图设计。分包在该阶段开始参与到项目中，与总包一起，在向设计方提出设计优化建议的同时，并行地完成专业范围内的施工组织设计、施工方案制定、施工图成本计算、施工图深化等工作。供应商在总包与分包开始进行施工图深化时参与到协同工作中，及时向总包、分包提供其所需的产品详细信息，并同步地制定产品供应计划，提前开始生产长生产周期的产品。

由于绝大多数设计、计划、协调工作已在前三个阶段完成，在施工阶段，总包与分包按既定的设计方案、施工组织设计进行施工，设计方针对施工过程中产生的少量变更对设计BIM模型/图纸进行修改，完成竣工BIM模型/图纸。

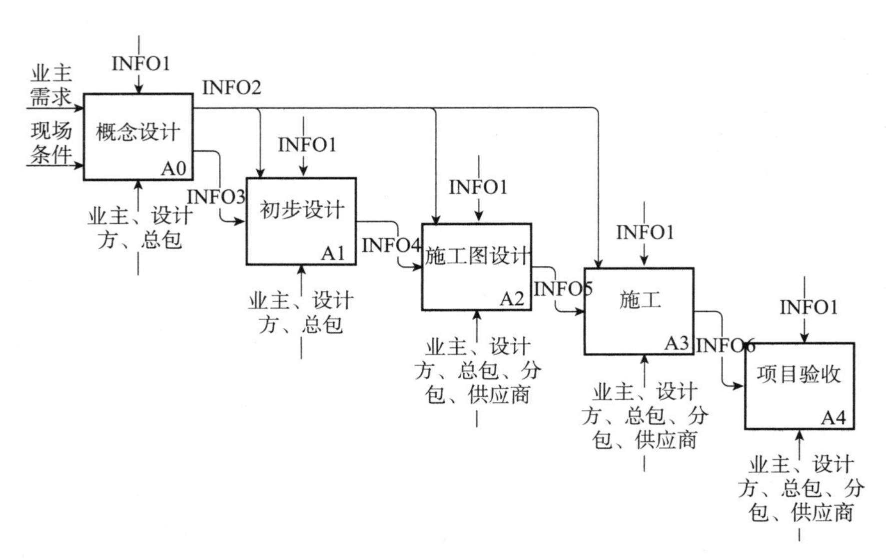

图 3-4　IPD 项目协同工作阶段流程

IPD 项目协同工作阶段流程中包含的信息项的说明　　表 3-1

信息编号	创建方	信息项
INFO1	无	法律、规范
INFO2	业主、设计方	项目目标与需求（成本、质量、功能、工期）
INFO3	设计方	方案设计 BIM 模型 / 图纸
		协同工作阶段流程
	施工方	成本概算
		施工里程碑计划
INFO4	业主、总包	分包、供应商选择方案
	设计方	初步设计 BIM 模型 / 图纸
		各类基于初步设计方案的分析、计算报告
	总包	可施工性评审报告
		初步设计成本计算书
		初步施工计划
INFO5	业主	对施工图设计成果的评审、评审意见
	设计方	施工图设计 BIM 模型 / 图纸
		施工图设计分析、计算书

续表

信息编号	创建方	信息项
INFO5	总包	施工图深化设计 BIM 模型 / 图纸
		施工图成本计算书
		整体施工计划
		施工方案
	分包方	专业范围内施工计划
		专业范围内施工方案
		专业范围内成本计算书
	供应商	产品信息（型号、性能、价格）
		产品供应计划
		长生产周期产品（如电梯）订单
INFO6	设计、总包、分包	竣工 BIM 模型 / 图纸

3.2.5 协同工作

国外相当一部分 IPD 项目案例采用了 TVD、SBD、LPS 等精益建造方法，并取得了良好的应用效果。但在访谈中发现，国内建筑工程从业人员普遍认为这些方法或实施难度较大，或与当前工作习惯差异较大，对其落地持保守态度。因此，有必要在尊重精益建造方法的基本思想的前提下，根据国内建筑工程行业实际情况，对精益建造方法进行了简化，并整合至一个统一的 IPD 项目协同工作标准流程中，既能降低以上方法的实施难度，又能充分发挥其优势。

这里建立的 IPD 项目协同工作标准流程应满足以下几个要求：

（1）针对 TVD：该标准流程需考虑评审意见的提出、收集、评价 / 筛选、落实。

（2）针对 SBD：该标准流程需考虑多设计方案的并行进行以及筛选。

（3）针对 LPS：该标准流程需考虑根据实际情况对已制定的协同工作阶段流程进行调整，使两者保持同步。实际情况包括计划包含任务的完成情况、新提出的且需要落实的评审意见、设计方案的创建与筛选等。

根据以上要求，本研究建立了 IPD 项目协同工作标准流程，该流程可被视作由一系列设计迭代构成。具体的，一个典型的迭代过程如图 3-5 所示，具体介绍如下：

（1）各任务小组负责人利用拉式计划方法（或称之为倒排计划方法）共同创建协同工作阶段流程，即从已规定的项目里程碑开始进行倒推，确定应完成的任务以及任务间的先后顺序、起始时间。

（2）各任务小组按协同工作阶段流程规定执行各自任务，包括设计、基于设计成果的分析 / 计算等，创建一个或多个设计方案以及与设计方案相对应的 CBA 属性值。CBA 属性值

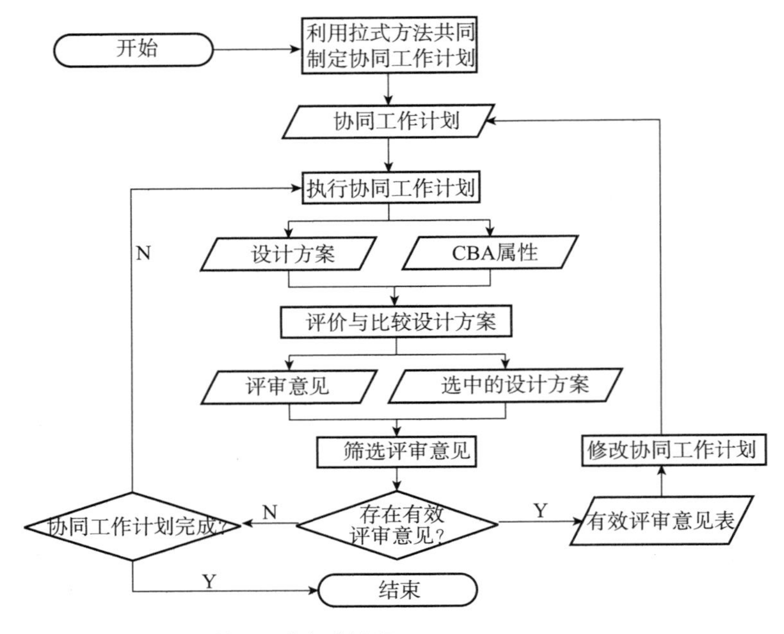

图 3-5 IPD 项目协同工作标准流程

为设计方案包含的分析 / 计算提交物的结果值，如土建成本、安装成本、能耗等。

（3）相关参与方人员对各设计方案包含的提交物进行评审，并提出评审意见。如果有并行的设计方案，需比较这些方案的 CBA 属性值，满足要求或更优的设计方案被选中，并将在后续过程中进行更进一步的细化与完善。

（4）针对被选中设计方案的评审意见，IPD 项目协调员与各任务小组负责人对其进行评价与筛选。其中，合理的、有价值的评审意见称之为有效评审意见，将被用于组成评审意见表。评审意见表包含的所有有效评审意见需要在下一轮的设计迭代中得到落实。部分情况下会有可行的多种解决 / 优化方案，针对此种情况，建立多个并行的有效评审意见表，在下一轮设计迭代中进行落实并生成多个并行的设计方案。

（5）根据有效评审意见表以及协同工作阶段流程的完成状态，项目协调员对协同工作阶段流程进行修改，并启动新一轮的设计迭代。如果协同工作阶段流程已完成，且不存在新的有效评审意见，则流程结束。

3.2.6 交流

各参与方之间的交流以会议为主，IPD 项目会议安排见表 3-2，会议时间可根据项目需要进行适当调整。由于 IPD 项目协同工作主要发生在设计阶段，本研究不对施工阶段的会议进行要求。

当各参与方需要进行更密切的协同工作时，可选择在业主提供的“大屋”进行集中办公，参考国外IPD项目案例经验，“大屋”应包含的设备包括：

（1）空间。宜包含三类空间：开放性工位、小会议室、大会议室，面积大小根据不同项目类型、规模按需确定。开放性工位用于多参与方的集中办公。小会议室和大会议室分别用于任务小组进行组内讨论和举行项目全体成员会议。

（2）信息展示墙。位于开放性工位四周的墙上。部分墙面用于展示项目整体信息，如项目计划、项目指标、成本信息等，帮助项目参与人员从整体上了解项目的基本情况。另一部分墙面分配至各任务小组，每个任务小组将自己小组的计划实施状态、BIM模型截图、造价信息等最新信息更新到信息展示墙上，供其他参与方作参考。每部分墙需指派专人进行定期维护。

（3）智慧板。大小会议室均需配备，为降低成本，可用投射到白板上的投影仪替代。各方讨论、开会时，智慧板可展示各类工作成果，参与人员可对其编辑与批注。

（4）计划板。位于大会议室中，各方在讨论、制定计划时，将任务写在便签纸上并张贴在该计划板上，在便笺纸间绘制箭头以表示任务间的输入、输出信息的关系。

（5）视频会议设备。位于大、小会议室中，用于帮助不能实地到会参会的人员。

IPD 项目会议安排　　表3-2

会议类型	会议时间	参会人员	地点	会议内容
任务小组内部会	每天下班前半小时	任务小组成员	任务小组办公点	讨论当天任务完成情况
				检查昨天提出的设计评审意见是否得到落实
				针对今天完成的设计成果（可能只完成了部分）进行快速的检查与评审
				讨论明天的协同工作阶段流程
项目管理例会	每周	项目管理小组、任务小组负责人	大屋会议室	讨论上周的任务完成情况
				协调各任务小组间的工作
				计划下周工作
				讨论其他待决策事宜
项目全体成员例会	每两周	项目全体成员	大屋会议室	项目协调员在会前提前收集好需进行评审的提交物
				总结上两周任务完成情况
				针对项目当前指标（成本指标、工期指标等）进行讨论，提出优化意见
				对预先收集的提交物进行评审，提出优化意见
				安排下两周工作
				若有需要，相关人员留下以对指标、提交物等进行更深入细致的讨论
专题会议	不定	不定	不定	讨论项目中出现的突发情况

基于以上实施模型，建立了《IPD 项目实施标准》。该标准按照项目实施顺序，对 IPD 项目组织的建立、激励机制的建立、项目实施准备、项目实施各阶段各参与方的工作内容以及各参与方在项目实施过程中应采用的交流与协同工作方法进行了全面的规定，以指导国内建筑工程企业实施 IPD 项目。该标准正在申报北京市地方标准，并有望成为国内第一部 IPD 项目实施标准。

3.3 基于 BIM 的集成项目交付协同工作平台

在 IPD 项目案例中，各参与方之间的协同工作需要频繁地面对面交流予以支撑，相应的，“大屋”与高频率的会议被普遍采用。对于某些参与方，即使其主要工作尚未开始或已经完成，依然需要在大屋中配合其他参与方工作，如总包在初步设计与概念设计阶段的主要工作是评审设计方案并提出优化建议，工作内容并不饱满。虽然这种形式大大提升了协同工作效率，但同时也造成了人力的浪费，而造成的浪费随着项目规模的减小而愈加明显。因此，部分 IPD 项目案例采用高频率的会议以替代大屋，而因此浪费在交通上的时间与金钱成本较高，进而使各参与方举行 / 参加会议的意愿不高，降低了协同工作效率。以上问题，在与访谈对象的交流中也得到了印证，甚至被认为是可能阻碍 IPD 模式在国内建筑工程项目落地的最主要因素之一。

IPD 项目实施模型与《IPD 项目实施标准》，推荐采用临时大屋以及定期例会以支持各参与方之间的协同工作，但以上问题依然未从根本上得到解决。鉴于信息技术的高速发展，本研究根据 IPD 项目的特点，研制了服务于 IPD 项目的协同工作平台，以减少各参与方面对面交流的需求，即替代“大屋”以及减少 IPD 项目会议的次数，使各参与方在实施 IPD 项目时能像传统项目一样在各自的办公地点进行工作，并能通过本平台在线上进行原本需要在“大屋”与会议上才能进行的线下协同工作。

3.3.1 平台架构

本协同工作平台的系统架构如图 3-6 所示。本平台基于两个现有的开源系统开发，包括某开源的 BIM 模型服务器与开源的协同工作平台。其中，前者提供了 BIM 模型数据库，以及诸如 BIM 模型解析、检查、查询、可视化等功能，同时还提供了供其他系统调用这些功能的 API。后者提供了数据库以管理结构化的、与协同相关的管理数据，如用户数据、权限数据、工作流数据等，提供了文件存储器以存储文档、图纸等非结构化数据。同时还提供了支持协同工作的常见功能，如文件的签入 / 签出 / 上传 / 下载、工作流的创建 / 执行、用户管理等，以及对应于这些功能的 API。

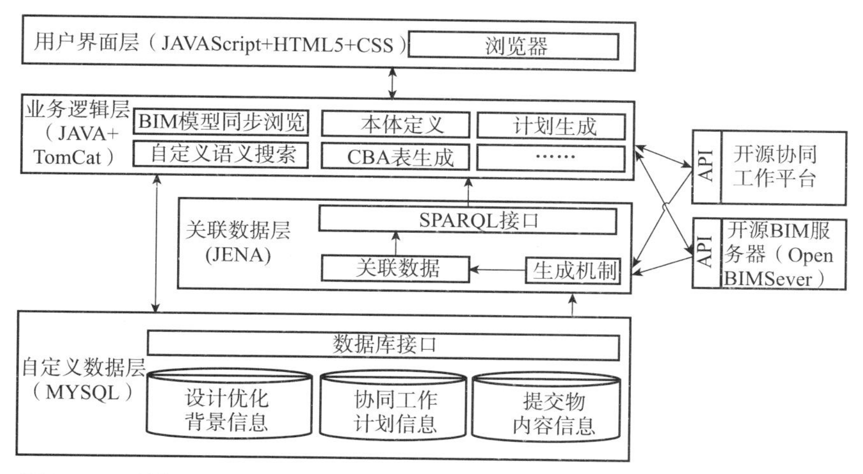

图 3-6　系统架构

本平台的系统架构基于经典的三层架构建立。其中，自定义数据层用于存储与管理以上开源系统中没有的数据。业务逻辑层由一系列对应特有功能性需求的功能模块构成，这些功能模块可调用开源系统提供的 API。本平台基于 B/S 架构，采用网络浏览器作为其客户端。

除以上三层外，针对关联数据的生成、存储与管理，本平台在三层架构的基础上加入了关联数据层。在关联数据层中，利用关联数据生成机制，将自定义数据层、开源协同工作平台数据库、开源 BIM 服务器数据库中的信息抽取并转化成为关联数据，实现关联数据与原始数据的同步。关联数据层包含的 SPARQL 接口，支持业务逻辑层中的功能模块对关联数据进行查询以满足特定的业务需要。当然，业务逻辑层中的功能模块也可直接通过数据库接口获取自定义数据层中的信息，或通过 API 获取开源协同工作平台与开源 BIM 服务器的数据库中的信息。

3.3.2　平台功能

为满足 IPD 项目协同工作实施模型与标准的要求，本平台提供了一系列功能，对应于 IPD 项目实施模型的要素，可分为 5 类，即组织管理类功能、协同工作计划管理类功能、交流类功能、信息管理类功能、信息获取类功能。在下面的介绍中，对传统协同工作平台提供的功能，本平台将全部沿用，但本书将不再详细展开。对于传统协同工作平台不具备的，本平台所特有的服务于 IPD 项目的功能，本书除描述这些功能外，还将详细介绍设计开发这些功能的原因，即这些功能解决了 IPD 项目实施过程中的哪些问题。

1. 组织管理类功能性需求

传统协同工作平台提供的组织管理类功能见表 3-3。

传统协同工作平台提供的组织管理类功能 表 3-3

ID	功能名称	功能描述
F1	用户管理	增、删、查、改用户个人信息
F2	角色管理	增、删、查、改用户角色；向用户、用户组赋予一个或多个用户角色
F3	用户组管理	增、删、查、改用户组；指定用户属于某一个或多个用户组
F4	权限管理	管理用户、用户角色、用户组所具备的功能权限与信息权限

以上功能可以较好地满足在线实施 IPD 项目的需求，具体体现为：平台用户可利用用户管理功能管理 IPD 项目团队成员；可利用角色管理功能定义 IPD 项目协调员、任务小组组长、任务小组普通成员等角色；可利用用户组管理功能，根据需要灵活创建包含多个参与方人员的任务小组；可利用权限管理功能定义各项目成员及任务小组的功能权限与信息权限。

因此，本协同工作平台提供的组织管理类功能与传统协同工作平台相同，无特有功能。

2．协同工作计划管理类功能性需求

在协同工作平台中，协同工作计划以工作流的形式存在。传统协同工作平台提供的协同工作计划管理类功能见表 3-4。

传统协同工作平台提供的协同工作计划管理类功能 表 3-4

ID	功能名称	功能描述
F5	工作流定义	支持用户制定体现协同工作计划的工作流，即包含的任务、任务的顺序及输入 / 输出信息
F6	工作流执行	利用工作流引擎执行工作流，自动向用户推送任务

通过观察 IPD 项目协同工作标准流程（图 3-5）可以发现，IPD 项目的协同工作计划管理相对于传统项目更加复杂，具体体现在：

（1）协同工作计划涉及的参与方多，且由于提交物颗粒度更细导致任务划分更细，其制定与传统项目相比复杂程度大大提升。

（2）频繁的设计修改与优化，导致需要对协同工作计划进行频繁的修改与更新，以使之与实际情况保持一致。

（3）协同工作计划的生成与维护不再是一个主观过程，而需考虑一系列客观因素，包括项目里程碑、需要落实的有效评审意见、计划包含任务的完成状态等。

以上复杂性决定了单纯依靠传统协同工作平台提供的工作流定义功能来人工制定协同工作计划已十分困难，且极易出错。为解决以上问题，本协同工作平台应提供两个功能，即表

3-5 中的 F7 与 F8 功能。

从 IPD 项目协同工作标准流程可以抽取出协同工作计划应该包含的四类任务，本平台对应于每类任务应提供相应的任务执行功能模块，即表 3-5 中的 F9、F10、F11、F12。

本协同工作平台将提供的特有的协同工作计划管理类功能　　表 3-5

ID	功能名称	功能描述
F7	协同工作计划半自动生成	平台能够根据一系列基础信息，包括计划新建的提交物、项目里程碑、要落实的评审意见等，生成协同工作计划
F8	协同工作计划自动维护	平台能够根据执行情况，对协同工作计划进行修改与更新
F9	执行任务——新建提交物	用户接收平台推送的任务输入提交物后，完成任务输出提交物并上传。如果任务输出提交物被绑定相关的 CBA 要素，则需根据提交物的分析/计算结果录入 CBA 属性值
F10	执行任务——修改提交物	用户接收平台推送的任务输入提交物、需要在本任务中落实的有效评审意见后，完成任务输出提交物并上传，同时录入与有效评审意见相对应的修改描述。同上，若有必要，仍需录入 CBA 属性值
F11	执行任务——评审提交物	用户接收待评审的提交物，录入评审意见
F12	执行任务——新建评审意见表	平台向用户（一般为 IPD 项目协调员或任务组长）推送本轮设计迭代中提出的所有评审意见，用户进行评价后选出要在下一轮设计迭代中落实的有效评审意见

3. 交流类功能性需求

传统协同工作平台提供的交流类功能见表 3-6。

以上功能较好地支持 IPD 项目成员日常交流的需求，但无法满足一些特殊交流场景，包括：

（1）利用拉式计划方法协同制定协同工作计划。在该场景下，各任务小组负责人利用计划板，从项目里程碑开始，根据任务的输入、输出关系，倒推制定出协同工作计划。而传统的协同工作平台缺乏与计划板相对应的工具，各参与方需单纯利用视频会议功能完成协同制定计划的工作，效率较低。对于这一场景，利用协同工作计划半自动生成功能（F7）与协同工作计划自动维护功能（F8）可以替代以上交流场景。

（2）基于 BIM 模型进行讨论。在该场景下，参与讨论人员需同步浏览 BIM 模型。虽然该场景可利用屏幕共享实现，但此时只有一个主讲人能够控制模型浏览，录入评审意见，非主讲人无法进行以上操作，从而使各用户间无法进行更充分地交流。对于这些场景，需要开发 BIM 模型同步浏览功能，使所有参与讨论的用户均能控制 BIM 模型浏览，并录入评审意见。

传统协同工作平台提供的交流类功能　表 3-6

ID	功能名称	功能描述
F13	邮件 / 消息	支持用户向其他用户发送文本、图片、文件信息
F14	论坛	支持用户以网络论坛的形式交流知识与经验
F15	基于 BIM 模型的评论	支持针对 BIM 模型中的构件或视图进行评论、批注
F16	基于文档 / 图纸的评论	支持对文档、图纸的评论、批注
F17	视频会议	支持视频交流、音频交流、屏幕共享、电子白板等

综上，本协同工作平台应提供的特有的交流类功能见表 3-7。

本协同工作平台将提供的特有的交流类功能　表 3-7

ID	功能名称	功能描述
F18	BIM 模型同步浏览	参与讨论用户均能控制模型浏览以及对模型录入评审意见，各用户的模型浏览视角可以同步

需要指出的是，相较于传统的线下“面对面”交流，基于协同工作平台的线上交流一方面难以组织，另一方面交流效率依然较低。因此，本平台应提供更完善的功能，减少用户对其他用户的依赖性，减少用户间进行交流的需要。例如，利用本平台提供的协同工作计划半自动生成 / 修改功能降低了多个用户对计划进行讨论的需要。本研究后续提出的信息管理与获取类功能性需求，其出发点之一是提升用户独立获取所需信息的能力，使其获取信息时无需通过线上交流咨询信息的创建用户。

4．信息管理类功能性需求

传统协同工作平台提供的信息管理类功能见表 3-8。

由于 IPD 项目的特殊性，在信息管理方面，利用传统协同工作平台提供的以上功能来支持 IPD 项目实施会存在一系列问题：

（1）提交物管理方面。更小的提交物颗粒度意味着存在更多提交物类型，将会使文件夹结构的层级十分复杂，用户往往需要从不同的文件夹中寻找自己所需的提交物，十分不便。针对这一问题，在层级文件夹管理的基础上，本协同工作平台应对提交物之间的依赖关系进行管理，例如“土建成本计算报告”依赖“建筑模型”与“结构模型”。这将支持用户沿着依赖关系寻找提交物，在部分场景下会大大简化用户获取提交物的难度，例如成本计算人员可通过依赖关系直接找到“土建成本计算报告”所依赖的“建筑模型”与“结构模型”，无需翻查复杂的文件夹结构。

传统协同工作平台提供的信息管理类功能　　表 3-8

ID	功能名称	功能描述
F19	提交物版本管理	针对单个提交物的版本管理
F20	文件夹管理	以层级文件夹的形式管理各类文件
F21	上传 / 下载	用户可在有权限的文件夹内上传 / 下载提交物
F22	签入 / 签出	用户在签出某提交物时，其他用户不能对该提交物进行签出或修改；当签出用户进行签入后，其他用户才有权限对提交物进行签出或修改
F23	元数据管理	用户可定义描述提交物的元数据，元数据一般较为简单，如上传时间、标签、文件类型、所属专业、支持软件、修改通知对象等
F24	BIM 模型与文件绑定	将 BIM 模型、视图、构件与文件进行绑定，使用户在浏览 BIM 模型时能迅速找到相关文件

（2）版本管理方面。每个提交物因频繁的修改与优化而拥有大量的顺序版本，因并行设计方案的存在而拥有大量的并行版本，两者结合使提交物的版本结构十分复杂。传统的针对单个提交物的版本管理功能已无法满足要求，提交物间极易出现信息不一致的情况。针对这一问题，本协同工作平台不只对单个提交物进行管理，还需对整体设计方案的版本进行管理。一个版本的设计方案是由相互间保持信息一致性的提交物共同组成，是一轮设计迭代的结果。

（3）评审意见管理方面。对于 IPD 项目，评审意见十分重要，驱动着设计的优化与修改。传统协同工作平台虽支持用户以基于 BIM 模型、文档、图纸等进行批注的形式提出评审意见，但未对这些评审意见的提出、筛选、落实进行有效跟踪与管理。前面提出的 F11、F12、F7 功能可解决这一问题，分别对应评审意见的提出、筛选以及落实。

（4）多方案比选方面。对于 IPD 项目，当存在多个设计方案时需进行 CBA 比选。若利用传统协同工作平台，用户需手动搜索多个设计方案包含的提交物、CBA 要素、CBA 属性值以及 CBA 标准，并建立 CBA 表供多方案比选使用，工作量大，极易漏选、错选所需信息。针对这一问题，本平台需能自动提取建立 CBA 表所需信息，并生成 CBA 表推送给相关用户。

综上，在传统协同工作平台提供的功能基础上，本协同工作平台应提供的特有的信息管理类功能见表 3-9。

本协同工作平台将提供的特有的信息管理类功能　　表 3-9

ID	功能名称	功能描述
F25	设计方案版本管理	对整体设计方案的版本进行管理。一个版本的设计方案是由相互间保持信息一致性的提交物共同组成，是一轮设计迭代的结果

续表

ID	功能名称	功能描述
F26	提交物依赖关系管理	对提交物之间的依赖关系进行有效管理
F27	CBA 表自动生成	平台自动收集本轮设计迭代涉及的多个并行设计方案包含的提交物、CBA 要素、CBA 属性值以及 CBA 标准，自动生成 CBA 表。用户根据 CBA 表内容，评价并筛选出要继续进行的设计方案

5．信息获取类功能性需求

传统协同工作平台提供的信息获取类功能见表 3-10。

对于 IPD 项目，信息的共享不只发生在各任务小组内部，也发生在任务小组之间，即用户需要去寻找其并不熟悉的、其他任务小组上传的提交物。虽然通过协同工作计划执行功能可向用户推送信息可以减少用户主动寻找所需信息的需求，但依然存在用户主动寻找信息的情况。

传统协同工作平台提供的信息获取类功能　　表 3-10

ID	功能名称	功能描述
F28	条件搜索	根据描述提交物的元数据，定义搜索条件对提交物进行搜索，如创建时间、创建人等
F29	关键字搜索	利用关键字搜索提交物的元数据或内容
F30	文件夹浏览	通过浏览层级文件夹获取所需信息
F31	文档 / 图纸 /BIM 模型浏览	利用协同工作平台提供的浏览工具直接浏览常见格式的文档、图纸、BIM 模型

此外，由于基于网络的交流难以马上得到反馈，用户一般需独立寻找所需信息。而 IPD 项目中的提交物类型与版本十分复杂，且由于用户可能不熟悉所要寻找的信息，利用传统协同工作平台提供的功能来获取信息会面临以下困难：

（1）难以确定搜索信息所需要的关键字。

（2）元数据的定义过于宽泛，利用条件搜索获得的信息可能过多，依然需要用户进行人工筛选。

（3）用户即使找到所需信息，但由于缺乏背景描述，即与其他信息之间的关系，无法确认找到的信息是否是自己要寻找的目标信息。

根据以上分析，在传统协同工作平台的基础上，本协同工作平台应提供的特有的信息获取类功能见表 3-11。

本协同工作平台将提供的特有的信息获取类功能　　表 3-11

ID	功能名称	功能描述
F32	关系浏览	向用户展示当前查看的信息与其他信息之间的关系
F33	语义搜索	使用户在不知道目标数据关键词、元数据等准确数据的前提下，能根据自身对数据意义的理解来搜索信息

3.4 集成项目交付模式的试用

以上 IPD 项目实施模型 / 标准以及 IPD 项目协同工作平台在实际项目中得到了试用与验证。由于 IPD 项目协同工作平台已内置了 IPD 项目实施模型与标准的内容，因此该平台的试用体现为 IPD 项目协同工作平台在实际项目的试用。该实际项目为北京城建集团的学院南路 62 号科研楼，该项目基本情况见表 3-12。

试用项目概况　　表 3-12

项目	内容
工程名称	学院南路 62 号科研楼
工程地址	北京市海淀区学院南路 62 号院
建设单位	北京城建集团有限责任公司
设计单位	北京城建设计发展集团股份有限公司
监理单位	北京华城建设监理有限责任公司
质量监督单位	海淀区质量监督站
施工总承包单位	北京城建集团工程总承包部
总建筑面积	80498m^2，其中：地上 50748m^2，地下：29750m^2
项目交付模式	DBB 模式

该试用项目的建设单位、设计单位、施工单位均隶属于北京城建集团。项目在启动伊始即确定由集团内部单位负责项目的设计与施工工作，集团领导在了解到 IPD 模式的优势后也有意愿在该项目中借鉴 IPD 项目的一些先进工作方法，作者在这一过程中也提供了技术支持，包括为相关人员进行 IPD 知识的培训。该项目虽然采用了传统的 DBB 模式，合同、利益分配等依然遵循 DBB 模式的要求，但在项目实施过程中，IPD 项目的一些工作方法已被采用，该项目的各关键参与方，尤其是总包方，在初步设计阶段已开始初步参与到设计过程中，在施工图设计阶段深度参与到设计中。因此，项目实施过程中积累的数据满足平台试用的要求，同时，项目的参与人员对 IPD 模式有了较深的认识，能够对平台的试用效果进行客观的评价。

3.4.1 试用过程

基于收集与调整的信息，本研究组织案例项目参与方利用基于上述需求研制的原型系统模拟实施了 IPD 项目协同工作。

系统用户界面由三部分组成，分别为标题栏、菜单栏、主界面，如图 3–7 所示。根据上述 IPD 协同工作过程标准流程，该模拟在以下典型场景中实施，包括：定义提交物类型（本体编辑）、制定协同工作计划、执行协同工作计划、评审提交物、新建评审意见表、根据有效评审意见制定新一轮设计迭代的协同工作计划、浏览版本内部 / 之间提交物关系、同步浏览 BIM 模型等。下面介绍该系统的一些典型的应用场景。

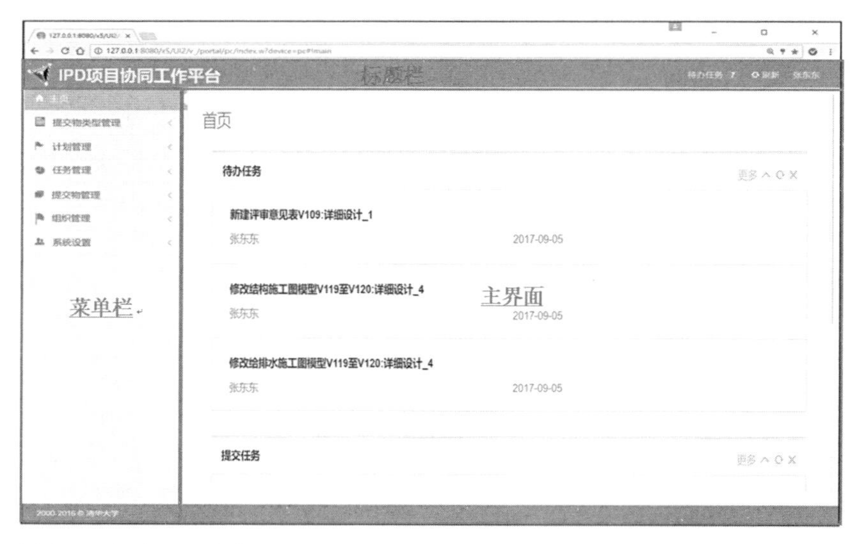

图 3–7 用户界面构成

1. 设置信息依赖性

作为基础，如图 3–8 所示，IPD 项目协调员定义各任务小组的文件夹，如建筑设计方、结构设计方等。各任务小组组长在各自的文件夹内定义文件夹、提交物类型、提交物之间的依赖关系、提交物包含的类、提交物依赖的类、创建该类提交物的备选人 / 预估时间、评审该类提交物的任务小组。对提交物包含类与依赖类的定义可在修改传递的细化中发挥作用。在图 3–8 中，能耗分析报告依赖提交物“建筑模型”与“暖通模型”，同时依赖建筑模型包含的“外墙类”、“外窗类”等，依赖暖通模型包含的“能源供给类”、“制热系统类”等。在图 3–8 中，能耗分析报告不包含任何类。在这里，定义提交物类型本质上是对本体的编辑，为便于用户理解，本功能取名为“定义提交物类型”。

2. 制订第一轮协同工作计划

在定义的提交物类型的基础上，IPD 项目协调员开始制定协同工作计划。为便于管理，可以定义一系列项目阶段用来分别管理不同阶段的计划，如概念设计、初步设计等。作为制订计划的第一步，用户首先录入协同工作计划的基本信息，如图 3–9 所示。对于计划结束时间与计划持续时间，系统可根据计划制订情况自动计算得出。接着，用户录入计划制订的依据，即选择要落实的评审意见表，如图 3–10 所示。由于当前制订的协同工作计划属于第一轮设计迭代，无要落实的评审意见表，因此此处为空。新版本由系统生成，旧版本为评审意见表对应的版本，此处为空。最后，用户录入提交物相关的规定，在这里只需指定要新建的提交物，如图 3–11 所示。系统将会自动计算出剩余三类提交物。在这里由于没有评审意见要落实，因此评审意见对应提交物与修改传递影响提交物均为空，而系统计算出的要新建“暖通模型”需补充新建的提交物为“场地模型”与“建筑模型”。

项目协调员录入完毕上述信息后，点击“生成计划”按钮。系统将自动计算出初步设计第一轮设计迭代包含的任务、任务执行顺序以及任务起止时间，如图 3–12 所示。平台将以

图 3–8　定义提交物类型

图 3–9　制订协同工作计划（录入基本信息）

IPD项目协同工作平台
制定计划
新建阶段
新建计划
生成计划
保存
删除
施工图设计
初步设计
初步设计（第一轮）
概念设计
计划设置
包含任务
基本信息
计划制定依据
评审意见表
请选择...
新版本
V84
旧版本
2000-2016 © 清华大学

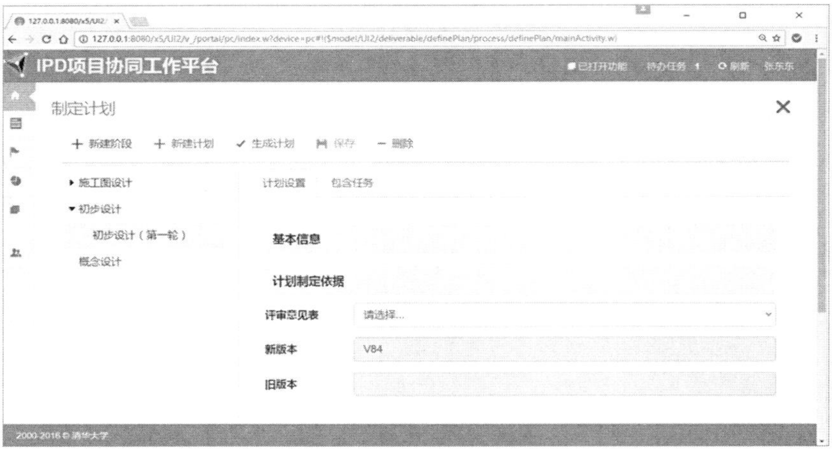

图 3-10　制订协同工作计划（录入计划制订依据）

IPD项目协同工作平台
施工图设计
初步设计
初步设计（第一轮）
概念设计
计划设置
包含任务
基本信息
计划制定依据
提交物规定
指定新建的提交物
暖通模型
补充新建的提交物
场地模型,建筑模型
评审意见对应提交物
修改传递影响提交物
2000-2016 © 清华大学

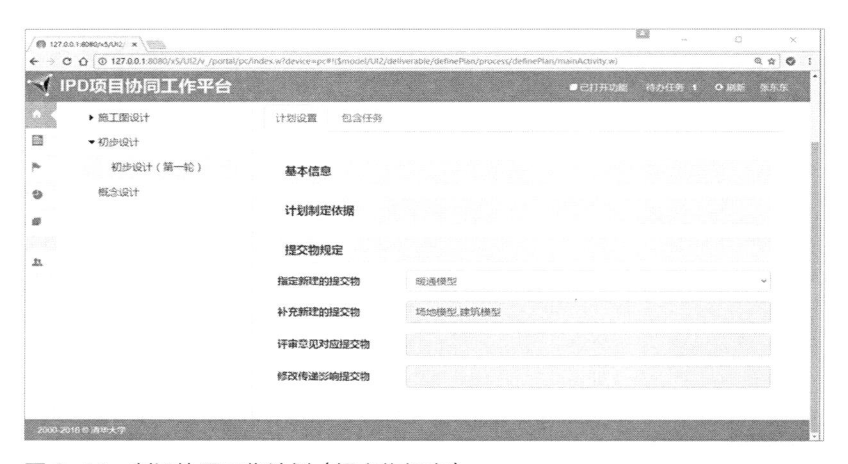

图 3-11　制订协同工作计划（提交物规定）

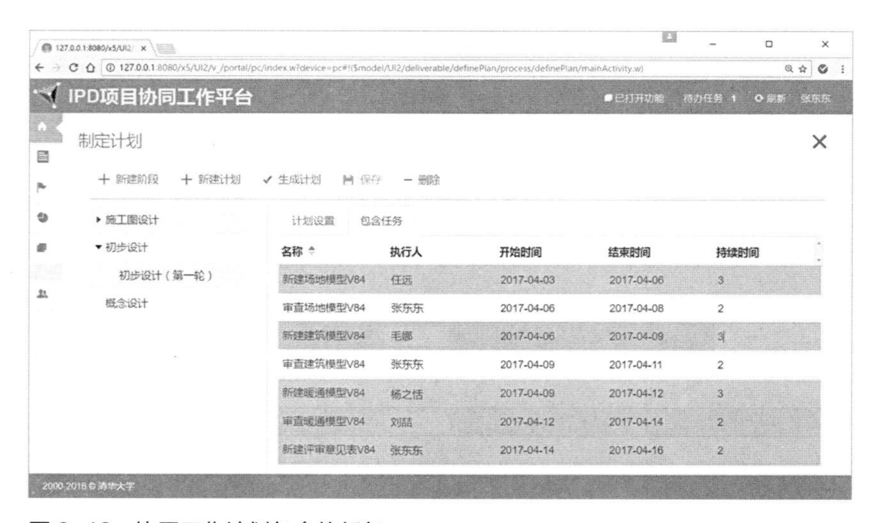

IPD项目协同工作平台
制定计划
新建阶段
新建计划
生成计划
保存
删除
施工图设计
初步设计
初步设计（第一轮）
概念设计
计划设置
包含任务
名称
执行人
开始时间
结束时间
持续时间
新建场地模型V84 任远 2017-04-03 2017-04-06 3
审查场地模型V84 张东东 2017-04-06 2017-04-08 2
新建建筑模型V84 毛娜 2017-04-06 2017-04-09 3
审查建筑模型V84 张东东 2017-04-09 2017-04-11 2
新建暖通模型V84 杨之恬 2017-04-09 2017-04-12 3
审查暖通模型V84 刘喆 2017-04-12 2017-04-14 2
新建评审意见表V84 张东东 2017-04-14 2017-04-16 2
2000-2016 © 清华大学

图 3-12　协同工作计划包含的任务

淡蓝色标识出计划关键路径上的任务，用户可以修改关键路径上各任务的开始 / 结束时间、持续时间，系统将自动改变计划时长与计划结束时间。

3．启动并执行第一轮协同工作计划

IPD 项目协调员选择已制定的协同工作计划并启动，如图 3–13 所示。协同工作计划开始执行，各任务执行人被推送任务，如图 3–7 所示。

用户执行新建提交物任务，如图 3–14 所示，即“新建暖通模型 V84”，系统自动推送

图 3–13　启动协同工作计划

图 3–14　执行新建提交物任务

执行该任务输入提交物，即“建筑模型 V84”。用户下载任务输入提交物后，上传任务输出提交物包含的文件。若用户上传的是 BIM 模型，则平台会自动解析 BIM 模型包含的内容要素，包括区域、楼层、建筑实体类。

用户在执行任务时可以浏览协同工作计划的执行情况，即了解哪些任务已完成、正在执行与尚未执行，如图 3–15 所示。此外，计划会根据计划执行情况进行自动调整。调整后，受影响的任务执行人会收到通知。相应的，图 3–15 所示的协同工作计划及其执行情况也相应地自动发生变化。

提交物新建 / 修改完成后，会推送至相关方进行评审。如图 3–16 所示，评审方收到建筑设计方上传的“建筑模型 V84”后，对其进行下载与评审，评审完毕后针对“能耗”与“功能”录入两项评审意见。录入评审意见时，用户可点击“关联 BIM 构件”列下的“选择”按钮，启动 BIM 浏览器，并选择 BIM 构件作为该评审意见的定位点，以方便其他用户浏览该评审意见时，及时定位到相关位置；用户还可选择评审意见针对的、被评审提交物包含的“内容要素”。例如，图 3–16 中第一条评审意见关联的“内容要素”为“外墙”，录入的“内容要素”不仅帮助评审意见的浏览人员理解其意思，同时还将在“修改传递的细化”中发挥作用，即该评审意见只影响依赖该内容要素的提交物。

如图 3–15 所示，协同工作计划最后一个任务为“新建评审意见表 V84”。如图 3–17 所示，IPD 项目协调员新建评审意见表，从该轮设计迭代中新产生的评审意见中筛选出有效评审意见，如图 3–18 所示。需要指出的是，当多个评审意见都有价值时，可相应地建立多个评审意见表，进而驱动两个并行的后续设计方案，并在后续的设计迭代中进行落实并比选。

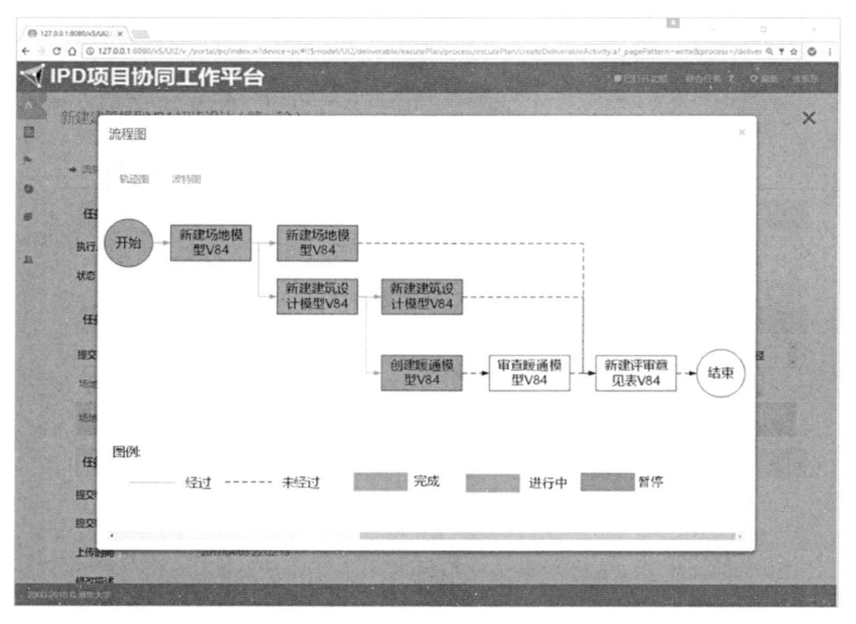

图 3–15　协同工作计划执行情况轨迹图

图 3-16　执行评审提交物任务

图 3-17　执行新建评审意见表任务

如图 3-17 所示，同样是为降低能耗，“评审意见表 A”包含的有效评审意见为“建议换用能效比更高的空调”，而“评审意见表 B”包含的有效评审意见“建议换用隔热性能更好的幕墙玻璃”。

图 3-18　筛选评审意见

图 3-19　建立新一轮设计迭代的协同工作计划

4．制订第二轮协同工作计划

在初步设计第一轮设计迭代完成后，IPD 项目协调员开始制订第二轮协同工作计划，如图 3-19 所示。与图 3-9 所述制订第一轮计划不同，IPD 项目协调员需选择要落实的评审意见表，即“第一轮评审意见表 A”，其对应的旧版本为“V84”。IPD 项目协调员选择在第二轮计划中要新建的提交物，即“全生命期成本计算报告”、“土建成本计算报告”。平台自动

名称	执行人	开始时间	结束时间	持续时间
修改建筑模型V84至V88	毛娜	2017-04-20	2017-04-23	3
审查建筑模型V88	任远	2017-04-23	2017-04-25	2
新建结构模型V88	张东东	2017-04-23	2017-04-26	3
修改暖通模型V84至V88	刘喆	2017-04-23	2017-04-26	3
审查结构模型V88	杨之恬	2017-04-26	2017-04-28	2
审查暖通模型V88	任远	2017-04-26	2017-04-28	2
新建安装成本计算报告V88	张东东	2017-04-26	2017-04-28	2
新建土建成本计算报告V88	毛娜	2017-04-26	2017-04-29	3
新建能耗计算报告V88	李峰	2017-04-26	2017-04-29	3
审查土建成本计算报告V88	安玉峰	2017-04-29	2017-05-31	2
新建全生命期成本计算报告V88	刘世龙	2017-04-29	2017-05-02	3
审查能耗计算报告V88	任远	2017-04-29	2017-05-31	2
审查安装成本计算报告V88	张东东	2017-04-29	2017-05-31	2
审查全生命期成本计算报告V88	张超	2017-05-02	2017-04-04	2
新建评审意见表V88	王伟	2017-05-04	2017-05-06	2

图 3-20　新一轮计划包含的任务

计算并补充其他三类提交物。制定的新一轮的协同工作计划包含的任务如图 3-20 所示。

5．启动并执行第二轮协同工作计划

IPD 项目协调员可启动新一轮的协同工作计划。与前一轮计划不同，在本轮计划中存在修改提交物任务，如图 3-21 所示，即“修改建筑模型 V84 至 V88”。区别于执行新建提交物任务，任务执行人需要录入与有效评审意见相对应的修改描述。例如针对旧版本的建筑设计模型提出的评审意见为“电梯尺寸需进一步增大，以满足功能性需求”。建筑设计人员上传修改后的建筑模型后，需根据修改对应于评审意见，录入修改描述内容，即“已将荷载 8 人电梯改为荷载 13 人电梯，电梯间尺寸已增大”。为便于其他人员理解，上传人可通过选择 BIM 模型构件来定位该修改发生的位置。同时，通过选择“修改的内容要素”，指出对应于该条修改描述，提交物包含的哪些内容要素发生了修改。这一方面将帮助其他用户理解该修改，同时支持计划生成与维护过程中修改传递的细化。

6．浏览信息

用户除可利用传统的文件夹形式查看信息外，还可浏览不同版本间提交物之间的关系信息，进而了解设计方案的“进化”过程。如图 3-22 所示，用户首先选择当前的设计方案版本，然后选择其前序版本与后序版本（针对存在并行方案的情况需选择，若无并行方案，则无需选择，系统自动确定），可以查看三个版本的设计方案包含的提交物之间的关系。例如，通过落实“可施工性”、“成本”、“能耗”相关的三个有效评审意见，“暖通模型 V90”被修改成“暖通模型 V91”。用户可通过点击评审意见标签、提交物以查看 / 获取其详细信息。

图 3-21　执行修改提交物任务

图 3-22　浏览设计版本间提交物之间的关系

此外，当用户还可以浏览同一版本设计方案内部各提交物之间的关系信息，如图3-23所示。

视频会议支持 IPD 项目人员在异地进行线上讨论。市场上的视频会议系统已非常成熟，本平台不再提供相关功能。但本平台提供了 BIM 模型同步浏览功能，如图 3-24 所示，配合视频会议系统支持多人线上讨论。通过点击模型右上方按钮，用户可以进行控制同步浏览 BIM 模型、跟随同步浏览 BIM 模型、独立浏览模型、针对 BIM 构件录入评审意见、查看所有已录入评审意见等操作。

图 3-23　浏览设计版本内部提交物之间的关系

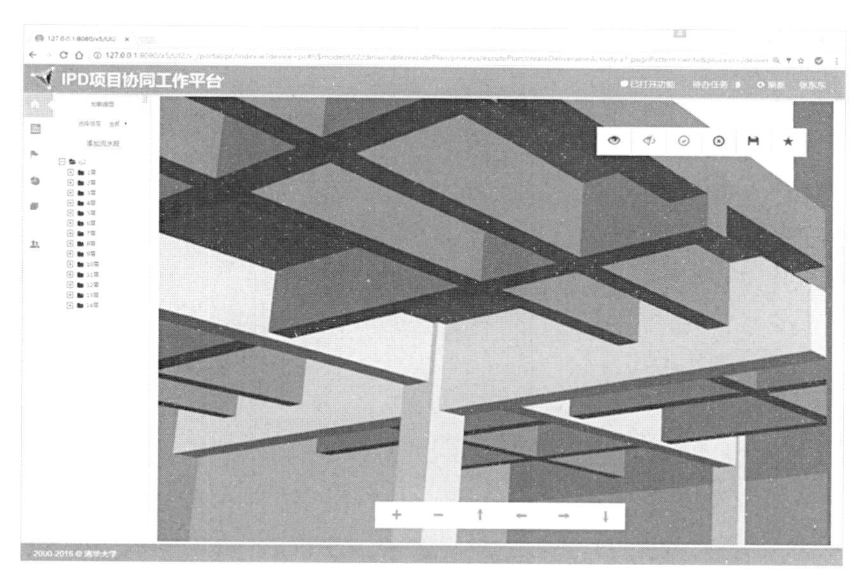

图 3-24　多方同步浏览 BIM 模型界面

3.4.2　试用评价

基于以上应用场景，62 号院项目各参与方负责人对系统进行了试用，对本原型系统的评价如下：

（1）大多数 IPD 项目的日常协同工作利用该平台可以在线实施。大屋可以被替代，但当要讨论复杂与重要的问题时，依然需要召开会议。

（2）该平台显著简化了协同工作计划的创建与修改工作。制定出的协同工作计划具有较高的质量，具体体现为充分考虑了影响计划制订的因素，包括当前计划的执行状态以及意见的落实。

（3）信息的推送是准确而高效的。用户无需主动寻找所需的信息，这使协同变得很容易。

（4）评审意见的创建、评价、实施是可控的，可以被很清晰地追溯。

（5）设计版本的管理是有序的，信息之间的不一致几乎完全被杜绝。

（6）在设计方案版本内部、之间关系浏览功能的帮助下，历史信息的追溯与检索很容易。

（7）同步浏览 BIM 模型功能与视频会议结合，提高了基于 BIM 模型进行讨论的效率，同时简化了评审意见录入工作。

总之，本验证表明该原型系统较好地支持了在线实施 IPD 项目协同工作。

第 4 章

槐房再生水厂智慧设计实践

4.1 工程概况

4.1.1 工程总体情况

2013 年，北京市政府出台《加快污水处理和再生水利用设施建设三年行动方案（2013-2015 年）》提出：全市新建再生水厂 47 座，所有新建再生水厂主要出水指标一次性达到地表水Ⅳ类标准；升级改造污水处理厂 20 座，新增污水处理能力 228 万 m^3/d；到“十二五”末，全市污水处理率达到 90% 以上，污泥基本实现无害化处理，实现首都水环境的明显好转。槐房再生水厂（图 4-1）是三年行动方案所确定的缓解城南地区污水处理压力、改善地区水环境质量的工程。

图 4-1　槐房再生水厂实景图

槐房再生水厂是目前亚洲最大的地下污水处理厂，主体处理工艺藏于地下，地上为 15.62hm^2 湿地保护区的再生水厂工程。相对于传统的地上污水厂，具有“占用空间小、噪声及环境影响小、节省土地、美观性好”等优点。水厂上部建设湿地公园，将成为周边居民休闲娱乐的场所，代表着我国污水处理厂的建设发展方向。

槐房再生水厂位于北京市区的西南部，厂址西侧为马家堡西路，东侧为槐房路，北侧为南环铁路，南侧为通久路，厂区占地 31.36hm^2，如图 4-2 所示。污水处理采用 MBR 工艺，污泥处理采用热水解 + 厌氧消化 + 干化工艺，工程规模为 60 万 m^3/d，处理后的出水主要用于景观环境用水、城市杂用水和工业用水。

槐房再生水厂规划流域范围，如图 4-3 所示。西起西山八大处，东至展览馆路，北起长河，南至丰台，并包括花乡、卢沟桥乡、石景山区部分乡域地区，规划流域面积约 120.6km^2。

槐房再生水厂采取了四项先进的技术和理念：一是构筑物的全地下布置；二是设施运行无臭味、低噪声；三是采用先进的节能降耗技术；四是地面建设湿地生态保护区。工艺方案：本着安全、稳妥、可靠的原则，在成熟的污水生化处理工艺技术的基础上进行优化，确保出水水质达标，同时也采用了大量节能降耗、环境保护的措施。

图 4-2　槐房再生水厂位置示意图

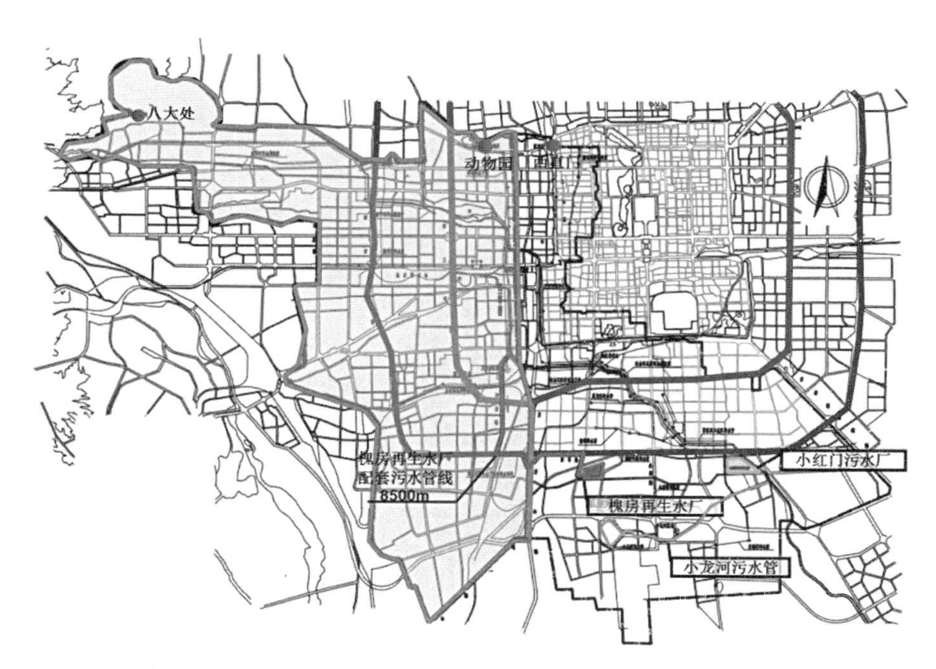

图 4-3　槐房再生水厂规划流域范围

槐房再生水厂东西长 685.83～805.31m、南北宽 350.67～519.4m，包括 45 个建、构筑物。分为地上及地下两部分，地下为水处理构筑物，地上为水区加药、储罐等附属设置及泥处理区，如图 4-4 所示。

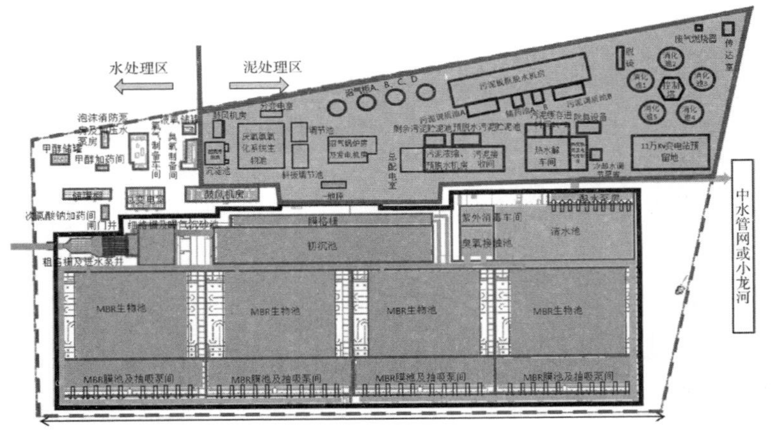

图 4-4　槐房再生水厂平面布置图

4.1.2　地下空间概况

地下部分水处理构筑物东西长 648m、南北宽 254.6m、基坑深 7.32～17.45m，地下二层、局部（管廊）地下三层，地下部分占地面积约 16.33 万 m^2，地下 1 层面积 14.3 万 m^2，地下 2 层面积 2.1 万 m^2，地下 3 层面积 9.6 万 m^2，如图 4-5 所示。MBR 生物池为地下最大构筑物，长 160m，宽 120m，最深 17.45m。

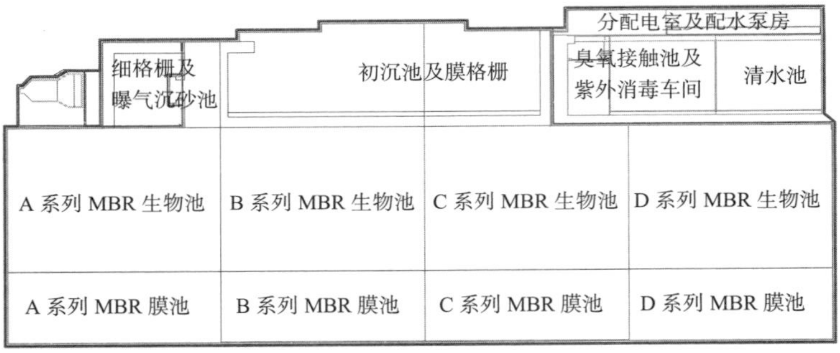

图 4-5　地下水处理构筑物平面图

槐房再生水厂地下空间包括：细格栅及曝气沉砂池、初沉池及膜格栅、4 个系列 MBR 生物池、4 个系列 MBR 膜池、臭氧接触池及紫外消毒车间、清水池、配水泵房及分配电室。

4.1.3　湿地工程概况

厂区南侧的水处理构筑物为湿地保护区，如图 4-6 所示，一期为厂区红线范围内，面积 15.62hm^2，其中水处理构筑物顶板范围区域屋顶花园面积为 12.76hm^2。

湿地工程内容包括：科普展示区、阳光坪、表流湿地展示区、潜流湿地展示区、河谷景观区这五大功能展示区，主要为湿地水体、绿化和科普木屋、景观廊架、栈道等设施。景观

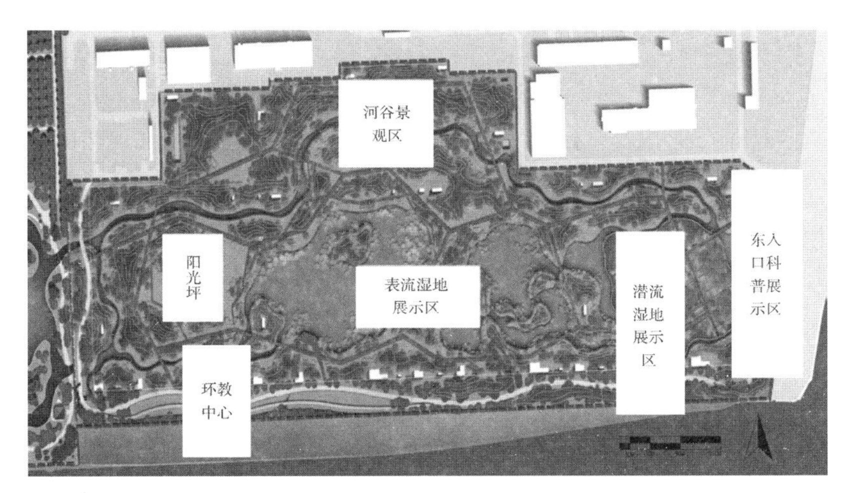

图 4-6　槐房再生水厂水处理区湿地图

水体总面积 4 万 m^2，水源采用水厂处理完成后的再生水。

槐房再生水厂全年满负荷运转，可将近 2 亿 m^3 的污水转化为可利用的再生水，相当于 100 个昆明湖，堪称“超级地下水城”。

4.2　智慧设计实践

依托北京槐房再生水厂的“智慧水厂”建设，对智慧建造框架体系中的工程设计及仿真进行应用探索，同时兼顾了污泥处理工艺研究。

4.2.1　热水解消化污泥板框脱水性能研究

污泥含水率的降低对污泥体积减量影响很大，随着处理厂处理水量的增加，污泥的问题越来越突出。虽然《城镇污水处理厂污泥泥质》（GB 24188—2009）中对含水率要求只要小于 80%，但含水率 80% 的污泥体积仍很大，运输困难，且限制了后续处理处置方法的选择。若污泥含水率降低至 60%，体积比 80% 时减少了一半，该污泥可用于垃圾填埋厂的覆盖土，同时便于堆肥、干化、焚烧等后续处理，故降低污泥含水率对污泥处理的意义重大。

为使城镇污水处理厂污泥脱水后的泥饼更易资源化利用、滤液更易进一步处理，主要从脱水调理剂对泥饼含水率的影响、泥质对污泥脱水性能的影响、滤液性质、泥饼各项控制指标及热值方面进行初步研究。针对上述问题，采用板框脱水机实现一系列试验设计。不同的脱水调理剂性质差别较大，进而影响泥饼和滤液的性质，甚至对后续处理方法的选择也有影响，故选择用量少、对泥质影响小、产生的滤液近中性的脱水剂十分重要。

1．试验泥样及设备介绍

本试验采用北京市某再生水厂的两种污泥（含初沉污泥和剩余污泥）进行研究，一种为剩余污泥浓缩与初沉污泥除砂的混合污泥，取样点设在浓缩后的污泥池中，污泥含水率平均为 97.4%；另一种为经过热水解消化后的污泥，污泥含水率平均为 95.4%，取样点设置在板框脱水车间前的储泥池中。试验期间污泥含水率、有机份基本稳定，颗粒细小，每次试验现取现用。该厂污泥处理工艺流程如图 4–7 所示。

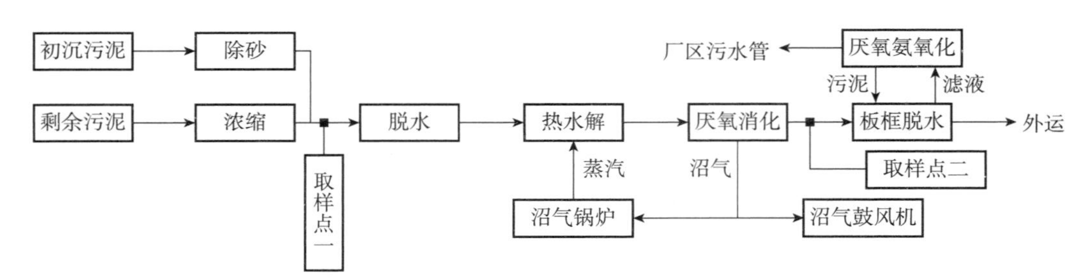

图 4–7　某再生水厂污泥工艺流程图

本试验采用脱水性能良好的小型试验用板框脱水机，如图 4–8 所示，主要由固定板、滤框、滤板、压紧板和压紧装置组成，滤板尺寸为 800mm × 800mm，滤饼厚度约 30mm，过滤面积 6m^2，一次处理量约 400L，最大进泥压力控制在 0.95MPa，压榨压力维持在 1.3MPa，压榨时间 1h 且保证压滤水滴水不成线为止。试验地点设置在该水厂泥区内，取泥便利，可快速进行试验，减少泥质变化产生的误差。

图 4–8　试验设备

2．调理药剂对泥饼含水率的影响

通过对常用污泥脱水剂以及该厂常用脱水剂的了解，本试验选择 PAM（聚丙烯酰胺）、$FeCl_3$ 和石灰、复合调理剂调理污泥进行研究。

分别采用 PAM、$FeCl_3$ 和石灰、复合调理剂对热水解消化污泥进行调理，投加量参考该水厂的运行经验及相关文献，调理时间、压榨时间等其他试验条件基本一致，试验期间进泥含水率及污泥有机份基本稳定，每次试验重复 5～10 次。试验结果见表 4–1。

使用不同药剂的泥饼含水率比较　　表 4–1

	PAM			$FeCl_3$+ 石灰		复合调理剂（棕色 + 白色）	
投加量	0.2%	0.4%	1%	19%+33%	15%+29%	6%+9%	5%+7%
含水率（%）	89.24	89.39	89.19	53.7	53.6	60.6	60.4

注：表中数据为多次试验平均值。

表 4–1 主要列出了三种药剂共 7 种加药方案的泥饼含水率。相关文献中指出 PAM 的常用加药量为 0.1%～0.5%，本试验 PAM 的投加量远高于此值，但泥饼含水率仍比较高，且随投加量的增加，含水率基本无变化，说明可能 PAM 不适合调制热水解消化后污泥。

对比 $FeCl_3$ 和石灰、复合调理剂可看出，$FeCl_3$ 和石灰投加量比较大，且投加量超出该厂之前经验投加量近一倍，但泥饼含水率可达到 60% 以下。试验过程中试图改变铁盐石灰投加量，找到泥饼含水率达到 60% 用药量最少的情况，但在该过程中发现泥质调理情况不稳定，出泥含水率与投加量相关性差，并结合该厂之前的运行经验，初步断定铁盐石灰作为脱水剂不能保证污泥含水率的稳定，该脱水剂可能对污泥的某种性质较敏感，抗冲击能力较差。

复合调理剂由两种药剂组成，棕色药剂主要为多糖复合调理剂，白色药剂主要为纳米型多核复合调理剂。根据生产厂家推荐投加量进行试验，泥饼含水率较低且稳定，并在相同的进泥压力和压榨压力下，每批次试验可比铁盐石灰多处理 30%～40% 污泥。

从以上试验结果可看出，对于热水解消化污泥，不同调理剂对该种污泥的调理效果差别较大，目前国内采用这种污泥处理工艺的不多，在选择调理剂方面要慎重。

3．泥质对污泥脱水性能的影响

污泥的常规处理工艺为：污泥→浓缩→厌氧消化→脱水→外运或其他处置方法，有的污水处理厂由于投资或其他原因没有厌氧消化，这种工艺的污泥由于含有剩余污泥，颗粒细小脱水性能差，一般泥饼含水率在 80% 左右。

污泥热水解是污泥预处理方法的一种，主要是利用热蒸汽对污泥加热加压，并维持一定时间，使污泥中的胶体物质降低黏度，将复杂有机物水解为简单有机物，最后泄压闪蒸打破细胞壁。此工艺可提高厌氧消化的产气量，改善污泥脱水性能。

本试验分别使用热水解厌氧消化污泥和只经过浓缩的污泥，在相同加药量情况下进行试验。板框机进泥有机份如图 4–9 所示，从图中可看出仅经过浓缩的污泥有机份明显高于热水解消化污泥，往往污泥有机份含量低有利于污泥脱水。可见热水解消化工艺不仅可利用污泥中更多的有机物产生能量，节约能源，还可改善泥饼脱水性。

向上述两种污泥中加入 $FeCl_3$ 和石灰进行试验，由于污泥性质不同，同种调理剂对污泥的调理效果存在差别，表现为泥饼含水率不同，试验结果如图 4–10 所示。

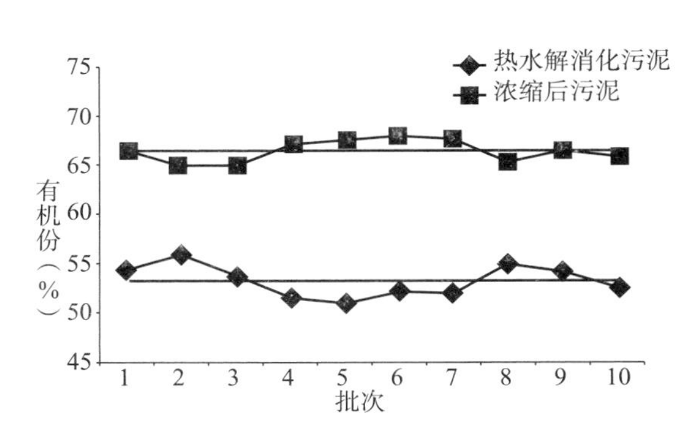

图 4–9　不同污泥有机份比较

图 4–10 中明显可看出浓缩后污泥的泥饼含水率高于热水解消化后污泥，当 $FeCl_3$ 石灰投加量分别为 15% 和 29% 时，浓缩污泥泥饼含水率比热水解消化污泥平均高 12%，当 $FeCl_3$ 石灰投加量分别为 19% 和

33% 时，浓缩污泥泥饼含水率比热水解消化污泥平均高 20%，可见在污泥脱水性能差时，泥饼含水率对脱水剂的投加量更敏感。

向上述两种污泥中加入复合调理剂进行试验，试验结果（平均值）如图 4–11 所示。

从图 4–11 中可看出，加入复合调理剂的污泥，泥饼的含水率变化规律和图 4–10 表明的规律类似。在投药量相同的情况下，浓缩污泥泥饼含水率比热水解消化污泥泥饼含水率约高 8%，可见热水解消化工艺确实改善了污泥的脱水性能。

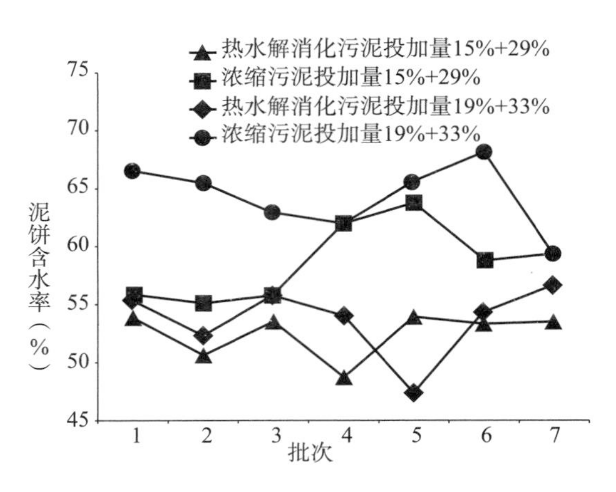

图 4–10　不同污泥加入铁盐石灰泥饼含水率比较

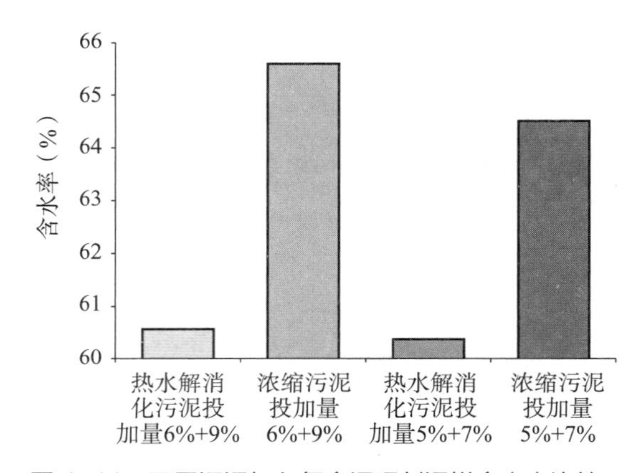

图 4–11　不同污泥加入复合调理剂泥饼含水率比较

4．滤液的比较分析

对于不同污泥种类、不同脱水调理剂种类，以及不同的投加量、污泥滤液性质会有较大差异。目前对于污泥滤液通常将其回流至污水处理前端构筑物，这样对接收外来污泥的污水处理厂会有较大的冲击。故研究滤液性质对进一步研究滤液处理工艺有重要意义。

（1）药剂对滤液的影响

向热水解消化污泥中分别加入铁盐石灰、复合药剂进行试验，测得滤液的 pH 值、COD、氨氮、悬浮固体（SS）、总磷（TP）如图 4–12 所示。

从图 4–12（*a*）中可明显看出，用铁盐石灰调理后的污泥滤液 pH 为 9～11，滤液呈碱性，明显较投加复合药剂高，对于试验中的两种投加量 pH 看不出明显变化，可能由于铁盐石灰脱水剂投加量变化不大。通过复合调理剂调理的污泥，pH 稳定在 6～8，基本呈中性，投加量的变化对 pH 影响不大。

图 4–12（*b*），图 4–12（*c*）中可看出 COD、氨氮浓度较大，且不稳定。投加铁盐石灰的滤液 COD 平均值为 1889mg/L，投加复合药剂的滤液 COD 平均值为 2697mg/L，但变化幅度较投加铁盐石灰的滤液大。氨氮浓度在 900～1700mg/L，投加铁盐石灰的滤液氨氮平均值为 1311mg/L，投加复合药剂的滤液氨氮平均值为 1293mg/L，说明这两种不同脱水剂对滤液氨氮的浓度影响不大。根据《给水排水设计手册第五册》查得典型生活污水 COD 为 400mg/L，氨氮为 25mg/L，滤液 COD 浓度是生活污水的 2.5～11 倍，氨氮浓度是生活污水的 36～68 倍，可见污泥滤液为高氮废水。

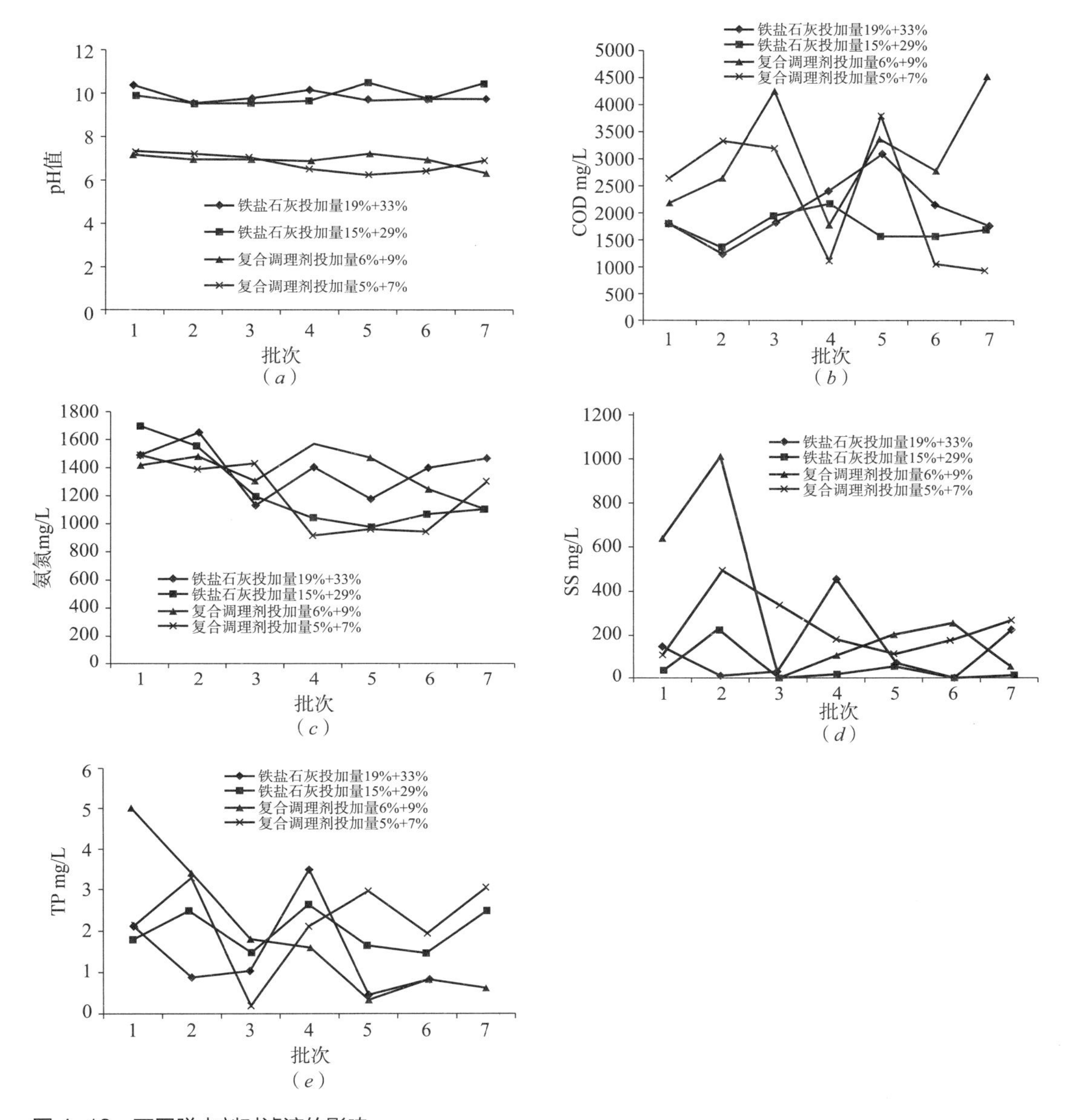

图 4-12 不同脱水剂对滤液的影响

图 4-12（*d*）为滤液 SS 浓度，除个别批次外浓度变化不大，不同脱水剂投加量滤液 SS 平均值见表 4-2。从表中可看出脱水剂投加量大 SS 高，且复合药剂比铁盐石灰的滤液 SS 浓度大。典型生活污水的 SS 为 200mg/L，污泥滤液的 SS 与生活污水的值相差不大。

污泥滤液悬浮固体（SS）浓度比较 表 4-2

	铁盐石灰		复合药剂	
脱水剂投加量	19%+33%	15%+29%	6%+9%	5%+7%
SS(mg/L)	134	55	327	240

总磷的浓度变化不大，如图 4–12（e）所示。不同脱水剂投加量滤液 TP 平均值见表 4–3。从表中可看出投加铁盐石灰的滤液 TP 较投加复合药剂的低，投加量高 TP 浓度低，可能是由于铁离子和钙离子可与磷酸根离子形成难溶磷酸盐沉积于滤饼中。

污泥滤液悬浮固体（TP）浓度比较　　　表 4–3

	铁盐石灰		复合药剂	
脱水剂投加量	19%+33%	15%+29%	6%+9%	5%+7%
TP(mg/L)	1.35	2.01	1.97	2.24

（2）污泥种类对滤液的影响

向热水解消化污泥和浓缩污泥中分别加入铁盐石灰、复合药剂进行试验，测得滤液的 pH 值、COD、氨氮、悬浮固体（SS）、总磷（TP）平均值见表 4–4。

不同污泥滤液性质比较　　　表 4–4

测值	投入的药剂	热水解消化污泥	浓缩污泥	测值	投入的药剂	热水解消化污泥	浓缩污泥
pH	铁盐石灰 19%+33%	9.8	12.2	氨氮（mg/L）	复合药剂 6%+9%	1381	119
	铁盐石灰 15%+29%	9.9	11.1		复合药剂 5%+7%	1204	91
	复合药剂 6%+9%	7.0	6.6	SS（mg/L）	铁盐石灰 19%+33%	134	61
	复合药剂 5%+7%	6.8	6.4		铁盐石灰 15%+29%	55	17
COD（mg/L）	铁盐石灰 19%+33%	2124	416		复合药剂 6%+9%	327	21
	铁盐石灰 15%+29%	1734	943		复合药剂 5%+7%	240	16
	复合药剂 6%+9%	3091	434	TP（mg/L）	铁盐石灰 19%+33%	1.35	0.69
	复合药剂 5%+7%	2302	112		铁盐石灰 15%+29%	2.01	1.76
氨氮（mg/L）	铁盐石灰 19%+33%	1362	107		复合药剂 6%+9%	1.97	0.27
	铁盐石灰 15%+29%	1236	126		复合药剂 5%+7%	2.24	0.13

表中浓缩污泥投加铁盐石灰的滤液 pH 比热水解消化污泥普遍偏高，可能是由于消化池中的产酸作用，使滤液 pH 升高的不多。热水解消化污泥滤液 COD、氨氮、TP 明显高于浓缩污泥。COD、氨氮可能是由于热水解对污泥的高温高压闪蒸以及消化过程中的水解酸化作用使其增大；随着污泥处理工艺流程的增加，污泥停留时间增长，磷释放不可避免，故热水解消化污泥滤液 TP 比浓缩污泥的高。热水解消化污泥滤液 SS 高于浓缩污泥。

5．泥饼性质

（1）泥质比较

污泥经过热水解的高温高压及瞬时泄压闪蒸，可有效杀灭病原菌使污泥安全卫生化。现对热水解消化污泥加入复合药剂进行脱水，检测泥饼的控制指标，与《城镇污水处理厂污泥泥质》（GB 24188—2009）中规定的泥质控制指标限值进行比较，具体结果见表 4–5。从表中可判断出，该泥饼基本符合国家标准，且部分指标远优于上述标准的限值。

泥质检测结果比较　　　　表 4–5

序号	基本控制指标	限值	试验值	比较	序号	选择性控制指标（mg/kg 干污泥）	限值	试验值	比较
1	pH	5～10	7.2	符合	1	总锌	＜4000	＜60	符合
2	含水率（%）	＜80	61.3	符合	2	总镉	＜20		
3	粪大肠菌群菌值	＞0.01	—	—	3	总铅	＜1000	＜200	符合
4	细菌总数（MPN/kg 干污泥）	$<10^{8}$	2.4×10^{4}		4	总铜	＜1500	＜50	符合

（2）泥饼热值

虽然污泥含水率的降低可大大减少污泥的体积，但是通过常规手法污泥含水率基本控制在 60% 左右，若再继续降低则较困难。污泥处置与利用的主要途径有干化、焚烧、土地利用、填埋等。比较上述各方法，焚烧占地面积小，可大大减少污泥的体积和质量，同时焚烧后的灰渣还可综合利用，污染物可彻底无害化和稳定化。污泥的燃烧热值往往是决定是否采用焚烧方法的重要因素之一。试验取加入复合调理剂的热水解消化污泥泥饼，进行热值试验。

将 105℃烘干的污泥样品粉碎后过 160 目筛网，取 2g 进行弹筒发热量测定，共测定 10 批次污泥，结果见表 4–6。从表 4–6 和图 4–13 中可看出污泥有机份与发热量具有一定正相关性，且有机份较稳定。城镇污泥焚烧对污泥 pH 和有机物含量要求分别为 5～10、＞50%，本次试验污泥符合该要求。

污泥热值测定使用的为干污泥，而实际泥饼含水率约为 61%，水分在污泥燃烧时转化成水蒸气并带走部分热量，这部分热量无法有效利用。根据 1 个标准大气压下水的气化潜热（2512kJ/kg），可以确定污泥水分蒸发带走热量。对于污泥助燃焚烧和干化焚烧，其低位热值应大于 3500kJ/kg；单独焚烧，污泥的低位热值应大于 5000kJ/kg。以发热量平均值 10799.5kJ/kg 计算，要想达到 3500kJ/kg，泥饼含水率至少达到 59.19%，要达到 5000kJ/kg，含水率至少达到 47.03%。本试验污泥经过热水解消化，故热值不高，但只需进行简单干化，降低较少的泥饼含水率，仍旧可达到助燃焚烧、干化焚烧或自持焚烧的指标要求。

污泥热值测定　　表 4-6

批次	发热量（kJ/kg）	有机份（%）
1	10762.0	56.44
2	10854.0	56.05
3	10926.7	56.04
4	10919.1	56.13
5	10879.1	57.74
6	11132.4	57.64
7	10489.8	51.50
8	10302.7	53.64
9	11151.0	56.95
10	10577.8	55.21
平均值	10799.5	55.73

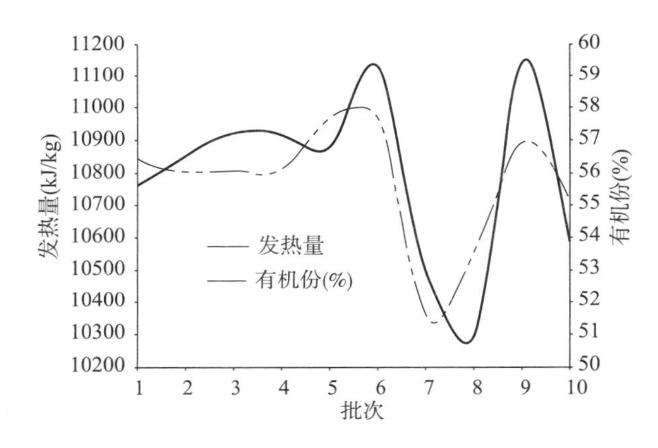

图 4-13　污泥发热量有机份比较

4.2.2　基于 BIM 的水厂智能设计

1. 概述

BIM 是以建筑工程项目的各项相关信息数据作为基础，建立起三维的建筑模型，通过数字信息仿真模拟建筑物所具有的真实信息。它具有信息完备性、信息关联性、信息一致性、可视化、协调性、模拟性、优化性和可出图性八大特点。将建设单位、设计单位、施工单位、监理单位等项目参与方放于同一平台上，共享同一建筑信息模型，有利于项目可视化、精细化建造。通过参数模型整合各种项目的相关信息，在项目策划、运行和维护的全生命周期过程中进行共享和传递，使工程技术人员对各种建筑信息作出正确理解和高效应对，为设计团队以及包括建筑运营单位在内的各方建设主体提供协同工作的基础，在提高生产效率、节约成本和缩短工期方面发挥重要作用。

工程依托“智慧”工程设计体系框架，探索将BIM技术与市政基础设施建设相结合的新途径，利用BIM可视化表达、性能化分析、数字化模拟、高效率信息流转等优势，应用在三维建模、设计方案比选、施工模拟等关键环节中，充分提升项目工程质量、提高施工管理水平、提前为水厂后期运营储备信息资源，为城市基础设施和城市绿地等公共服务设施的建设运营服务，最终把该项目打造成为亚洲最大的、全国“智慧水厂”的典范。

2．技术方案

通过模型直观表达全地下构筑物的复杂空间关系、进行机电管线综合碰撞检查；利用信息模型与相关计算分析、模拟软件结合，用于再生水厂关键部位的场地分析、通风模拟、人员疏散模拟等，提高再生水厂精细化设计水平，为再生水厂建造和运维提供基础模型。

设计中以Autodesk Revit为核心软件开展工作，同时拓展Civil3D、Navisworks等多个辅助软件工具，在勘察设计、方案比选、辅助优化设计和施工协同等方面进行辅助计算和模拟分析，如对水厂噪声分析、采光分析、通风模拟等场景进行了方案比对，搭建了BIM360云平台，建立与施工、业主的BIM协同管理实施流程。具体应用软件如下：

（1）通过Civil3D建立地质模型，进行深基坑分析。

（2）以Autodesk公司的Revit建模软件为主要建模工具，搭建建筑、结构、机电等各类专业模型。

（3）以Revit为工具进行二次开发，开发了绘制桩、市政管线搭建、支护结构快速建模等工具。

（4）以Revit为工具、Inventor为纽带，导入设备族库信息，建立族库模型和设备族库管理器。

（5）应用Navisworks软件进行动态效果展示及动画制作，实现管线综合、安装、进度模拟等施工前期策划。

（6）采用Phoenics分析软件，对已建成的模型进行辅助结构计算，对采光、通风、除臭、噪声、疏散等进行模拟分析，实现方案比选，优化设计方案。

（7）采用Pathfinder软件进行人员疏散的模拟分析。

（8）通过结合GIS和BIM两项技术，先采用Revit对主要建筑、结构建立三维模型，导出IFC格式文件，经自行开发的模型处理软件处理后，导入GIS系统，用于后期运维管理。

3．基于BIM模型的场地分析

槐房再生水水厂水区部分为全地下结构，不同功能区域的底板高程变化多，传统的二维地勘数据很难直观、准确地表现复杂的地质情况，从BIM技术的角度，我们可以将工程地质勘察视为一种地质“信息获取、信息解译和信息应用”的过程，从而通过三维的方式录入、分析、表达地勘资料。

通过勘察测量单位提供槐房地下污水厂用地范围内的地形点数据，采用 Civil3D 软件建立地质模型，对全部地形数据进行整合、入库、建模，经过模拟三维模型排除勘误点，建立三维的地形曲面模型，进行曲面高程分析，合理地规划场地平面位置，如图 4-14 所示。

通过平面选址后，向地质勘察单位提交《工程地质勘察条件单》，从而得到地勘单位提供的勘探孔位地层岩性、土质报告。根据钻孔位置采集的数据，建立三维地质构造模型来分析确定构造面的空间连接关系。其步骤是首先整理钻孔数据，生成钻孔的三维柱状图，如图 4-15、图 4-16 所示。

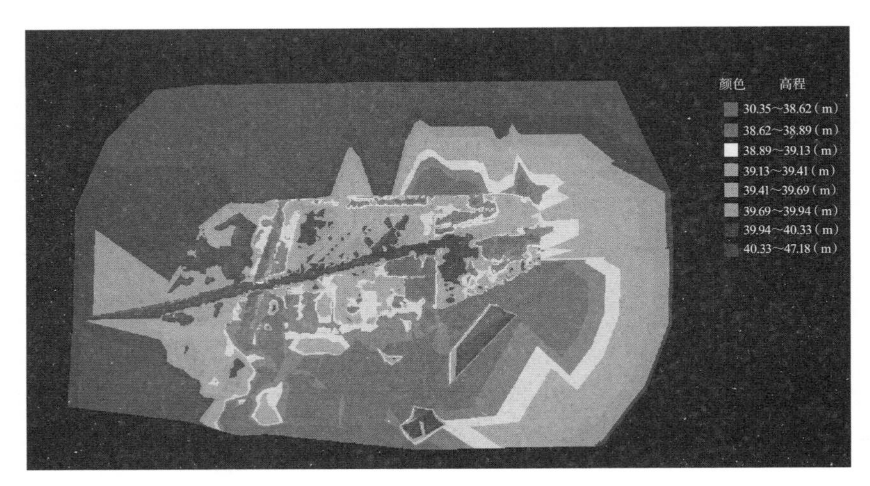

图 4-14 曲面高程分析结果

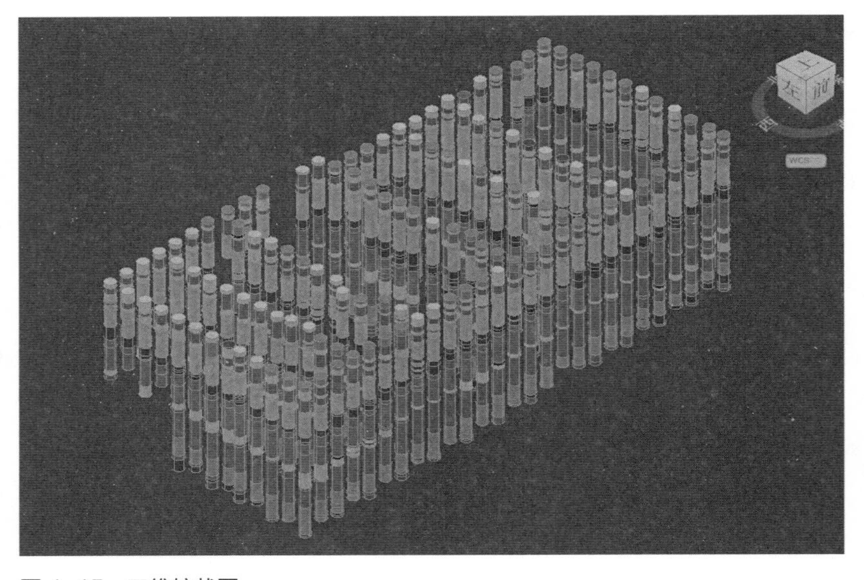

图 4-15 三维柱状图

对于地质复杂需要补点勘探的地点，对新采集的钻孔数据随时更新，使设计人员实时了解到最新的地质信息情况，推断基坑开挖的安全状态，利用自动化建模技术辅助设计人员方便快捷地发现、分析和解决工程中遇到的问题，保证工程顺利实施，如图 4–17 所示。

通过三维钻孔可以生成相应地质层的地层曲面并生成三维地质实体，通过可视化效果表现岩体开挖后的状态，如图 4–18 所示，利用开挖模型计算开挖部分的总体积以及分岩层体积，如图 4–19 所示。

通过 Revit 软件建立基坑支护及锚索模型，在 Navisworks 中检查支护桩是否达到设计所需标高，从而确保开挖设计的安全性、合理性，如图 4–20～图 4–22 所示。

Band By: Geology Code　3D Sticks Vertical Exaggeration 5　2D Strips Vertical Exaggeration 1

Include	Id	Type	Ground Level	Final Depth	Easting	Northing	Plan	Strip	Model	Zoom
■	352	ZK	39.57	38.00	501131.42	295106.56	■	■	□	
■	351	ZK	39.72	40.00	501106.50	295105.77	■	■	□	

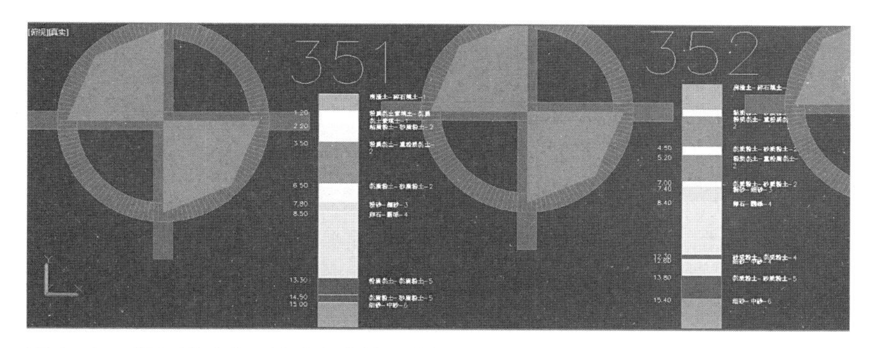

图 4–16　根据钻孔点号快速查询钻孔柱状图

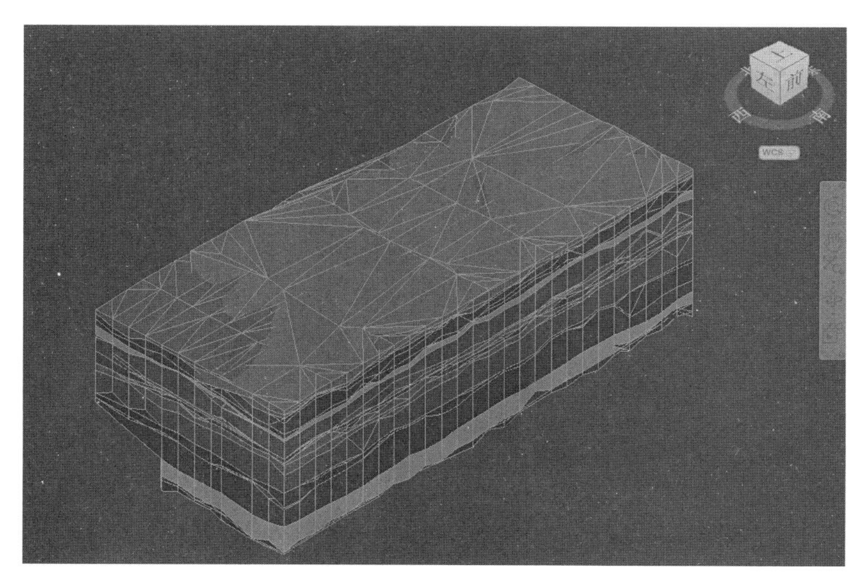

图 4–17　三维地质建模成果

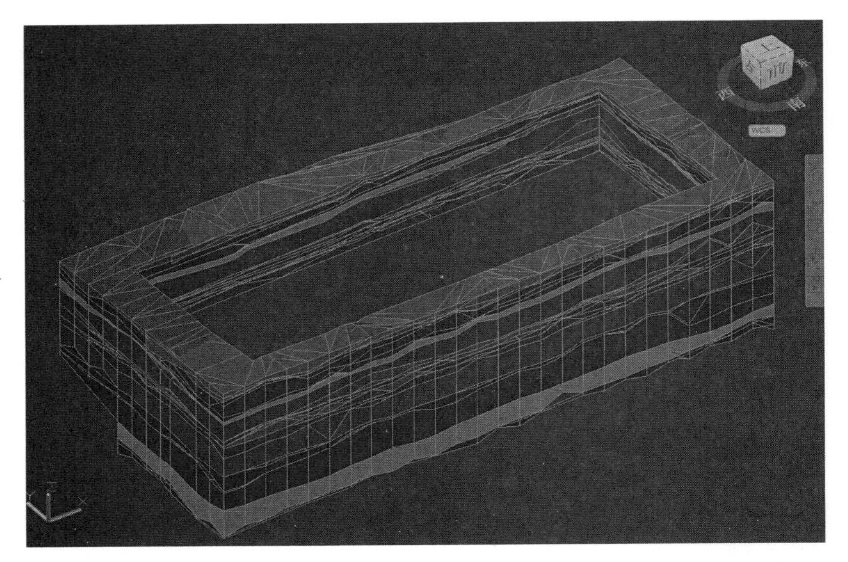

图 4-18　模拟深基坑开挖至持力层

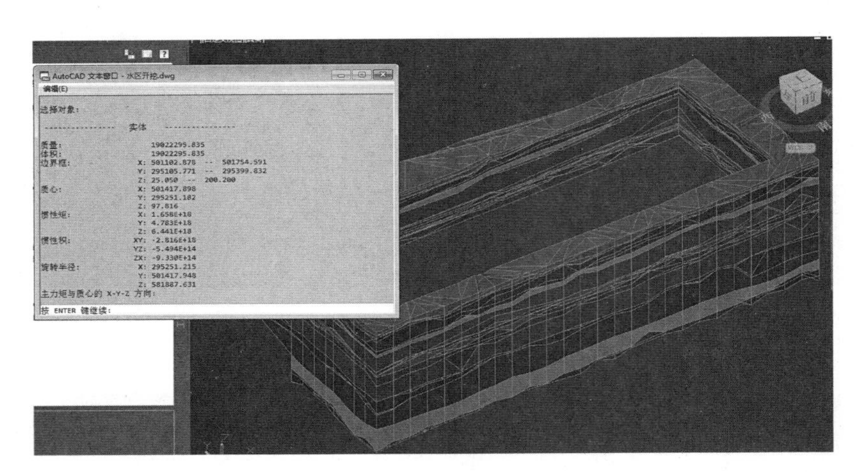

图 4-19　土体体积查询

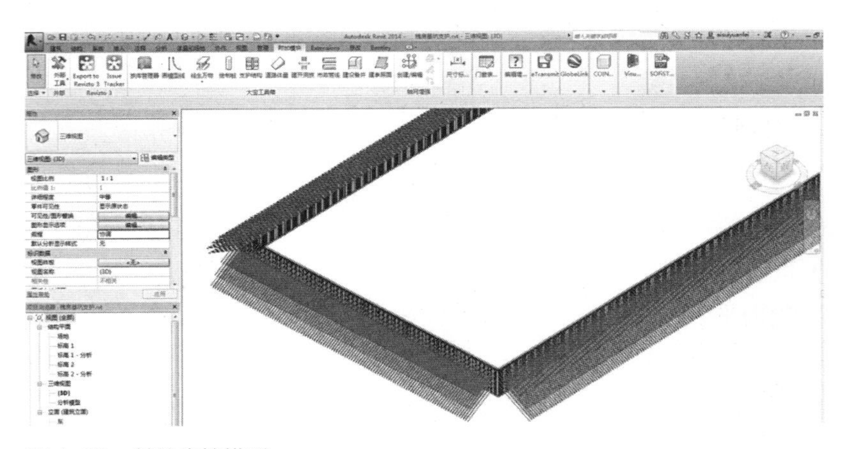

图 4-20　基坑支护模型

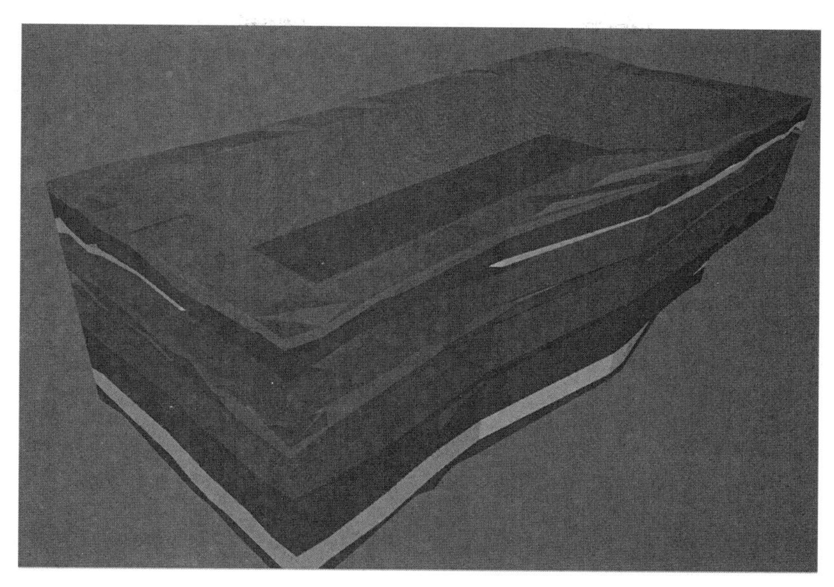

图 4-21　基坑支护和三维土体拼接

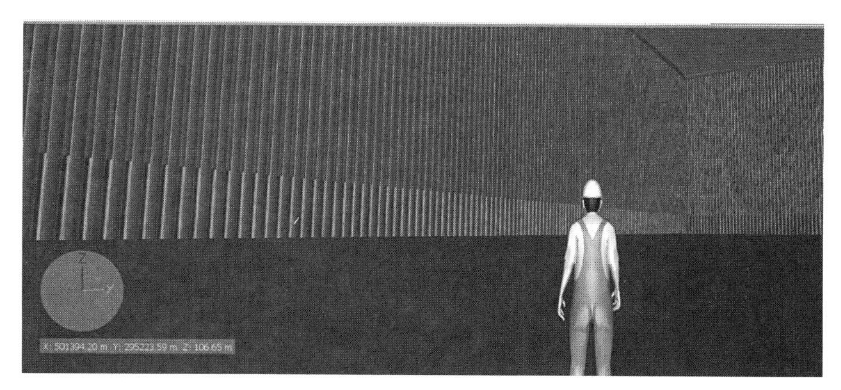

图 4-22　支护桩桩底标高巡视检查

4．基于 BIM 模型的采光分析

再生水厂中细格栅及旋流沉砂池为全封闭式地下构筑物，工作人员活动范围包括高程为 31.300m 的设备房间层以及高程为 35.850m 的细格栅渠道与曝气沉砂池顶板巡视层。由于细格栅吊装孔采用透光盖板，因此可结合自然采光与人工照明相结合的方式进行室内照明设计。为找到合理的照明方式，利用 Ecotect 软件对该构筑物进行采光分析，进行照明方案的比选。

首先将细格栅及沉砂池 Revit 模型以 gbXML 文件格式导入 Ecotect 软件，分别设置与上述两高程对应的平面，载入北京地区气象资料，以某日中午 12 时的照明情况为例进行分析。

不加人工照明时细格栅渠道及曝气沉砂池顶板层的采光分析结果如图 4-23 所示，细格栅渠道顶板范围内照度为 280～2800lx，满足《建筑照明设计标准》中对于公共通用房间场所照明标准值 100lx 的要求。说明吊装孔透光盖板对自然采光起到了一定作用，该范围在白天可不设灯光，达到节能减排的目的。根据图 4–23 分析结果在照度不足的位置分别设置 100W 灯泡，分析结果如图 4–24 所示，走道板范围内照度为 100～200lx，均满足规范要求。

设备房间层采用与细格栅渠道及曝气沉砂池顶板层同样规格灯泡的采光分析结果如图 4–25 所示，由于设备房间层距离屋顶较远，因此照度为 24～80lx，不满足规范要求，可通过将灯设置在柱上的方式降低灯的高度，分析结果如图 4–26 所示，设备房间层范围内主要过道照度为 100lx，既满足了规范要求，又避免采用大功率照明灯，降低了能耗。

因此，通过 Ecotect 建模模拟吊装孔不同的采光照明方案，对各种情况的采光进行分析后，确定利用自然采光与人工照明相结合的照明方案，既满足规范要求，又达到了节能减排的目的。

5．基于 BIM 模型的可视度分析

厂区内粗格栅及进水泵房车间体量较大，而且噪声也较大，由于其南侧为湿地公园景区，考虑到游人观景感受，拟采用在其周边种植树木的方式对其进行遮挡。利用 Ecotect 软件建模，对粗格栅及进水泵房可视度进行分析。

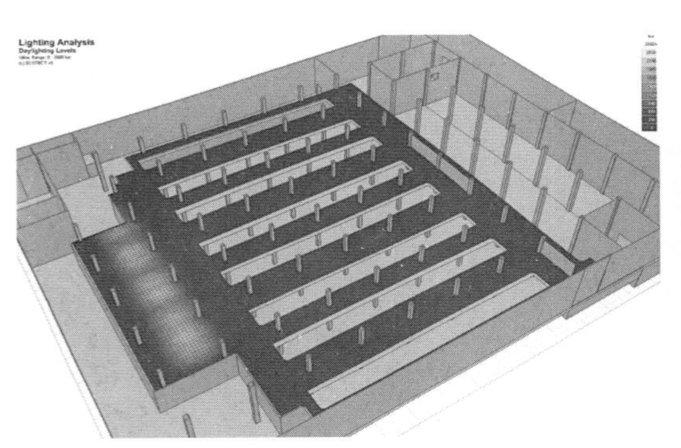

图 4–23　细格栅渠道及曝气沉砂池顶板自然采光分析结果

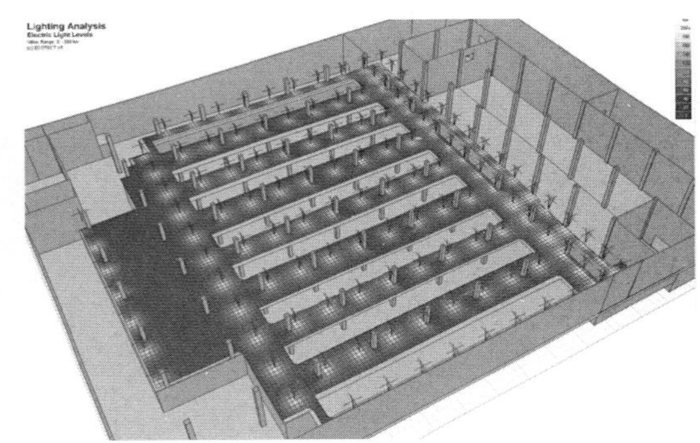

图 4–24　细格栅渠道及曝气沉砂池顶板设置人工照明采光分析结果

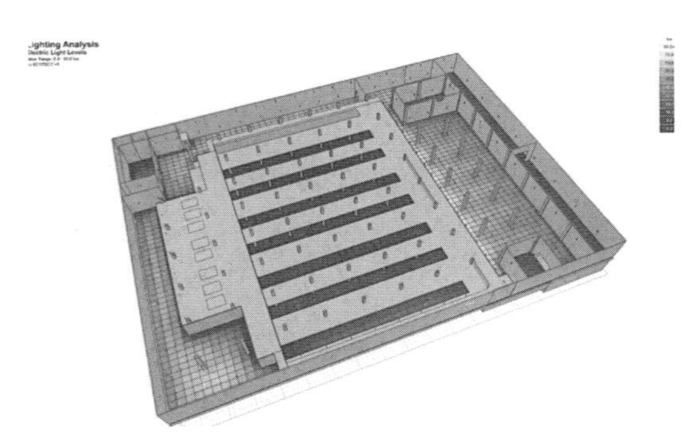
图 4–25　设备房间层设置人工照明采光分析结果

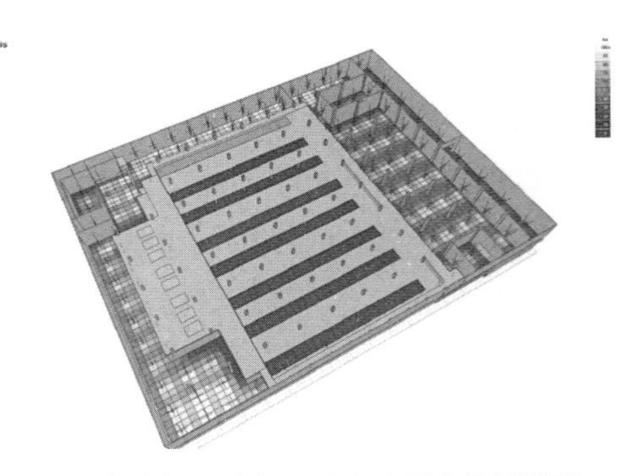

图 4–26　设备房间层降低照明高度采光分析结果

首先将水厂地上建筑物平面布置 DFX 图导入 Ecotect 软件中，根据各建筑物设计高程及外形尺寸搭建分析模型，再将粗格栅及进水泵房设为分析目标，在临近其南侧的园区步道上对其进行可视度分析：没有树木遮挡时，其可见区域为 1000～1400m^2，说明游人在游园时可清楚地看见该构筑物，结果如图 4–27 所示。

围绕粗格栅及进水泵房周边建立一排高约 7m、间距约 1m 的树木对齐进行遮挡，在南侧步道上再对其进行可视度分析后发现，其可见区域降为了 20～200m^2，对游人视线进行了良好的遮挡，结果如图 4–28 所示。

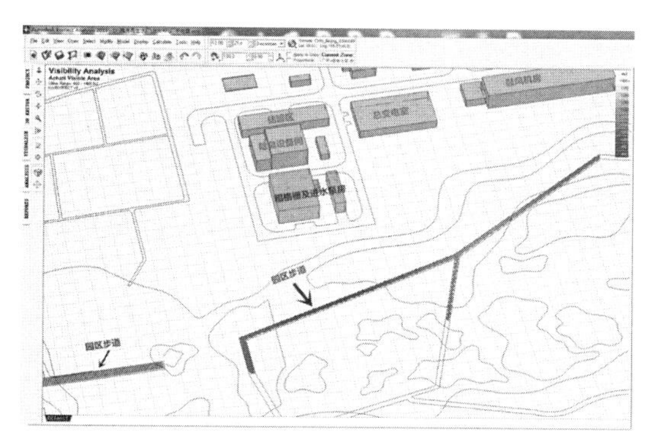

图 4–27　分析模型（1）

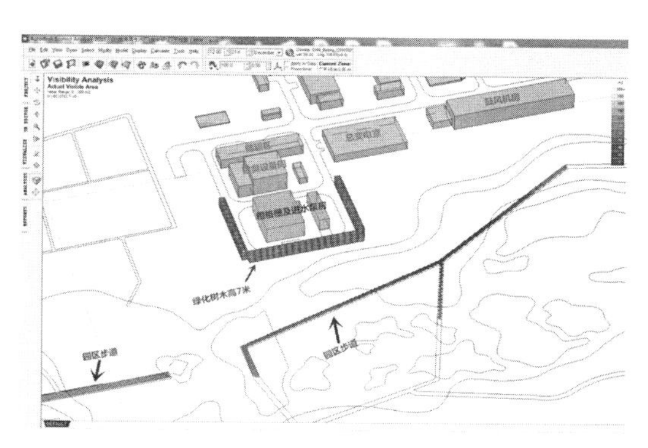

图 4–28　分析模型（2）

因此，通过 Ecotect 建模模拟游人视角，对粗格栅及进水泵房周边设置的树木的遮挡方案进行比对，分析各种情况后，确定南侧湿地公园风景的绿化设计方案，效果如图 4–29 所示。

6．基于 BIM 模型的人员疏散模拟

本工程为地下污水处理厂项目，主体以水池等构筑物为主，其主体结构位于地下，具有单体体量较大、同一时间使用人较少的特点，如果按照普通民用建筑或地下厂房类建筑的疏散距离要求进行防火设计，势必造成工程建设的浪费。因此，合理、适当地安排地下空间的安全出口和疏散楼梯是设计中的重点环节。

在人员疏散方案选择过程中，以较为复杂的 MBR 膜池设备间为例，使用 Pathfinder 软件导入该部分的 Revit 信息模型，模拟人员疏散情况。模拟结果为：在 28s 内分布在各个位置的 34 人全部撤离完成，如图 4–30～图 4–35 所示。

模拟结论说明，虽然以本工程为代表的大型水厂项目，地下疏散距离较长，但由于这些建、构筑物内人员并不密集，且通过合理布置疏散口及疏散楼梯，可以保证全部人员在较短的安全时间内完成撤离任务，符合安全设计相关规范对疏散的要求。

7．基于 BIM 模型的通风除臭模拟

BIM 技术的应用可提供建筑的能耗模拟分析需要的几何信息、热工信息，减少了模拟时进行建模的重复工作，为设计过程中进行能耗分析、热环境模拟、风环境模拟，改善、优化方案提供了有利的条件。本工程实现了基于 BIM 模型的模拟分析，对沉砂池以及整个厂

图 4-29　绿化效果图

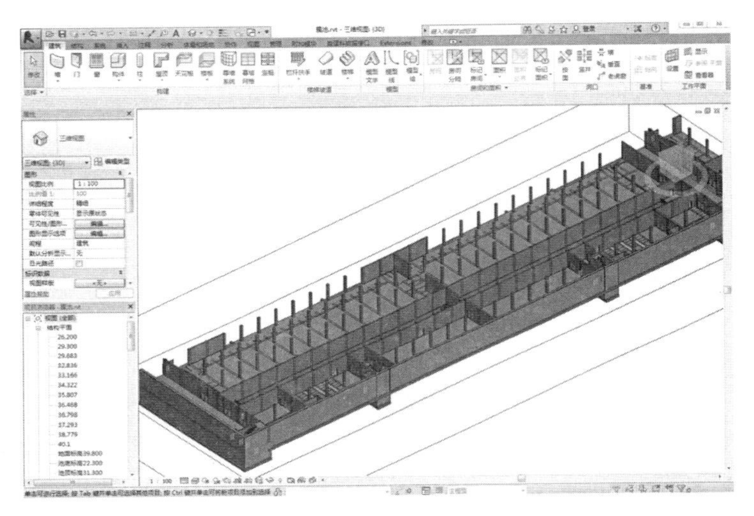

图 4-30　Revit 模型

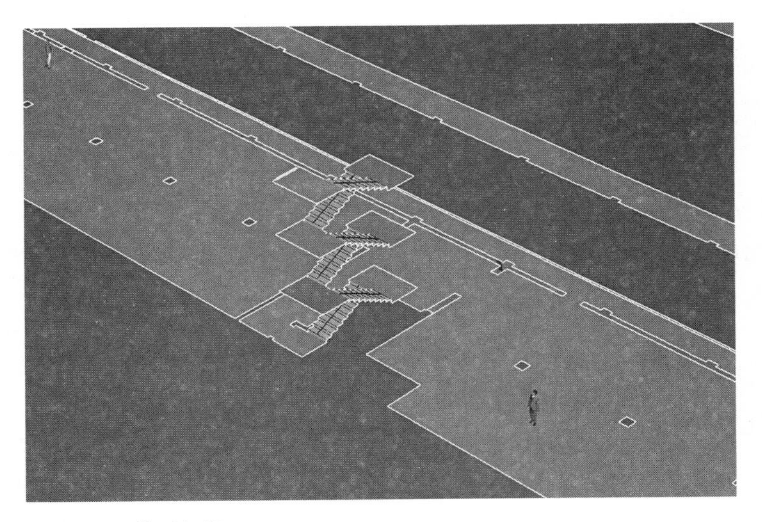

图 4-31　模型细部

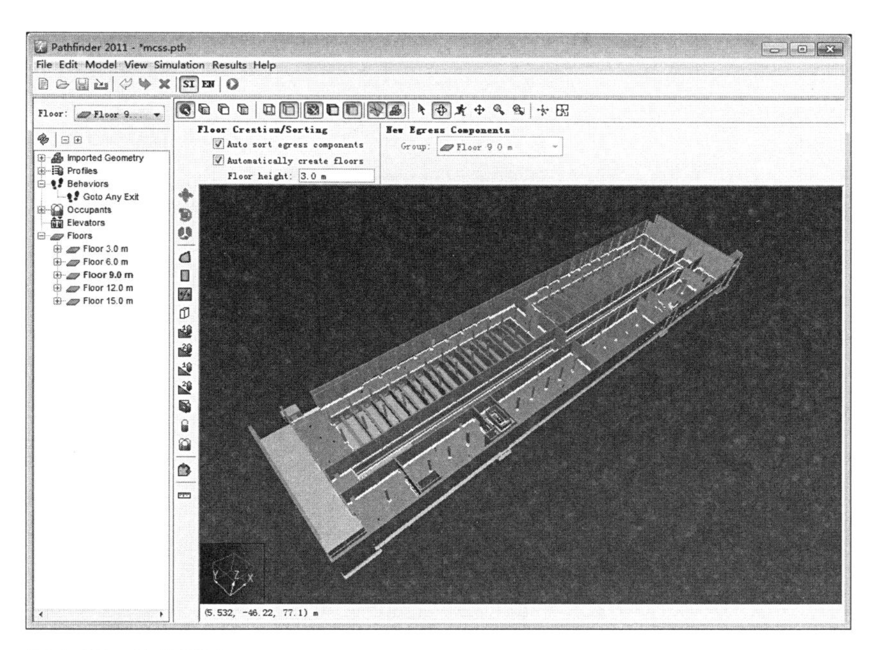

图 4-32 软件界面

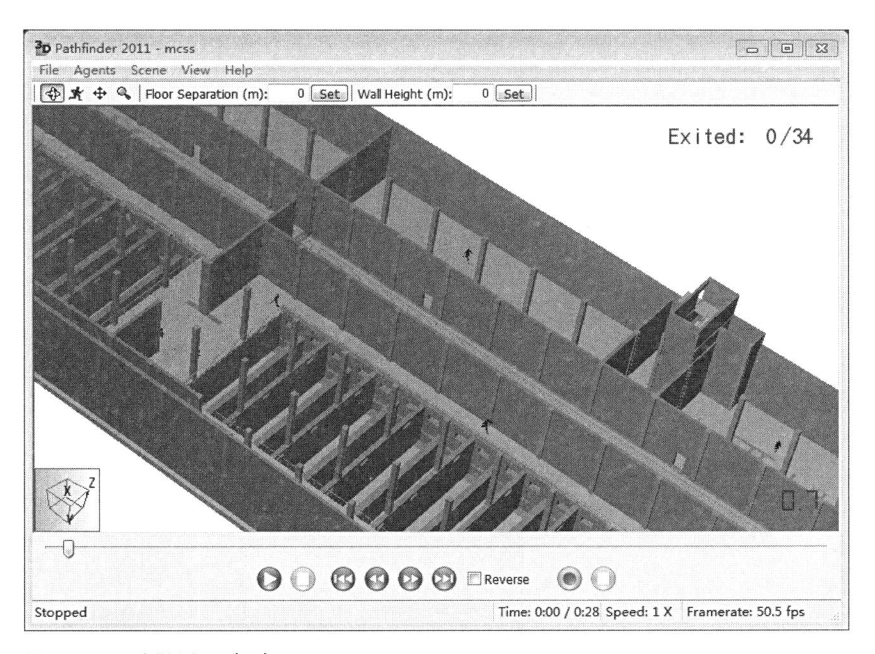

图 4-33 疏散过程（1）

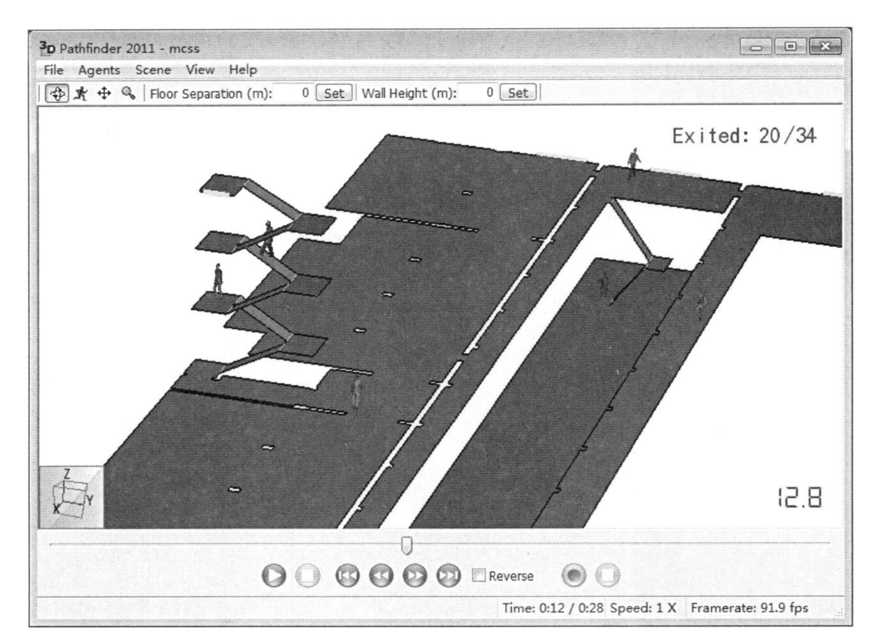

图 4-34 疏散过程（2）

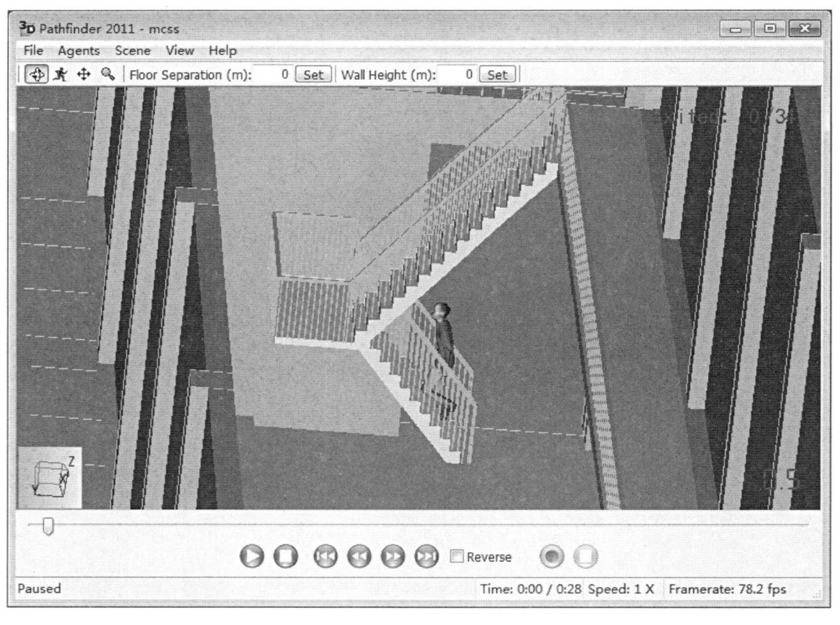

图 4-35 疏散过程（3）

区中对环境影响最为重要的 H_2S、NH_3、CH_4 进行 CFD 数值计算，得到了重要的预测数据，作为确定通风除臭方案的重要参考，提高设计质量、设计效率。

（1）沉砂池 BIM 应用

根据地下空间机械送、排风方案，将 Revit 模型（图 4–36）进行简化，导入 Phoenics 软件（图 4–37、图 4–38），模拟硫化氢、氨等臭气源在地下空间的分布，确定浓度达标、风量经济的除臭通风方案。

为了简化分析，作如下假设：

1）不考虑沉砂池中结构柱、管道、电缆和支架对室内气流组织的影响。

2）对沉砂池厂房的土建模型进行了适当的处理。

3）机房内的空气气流按照不可压缩黏性流体考虑。

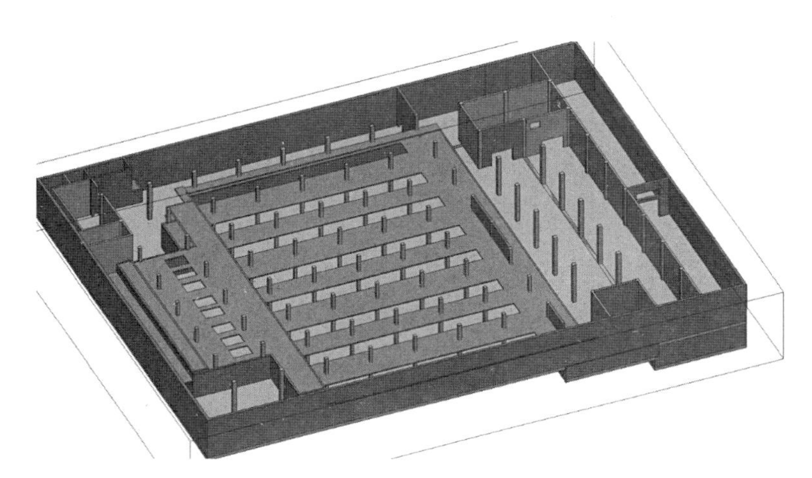

图 4–36　Revit 模型

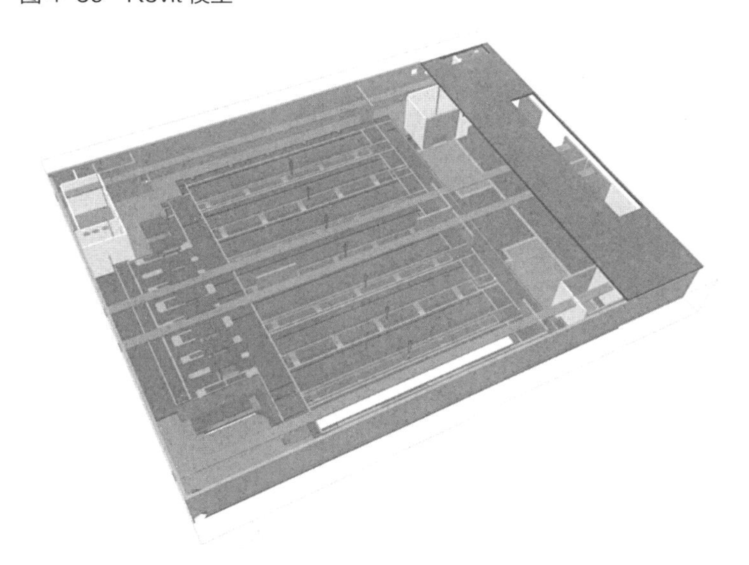

图 4–37　沉砂池导入 CFD 软件物理模型

边界条件：

1）围护结构的边界条件：将室内的屋顶和所有墙壁均视为绝热边界。

2）送风口的边界条件：送风口设置为风量口边界，各送风口送风量均按实际设计风量进行设置。

3）回风口的边界条件：回风口设置为自由回风边界。

采用壁面函数法处理近壁面问题，利用有限体积法离散控制方程，并用SIMPLEST算法进行压力速度耦合计算。计算结果如图4–39所示。

从本模拟结果可以看出风口采用普通风口射流长度较短，如采用射流距离更远的送风口，则可以更好地覆盖污染物，并对污染物进行更为有效的稀释，如图4–40所示。

从计算结果可以看出人员活动区域的H_2S浓度最高区域为0.025mg/m³，最低区域为0.007mg/m³，如图4–41所示，满足规范要求。但从图中可以看到在细格栅区域H_2S浓度较高，应加强该区域的排风措施。

从模拟结果（图4–42～图4–45）可以看出H_2S的浓度随高度的增加逐步降低，在送风口高度以上基本已经非常微弱，结论显示新风对H_2S的稀释作用较为明显。从图中可以看出在接近沉砂池附近H_2S的浓度较高且分布不均匀，如对排风口的设置进行优化，则可以

图4–38　沉砂池导入CFD软件物理模型（局部放大）

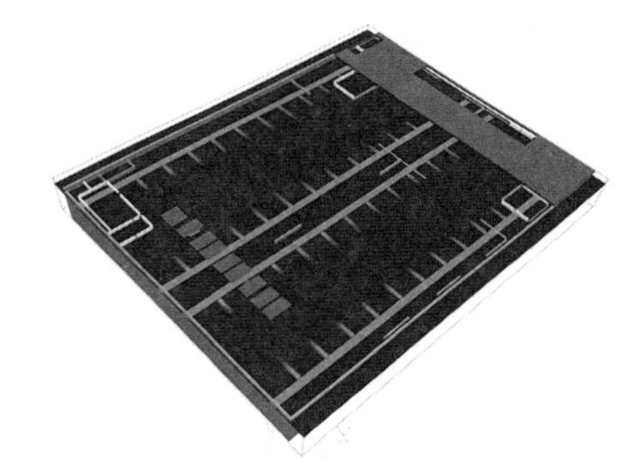

图4–39　8.2m高度气流组织

图4–40　人员活动区域H_2S污染物浓度分布云图

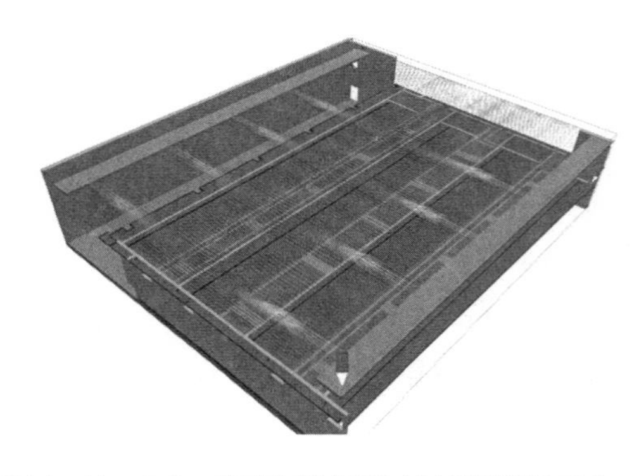

图4–41　8.2m高度气流组织（局部模拟结果）

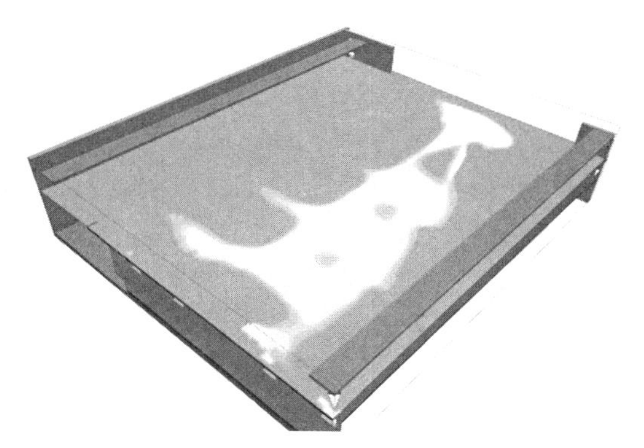

图 4-42　5.5m 高度 H_2S 浓度分布云图

图 4-43　6.5m 高度 H_2S 浓度分布云图

图 4-44　7.5m 高度 H_2S 浓度分布云图

图 4-45　9m 高度 H_2S 浓度分布云图

防止 H_2S 的大范围扩散。

（2）除臭塔 BIM 应用

将 Revit 模型进行简化，导入 Phoenics 软件，根据夏季主导风向模拟排放塔排放气体浓度分布，重点关注人员相对集中的湿地公园、水厂办公区气体扩散的环境，确定最佳排放塔布置方案。首先导入第三方模拟软件简化模型，如图 4-46 所示。

为了简化分析，作如下假设：不考虑单体建筑的特殊造型对整个厂区环境的影响，只按体量来体现各个单体建筑。夏季按最多风向平均风速设置环境风速。计算结果如图 4-47 所示。

从模拟结果（图 4-48）可以看出在综合楼处 NH_3 的浓度为 0.2mg/m³，满足规范要求。

8．基于 BIM 模型的噪声模拟

采用 CadnaA 对噪声进行研究，比选制氧车间平面布置方案，分析噪声源对厂区办公、湿地公园的环境影响，厂界噪声限制达标情况，确定合理位置。

方案一中，如图 4-49 所示，制氧车间位于厂区东侧，临近办公楼、臭氧接触池。方案二中，如图 4-50 所示，制氧车间位于厂区西北侧，远离办公楼、臭氧接触池。

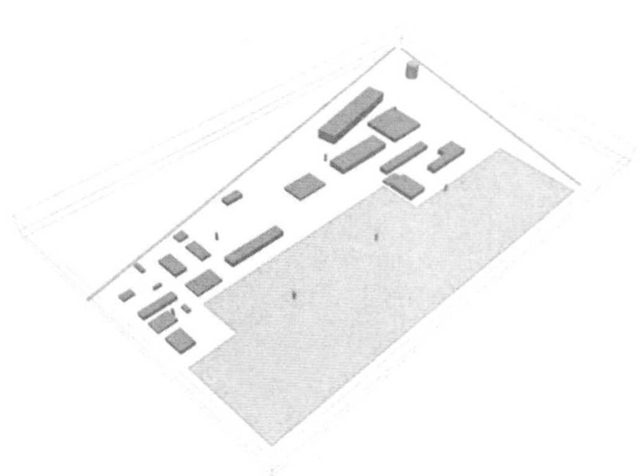

（*a*）方案一：排放塔位于中部

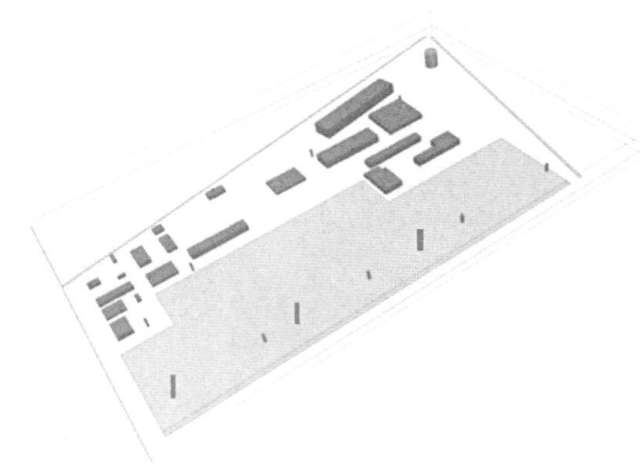

（*b*）方案二：排放塔位于南侧

图 4-46　单体建筑及除臭塔导入 CFD 软件物理模型（简化单体建筑）

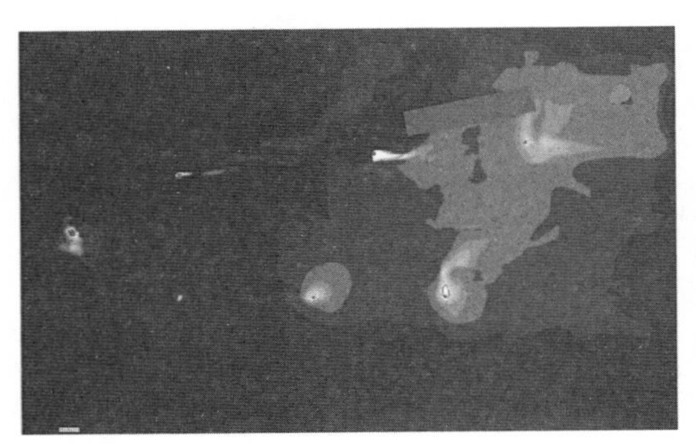

图 4-47　方案一 16m 高度 NH_3 浓度分布云图

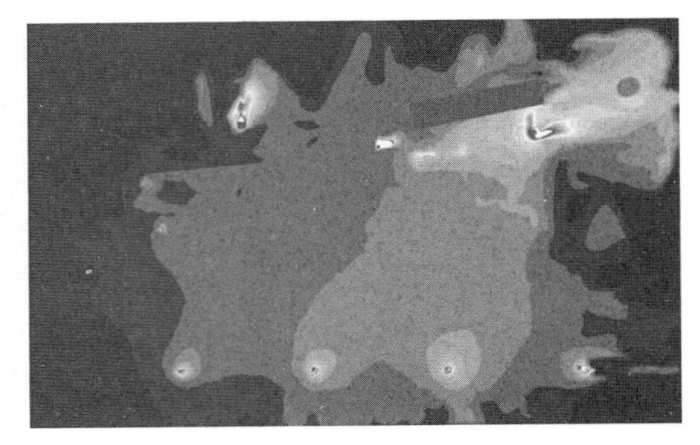

图 4-48　方案二 16m 高度 NH_3 浓度分布云图

在噪声分析方案一中，制氧车间位于厂区东侧，如图 4-51（*a*）所示，虽然距离臭氧接触池较近，便于供氧，但距离办公楼也较近。东侧厂界噪声值超过了 50dB 的设计限值。而办公楼位置的噪声值也大于 45dB，如图 4-51（*b*）、图 4-51（*c*）所示，对人员的正常办公造成较大影响。

在噪声分析方案二中，制氧车间移至厂区西北侧，如图 4-52（*a*）所示，虽然距离臭氧接触池较远，但拉开了与办公楼的距离。北侧厂界噪声值不超过 60dB 的设计限值，西侧及东侧、南侧厂界也不超过 50dB 的限值，而办公楼位置的噪声值也降为了小于 35dB，如图 4-52（*b*）、图 4-52（*c*）所示。因此经综合考虑，最终设计中采用了方案二进行制氧车间的布局。

9．基于 BIM 模型的碰撞检查

对于槐房再生水厂这样一个大型复杂的工程项目，采用 BIM 技术进行三维管线综合设计有着明显的优势及意义。BIM 模型是对整个设计的一次“预演”，建模的过程同时也是一次全面的“三维校审”过程。在此过程中可发现大量隐藏在设计中与专业配合紧密相关的问

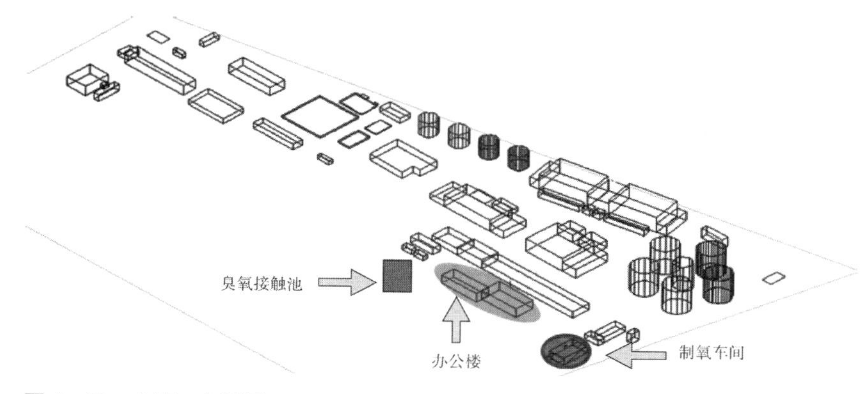

图 4-49　方案一布置图

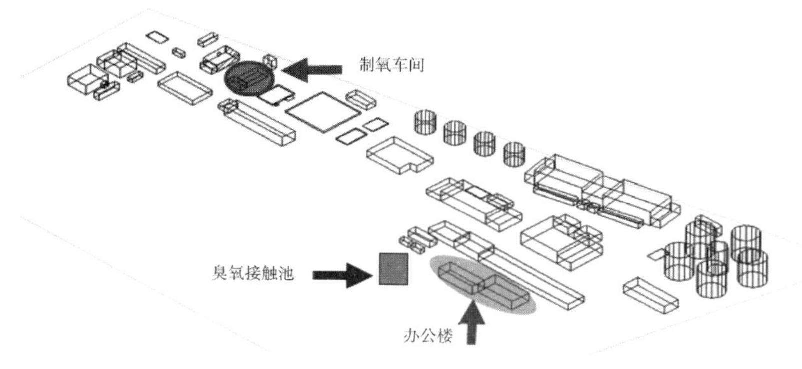

图 4-50　方案二布置图

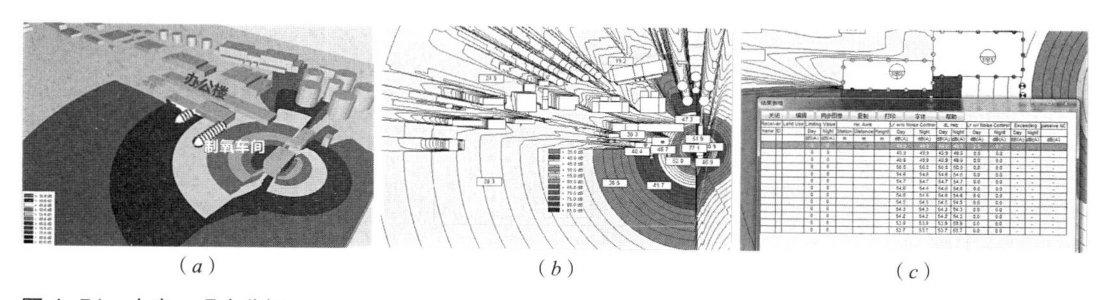

（a）　（b）　（c）

图 4-51　方案一噪声分析

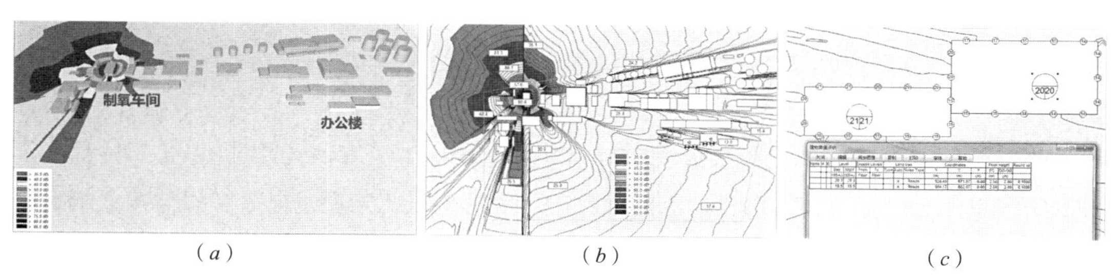

（a）　（b）　（c）

图 4-52　方案二噪声分析

题，或者属于空间高度上的冲突，在传统的单专业校审过程中很难被发现。通过 BIM 技术提供的碰撞检查功能，利用 Revit 建模后可直观地查看管线之间的空间关系，杜绝了发生错误的可能，使立体空间得以合理规划。

本工程采用“硬碰撞”和“间隙碰撞”进行碰撞检查，生成详细列表信息，用于指导管线部署。

（1）硬碰撞（Hard Clash）。实体在空间上存在交集。这种碰撞类型在设计阶段极为常见，特别是在各专业间没有统一标高的情况下，发生在结构梁、暖通、给水排水、强弱电等管道之间。

（2）间隙碰撞（Space Clash）：实体与实体在空间上并不存在交集，但两者之间的距离比设定的公差小时即被认定是碰撞。该类型碰撞检测主要出于安全考虑，可以根据专业之间设定的最小间距要求，检查最小间距是否满足设计要求，也可以同时检查管道设备是否遮挡墙上安装的插座、开关等。

本工程利用 BIM 技术的可视化功能进行管线的单专业或多专业碰撞检测，立体地核查内部结构之间及与周边构筑物是否存在空间碰撞、设计漏洞等问题，可以及时发现设计漏洞反馈给设计人员，以最迅速的方式解决问题。

（1）本工程将所有专业放在同一 BIM 模型中，对专业协调的结果进行全面检验。模型均按真实尺度建模，传统表达予以省略的部分（如管道保温层等）均得以展现，从而将一些看上去没问题，而实际上却存在的深层次问题暴露出来。

（2）工艺、土建、设备、暖通、电气、自控等各个专业均进行建模，多专业进行协调优化，利用全方位的三维模型在任意位置剖切大样及轴测图大样，观察并调整该处管线的标高关系，节省管线占地空间。

（3）利用 BIM 软件全面检测管线之间、管线与土建之间的所有碰撞问题，及时反馈给各专业设计人员进行调整，理论上消除所有管线碰撞问题，最大程度上减少了返工率。

碰撞检查结果及调整后对比如图 4-53 所示。

10．基于 BIM 的图纸输出

三维向二维输出是当今 BIM 运用的一个热点，对于槐房再生水厂复杂的设计而言，将复杂的三维模型组织为二维输出，并为此建立了多套视图样板，形成了多套出图体系，实现了出图设置的一劳永逸。本工程通过 BIM 模块可以方便快捷地生成二维平面、立面、剖面等图纸，在 CAD 中进行尺寸标注等细化过程，即完全达到设计内容统一、表达方式不同的目标，提升出图效率。

由于槐房再生水厂工程图纸量大，对图纸管理提出了更高的要求，Revit 软件实现了对电子图纸的分类汇总，可以迅速查询到打印所需的图纸，实现了电子文档与图纸档案并存的高效管理模式（图 4-54）。

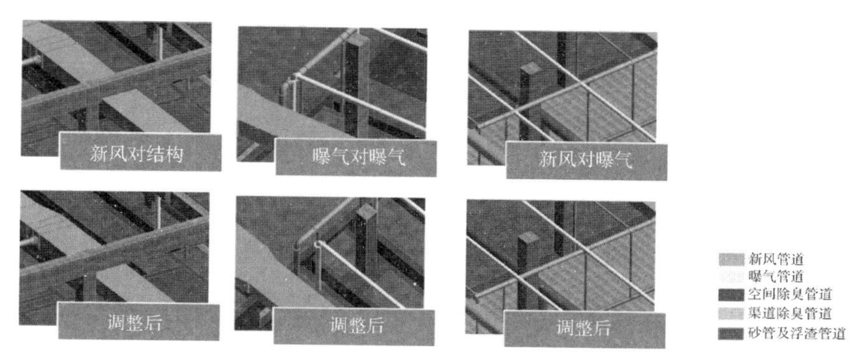

图 4-53　碰撞检查及调整后对比图

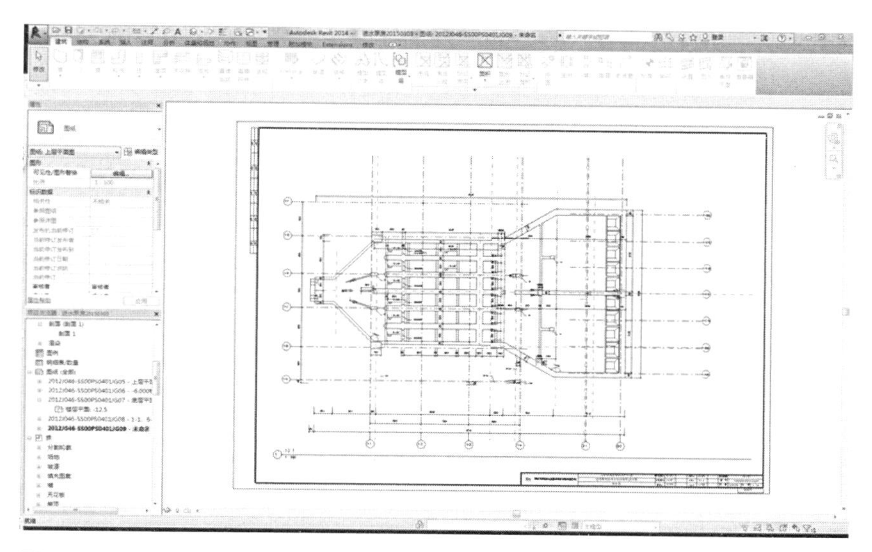

图 4-54　BIM 辅助出图示意图

4.2.3　基于 BioWin 的污水处理工艺仿真

1. 研究背景

（1）数学模拟技术概述

数学模拟技术是利用数学模型和模拟软件对不存在系统或无法进行测试的系统情况进行模拟预测。这种对污水处理过程进行的数字化模拟，在技术成熟的前提下，可以成为污水处理工艺方案比较、工艺流程设计、运行优化和新工艺研发等的高效工具。虽然数学模拟的结果不能完全代表工艺系统的实际运行情况，但是它的辅助作用在诸多方面可以起到事半功倍的效果。

国际上对数学模拟技术的应用方兴未艾，欧美、日本等发达国家的工程技术公司已广泛应用数学模拟技术研发新工艺，变传统的“小试—中试—应用”为“小试—模拟—应用”这一先进的研发模式，实现了对中试阶段的跨越，在经济上节约了成本，同时可以加速新技术的推广应用。国际上已有许多大型污水处理厂在工艺设计、升级改造和运行优化过程中采用了数学模拟技术，并为此积累了许多宝贵的实践经验。可见数学模拟技术是使研发、设计、运行污水处理工艺成为三位一体的超级辅助工具[75]。

数学模拟技术在我国起步较晚，目前基本处于高校的研究阶段，近几年开始逐渐在水厂的运行和改造工程上有所应用[76~77]，但是对于大多数的设计人员和水厂的技术人员而言，数学模拟技术依旧是个比较陌生的概念。

（2）数学模型概述

二级生物处理可以分为活性污泥法和生物膜法，污染物通过微生物的生化作用得到去除，污水得以净化。

活性污泥模型：活性污泥数学模型的最基本依据是细胞生长动力学的 Monod 方程，在此基础上结合微生物学理论和化工领域的反应器理论，对污水中基质降解、微生物生长等各参数之间的数学关系作定量描述。

国际水协（IWA）于 1987 年正式推出了活性污泥 1 号模型（ASM1），这是最初级的模型，以较为简单的动力学方程表达了异养菌和自养菌的生长和衰亡过程，包含碳氧化、硝化和反硝化等生化反应。随着对活性污泥系统模拟研究的不断深入，IWA 又推出了活性污泥 2 号模型（ASM2）、2 号 D 模型（ASM2D）和 3 号模型（ASM3）。ASM2 模型在 ASM1 模型的基础上，增加了对生物除磷的考虑，将好氧聚磷菌（PAOs）考虑在模型中。ASM2D 进一步完善了 ASM2 模型，又加入了聚磷菌在缺氧条件下的生长，将反硝化除磷菌的生化反应也考虑在模型中，可更加全面准确地分析生物除磷效果。ASM3 模型是在 ASM1 的基础上，区分了异养菌和自养菌的代谢途径，并引入基质储存的概念，但是并没有考虑生物除磷的生化反应[75]。

生物膜模型：针对生物膜模型的研究有着 40 余年的历史。最初级的模型是将生物膜看作只含有一种细菌的均质稳定结构，用一维物质扩散和生化反应来表述，而后又建立了描述多菌种多基质的一维分层动力学模型，但是这些模型终究不能表征生物膜的空间异质性，需要有二维和三维数学模型，将物质的扩散和转换、细菌合成动力学以及水动力学结合到模型中去。多维数学模型在 1999 年在荷兰代尔夫特工业大学 Kluyver 生物技术实验室完成，该模型可表征生物膜的密实度和细菌分布等特征参数，能成为三维模型可输出或可预测的结果[75]。

（3）数学模拟软件

研究人员以 IWA 的 ASMs 系列模型作为依据，通过模型参数的校正和简化，开发了多种应用程序和应用软件，例如 ASIM、SSSP、BioWin、EFOR、AQUASIM、GPS-X 等。

BioWin 软件是 20 世纪 90 年代由加拿大 Envirosim 联合公司研发，在北美和澳大利亚等地有广泛的应用，成为当地污水处理运行和设计的标准工程工具，该模型的核心是 ASDM 综合模型，描述了污水处理过程中的 50 种组分以及作用于这些组分的 80 个物理、化学和生物反应过程，并集成了厌氧硝化模型、pH 平衡、气体转移和化学沉淀等模型[76]，且缺省参数系根据最新的研究出版物和实际污水处理厂矫正得到的最佳参数[78]。软件有进水、反应池、沉淀池、滤池、污泥处理等多个工艺单元，基本可以完整搭建整个污水处理厂的工艺处理模型。

在水厂的设计阶段，采用 BioWin 软件可以对设计的工艺方案进行稳态模拟，根据模拟结果优化工艺设计参数，在确保出水水质稳定达标的前提下，可以实现节省工程投资及运行成本的目标。对于现况污水厂，可以根据实际进水水质和现况水处理设施的情况进行动态模拟，为水厂优化运行提供技术方案，也可为水厂的提标改造提供合理的依据。本研究即采用 BioWIN 软件对槐房再生水厂的设计进行优化。

2．BioWin 模型

模型搭建：根据水厂的设计进水水质和初步确定的水处理工艺，采用传统的设计方法，计算并确定了各处理构筑物的尺寸和运行参数。将设计参数输入 BioWIN 应用程序，转化为模型中的构筑物及参数，利用模型建立工艺流程。确定进水水质之后，即可对水处理工艺进行模拟，对不同的设计方案进行比选，优化工艺设计。

以下为传统计算设计的各处理构筑物的尺寸和参数：

水厂初沉池选用矩形沉淀池，由 32 个矩形沉淀池组合而成，共分两个系列，每系列由 16 座单池组成，每座可独立运行，单池的设计规模为 18750m^3/d。单池尺寸：长 44.5m，宽 7m，水深 4.09m，超高 0.51m。沉淀池表面负荷 2.5 m^3/m^2・h，峰值流量表面负荷 3.25m^3/m^2・h，停留时间 1.6h。

水厂设置 4 个系列 MBR 生物池，单系列设计规模 15 万 m^3/d。每系列生物池设有 4 座单池，每座可独立运行，设计规模为 37500 m^3/d。生物池主要由配水渠道、厌氧区、第一缺氧区、好氧区、消氧区、第二缺氧区及出水渠道组成。为保证出水水质全面达标，并且对进水水质具备足够的抗冲击负荷能力，按照传统的计算方法，确定生物池的水力停留时间大约需要 17.8h。每座 MBR 生物池水深 8.0m，池深 9.0m。化学辅助除磷药剂 PAC 投加在第一缺氧区末端或好氧区的进口处，设计投加量 5500 kg /d。同时设置甲醇（稀释后，浓度 5%）作为补充碳源，最大设计投加浓度 60mg/L，仅在水中易降解 BOD 不足时，作为补充碳源，并考虑在第一缺氧区前端设置投加点。

全厂设置 4 个系列 MBR 膜池，与生物池一一对应。每系列 MBR 膜池分为两组，每组有 11 座膜池，10 用 1 备，单座膜池的设计规模为 7500m^3/d，每座膜池分两格，每格膜池长 14.5m，宽 2.25m，池中水深为 3m，每格膜池内设 8 个膜组器。膜池污泥浓度为 10gMLSS/L，混合液回流比为 450%。膜系统主要由膜池间、抽吸泵间、膜池设备间组成。其中，膜池间主要由膜池进配水渠道、膜池、混合液回流渠道、浮渣池、膜箱冲洗区组成；膜池设备间主要由膜池加药间、膜擦洗风机房、膜系统配电室组成，详细数据见表 4-7。

膜参数表 表 4-7

膜系统数据表	指标	单位
膜组器型号	SMM-2027	
膜池总进水量	25000	m^3/h
单个膜组件进水量	0.405	m^3/h
膜标准通量	20	$L/m^2/h$
名义平均膜通量	14.47	$L/m^2/h$
名义峰值膜通量	18.81	$L/m^2/h$
实际平均膜通量	16.08	$L/m^2/h$
实际峰值膜通量	20.90	$L/m^2/h$
透膜压差范围	20～50	kPa
TMP 值	30	kPa
单个膜组器的膜组件数量	50	PCS
单个膜池的膜组器数量	16	sets
单系列膜池的膜组器数量	320	sets
全厂膜组件总数量	64000	PCS
全厂膜组器总数量	1280	sets
单个膜组件的膜面积	27	m^2
单个膜组器的膜面积	1350	m^2
单个膜池的膜面积	21600	m^2
全厂总膜面积	172800	m^2
运行方式	运行 9min 停歇 1min	
膜组件脉冲吹扫气量	3.5	$N \cdot m^3/h$
膜组件叠加吹扫气量	2.5	$N \cdot m^3/h$
全厂总吹扫气量	4000	m^3/h

进水水质确定：BioWin 软件的进水水质指标和国内惯用的指标并不完全一致，需要在使用过程中做出取舍和经验推算。BioWin 进水水质中 COD 和 BOD 不能同时赋值，仅能给定其中一个指标的数值，另一个指标的数值会根据系统默认的多种参数（用户也可根据实际情况自行调整）自动确定。由于 COD 相对于 BOD 的测定较为便捷准确可靠，IWA 在活性污泥数学模型中选用 COD 作为测量有机物的参数[78]，因此，本研究中给 COD 赋值。BioWin 进水水质中不能给 SS 赋值，仅能输入 ISS，而水厂检测和惯用的设计参数是 TSS，因此，需要根据 ISS/TSS 在某地的经验值推算设计进水 ISS。本研究中，运行的模拟进水水质见表 4-8，与设计进水水质的偏差主要在自动生成的 BOD_5，比设计进水水质低。

运行的模拟进水水质　　表 4-8

项目	单位	模拟进水水质	设计进水水质
生化需氧量 BOD_5	mg/L	245.80	300
化学需氧量 COD_{Cr}	mg/L	500	500
总悬浮物 SS	mg/L	398.41	400
总氮 TN	mg/L	70	70
总磷 TP	mg/L	7.5	7.5

初沉池取舍确定：对于水厂是否设置初沉池，取决于水厂的进水水质。初沉池会去除部分有机物，而这些有机物可作为反硝化脱氮的碳源，因此，初沉池的设置会对水厂的运行产生影响。

在生化池和膜池参数相同的情况下，建立了有初沉池和无初沉池的两个模型，模拟在设计进水水质不变的条件下出水水质在 14℃时的情况见表 4-9。

出水水质在 14℃时的情况　　表 4-9

项目	单位	有初沉池出水水质	无初沉池出水水质
生化需氧量 BOD_5	mg/L	0.79	0.86
化学需氧量 COD_{Cr}	mg/L	26.12	26.23
总氮 TN	mg/L	25.31	22.97
氨氮 NH_4^+-N	mg/L	0.13	0.3

总氮 TN 在不投加外加碳源的情况下，初沉池的存在与否，出水 TN 均不能达标，均需外加碳源。除了 TN，其他出水指标在设置初沉池时去除效果更为理想，能够更加全面地保证出水水质。

在进水的水量和水质出现冲击负荷时，一般情况下设置初沉池能够更好地保障出水水质。对比进水水量和进水水质均为设计进水的 1.3 倍时，14℃条件下的出水情况见表 4-10。

进水水量和进水水质均为设计进水的 1.3 倍时 14℃条件下的出水情况　　表 4-10

项目	单位	有初沉池出水水质	无初沉池出水水质
生化需氧量 BOD_5	mg/L	0.85	0.99
化学需氧量 COD_{Cr}	mg/L	33.71	33.93
总氮 TN	mg/L	32.44	26.74
氨氮 NH_4^+-N	mg/L	0.29	1.47

与正常进水情况相同，设置初沉池能够更全面地保障出水水质。因此，设计中设置初沉池，同时设置了初沉池的超越管线，必要时进水可以跨越初沉池直接进入生物池，增加了生产运行的灵活性。

生物池设计方案比选：为保证出水水质全面达标，并且对进水水质具备足够的抗冲击负荷能力，按照传统的计算法，确定生物池的水力停留时间大约需要 17.8h。采用 BioWin 软件模拟对比生物池在总的 HRT 为 17.8h 不变的情况下，厌氧区、缺氧区和好氧区不同分区的运行效果，优化生物池的设计。

（1）方案一

遵循较为传统的生物池设计，方案一的设计为进水依次通过厌氧池、缺氧池、好氧池和消氧池后出水。厌氧池、缺氧池和消氧池设置搅拌器，好氧池内设置曝气头，工艺流程如图 4-55 所示，设计运行参数见表 4-11。

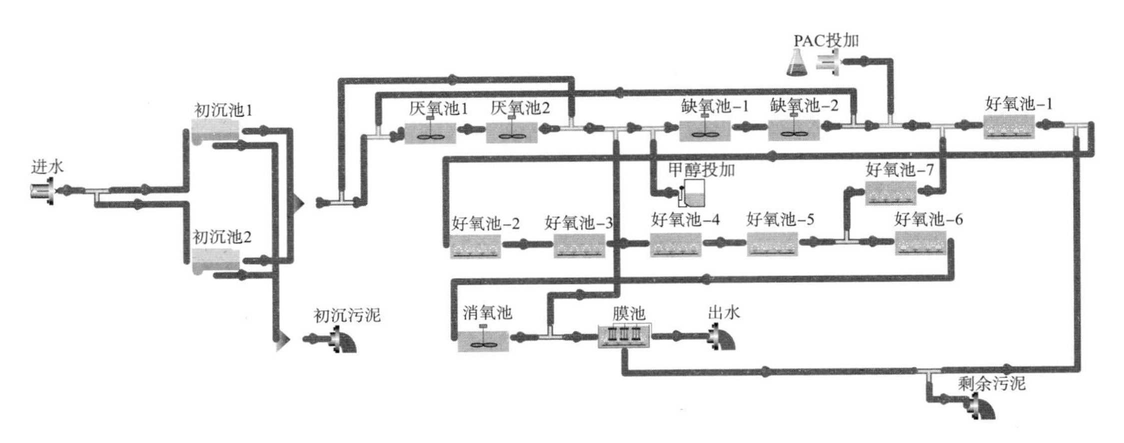

图 4-55 方案一工艺流程图

方案一设计运行参数　　表 4-11

项目	单位	参数
MBR 生物池厌氧段停留时间	h	2.2
MBR 生物池缺氧段停留时间	h	7.3
MBR 生物池好氧段停留时间	h	7.2
MBR 生物池消氧段停留时间	h	1.1
总停留时间	h	17.8
缺氧池混合液浓度 MLSS	mg/L	6000
好氧池混合液浓度	mg/L	8000
剩余污泥浓度（膜池内污泥浓度）	mg/L	10000
甲醇投加量	L/d	56000
PAC 投加量	L/d	6400
初沉池排泥量	m³/d	4000
剩余污泥量	m³/d	13120
泥龄	d	22.17

BioWin 模拟运行效果较好，生物池可有效去除有机物，并且在外加脱氮和除磷药剂的投加情况下，出水总氮和总磷也可以达标。在膜的作用下，出水 SS 无检出。模拟最不利运行条件 14℃时出水水质见表 4-12。

方案一在 14℃时出水水质　　表 4-12

项目	单位	设计出水水质	模拟出水水质
生化需氧量 BOD_5	mg/L	≤6	1.02
化学需氧量 COD_{Cr}	mg/L	≤30	28.77
总悬浮物 SS	mg/L	≤5	0.00
总氮 TN	mg/L	≤15	14.92
总磷 TP	mg/L	≤0.3	0.21
NH_3-N	mg/L	≤1.5（2.5）	0.13

由结果可看出即便在冬季水温最低情况下，出水氨氮也完全可以达到出水水质标准，因此可以考虑一定程度内减少曝气量。为满足对总氮的去除，需要在缺氧池进水处投加较多的甲醇，运行成本较高，设计有待改进，可以考虑一定程度内增加缺氧池的容积或者优化缺氧池分区。

（2）方案二

在好氧池内设置两个推流区，在推流区不设置曝气头，改为推流器，目的是营造局部的缺氧环境，即模仿氧化沟工艺，在好氧池内营造局部的好氧缺氧交替运行的情况，以期改善生物池自身的脱氮效果。工艺流程如图 4-56 所示，设计运行参数见表 4-13。

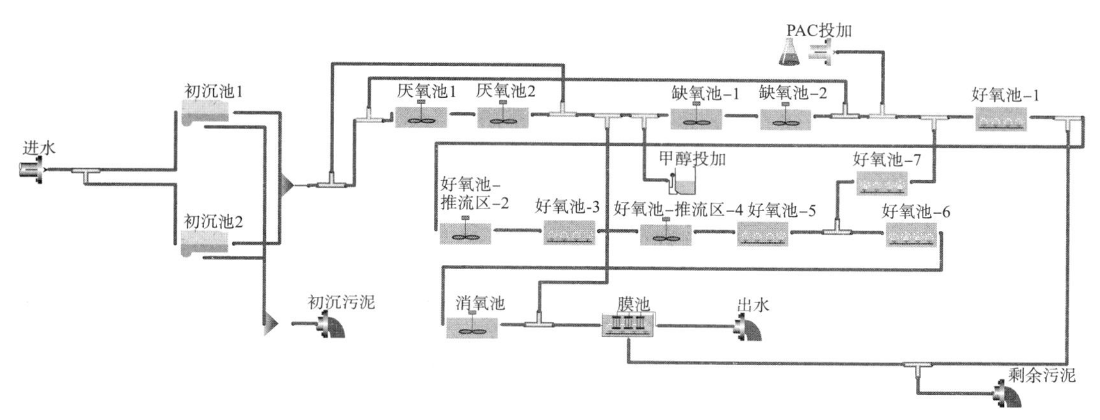

图 4-56　方案二工艺流程图

方案二设计运行参数　　表 4-13

项目	单位	参数
MBR 生物池厌氧段停留时间	h	2.2
MBR 生物池缺氧段停留时间	h	7.3
MBR 生物池好氧段停留时间	h	7.2
MBR 生物池好氧段曝气区停留时间	h	6
MBR 生物池好氧段推流区停留时间	h	1.2
MBR 生物池消氧段停留时间	h	1.1
总停留时间	h	17.8
缺氧池混合液浓度 MLSS	mg/L	6000
好氧池混合液浓度	mg/L	8000
剩余污泥浓度（膜池内污泥浓度）	mg/L	10000
甲醇投加量	L/d	51200
PAC 投加量	L/d	8000
初沉池排泥量	m^3/d	4000
剩余污泥量	m^3/d	12800
泥龄	d	22.72

BioWin 模拟最不利运行条件 14℃时出水水质见表 4-14。

方案二在 14℃时出水水质　　表 4-14

项目	单位	设计出水水质	模拟出水水质
生化需氧量 BOD_5	mg/L	≤6	1.00
化学需氧量 COD_{Cr}	mg/L	≤30	28.65
总悬浮物 SS	mg/L	≤5	0.00
总氮 TN	mg/L	≤15	14.87
总磷 TP	mg/L	≤0.3	0.27
NH_3-N	mg/L	≤1.5（2.5）	0.16

相对于方案一，方案二是将局部好氧曝气区改为推流区，模拟出水水质与方案一区别不大，生物池脱氮效果略有改善，外加甲醇量可减少，但除磷药剂 PAC 的需求略有提高。

（3）方案三

近些年多段 AO 工艺逐渐开始在水厂应用，该工艺能够更多地利用原水中的有机物作为脱氮的碳源，可节省外加碳源的投加。方案三设置两段缺氧池，即在消氧池后面再设置一段缺氧池，减少第一段缺氧池的池容，总的缺氧池停留时间与方案一、方案二一致。与方案二一致，在好氧池内也设置了两个推流区，进一步改善脱氮效果。具体工艺流程如图 4–57 所示，设计运行参数见表 4–15。

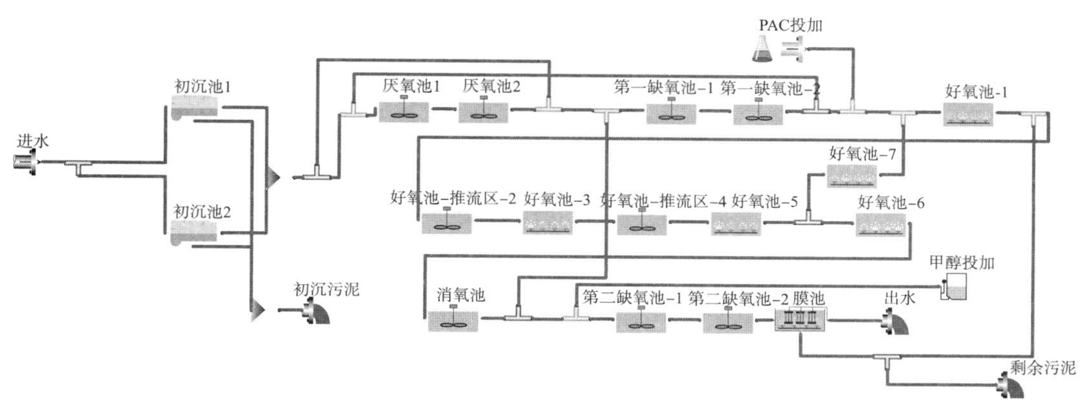

图 4–57　方案三工艺流程图

方案三设计运行参数　　表 4–15

项目	单位	参数
MBR 生物池厌氧段停留时间	h	2.2
MBR 生物池第一缺氧段停留时间	h	5.2
MBR 生物池好氧段停留时间	h	7.2
MBR 生物池好氧段曝气区停留时间	h	6
MBR 生物池好氧段推流区停留时间	h	1.2
MBR 生物池消氧段停留时间	h	1.1
MBR 生物池第二缺氧段停留时间	h	2.1
总停留时间	h	17.8
第一缺氧池混合液浓度 MLSS	mg/L	6000
好氧池混合液浓度	mg/L	8000
剩余污泥浓度（膜池内污泥浓度）	mg/L	10000
甲醇投加量	L/d	18400
PAC 投加量	L/d	24000
初沉池排泥量	m³/d	4000
剩余污泥量	m³/d	12320
泥龄	d	24.45

BioWIN 模拟最不利运行条件 14℃时出水水质见表 4-16。

方案三在 14℃时出水水质　　表 4-16

项目	单位	设计出水水质	模拟出水水质
生化需氧量 BOD_5	mg/L	≤6	0.81
化学需氧量 COD_{Cr}	mg/L	≤30	26.16
总悬浮物 SS	mg/L	≤5	0.00
总氮 TN	mg/L	≤15	14.92
总磷 TP	mg/L	≤0.3	0.16
NH_3-N	mg/L	≤1.5（2.5）	0.25

在出水总氮达标的情况下，方案三的外加碳源相对于方案一和方案二明显减少，对有机物的去除效果也优于方案一和方案二，对氨氮的去除效果略差，但是完全可以满足水厂对出水水质的要求。

（4）方案选择

在生物池的池容完全相同的情况下，BioWIN 软件模拟的三种方案在 14℃时的出水水质对比见表 4-17。

三种方案出水水质对比　　表 4-17

项目	单位	方案一	方案二	方案三
生化需氧量 BOD_5	mg/L	1.02	1.00	0.81
化学需氧量 COD_{Cr}	mg/L	28.77	28.65	26.16
总氮 TN	mg/L	14.92	14.87	14.92
总磷 TP	mg/L	0.21	0.27	0.16
NH_3-N	mg/L	0.13	0.16	0.25

方案三出水水质总体最优，且外加药剂最少，因此，选择方案三作为最终的设计方案。

第5章

槐房再生水厂智慧施工实践

5.1 基于物联网的施工综合管控

槐房再生水厂建筑工地物联网平台的建设，主要以实现槐房再生水厂的“智慧水厂”建设为工作目标，通过运用BIM、云计算、物联网等信息化技术，研究槐房水厂的工程信息建模、建筑性能分析、深化设计、工厂化加工、精密测量、结构监测、5D施工管理、运维管理等集成化BIM应用，打造基于BIM和物联网的“智慧水厂”建设平台。它是借助三维GIS、BIM模型和物联网等相关信息化手段对现场“人机料”进行管控。

平台将Web端和手机APP移动端两种表现形式相结合，通过视频监控、人员管理、物料管理、自动化监测等功能模块，实现现场施工管理信息高度集中化、管理者的移动办公、对项目实时管控和管理历史数据的保存与查询，为项目运维提供最真实、有效的数据，最终达到为项目建设增值的目的。平台首页和手机APP如图5-1和图5-2所示。

1．现场模型的三维GIS展示

三维展示是槐房水厂监控平台的核心模块，用户可以直观地查看水厂建筑的三维模型，使项目管理者对建筑的理解更直观、更清晰，将管理者从二维图纸中彻底解脱出来。为了能够表达得更为清晰，模块设计了一些操作功能，用户利用工具箱中的工具可以对三维模型中的兴趣点进行标注；也可以对场景中的三维模型调整；用户可以在GIS场景中和三维模型中的任意区域漫游，可以调整场景的视角方位；用户也可以操作环绕中心旋转视点，也可以显示和隐藏地表；考虑到水厂的大部分在地下，所以也可以通过

图5-1　某再生水厂物联网管理平台首页

图 5–2　智慧建造物联网管理平台的手机客户端

图 5–3　BIM 模型形象进度展现

操作面板将场景切换到地下模式；用户可以查看模型的属性信息，同时在模型中有监控设备的地方可以直接查看现场监控。另外，将 BIM 模型与现场施工 Project 进度计划相关联，可查询任意时间按照计划的施工进度，并以 BIM 模型进行三维形象进度展现，如图 5–3 所示。

2．现场视频监控

系统根据现场部署的视频监控，点击相应的监控按钮进行视频监控，并对监控摄像头进行方位和焦距的调整。为了实时掌握施工现场的情况，在现场主要出入口、基坑周围、项目部主要位置布设了 24 路视频监控，通过物联网平台 Web 端和手机移动端，可实时访问现场监控视频、控制摄像机转动、变焦、回放等，实现了对建设现场无死角的实时监控，如图 5-4 和图 5-5 所示。

图 5-4　现场视频监控模块

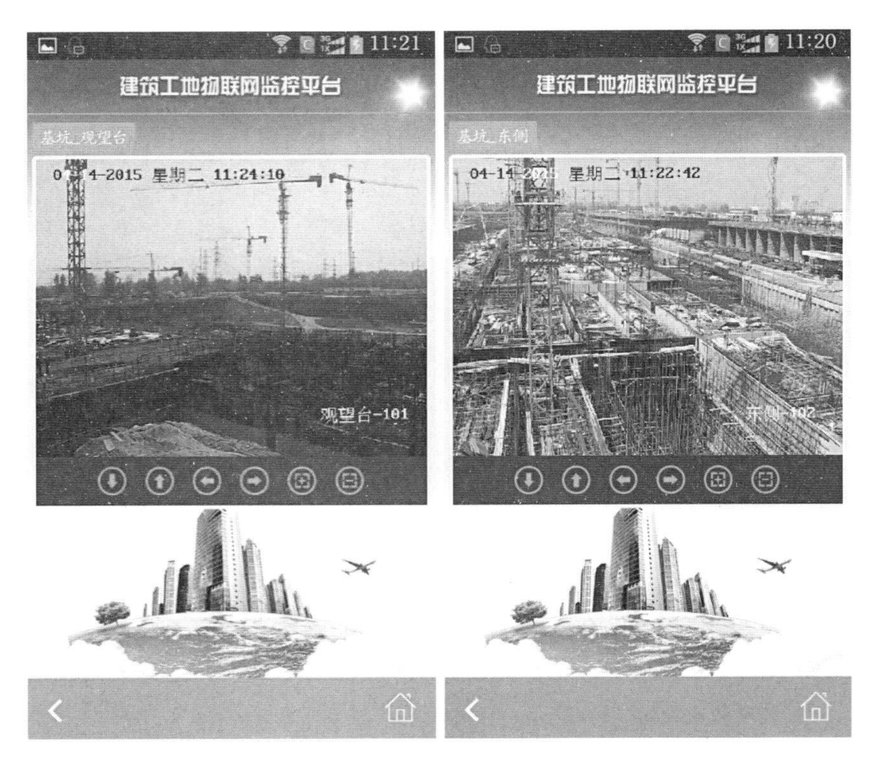

图 5-5　手机端的视频监控模块

3．现场人员实名制管理

在施工现场基坑的两个出入口安装门禁设备，为现场施工及管理人员每人发放门禁卡，将门禁卡与个人身份证绑定，并读取个人身份证信息，在现场施工时，必须持门禁卡刷卡进出基坑，系统将自动记录其进场、出场时间；同时，系统可以统计当前基坑内的人员数量，实名记录各劳务队的出勤人数，图 5–6 为每日各劳务队的出勤人数统计。通过平台门禁系统菜单，可以查询工人的卡号、姓名、所属部门、计划出勤天数、实际出勤天数、工作时长等信息，还可以根据工人的姓名、所属生产队和起始时间来查询相应的工人信息列表。

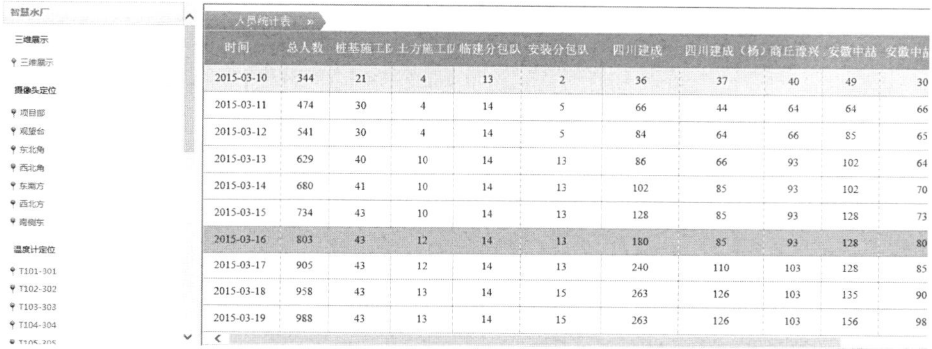

智慧水厂
三维展示
三维展示
摄像头定位
项目部
观望台
东北角
西北角
东南方
西北方
南侧东
温度计定位
T101-301
T102-302
T103-303
T104-304

人员统计表

时间	总人数	桩基施工	土方施工	临建分包队	安装分包队	四川建成	四川建成（杨）	商丘豫兴	安徽中喆	安徽中
2015-03-10	344	21	4	13	2	36	37	40	49	30
2015-03-11	474	30	4	14	5	66	44	64	64	66
2015-03-12	541	30	4	14	5	84	64	66	85	65
2015-03-13	629	40	10	14	13	86	66	93	102	64
2015-03-14	680	41	10	14	13	102	85	93	102	70
2015-03-15	734	43	10	14	13	128	85	93	128	73
2015-03-16	803	43	12	14	13	180	85	93	128	80
2015-03-17	905	43	12	14	13	240	110	103	128	85
2015-03-18	958	43	13	14	15	263	126	103	135	90
2015-03-19	988	43	13	14	15	263	126	103	156	98

图 5–6　现场实名制管理模块

施工现场的人员实名制管理有效地管理了每天劳动力的投入情况，减少人员窝工、待工，有效地提高了劳动力资源的利用率。

4．物料管理功能

（1）材料申请及审核流程

通过系统申请材料采购计划，并在网上进行审批（技术员申请用料，各部门主管签字，执行经理签字，单子发放到物资部门，会知经营），该功能也可利用手机 APP 进行，方便快捷，无空间和时间限制，如图 5–7 所示。

（2）现场主要材料的统计

混凝土浇筑量统计：为有效统计现场混凝土的浇筑完成量，将实际用量与计划用量进行对比，现场利用二维码技术，在每车混凝土的运送料单上打印载有混凝土运送信息的二维码，并开发手机二维码扫码 APP。当运输车将混凝土运达到施工现场时，现场管理人员利用手机二维码扫码 APP 扫描料单的二维码，物联网平台将自动采集混凝土运送信息。通过采集每车混凝土的运送信息来统计每个区的累计浇筑实际方量。管理人员定期检查现场实际进度，将混凝土的实际完成量与计划完成量进行对比，以此检查混凝土的用量是否超标，图 5–8 和图 5–9 所示为混凝土完成量统计。

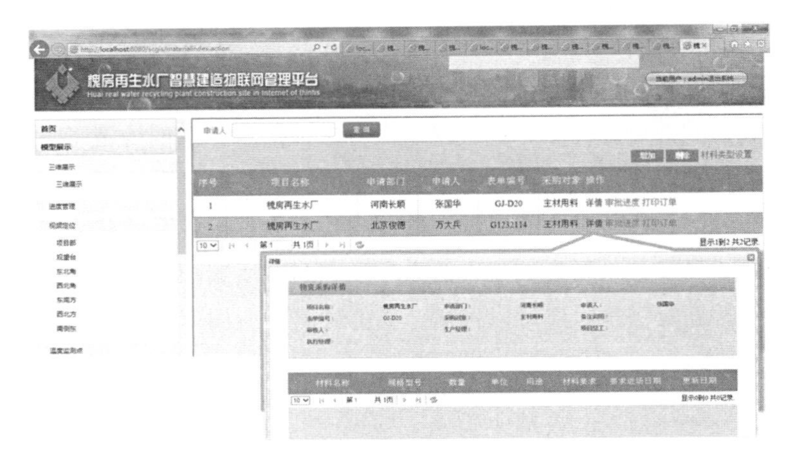

图 5-7　物料审批

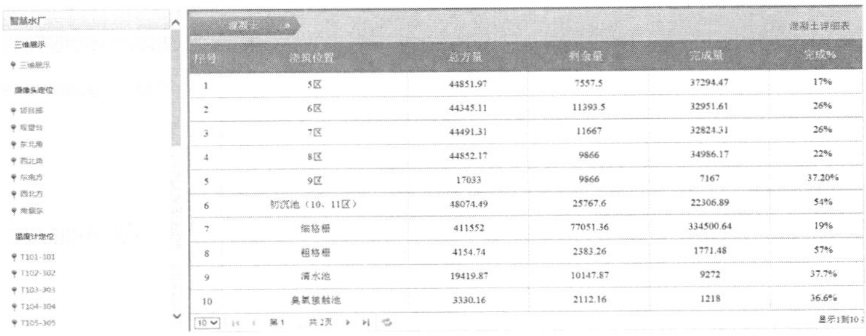

序号	浇筑位置	总方量	剩余量	完成量	完成%
1	5区	44851.97	7557.5	37294.47	17%
2	6区	44345.11	11393.5	32951.61	26%
3	7区	44491.31	11667	32824.31	26%
4	8区	44852.17	9866	34986.17	22%
5	9区	17033	9866	7167	37.20%
6	初沉池（10、11区）	48074.49	25767.6	22306.89	54%
7	细格栅	411552	77051.36	334500.64	19%
8	粗格栅	4154.74	2383.26	1771.48	57%
9	清水池	19419.87	10147.87	9272	37.7%
10	臭氧接触池	3330.16	2112.16	1218	36.6%

图 5-8　混凝土完成量统计

图 5-9　手机端的混凝土完成量统计模块

水处理设备及管道材料管理：利用二维码技术，通过手机扫描二维码读取进场的设备及管道材料信息，方便安装人员对其进行定位，而且便于设备运营维护的信息管理。根据 BIM 模型，可以统计到每个设备的基本信息，比如出厂信息、检测信息和安装信息等。二维码扫描技术应用，如图 5-10 所示。

图 5-10　二维码扫描技术应用

5．塔吊设备管理

塔吊设备为施工现场的垂直、水平运输重要工具，设备的正常运转，不仅是施工进度的重要保障，更对施工安全有重大影响。本项目共架设 23 部大型塔吊，全面覆盖施工现场各个位置。塔吊间覆盖区域相互重叠，各塔吊间作业相互造成影响。因此，做好现场塔吊设备安全和运行管理，对项目的顺利竣工至关重要。

每台塔吊进场时，设备管理人员即将其设备型号、编号、安装日期、备案日期、产权单位等信息录入到管控平台中，如图 5-11 所示。管理人员在系统中设定定期检修时间和维修负责人手机号码，系统会在检修前 3 天自动给维修负责人发送短信提醒，以提醒器及时对设备进行检修。同时，设备管理人员将设备维修记录表以附件形式上传至系统中，以备查阅。

6．温度监控和应力监测功能

槐房再生水厂的自动化监测主要在 MBR 生物池。此部分单体主要为地下两层结构，由于底板和顶板的混凝土较厚，为大体积混凝土，需要对其进行实时的温度和应力监测，并及时采取控制措施以防止浇筑时产生温度和应力裂缝。

智慧水厂

三维展示

三维展示

摄像头定位

项目部
观望台
东北角
西北角
东南方
西北方
南偏东

温度计定位

T101-301
T102-302
T103-303
T104-304
T105-305

现场编号	设备型号	登记编号	安装日期	自由高度	安装高度	臂长(m)	备案日期	使用日期	设备产权单位
1#	QTZ130 (R70/15)	京CP-T32082	2014.10.25	60	41.5	70	2014.12.22	2014.10.31	北京佳路机械运输有限公司
2#	QTZ130t.m (R70/15B)	京CP-T31142	2014.11.23	60	31.5	70	2015.01.06	2014.11.26	北京佳路机械运输有限公司
3#	QTZ145（STT	京CY-T36866	2014.11.13	60.3	45.6	65	2014.10.09	2014.11.15	北京城建五建设集团有限公司
4#	QTZ160 (TC6517B-10E	京CY-T16988	2014.10.10	59.8	35.8	65	2014.10.09	2014.10.16	北京城建五建设集团有限公司
5#	QTZ160F (JL6518)	京CP-T36892	2014.10.21 2015.01.06	53	53	65	2014.12.25	2014.10.29	北京佳路机械运输有限公司
6#	QTZ80A（601	京CP-T36890	2014.10.28	42	32.5	60	2015.02.03	2014.10.30	北京佳路机械运输有限公司
7#	QTZ80A（561	京CP-T37110	2014.11.16	42	35	55	2015.02.03	2014.11.19	北京佳路机械运输有限公司

图 5-11　塔吊设备管理页面

在底板和顶板中事先预埋了温度和应力自动化监测仪器，如图 5-12 所示，把温度、应力监测仪器回传来的数据实时读取进物联网平台数据库，在平台 Web 页面和手机端 APP 上实时显示温度、应力的监测曲线和所需温度差值曲线，如图 5-13 所示。

本系统在图表中自动绘制了黄色预警线和红色预警线，直观展示监测点的温度预警情况，当超过预警线的时候可以短信的方式通知相关人员，如图 5-14 所示。

7．进度管理功能

实现“三维进度展示”，将 BIM 模型与 project 文件链接，项目部管理人员可以通过变更 project 进度管理文件，实时改变 BIM 模型进度，通过时间进度条功能，可选择任何时间点，并对应显示模型进度，也可以进行连续时间进度模拟，如图 5-15 所示。

8．手机 APP 移动管理功能

通过手机 APP，实现手机远程监控管理，如图 5-5 所示；查看现场各区混凝土及大型设备、钢筋等材料用量情况，如图 5-8 所示；实现手机端查看温度、应力监控数据，如图 5-13 所示。另外，手机端还开发了现场人员管理及材料申请和审批等管理功能。

图 5-12　模型中预埋温度监测器

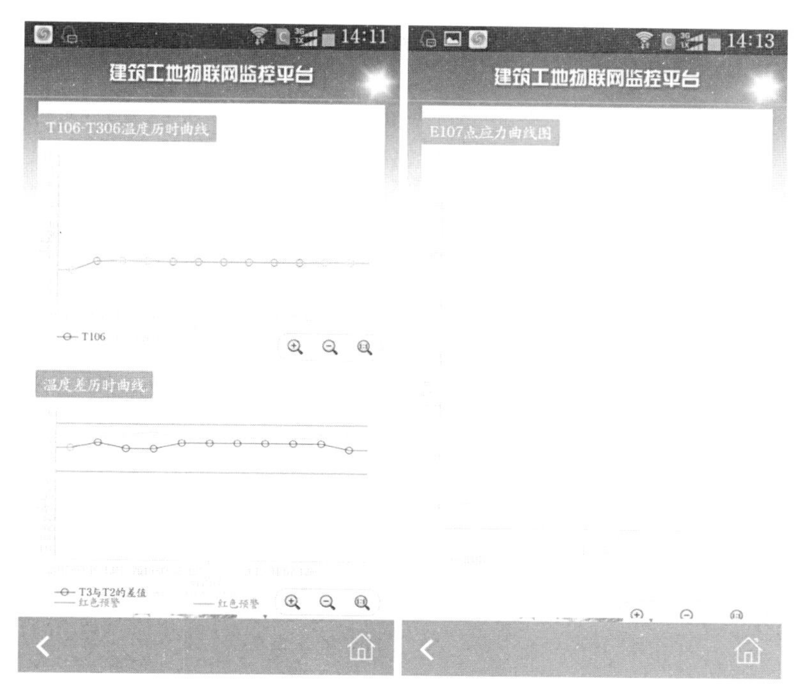

图 5-13　手机端的温度、应力监测曲线图

图 5-14　历史报警数据曲线

图 5-15　三维进度展示

5.2 基于计算机模拟的跳仓法施工

5.2.1 应用概况

跳仓法施工应用在槐房再生水厂 MBR 生物池，如图 5–16 所示，现浇钢筋混凝土结构，底板总长 647m，总宽 116.335m，主体为两层结构（设备层、下部池体），局部管廊为三层；地下主体结构顶板标高 38.300m，设备层楼板标高 31.300m，下部池体底板内底高程 22.300m。

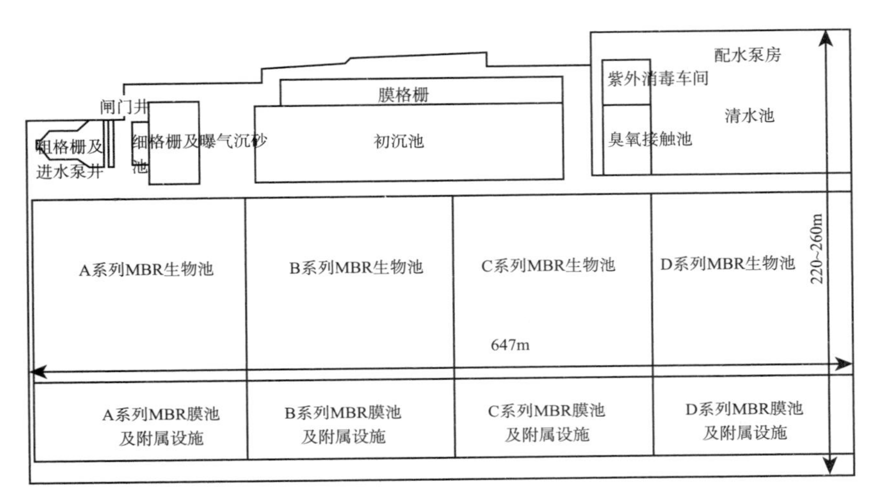

图 5–16　跳仓法应用位置（阴影位置）

本次跳仓法施工技术首次应用于水工构筑物的施工，虽然有以往其他类型构筑物的工程可借鉴，但跳仓法对水工构筑物的适用性仍有待进一步研究。鉴于此，本项目综合运用有限元模拟分析与实时监测两种方法，在计算机模拟的基础上，在结构施工中预埋永久性温度传感器和应力传感器，实时采集相关数据和监测混凝土结构变化，为跳仓法施工提供可靠的保障。

由于使用了跳仓法施工，为下步设备安装创造了良好的施工条件，相比后浇带施工节约了 35d 工期，相应的后续单机调试、联机调试均提前进行，因此可以提早发现问题提早解决，为水厂提前运营增加一份保障。跳仓法施工在本工程中的成功应用，填补了一项技术空白，为日后的相关工程设计和施工等积累了宝贵的经验。

5.2.2 基于有限元分析的混凝土浇筑仿真

根据专家建议以及以往施工经验，本次跳仓法施工板（底板、中板、顶板）尺寸 40m × 40m 为一仓，墙体 20m/ 段进行跳仓施工，施工前使用有限元软件 ANSYS 对假定的跳仓数据进行温度和应力模拟计算分析研究。

1．几何模型建立

计算单元所有底板和墙体，共有三层底板，两层墙体，忽略管廊等结构。外形和位置示意如图 5-17 所示。

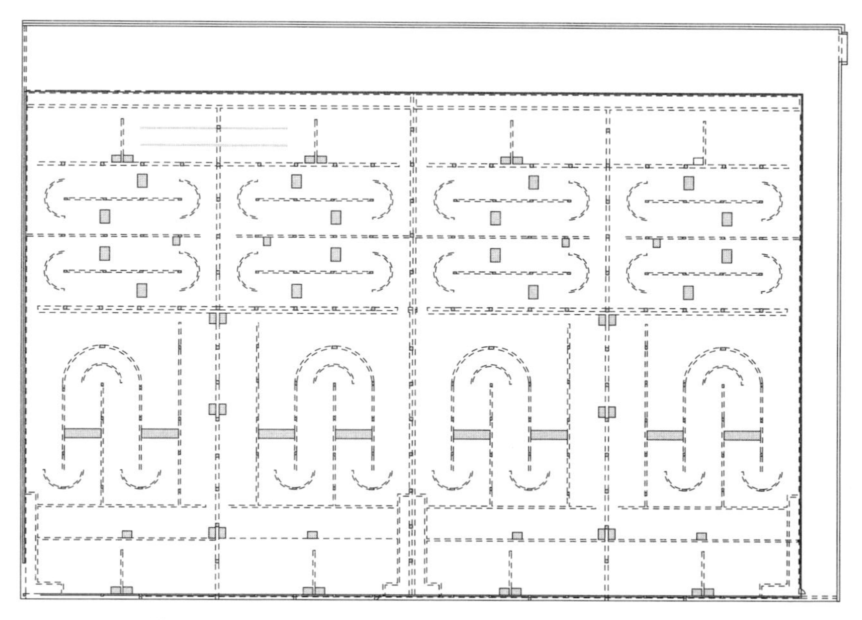

图 5-17　计算分析的单元位置图

针对 MBR 生物池混凝土结构特点，本次混凝土裂缝控制分析计算的范围是：①三层混凝土仓体，每层分为 12 大块，共计 36 块；②两层墙体，每层 24 个，共计 48 个。因此，总计跳仓分块数为 84 块。

几何建模时尊重实体在工程中的实际形状，严格按照尺寸进行建模，同时要考虑划分网格的要求，将导墙的 45° 斜面部分忽略掉，保留导墙的高度。具体模型如图 5-18～图 5-20 所示。

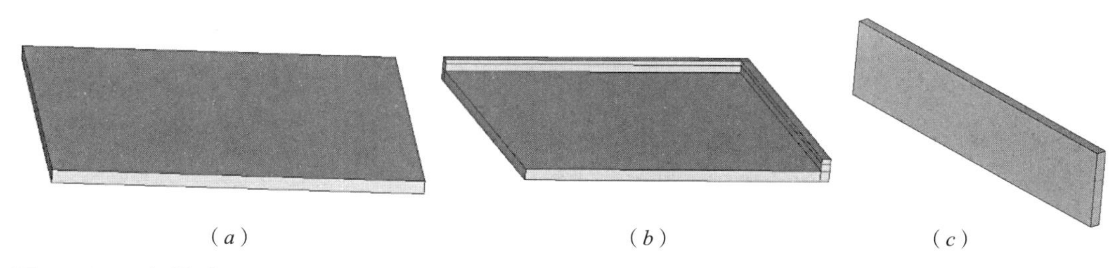

图 5-18　几何模型

(a) 40m × 40m 的底板；(b) 边界带导墙的底板；(c) 20m 宽墙体

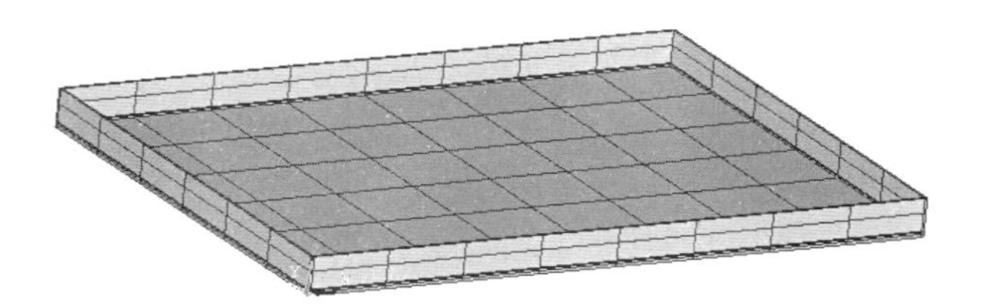

图 5-19　第 1 层墙体与底板整体几何模型

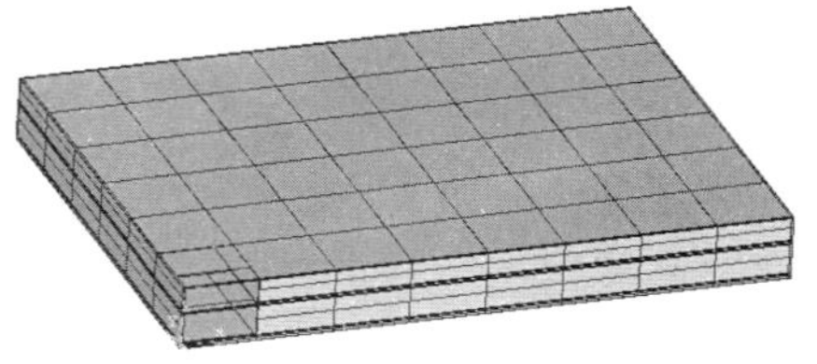

图 5-20　墙体与底板整体几何模型（共三层底板，两层墙体）

底板下面的地基应视为半无限大物体，但在 ANSYS 实际建模中，取地基的长和宽都超过混凝土底板的 1/5，如图 5-21 所示。按不稳定导热理论，当混凝土温度发生变化时，受混凝土温度影响的土壤深度不是一个定值，而是随时间增加而增加的变量，在计算中取地基的计算深度为 10m，地基除上表面外其他各边均三向约束，四周绝热，底面恒温 15℃。

2．有限元网格划分

在建立完几何模型的基础上，网格划分是计算的关键。在划分网格时，根据几何形状，考虑桩基的间距，在每个桩基位置都保证有 1 个节点，底板的厚度方向不少于 5 个节点，墙体厚度方向不少于 5 个节点，地基的土壤方向网格划分条件适当放宽。整体模型共计 470384 单元，535666 节点。具体针对各实体单元划分的网格如图 5-22 所示。

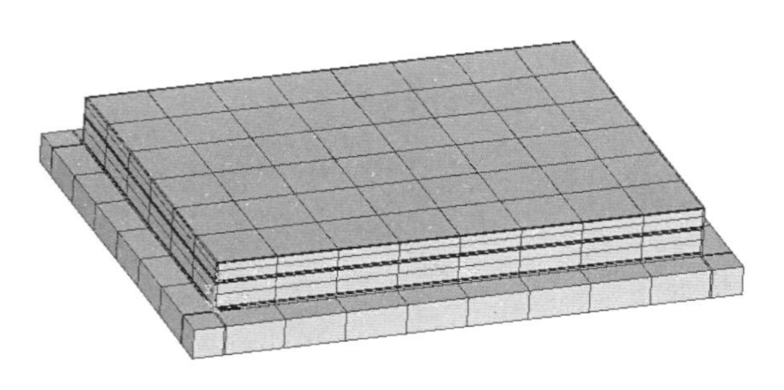

图 5-21　混凝土与地基整体几何模型

图 5-22　混凝土与地基整体有限元网格

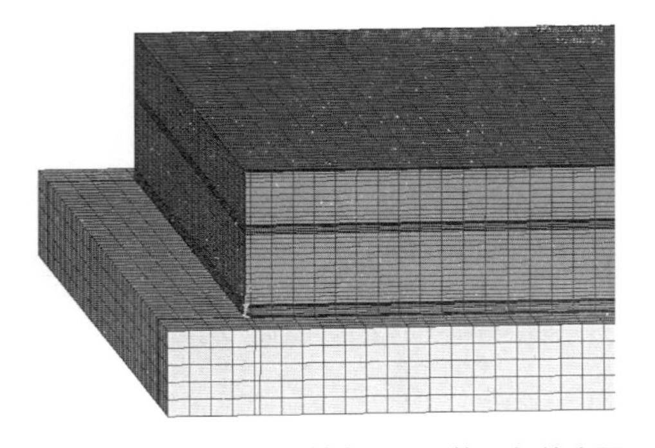

图 5-23　混凝土与地基有限元网格局部放大图

图 5-23 是网格的局部放大图，两种不同颜色分别表示混凝土和土壤两种不同材料。

经过这样的程序处理，实现了自动生成热边界条件。可以实现跳仓法施工过程的长时间的有限元模拟；在模拟过程中用户仅需要输入跳仓法的施工计划，方便易用。

5.2.3 混凝土浇筑与养护期间的温度、应力模拟结果与分析

1．计划浇筑顺序

按照早期计划的施工计划，底板从东北方向开始，即平面图的右上角。底板一共分为12大块，从右上角开始浇筑施工，如图5-24～图5-26所示，图中各数字代表各仓位浇筑的先后顺序。

按照跳仓法的要求，每相邻的混凝土浇筑时间不低于7d。因此，可以理解为按照图中的周次进行浇筑。当浇筑到第2层中板时，浇筑的相对顺序不变，周次在第1块的基础上顺延；浇筑到第3层，即顶板时，同样保持浇筑的相对顺序不变，周次顺延。

按照跳仓法的要求，墙体在底板浇筑后7d即可以浇筑，根据专家的论证意见，墙体按照每20m为一块进行浇筑，因此每一层墙体共计24块混凝土。墙体同样从东北方向开始，即平面图的右上角，如图5-27所示，图中各数字代表各墙体浇筑的先后顺序。

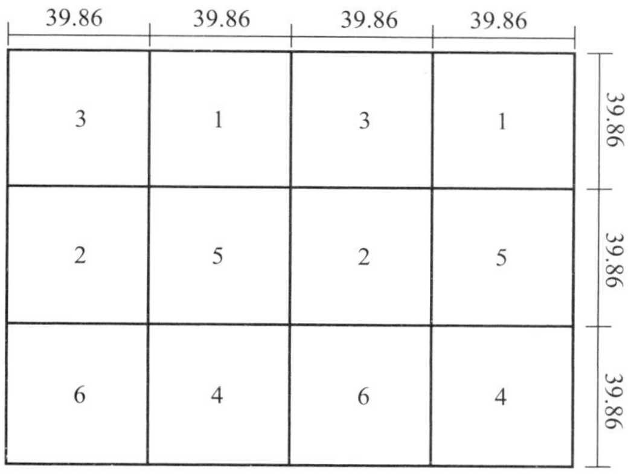

39.86	39.86	39.86	39.86	
3	1	3	1	39.86
2	5	2	5	39.86
6	4	6	4	39.86

图5-24　底板混凝土浇筑顺序

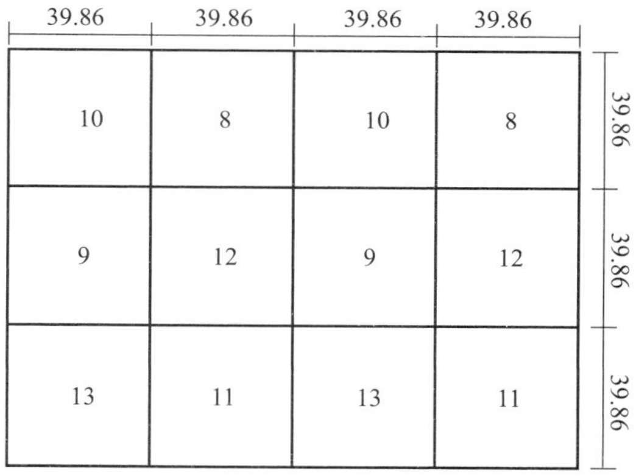

39.86	39.86	39.86	39.86	
10	8	10	8	39.86
9	12	9	12	39.86
13	11	13	11	39.86

图5-25　第2层中板混凝土浇筑顺序

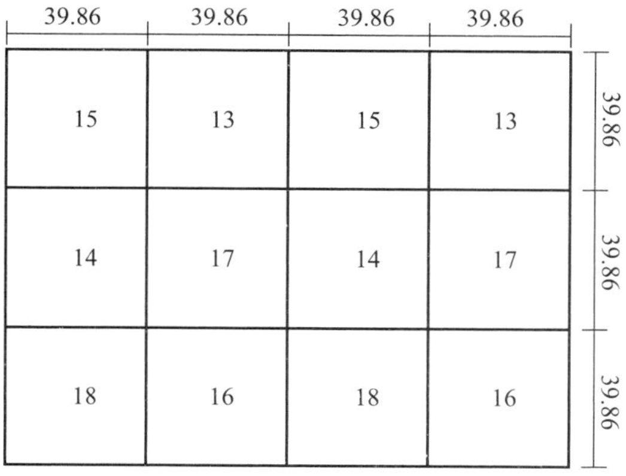

39.86	39.86	39.86	39.86	
15	13	15	13	39.86
14	17	14	17	39.86
18	16	18	16	39.86

图5-26　第3层顶板混凝土浇筑顺序

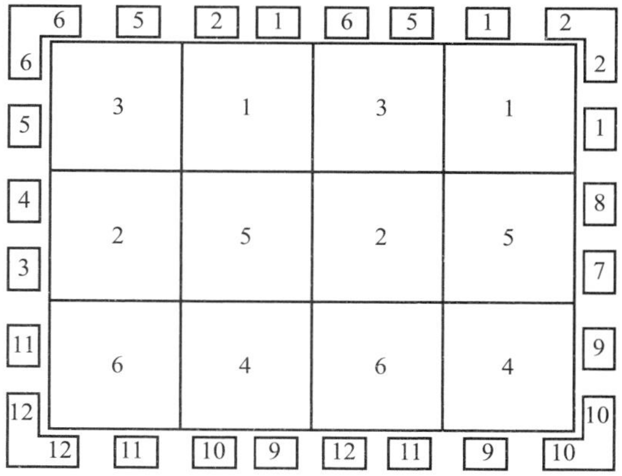

3	1	3	1
2	5	2	5
6	4	6	4

6　5　2　1　6　5　1　2
2　1　8　7　9　10
12　11　10　9　12　11　9　10
6　5　4　3　11　12

图5-27　第1层墙体混凝土浇筑顺序

第 2 层墙体在第 2 层的对应底板浇筑后即可进行浇筑，顺序同样按照图 5-28 进行。各墙体浇筑的相对顺序不变，周次在第 1 块的基础上顺延。

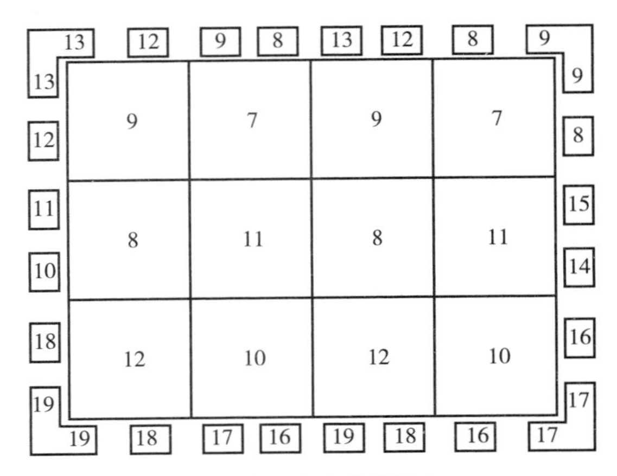

图 5-28　第 2 层墙体混凝土浇筑顺序

2．温度理论计算

（1）混凝土浇筑过程中的温度分布

通过计算生成了混凝土浇筑后每周第 1 天和第 4 天的温度分布云图，如图 5-29 所示。

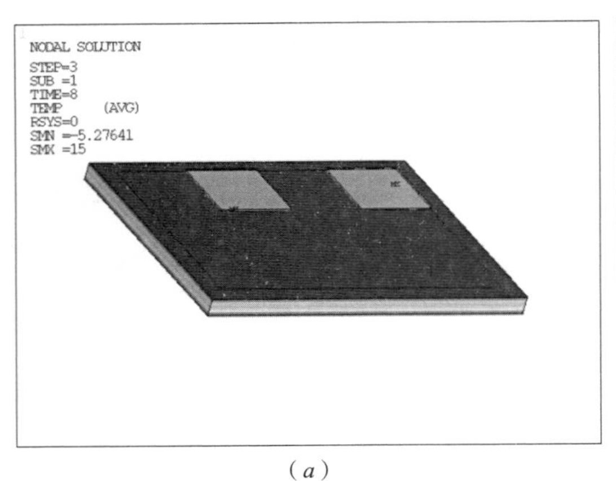

（*a*）

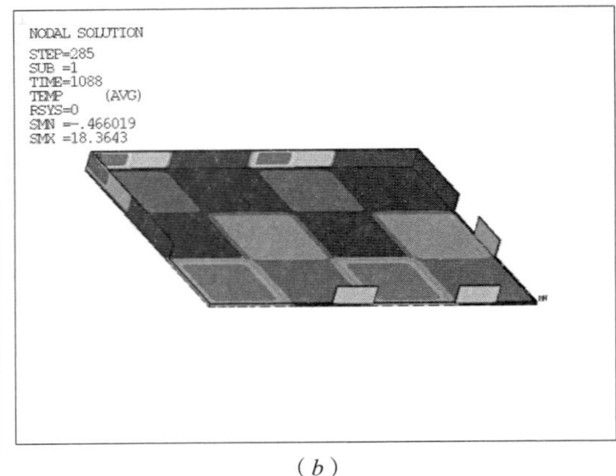

（*b*）

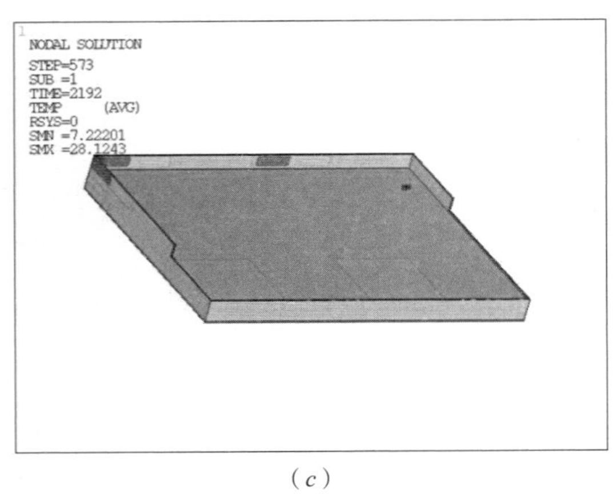

（*c*）

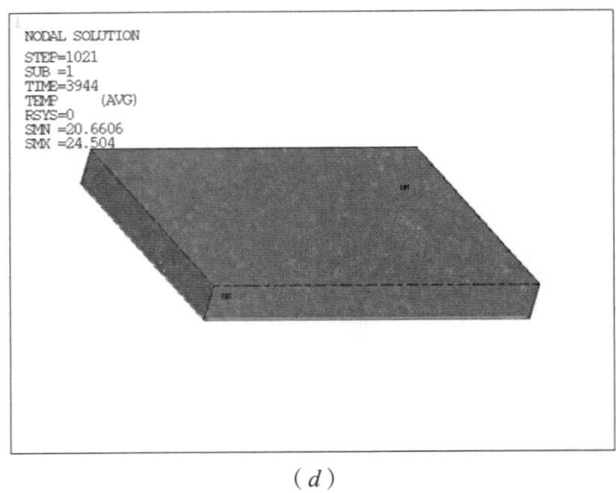

（*d*）

图 5-29　不同时间所浇筑混凝土温度云图

（*a*）第 1 周第 1 天；（*b*）第 7 周第 4 天；（*c*）第 14 周第 1 天；（*d*）第 24 周第 4 天

（2）监测点的温度变化

首先是对底板混凝土进行温度监测。共在三层底板上布设监控点，每层布设8个监测位置，每个监测位置布设上、中、下三个布设点，实现了全天24h不间断的监测并自动形成温度变化曲线，如图5-30～图5-32所示。需要说明的是，每一层底板上的第5～8监测位置是属于后浇带区域，与第一次浇筑的底板混凝土相邻，浇筑时间间隔四周，即672h，因此，第5～8监测位置温度变化曲线上，0～672h是软件计算时的虚加温度，不代表实际情况，真正的温度曲线从673h开始，即图中温度开始由于水化热而上升的阶段，如图5-31和图5-32所示。

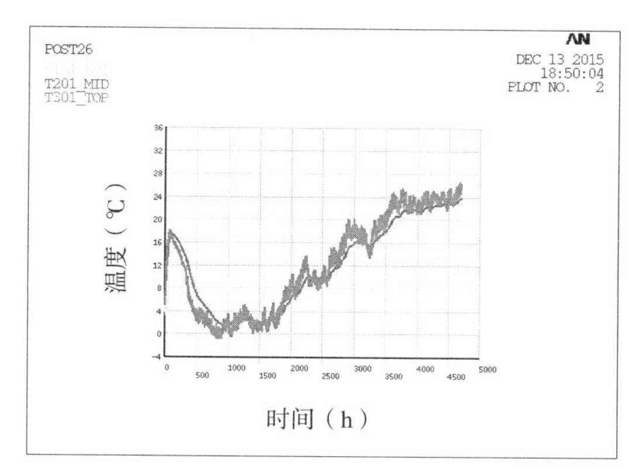

图5-30　第1层底板第1监测位置上、中、下监测点温度与时间关系

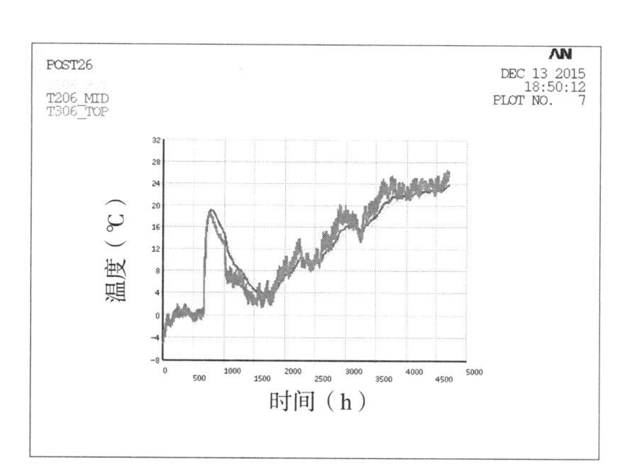

图5-31　第1层第6监测位置上、中、下监测点温度与时间关系

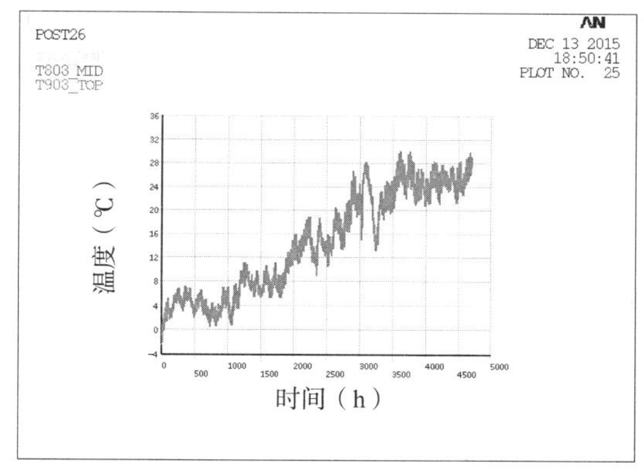

图5-32　第3层底板第8监测位置上、中、下监测点温度与时间关系

其次是对墙体混凝土进行监测。对墙体混凝土监测共布设8个监测位置，每个位置分内、中、外三个监测点，软件自动生成温度变化图，如图5-33和图5-34所示。与底板混凝土监测类似，墙体监测中第5～8监测点是后浇墙位置，与先浇墙相邻，与第一次浇筑时间相隔10d（240h），因此，有效数据从第2周开始（即第241h开始），即图5-34中温度开始由于水化热而上升的阶段。

3．计划应力计算

本次对混凝土在28周时间内的应力进行计算，每周第1天和第4天生成第一主应力云图，如图5-35～图5-37所示。

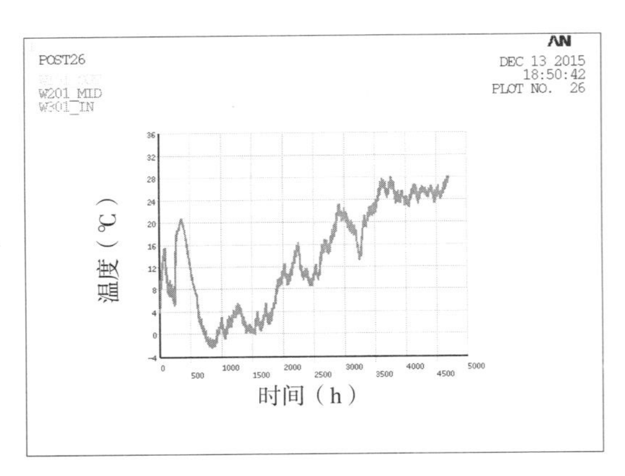

图 5-33　第 1 监测位置内、中、外监测点温度与时间关系

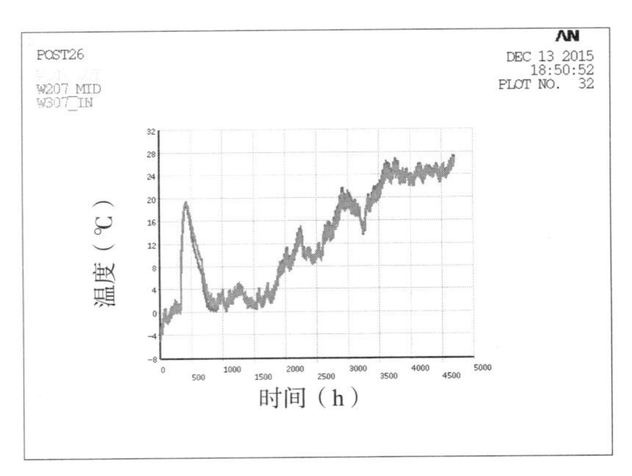

图 5-34　第 7 监测位置内、中、外监测点温度与时间关系

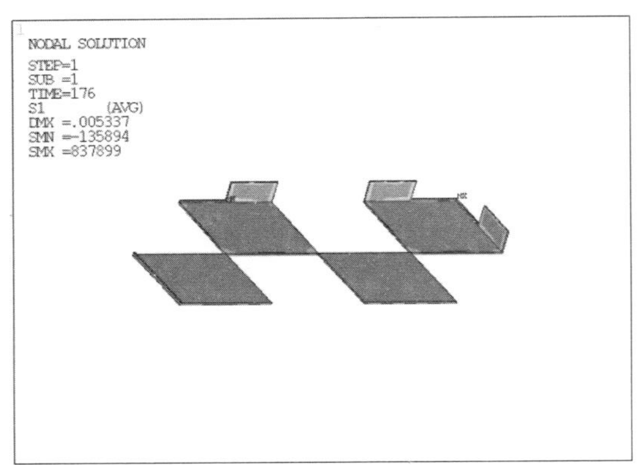

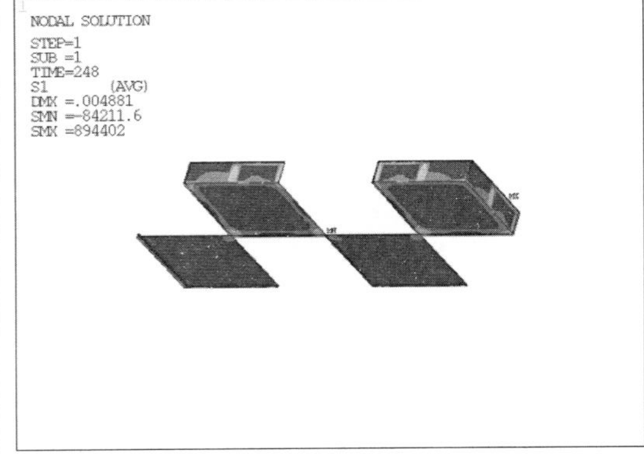

图 5-35　第 2 周第 1、4 天所浇筑混凝土第一主应力云图

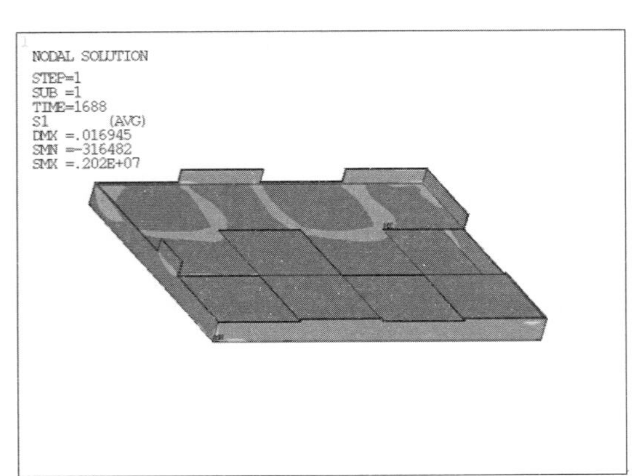

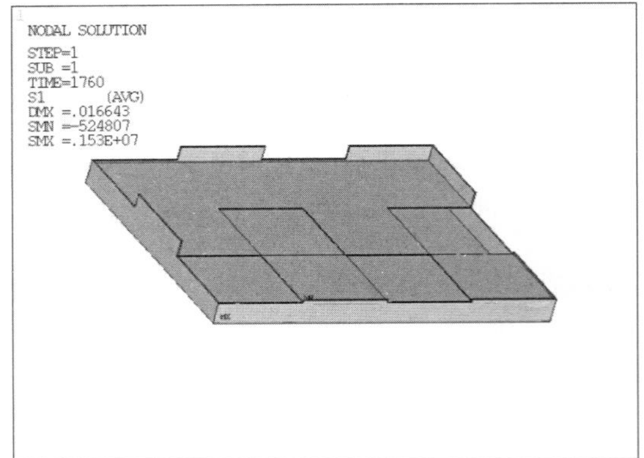

图 5-36　第 11 周第 1、4 天所浇筑混凝土第一主应力云图

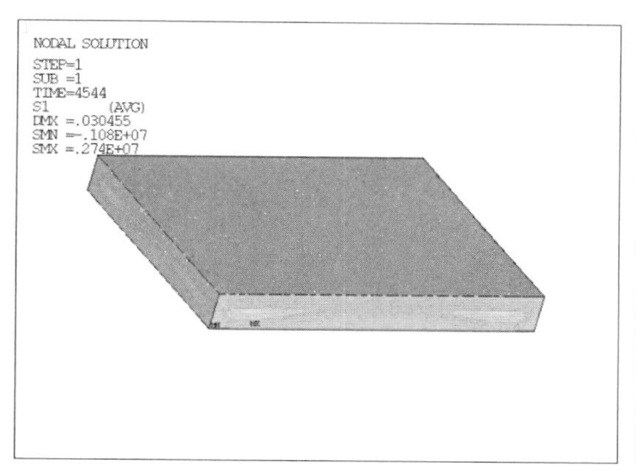

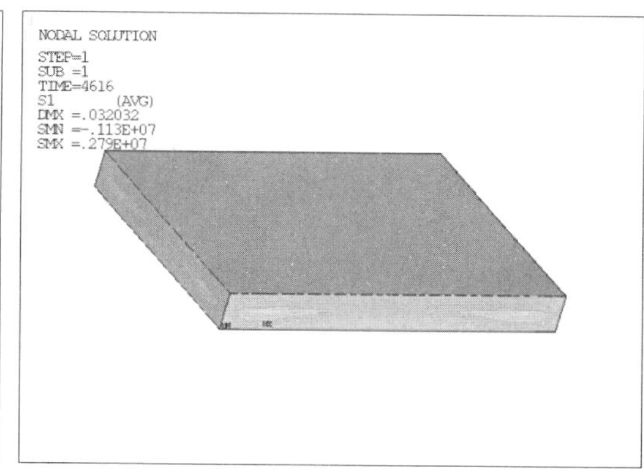

图 5-37 第 28 周第 1、4 天所浇筑混凝土第一主应力云图

5.3 混凝土温度与应力变化监测系统研究与应用

近年来，污水处理厂污水外渗事故屡见报端，因此结构的防漏抗渗显得尤为重要，为确保结构质量和厂区的安全运行，在进场后，立刻着手混凝土监测技术的研究工作。本工程在 MBR 生物池结构内埋设温度和应力传感器，与物联网技术、BIM 技术以及光纤光栅监测系统结合运用，开发配套软件进行实时监测，发现异常及时报警采取相应措施，保证施工质量。本次所采用的光纤光栅监测系统是目前最先进的系统，是首次在混凝土施工裂缝控制中使用。

5.3.1 自动化监测意义

对于混凝土结构，尤其是大体积混凝土结构温度裂缝与骨料品种、配合比、外加剂和掺合料、浇筑温度、浇筑顺序、外界气温、保温措施、养护条件等因素有直接关系，各种材料参数性能的离散性能很大，这些都可能引起偏差。理论计算很难完全反应实际情况。

为了全面掌握大体积混凝土温度场变化规律，及时反馈温控数据并采取技术措施保证工程质量，必须进行连续实时监测。监测数据可检验计算结果的有效性，为后续类似施工提供技术依据，通过监测数据也可在出现不利状态前采取措施，防止混凝土开裂。同时确保终止混凝土保温养护工作的安全温度，以便进行后续施工工作。

5.3.2 自动化监测原理

1. 数据的采集

采集的数据是已被转换为电信号的各种物理量，如温度、压力等，可以是模拟量，也可以是数字量。采集一般是指采样方式，即隔一定时间（称采样周期）对同一点数据重复采集。采集的数据大多是瞬时值，也可是某段时间内的一个特征值。准确的数据测量是数据采集的基础。数据量测方法有接触式和非接触式，检测元件多种多样，应力传感器与温度传感器实时从现场采集数据，将采集到的数据通过网络传送到中心数据库服务器。

2．数据的处理

数据的处理是数据的收集整理、组织、存储、维护、检索、传送等操作，这是数据处理业务的基本环节，而且是所有数据处理过程中必有的共同部分。

从数据库服务器中获取应力和温度数据进行分析，主要采取对比分析的方法，每个时刻点上，被监控的对象都会有一个正常有效值范围，从数据库获取数据，与相应阀值进行比较分析，将超出有效值范围的点进行标志。另外不能只依据一个点的瞬间变化而判断该点温度与应力的异常，要设定一个时间区域，在该时间区域内，该点的温度与应力值一直处在异常范围内，将其设置为异常点。

3．监测数据记录

由于本次监测采用自动化光纤光栅监测系统，数据采集记录的间隔可以大大缩短，本次监测数据按照每 10min 存储一次数据，全部监测过程均为自动进行。

4．报警显示

利用热电偶式（thermocouple）温度测量仪直接测量温度，并把温度信号转换成热电动势信号，通过电气仪表（二次仪表）转换成被测介质的温度，如图 5–38 所示。

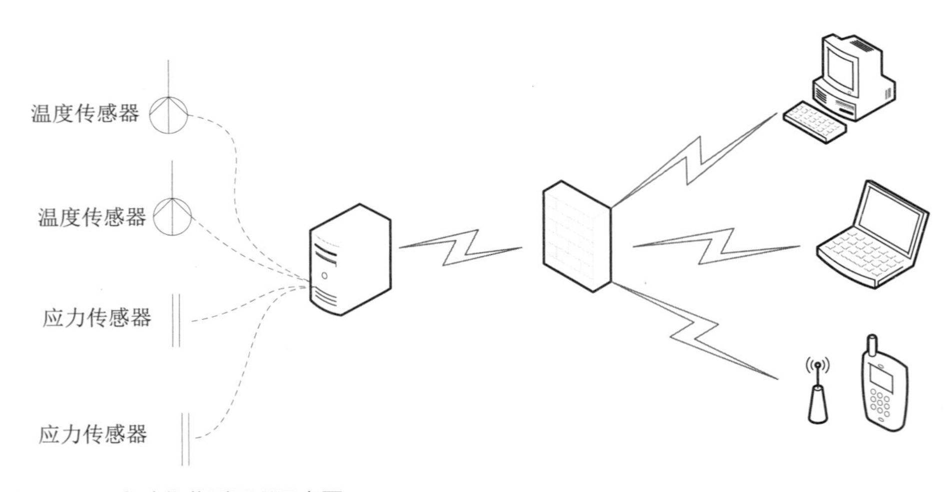

图 5–38　自动化监测原理示意图

热电偶测温的基本原理是两种不同成分的材质导体组成闭合回路，当两端存在温度梯度时，回路中就会有电流通过，此时两端之间就存在电动势——热电动势。在热电偶回路中接入第三种金属材料时，只要该材料两个接点的温度相同，热电偶所产生的热电势将保持不变，即不受第三种金属接入回路中的影响。因此，在热电偶测温时，可接入测量仪表，测得热电动势后，即可知道被测介质的温度。

监测到异常现象后，主要通过两种处理方式：一种是通过监测点曲线图去标识，以列表的形式标识出该点是否正常，可以通过其偏离正常范围的百分比设置其异常级别；另一种是对于连续一段时间内都处于异常状态的点，应该通过短信的方式告诉相关工作人员，工作人员对现场异常位置进行检查处理，排除报警出现的问题。

5.3.3 温度与应变监测硬件与软件

1．光纤光栅监测系统

光纤光栅传感系统主要由光纤光栅解调仪、光纤光栅传感器、传输光缆等组成，如图5–39所示。光纤光栅解调仪主要为传感器提供光源激励，并将光纤光栅传感器经光缆远程反射回来的光信号进行光电转换，数字量识别并以温度、应变、压力、位移等物理量的方式，在本机终端显示、存储和分析，根据要求进行数据上传或信息上报。或由计算机系统实施故障诊断、报警及控制。

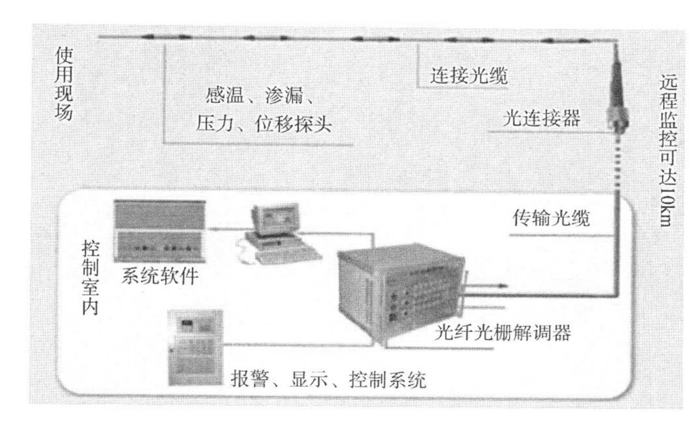

图5–39　光纤光栅监测系统组成

2．监测软件

本工程所使用的监测软件为专门定制开发的软件，针对性强，运行安全稳定。

采用MODBUS数据传输协议与光纤调制解调仪进行通信，得到各通道的传感器光波的波长，并转换成相应的温度或应变值；采用C#语言开发，数据库采用MY–SQL语言；选用的平台及采用的技术上具有先进性，系统模块选用B/S应用模式，提供强大的应用集成接口和灵活性。

3．系统机房硬件

为了满足系统的运行安全、稳定，系统机房中心配置了多功能防火墙、服务器、路由器、交换机、存储器、UPS电源、IBM机柜等高性能设备，保障机房的稳定运行。

4．系统网络安全规划

网络安全需要统一、动态的安全策略，更需要一个高效的、整体的安全解决方案，才能真正保证系统安全。

本系统的防火墙为系统采用 Juniper SSG550 的设备，主要保护 TCP/IP 协议中的漏洞，包括 PPPoE 等非 IP 协议保护。内置以关键字为特征的入侵检测，特征库在线自动更新，扫描大多数应用中的 7 层协议内部。硬件为基于 kaspersky 可对压缩文件进行逐层扫描在内的病毒防护，可对压缩文件进行逐层扫描，特征库每天更新，可应用于 HTTP 访问、POP/SMTP、FTP 等。

本工程采用基于网络的入侵检测系统，支持统一的管理平台，实现了集中式的安全监控管理；可以自动识别类型广泛的攻击；支持按行为特征的入侵检测；提供对特定网段的实时保护，支持高速交换网络的监控；提供对关键服务器如 Web、E–mail、DNS、FTP、NEWS 等的实时保护；能够在检测到入侵问题（隐患）时，自动执行预定义的动作，包括切断服务、记录入侵过程信息等；同时，采用“防病毒过滤网关 + 终端机管理控制”的管理模式，分内部、外部、系统角色三方面对用户权限进行了控制。

5.3.4 传感器安装布设与保护

1．温度传感器安装原则

温度监测布点安装 99 个，其中增加 3 个环境温度传感器，分别监测 MBR 生物池 D 系列的底板、北侧墙体和东侧墙体的大气温度。测温点布置在板、墙厚的 1/2 及表面处，离钢筋的距离大于 30mm。具体位置如图 5–40 所示，并根据个别结构尺寸特殊部位进行调整。

2．应力传感器安装原则

应力监测布点安装 48 个，根据计算结果分析，应力测点布置在板、墙表面，底板测点位置选择在仓间施工缝处、桩柱边界处，墙体测点位置选择在仓间施工缝处和墙段中间下部。本次监测数据拟按照每 10min 存储一次数据，全部监测过程均为自动进行。

3．传感器监测布置区域

温度与应力监测区域如图 5–41 所示。图中 1、3、5 为底板与墙体应变、温度监测区域。仓位编号为 1 的先浇筑，然后仓位编号为 3 和 5 的浇筑，相邻之间浇筑间隔时间不得小于 7d。

（1）底板温度监测点布置

板温度监测区域为 1、3、5 仓，每一仓的温度测点平面布置图如图 5–42 所示，温度测点传感器布置剖面图如图 5–43 所示。

（2）底板应变监测点布置

应变传感器布置在后浇筑混凝土内，靠近施工缝处，监测区域如图 5–44 所示，图中仓位编号 1 为监测抗拔桩与板应变关系，仓位编号 3、5 与仓位编号 1 相交接区域为板应变监测面。应变监测点平面布置图如图 5–45 所示，应变测点传感器布置剖面图如图 5–46 所示。

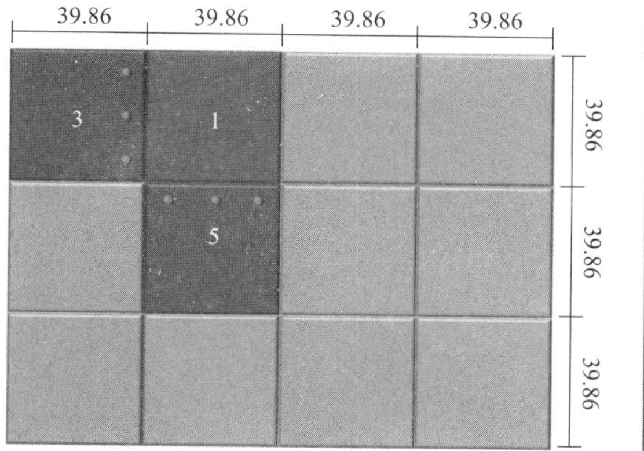

图 5-40　底板及顶板温度与应变监测区域

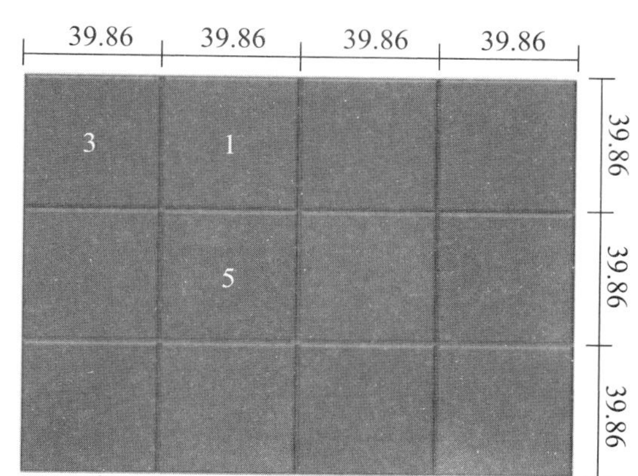

图 5-41　底板及顶板温度与应变监测区域

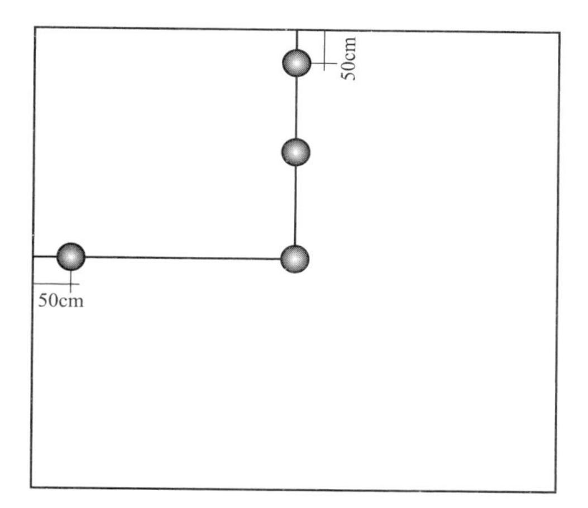

图 5-42　板温度测点平面布置图

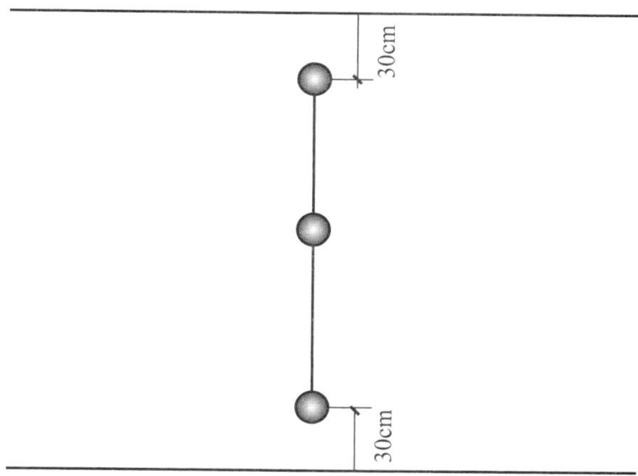

图 5-43　温度测点传感器布置剖面图

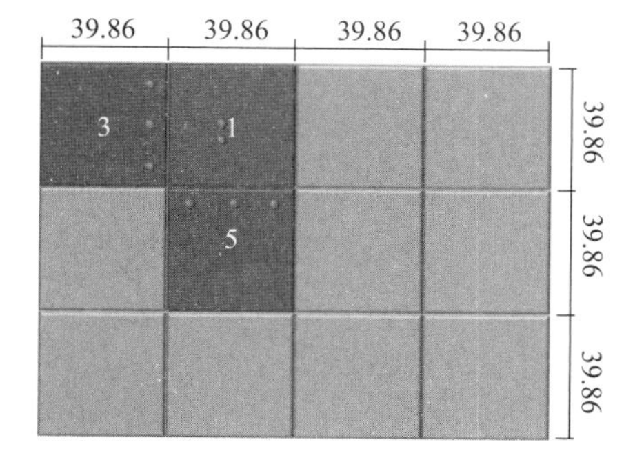

图 5-44　板应变监测区域分布图

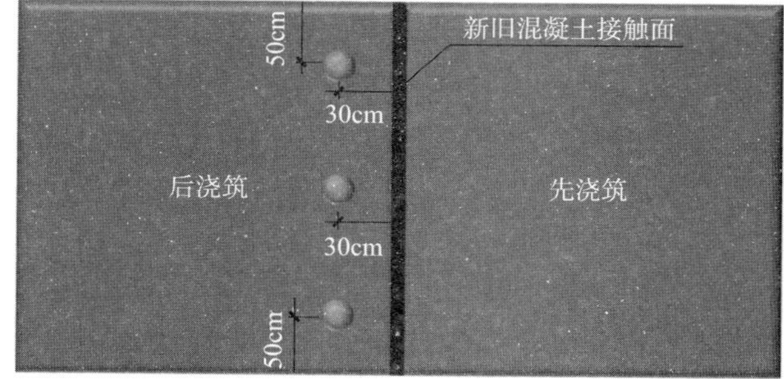

图 5-45　板应变监测点平面布置图

（3）底板桩顶应变监测

底板桩顶区域（共两处）应变传感器布置图如图 5-47 和图 5-48 所示。

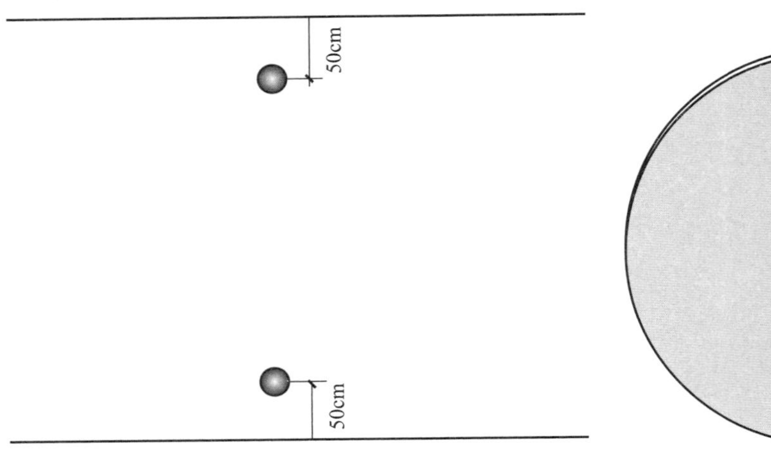

图 5-46　板应变测点传感器布置剖面图

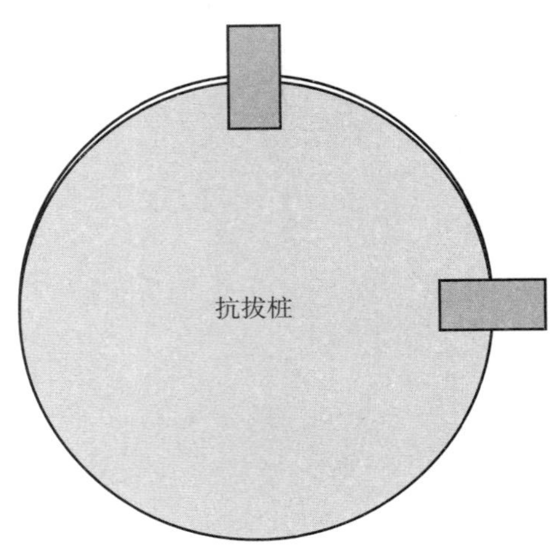

图 5-47　桩顶区域应变传感器布置图

图 5-48　现场监测点安装

（4）墙体温度监测点布置

墙体混凝土强度等级为 C30，厚度为 500～600mm，标高为 22.300～30.900m，轴线 8-5～8-11/8-P。墙体温度监测区域如图 5-49 所示，墙体温度测点平面布置图如图 5-50 所示，墙体温度测点传感器布置剖面图如图 5-51 所示。

（5）墙体应变监测点布置

墙体应变传感器监测区域如图 5-52 所示；图 5-53 为墙体应变传感器竖向布置图；图 5-54 为墙混凝土应变传感器剖面图。

4．测温传感器保护

混凝土浇筑时，避开温度传感器位置，在混凝土振捣时，距离传感器 50cm 以上，为防止损坏传感器，将导线穿入 PVC 管内，对导线加以保护，防止拉断。

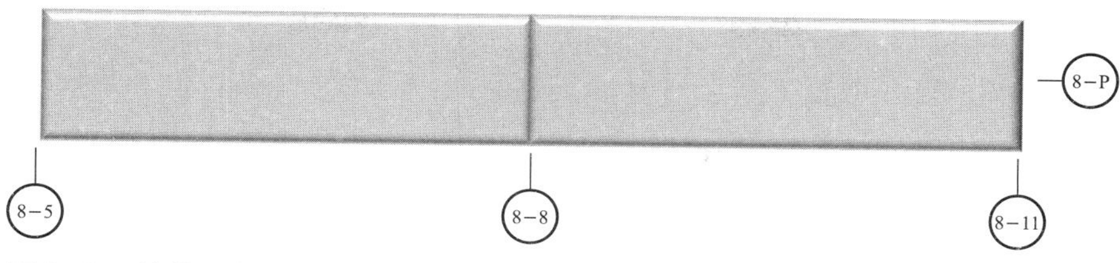

图 5-49　墙体温度监测区域图

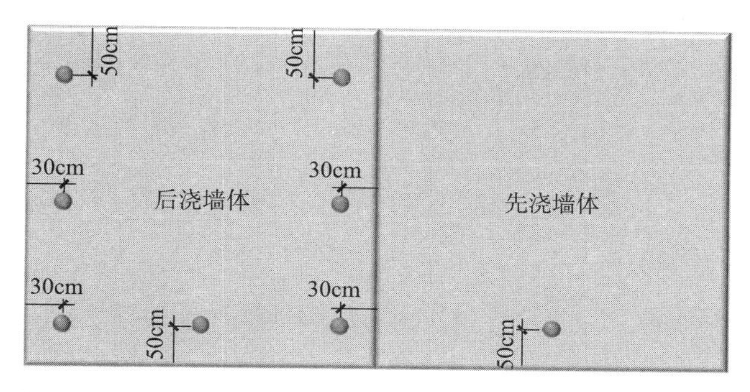

图 5-50　墙体温度测点竖向平面布置图

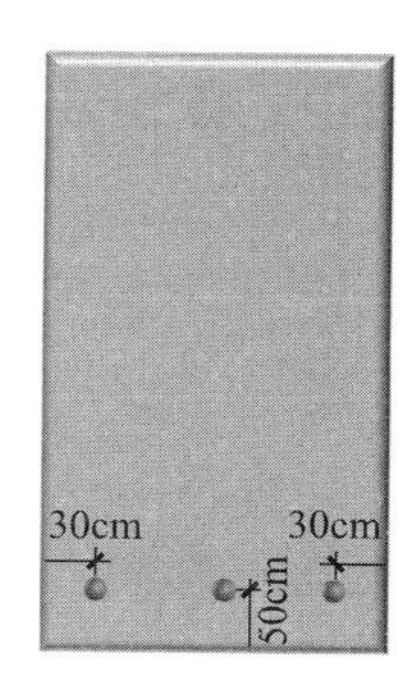

图 5-51　墙体温度测点传感器布置剖面图

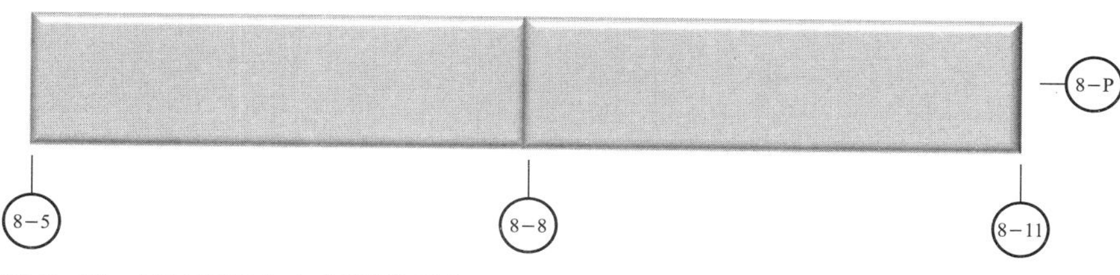

图 5-52　墙体混凝土应变监测区域

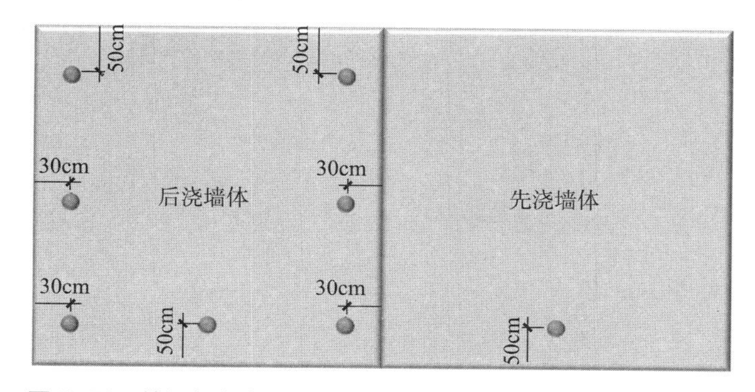

图 5-53　墙混凝土应变传感器竖向布置图

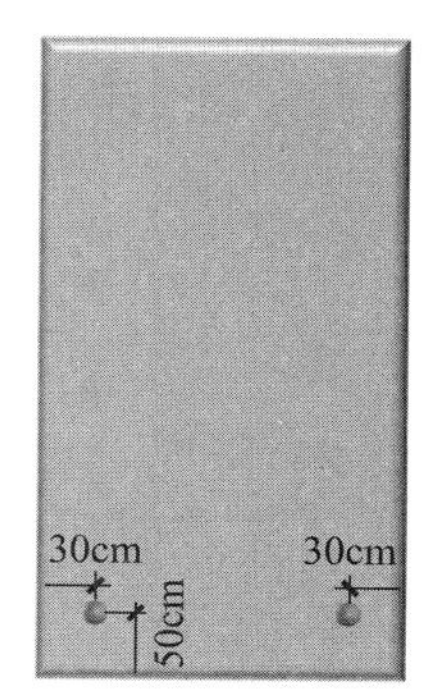

图 5-54　墙混凝土应变传感器剖面图

5.3.5 监测应用效果分析

根据监测规范和项目实际监测要求，在混凝土浇筑时，在底板和顶板预埋了温度、应力温度和应力自动化监测仪，监测点布置如图 5–55、图 5–56 所示。

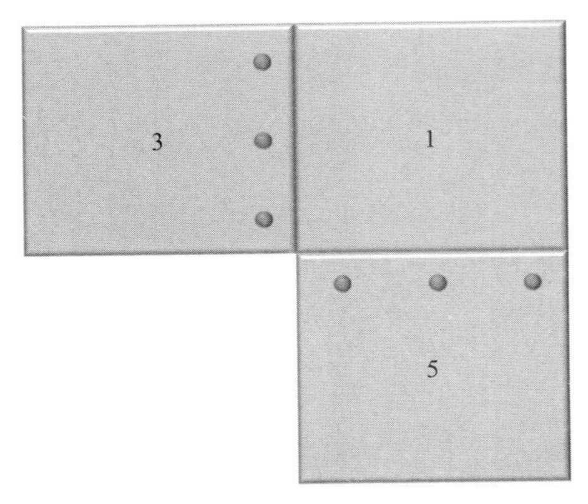

图 5–55 温度监测点布置示意图

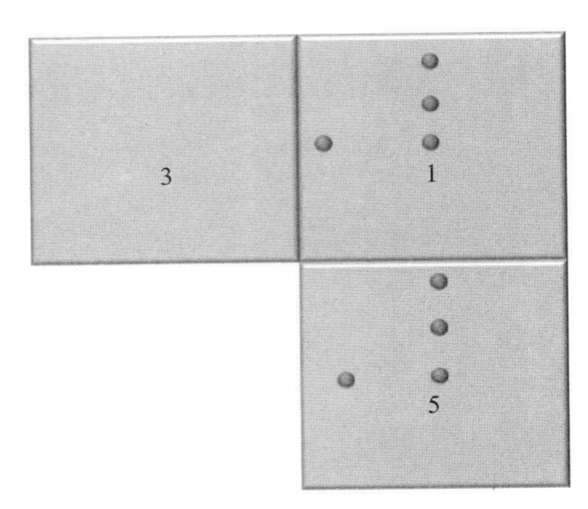

图 5–56 应力监测点布置示意图

按照现场计划和具体部署，建立生物池的 BIM 模型。将 BIM 模型经 3Dmax 渲染美化，通过数据转换工具，加载进入三维 GIS 物联网平台。根据现场温度和应力监测点的布置，在三维模型中建立监测点示意模型，如图 5–57 所示。

图 5–57 模型中预埋温度监测器

把温度、应力监测仪将监测数据回传到平台数据库，通过自动化监测平台发布到 Web 端，即可在 PC 页面端查看温度监测值和数值变化曲线。同时可以选择多个监测点，将其曲线同时显示在一个时间维度，对比多个监测点的温度和应力变化，如图 5-58、图 5-59 所示。

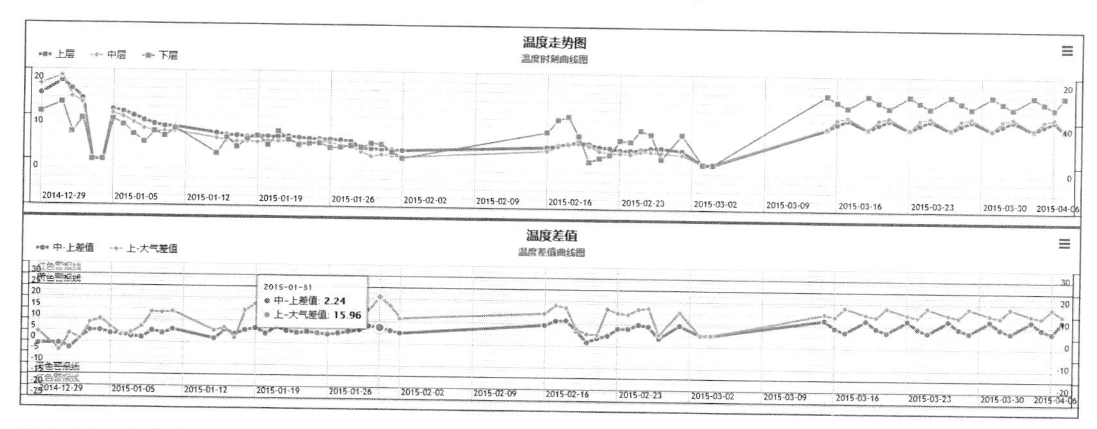

图 5-58　温度监测页面

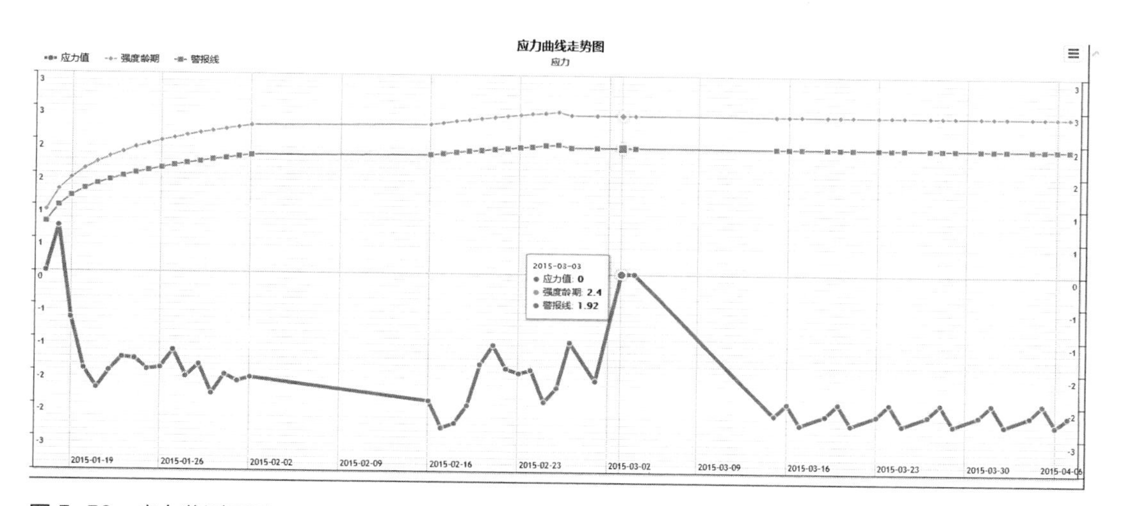

图 5-59　应力监测页面

本平台还开发了配套的手机端 APP，通过手机端也可以实时访问系统平台，查看温度、应力的监测曲线和所需温度差值曲线，如图 5-60 所示。

本系统在图表中自动绘制了黄色预警线和红色预警线，直观展示监测点的温度预警情况，当超过预警线的时候可以短信的方式通知相关人员，如图 5-61 所示。

根据已有混凝土的测温时间及测温频度，最小记录时间间隔为 2h，由于本次监测采用自动化光纤光栅监测系统，数据采集记录的间隔可以大大缩短，本次监测数据拟按照每 10min 存储一次数据，全部监测过程均为自动进行。遇有特殊情况（混凝土内外温差接近或者超过 25℃时），系统会自动报警，以便采取紧急保温措施。

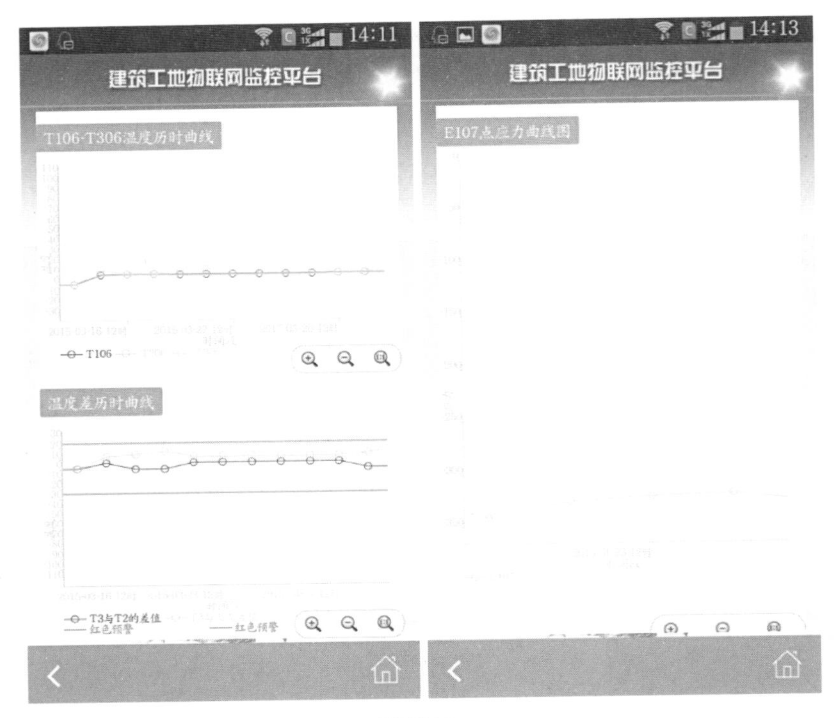

图 5-60　手机端的温度、应力监测曲线图

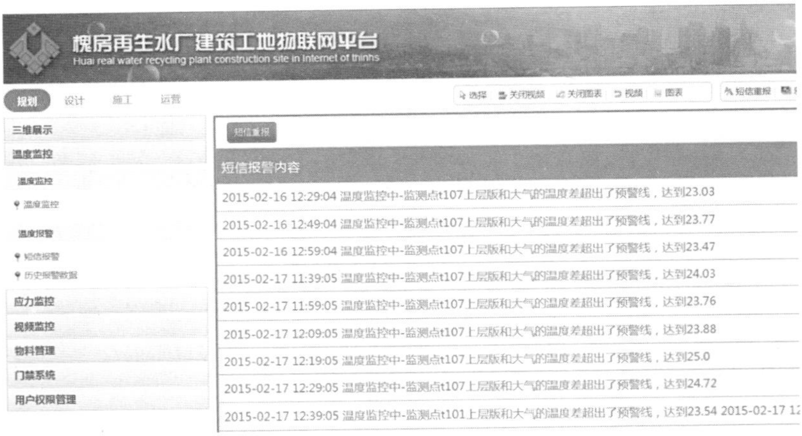

槐房再生水厂建筑工地物联网平台
Huai real water recycling plant construction site in internet of thinhs

规划　设计　施工　运营

三维展示
温度监控
温度监控
温度监控
温度报警
短信报警
历史报警数据
应力监控
视频监控
物料管理
门禁系统
用户权限管理

短信重报

短信报警内容

2015-02-16 12:29:04 温度监控中-监测点t107上层版和大气的温度差超出了预警线，达到23.03
2015-02-16 12:49:04 温度监控中-监测点t107上层版和大气的温度差超出了预警线，达到23.77
2015-02-16 12:59:04 温度监控中-监测点t107上层版和大气的温度差超出了预警线，达到23.47
2015-02-17 11:39:05 温度监控中-监测点t107上层版和大气的温度差超出了预警线，达到24.03
2015-02-17 11:59:05 温度监控中-监测点t107上层版和大气的温度差超出了预警线，达到23.76
2015-02-17 12:09:05 温度监控中-监测点t107上层版和大气的温度差超出了预警线，达到23.88
2015-02-17 12:19:05 温度监控中-监测点t107上层版和大气的温度差超出了预警线，达到25.0
2015-02-17 12:29:05 温度监控中-监测点t107上层版和大气的温度差超出了预警线，达到24.72
2015-02-17 12:39:05 温度监控中-监测点t101上层版和大气的温度差超出了预警线，达到23.54 2015-02-17 12

图 5-61　历史报警数据曲线

MBR 生物池进行满水试验时，委托中冶建筑研究总院对采用跳仓法施工的 MBR 生物池和未采用跳仓法施工的 MBR 生物池进行裂缝对比检测，检测结果显示跳仓法施工技术在裂缝宽度和数量控制方面明显优于传统后浇带法。MBR 生物池已开始投入使用，监测结果显示混凝土结构稳定，未出现渗漏点。

第6章

槐房再生水厂智慧辅助运维管理实践

6.1 BIM 信息集成交付与应用

6.1.1 BIM 信息集成交付实践

在本项目中，首先要完成 BIM 信息集成交付，将槐房再生水厂设计、施工过程中的相关信息整理，录入到 BIM 运维管理系统中，作为运维管理的数据基础，主要数据的种类、大小（数量）及格式说明见表 6-1。

槐房再生水厂主要数据种类、大小（数量）及格式说明　　表 6-1

序号	种类	大小 / 数量	格式	说明
1	建筑结构模型	1.4GB	rvt	包含水区生产相关建筑结构模型
2	机电设备模型	1.6GB	rvt、dwf	包含水区主要处理设备和部分管线模型
3	图纸	63 份	dwg	包含粗格栅、膜格栅、生物池、膜池等的建筑图和生产工艺图
4	照片	41 张	jpg	包含水区部分水处理设备的现场照片
5	电子文档	56 份	doc、pdf	工艺说明书、设备操作手册等
6	设备参数文件	111 种	xls	包含粗格栅、膜格栅、生物池、膜池等全部设备类型参数表格
7	监控数据	—	OPC 方式提供	进水流量计量及水质监测、出水流量计量及水质监测、各水区水位监控和膜格栅间毒害气体报警系统中数据

建筑结构模型利用 Revit 软件建立，包含水厂水区生产相关建筑结构模型（水厂生产构筑物主要包括泥区和水区两大部分，水区地上部分为综合办公楼、湿地景观构筑、粗格栅间等，地下部分为其余生产相关构筑物），包括地上部分的、粗格栅间、臭氧消毒池及清水池，地下所有构筑物（MBR 膜池、粗格栅、细格栅、曝气沉砂池、初沉池等），区域功能划分等。将建筑结构模型在 Revit 软件中导出成 ifc 文件，然后通过 BIM 运维系统的 ifc 接口录入系统。建筑模型在 BIM 运维系统中根据各层标高自动生成各层的室内平面图。机电设备模型部分利用 Revit 软件建立，部分由设备厂家提供 dwf 格式的模型数据，所有的机电设备模型首先导入到 Navisworks 软件中，经处理后导出成 ifc 文件，然后录入 BIM 运维系统中。水厂部分建筑结构和机电设备模型如图 6-1 和图 6-2 所示。

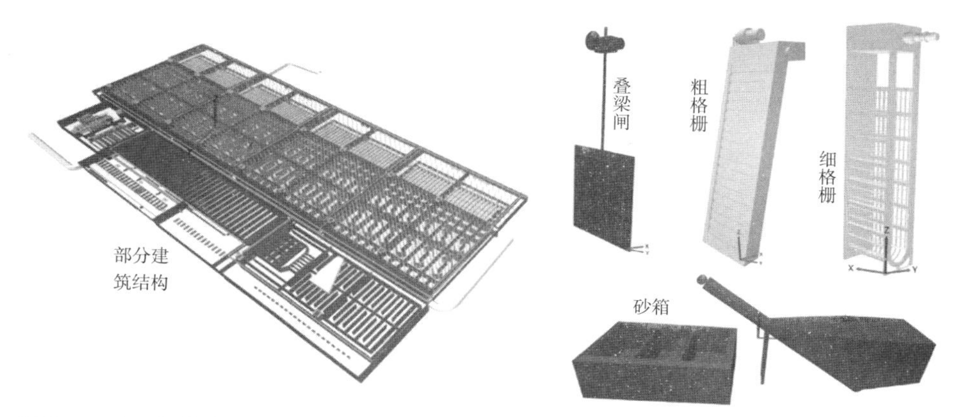

图 6-1　水厂部分建筑和设备模型示意图

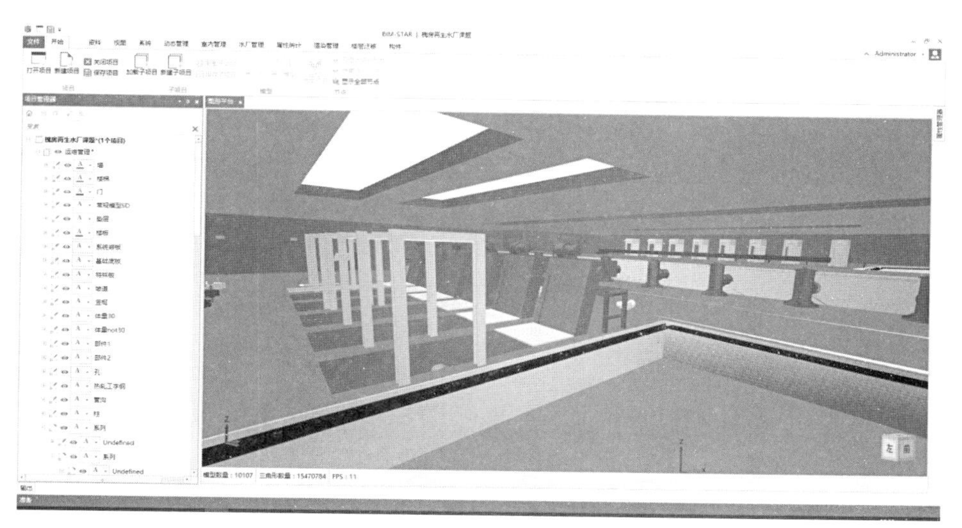

图 6-2　水厂模型粗格栅内漫游视图

图纸包含水厂水区建筑竣工图纸和工艺设计图纸；照片包含水厂现场拍摄的主要处理设备的照片；电子文档包含全部水区工艺说明书和部分设备操作手册。上述所有数据利用 BIM 运维管理系统的文件接口录入、分类管理，并通过编码和设备模型或者水厂池区关联。

设备模型中包含了一部分参数信息，但是并不准确，在应用过程中，将设备厂家提供的设备参数信息整理成标准参数表格，并通过开发 Excel 模板接口录入到系统中，如图 6-3 所示，通过设备编码与设备模型关联。一共整理录入了 111 个不同种类设备的参数，各区域关键设备种类数量见表 6-2。

建筑结构模型、机电模型、设备参数数据、图纸、照片、电子文档资料等录入系统，并建立关联关系，在系统中可统一管理，如图 6-4 所示。

设备参数录入模板

位置	初沉池	
序号	属性名称	属性值
1	编号	PST−CMS1
	位置	初沉池
	名称	链条式刮泥机
	沉淀池长	44.5m
	沉淀池宽	7.0m
	沉淀池高	5.0m
	功率	0.37kW
	备注	非金属材质，安装于初沉池内
2	编号	PST−SWA1
	位置	初沉池
	名称	潜水搅拌器
	桨叶直径	370mm
	配电输入功率	3.3kW
	轴功率	2.5kW
	备注	含起吊座、起吊装置，安装于进水渠道

设备参数录入模板

位置	粗格栅间	
序号	属性名称	属性值
1	编号	CSR−CSR1
	位置	粗格栅间
	名称	不锈钢粗格栅
	渠宽	2000mm
	渠深	12.1m
	栅隙	30mm
	格栅倾角	75°
	格栅长	6.0m
	备注	带不锈钢导杆及封板，以及1套钢结构门架，两端卸渣
2	编号	CSR−SCV1
	位置	粗格栅间
	名称	抓爪式格栅除污机(移动抓爪)
	渠宽	2000mm
	渠深	12.1m
	栅隙	30mm
	格栅倾角	75°
	功率	6.0kW
	备注	带控制箱及电缆

图 6−3　设备参数录入模板

各区域设备种类数量　　表 6−2

序号	区域	设备种类	备注
1	粗格栅及进水泵房	13	不锈钢粗格栅、抓爪式格栅除污机等
2	细格栅及曝气沉砂池	28	孔板式细格栅、砂水分离器、提砂泵等
3	膜格栅	16	转鼓膜格栅、储水罐、潜污泵等
4	初沉池	19	链条式刮泥机、潜水搅拌器等
5	生物池	25	水下推进器、内回流泵、曝气头等
6	配水泵房及清水池	10	配水泵、手电动铸铁闸门、叠梁闸等

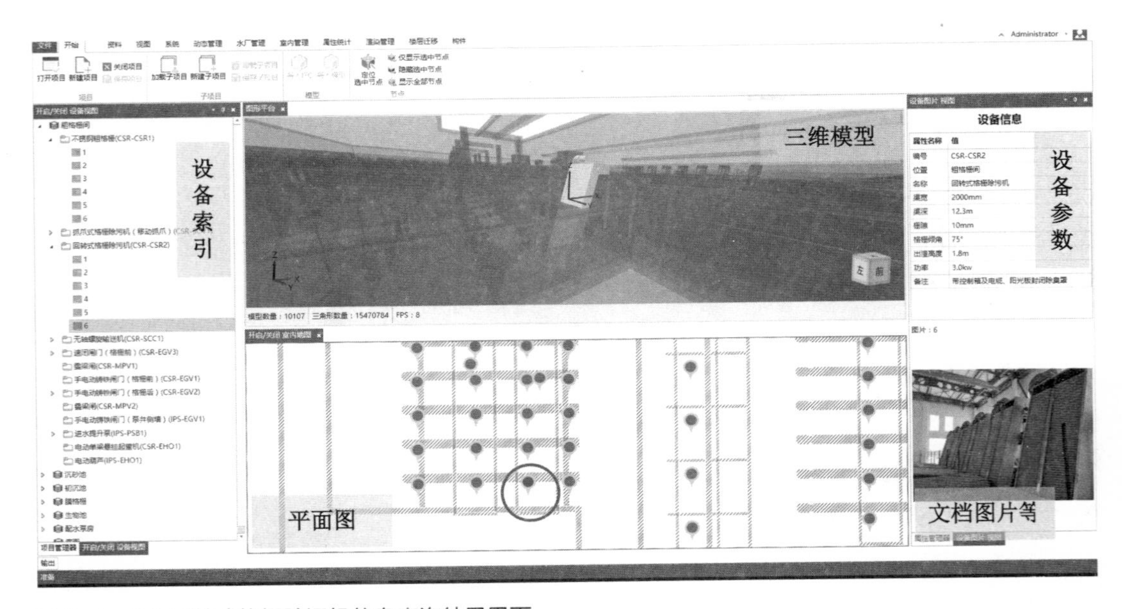

图 6−4　6 号回转式格栅除污机信息查询结果界面

6.1.2 BIM 信息集成应用实践

1. 基于云的 BIM 运维数据库和 BIM 运维信息共享

通过文件存储和关系数据库两种技术途径，建立基于私有云 / 公有云的 BIM 数据库，实现基于云计算技术的运维信息管理，便于水厂运维数据的存储、提取、集成与共享，为运维期的维护、维修、巡检、监测、安全、应急、逃生等管理提供支持，如图 6–5 所示。

2. 机电信息管理

在运维期海量信息的基础上，利用信息检索、关联查询、统计分析等手段，通过三维可视化平台，实现对机电设备信息进行综合查询和管理，如图 6–6 所示。

3. 维护维修管理

维护维修管理功能按照维护计划定期提醒运维人员进行维护操作，另外对设备的维护维修情况进行详细的记录，通过对维护维修信息的分析，从而提供更好地维护维修方案，如图 6–7 所示。

4. 备品管理

对运维期的设备进行综合管理与控制，建立备品库，记录备品入库出库情况，备品不足够时，及时提醒物业人员进行采购，如图 6–8 所示。

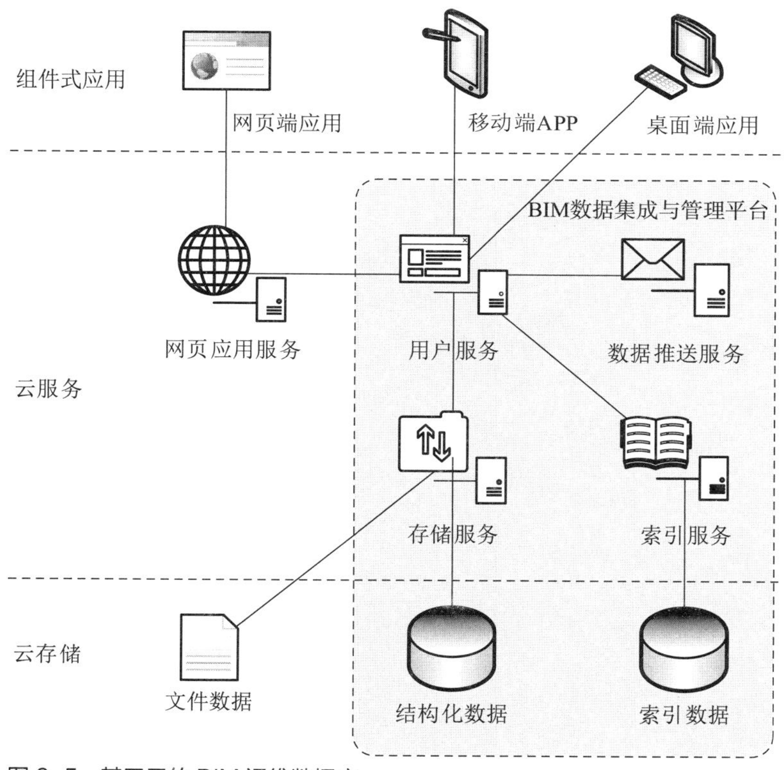

图 6–5 基于云的 BIM 运维数据库

图 6-6　机电信息管理

图 6-7　维护维修管理

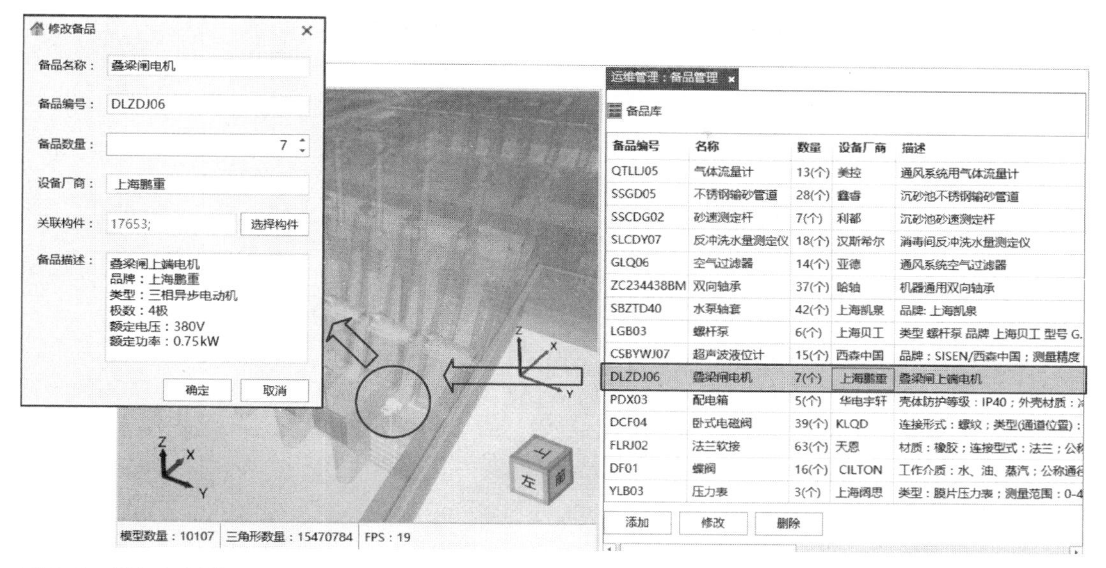

图 6-8　设备备品管理

6.2　基于 BIM 与物联网的水质水量监控和分析

6.2.1　关键技术方法

1. 方法概述

该部分结合实际工程需求，研究再生水厂水质水量动态模型的建立与应用，如图 6-9 所示。首先，从监测集成系统中获取水厂总入水口进水量的历史数据，通过时间序列数据预测算法，预测在未来一天 12h 内进水量的变化情况，为后续的水位与水质建模分析提供基础；然后，一方面建立水区水位模型，包括各水区容量信息、连通信息等，结合实际的水位状态、水泵等的实际监测状态，对未来一天 12h 内水位变化情况进行预测，辅助水厂管理人员对各水区水位进行调控；另一方面，应用 BioWIN 建立水区工艺模型，通过实际水质监测对模型参数进行调整，模拟实际再生水厂的工艺运行状况，将输出数据导入 BIM 系统中进行分析，发挥数学模型对再生水工艺处理性能的预测能力，解决再生水厂工艺调控依靠经验存在的周期长、风险大、滞后性及资源浪费等问题。

2. 基于时间序列的进水量预测

再生水厂进水量数据通过在总入水口处设置流量计进行采集，每隔 2h 采集一次，采集到的流量数据通过监测集成系统集成到 BIM 系统中，进水量观测数据符合连续型时间序列数据的特征 [79]。为了对各水区水位的变化进行分析和预测，首先，需要对总

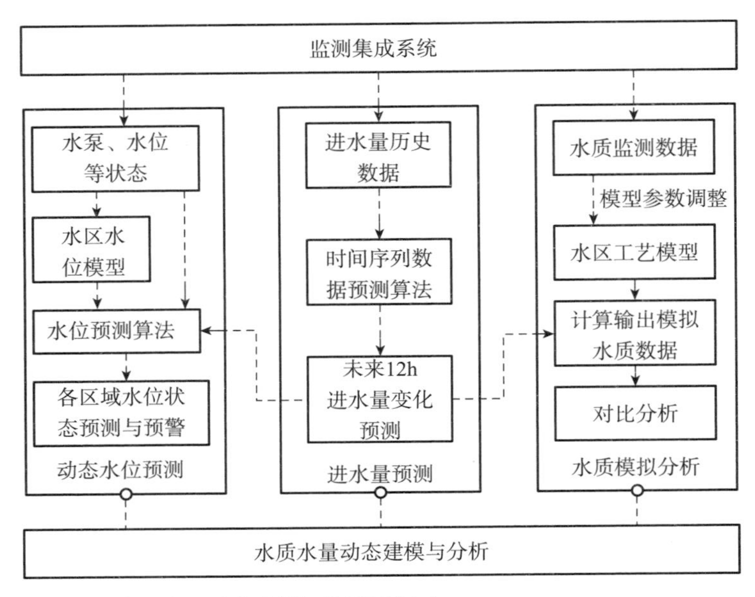

图 6-9 水质水量动态建模与分析示意图

进水量的变化趋势进行预测，即假设总进水量的历史观测数据为序列 $\{X\}$：1～n 历史时刻对应的观测值分别为 $\{x_1, x_2, \cdots, x_n\}$，$n$ 为当前时刻；总进水量的变化趋势预测即为：利用时间序列预测算法，对未来时刻 $n+m$（$m \geqslant 1$）的进水量值进行预测。

时间序列预测是根据被观测数据序列的变化特征，构建时间序列模型，对其未来值进行预测。时间序列模型大体上可分为线性模型和非线性模型，线性模型包括滑动平均模型[80]（Moving Average Model）、自回归模型[80]（Autoregressive Model）和自回归滑动平均模型[81]（Autoregressive Moving Average Model）等；非线性模型包括自激励门限自回归模型[82]（Self-Excited Threshold Autoregressive Model）、指数自回归模型[83]（Exponential Autoregressive Model）、神经网络模型[83～84]等。

为了选取合适的时间序列模型对再生水厂总进水量进行预测，采用定量的方法进行时间序列预测最优模型的选择，在选择过程中，主要关注模型的预测准确度。选取 2017 年 3 月份某一周内的总进水量数据，选取该周内前 6d 的数据进行模型训练，预测模型选用自回归滑动平均模型和 BP 神经网络模型分别作为线性模型和非线性模型的代表，进行预测，并对预测结果进行分析比选。

自回归滑动平均模型是一种通过模型识别对时间序列进行预测的数学模型，p 阶自回归—q 阶滑动平均模型，即 ARMA（p，q）模型的一般形式见式（6-1）：

$$x_t-\phi_1 x_{t-1}-\phi_2 x_{t-2}-\cdots-\phi_p x_{t-p}=\alpha_t-\theta_2\alpha_{t-2}-\cdots-\theta_q\alpha_{t-q} \tag{6-1}$$

其中，p 和 q 分别代表模型中自回归和滑动平均部分的阶数，ϕ_i（i=1，2，⋯，p）和 θ_j（j=1，2，⋯，q）分别代表模型中自回归和滑动平均部分的系数。

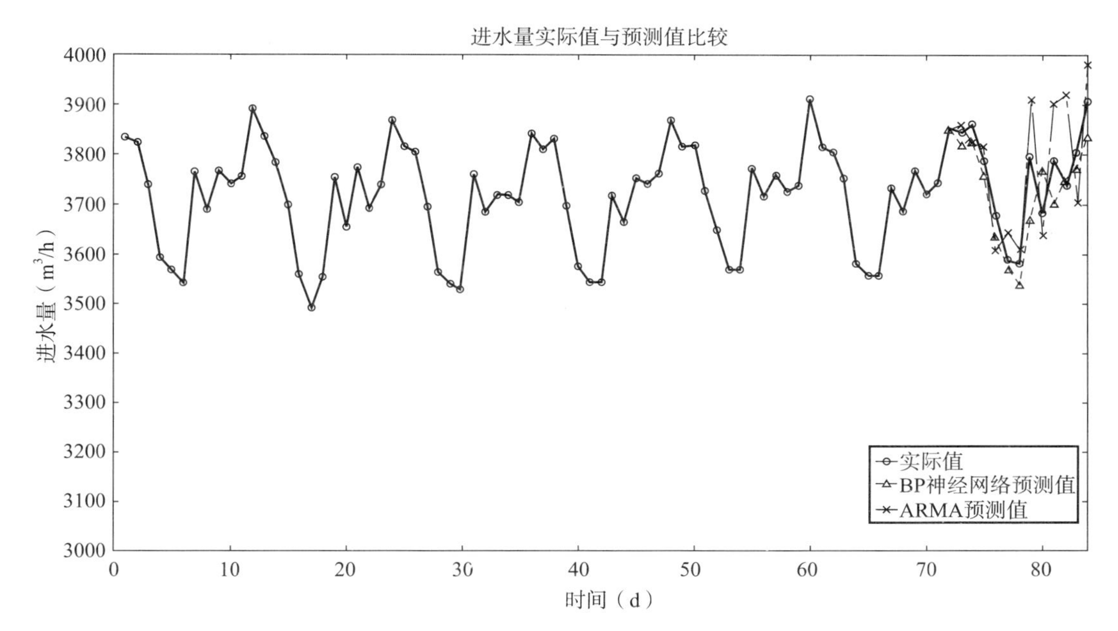

图 6-10　进水量实际值与预测值比较

自回归滑动平均模型进行时间序列预测的步骤为：（1）输入原始数据。（2）对原始数据进行零均值化，通过差分进行平稳化处理。（3）通过自相关和偏相关计算，判断序列的拖尾、截尾特征，判断是否适用 ARMA 模型。（4）利用 AIC 准则对模型进行定阶并进行预测计算。

神经网络模型通过模拟人脑对信息进行处理。BP 神经网络包括输入层、隐含层和输出层，属于多层前馈神经网络。使用 BP 神经网络进行时间序列预测的步骤为：（1）构造输入数据和输出数据，构造含有 n 个变量的 BP 神经网络模型时，取时间序列数据中连续 n 个时间点的数据即（x_{t-n+1}，x_{t-n+2}，…，x_t）作为输入，取 x_{t+1} 作为输出，其中，x_t 为时间序列中 t 时刻的进水量。（2）初始化 BP 神经网络模型。（3）模型训练。（4）对进水量数据进行预测。

取一周内前 6d 的数据进行模型训练，分别采用两种模型对第 7d 内的数据进行预测，预测值分别如图 6-10 和图 6-11 所示。从图中数据可以看出，进水量数据按天为周期，表现出一定的周期性。

两种模型预测值的绝对误差如图 6-12 所示，当预测时间点距当前时间点较远时，BP 神经网络和 ARMA 误差均有扩大的趋势。另外，总体而言，BP 神经网络的预测值误差相对较小，且在距当前时间 6h 内的误差不大，可以满足进水量预测的要求。

3．水质模拟分析

槐房再生水厂处理规模为 60 万 m^3/d，水处理部分采用 MBR 工艺，再生水厂运行过程中需要根据进水量及进水水质不断对工艺参数调控，例如生物池碳源补充量、除

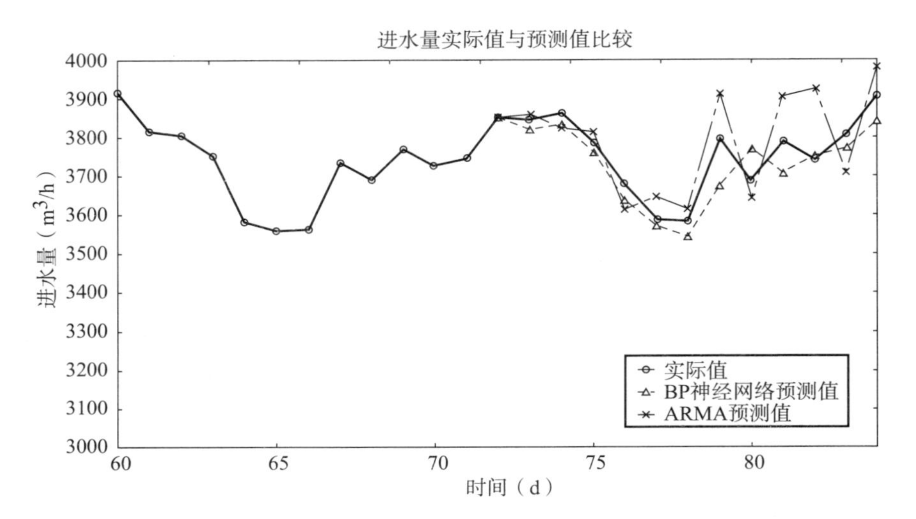

图6-11　进水量实际值与预测值局部放大比较

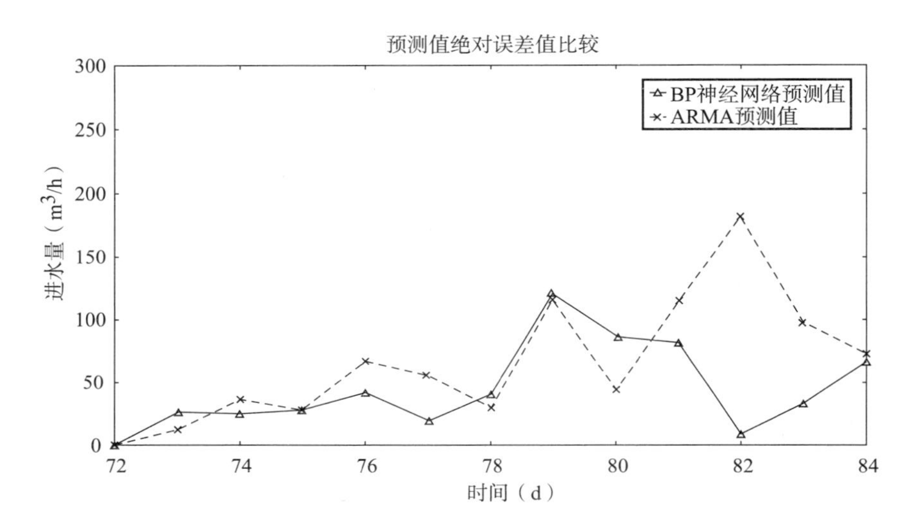

图6-12　预测值绝对误差值比较

磷药剂添加量等，但是传统的依靠经验进行工艺调控存在的周期长、风险大、滞后性及资源浪费等问题。该部分研究基于 BIM 和 BioWIN 的水质模拟分析方法，如图 6-13 所示，提高工艺调控的准确性和可靠性。BioWIN 模拟平台是由加拿大 Envirosim 公司研发的污水处理工艺模拟平台 [85]，模拟平台采用活性污泥和厌氧消化模型 [86]（General Activated Sludge-Digestion Model，ASDM）进行模拟，ASDM 为数学模型，采用数学方程来描述污水处理工艺过程中的组分变化情况。

该方法首先以 BioWIN 模拟软件为平台，搭建再生水厂水区生产工艺的初始数学模型，如图 6-14 所示。模型中包含生物池中的厌氧、第一缺氧、好氧、消氧和第二缺氧等反应器，不包含粗格栅、沉砂池和污泥处理单元。然后，需要搜集水厂相关信息对模型参数进行调整，包括：（1）污水组分参数，通过监测集成系统可获取的污水流量、水力停留时间、水温、进出水的各污染物含量，如COD、BOD、氮、磷等。（2）工艺参数，通过BIM平台可查询的各区域的体积、面积、有效深度等工艺信息。（3）其他模型参数，包括回流液比例等。模型校准是根据水厂进出水污染物含量的模拟值和实际值对模型参数进行调整，使得模型能够准确反映水厂运行情况。校准后的模型用来对不同水质条件下水厂运行情况进行模拟，模拟结果数据可输出成表格，并通过接口集成到BIM系统中进行分析。

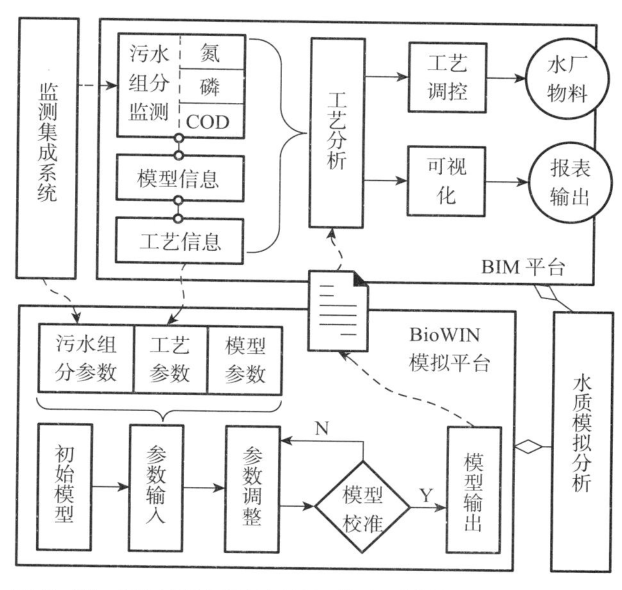

图6-13　基于BIM和BioWIN的水质模拟分析方法

在BIM平台中，以模型为中心，集成了污水组分监测数据（主要包括进水口和出水口的污水中的污染物浓度），水厂运行过程中的工艺信息（各反应池的生化反应参数等），将水厂当前的运行状况完整的在BioWIN模拟平台中进行模拟，模拟结果可通过标准表格等导入到BIM系统中，进行分析结果的可视化，另一方面，根据模拟结果进行工艺分析，对各个反应池的处理效果进行评价，判断当前工艺是否需要调控。

初沉池生化反应效果的模拟结果见表6-3，通过分析结果可以判断出初沉池对总进水颗粒性COD的去除率可达43%，对BOD的去除率为28%。如果将进水中可生物降解的COD视做碳源，通过模型组分计算可知，初沉池去除了约120mg/L的可降解COD，相当于80mg/L甲醇碳源。

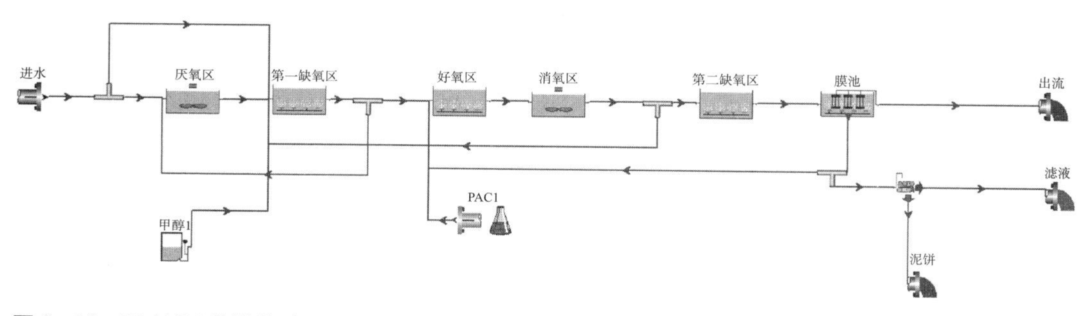

图6-14　BioWIN数学模型

初沉池生化反应效果模拟　　表 6-3

监测指标	总进水模拟值 (mg/L)	初沉池出水模拟值 (mg/L)	去除率 (%)
COD	413	270	35%
颗粒性	283	162	43%
BOD	187	135	28%
总 SS	250	194	40%
无机 SS	65	45	31%

6.2.2 实践应用

1．水质的监测与分析

槐房再生水厂采用 MBR（Membrane Bio–Reactor，膜 – 生物反应器）工艺对污水进行处理，在系统中可查询工艺流程、工艺说明等信息，如图 6–15 所示。

为了对进出水水质进行监测和分析，搭建进出水水质监测系统，系统采用的检测仪器见表 6–4，系统每隔 15min 进行一次进出水水样的自动采集与水质检测。检测结果自动发送到监测服务器中，并可在 BIM 系统中查询，如图 6–16 所示，同时，水质监测数据可按日、周和月输出成报表，方便水厂管理人员进行查看。当出水水质不符合要求时，会在系统中进行预警，预警值按照《城镇污水处理厂水污染物排放标准》[87]（DB11/890–2012）中 B 标准的要求设置，见表 6–5。

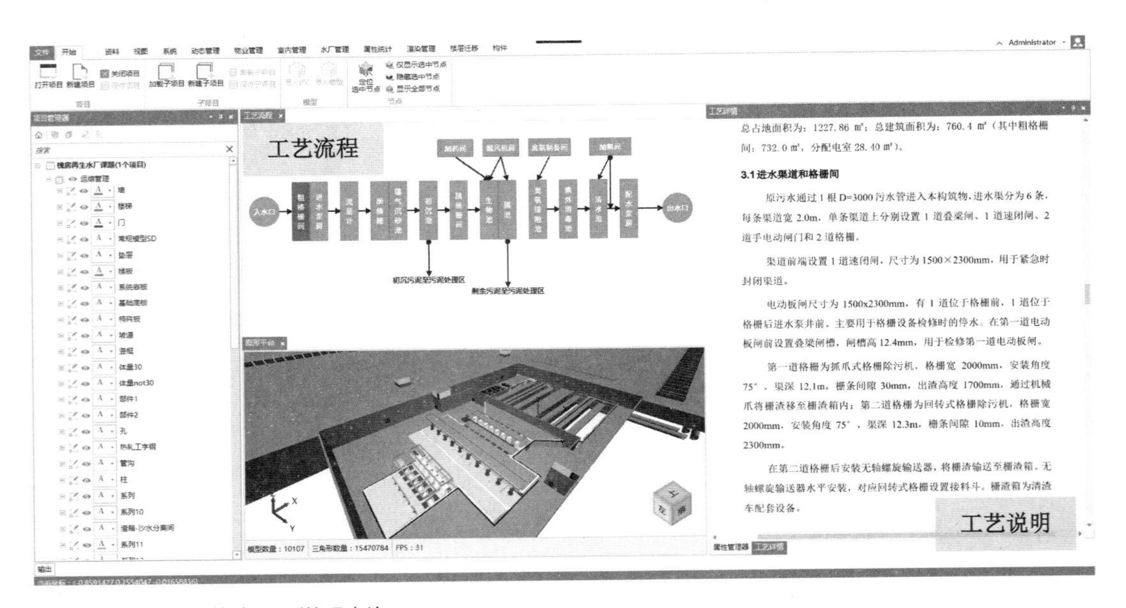

图 6–15　水厂工艺流程及说明查询

水质检测仪器配置

表 6-4

序号	位置	名称	数量	说明
1	进水水质分析小室	自动取水样器	1 套	定时采集进水水样用于实验室分析
		pH 及温度分析仪	1 套	进水酸碱度及温度
		COD_{Cr} 分析仪	1 套	进水的化学需氧量浓度
		SS 分析仪	1 套	进水的悬浮物浓度
		氨氮分析仪	1 套	进水的氨氮浓度
2	出水水质分析小室	自动取水样器	1 套	定时采集出水水样用于实验室分析
		pH 及温度分析仪	1 套	出水酸碱度及温度
		COD_{Cr} 分析仪	1 套	出水的化学需氧量浓度
		SS 分析仪	1 套	出水的悬浮物浓度
		氨氮分析仪	1 套	出水的氨氮浓度
		余氯分析仪	1 套	出水余氯测量

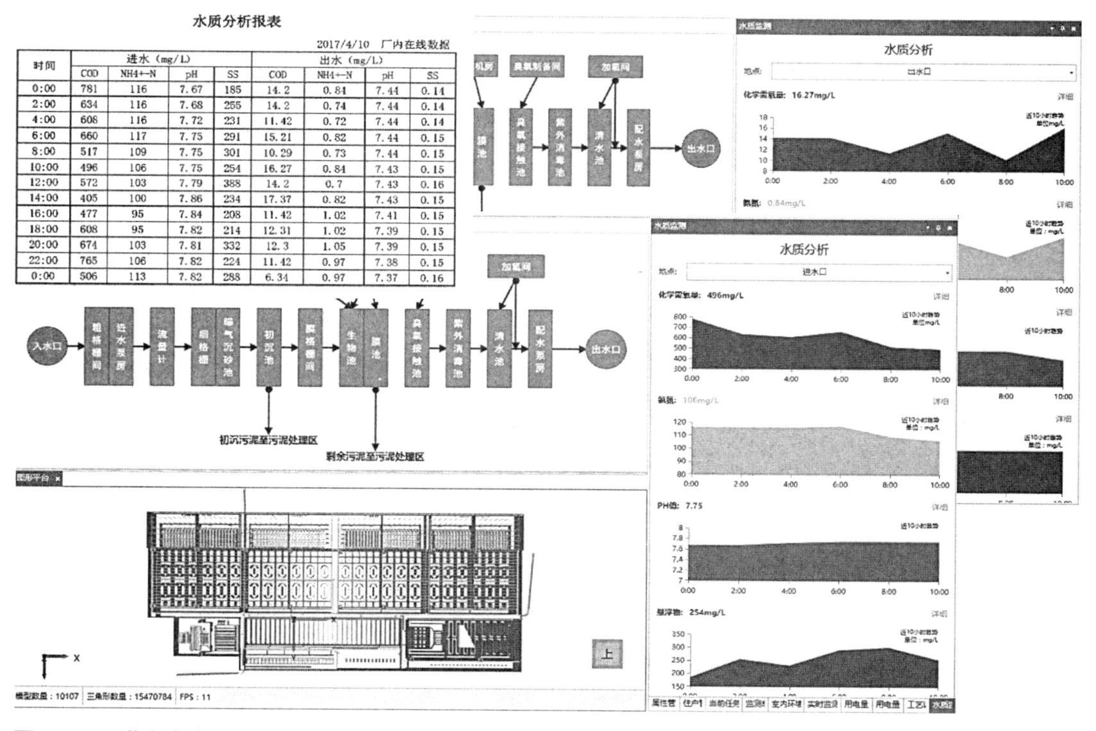

水质分析报表

2017/4/10　厂内在线数据

时间	进水（mg/L）				出水（mg/L）			
	COD	NH4+-N	pH	SS	COD	NH4+-N	pH	SS
0:00	781	116	7.67	185	14.2	0.84	7.44	0.14
2:00	634	116	7.68	255	14.2	0.74	7.44	0.14
4:00	608	116	7.72	231	11.42	0.72	7.44	0.14
6:00	660	117	7.75	291	15.21	0.82	7.44	0.15
8:00	517	109	7.75	301	10.29	0.73	7.44	0.15
10:00	496	106	7.75	254	16.27	0.84	7.43	0.15
12:00	572	103	7.79	388	14.2	0.7	7.43	0.16
14:00	405	100	7.86	234	17.37	0.82	7.43	0.15
16:00	477	95	7.84	208	11.42	1.02	7.41	0.15
18:00	608	95	7.82	214	12.31	1.02	7.39	0.15
20:00	674	103	7.81	332	12.3	1.05	7.39	0.15
22:00	765	106	7.82	224	11.42	0.97	7.38	0.15
0:00	506	113	7.82	288	6.34	0.97	7.37	0.16

图 6-16　进出水水质监测及报表输出

出水水质预警值（mg/L） 表 6-5

类别	化学需氧量	悬浮物	总氮	总磷	总氨
预警值	30	5	15	0.3	1.5

再生水厂运行过程中需要根据进水量及进水水质不断对工艺参数进行调控，例如生物池碳源补充量、除磷药剂添加量等，但是传统的依靠经验进行工艺调控存在的周期长、风险大、滞后性及资源浪费等问题。在研究中建立了基于 BIM 和 BioWIN 的水质模拟分析方法，提高工艺调控的准确性和可靠性，这里取再生水厂 2017 年 3 月 20～27 日之间的数据对该方法的有效性进行验证，验证过程如下：

首先，在 BioWIN 中建立再生水厂水区生产工艺的初始数学模型，在建模过程从 BIM 系统中查询所需要水力停留时间等工况信息并输入到模型中，输入的部分工况参数见表 6-6。

BioWIN 模型中部分工况参数设置 表 6-6

序号	类别	参数	值
1	流量	日均处理量（km^3/d）	76
		外回流量（km^3/d）	304
		剩余排泥量（km^3/d）	2500
2	水力停留时间	非曝气区实际水力停留时间（h）	10
		曝气区实际水力停留时间 (h)	7
3	其他工艺参数	曝气池平均水温（℃）	17
		曝气池供气量（m^3/s）	5.5

然后，进行模型校准，在校准过程中，通过调整污泥量、生物反应器 DO 等参数，使得模型尽可能反映水厂实际运行状况，模型水质模拟结果尽可能接近实际水质监测结果，校准后模型的水质输出结果和实际监测结果的对比见表 6-7，主要指标 COD 和 TN 的模拟值和实测值较为接近，模型可以用来进行水质预测。

最后，在再生水厂 2017 年 3 月 20～27 日运行过程中，以 24h 为单位（再生水厂的总水力停留时间为 24h 左右），分别从 BIM 系统中导出进水相关数据，然后放入到 BioWIN 中进行模拟，该过程中总进出水量数据变化如图 6-17 所示。

校准后模型输出结果与实际结果对比（mg/L）　　表 6-7

序号	指标	进水		出水	
		实测值	模拟值	实测值	模拟值
1	COD	650	650	25.2	27
2	BOD	300	–	1.68	0.63
3	SS	328	328	5	0
4	TP	7	7	0.1	0.02
5	TN	65	65	14.1	14.8
6	NH_4	42	42	0.64	0.14

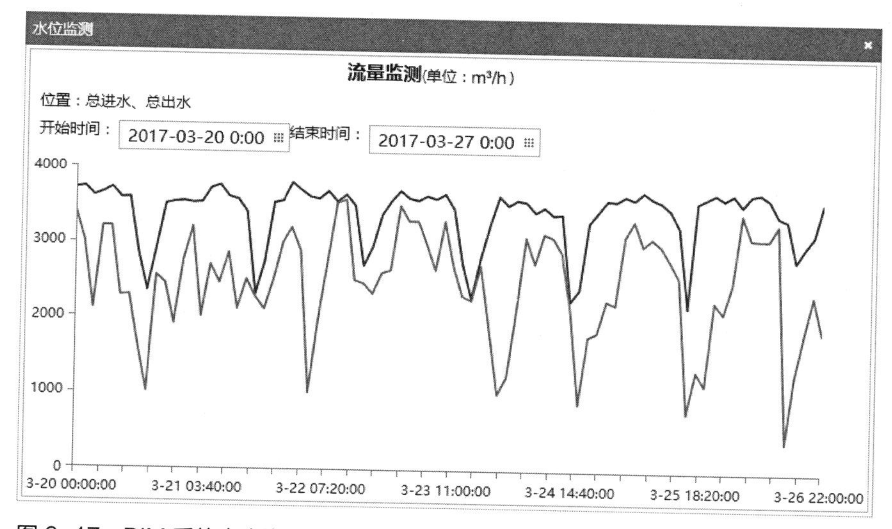

图 6-17　BIM 系统中查询到的 2017 年 3 月 20～27 日进出水量数据

在 BioWIN 进行模拟，可计算出再生水厂在当前条件下，出水的 COD、BOD、SS、TP、TN 和 NH_4 的值，并录入到 BIM 系统中，根据模拟结果对水厂工艺进行调控，24 日实际出水 COD 与模拟出水 COD 值的对比如图 6-18 所示。通过对模拟结果的集成分析，辅助再生水厂管理人员调控水厂工艺参数、估计运行费用、污泥产量和能耗要求等，提高了再生水厂的生产管理的可预测性和可控性，降低运行风险。

2．水位的监测与控制

为了对水厂各区域水位进行监测和控制，搭建进出水流量及各区域水位监测系统，系统采用的检测仪器见表 6-8。

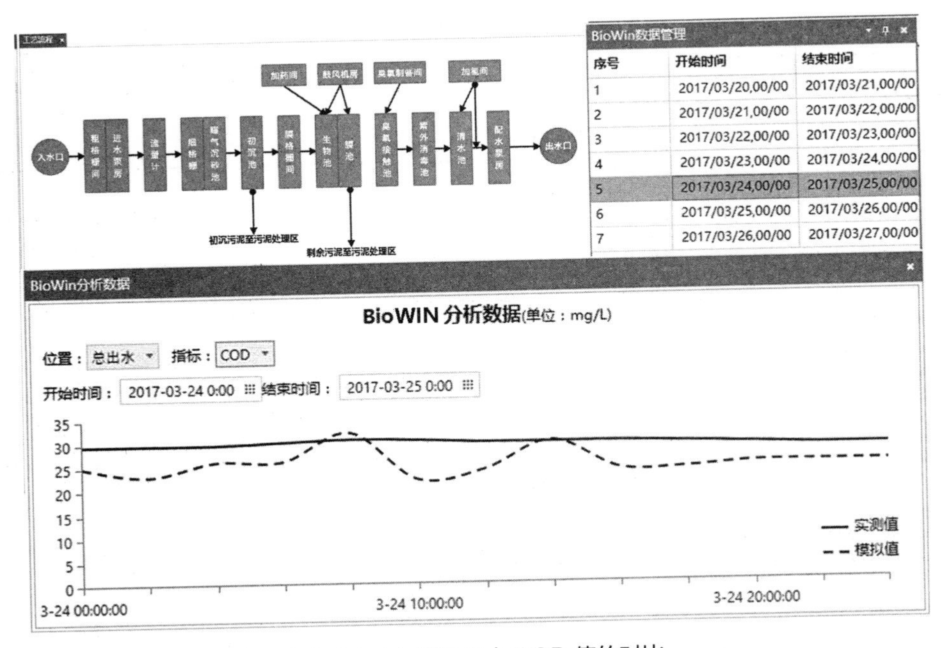

图 6–18　3 月 24 日实际出水 COD 与模拟出水 COD 值的对比

表 6–8

进出水流量及各区域水位检测仪器配置

序号	名称	安装位置	数量	说明
1	电磁流量计	粗格栅总进水管	1 套	测量工程的总进水流量
		细格栅进水管	10 套	测量细格栅的进水流量
		初沉池排泥管	1 套	初沉池排泥量
2	超声波液位差计	粗格栅	6 套	粗格栅前后液位差并控制格栅及相应设备运行
		细格栅	8 套	细格栅前后液位差并控制格栅及相应设备运行
3	超声波液位计	抓爪式格栅	6 套	抓爪式格栅前液位并控制格栅及相应设备运行
		进水泵集水池	2 套	集水池液位控制进水泵运行
		提砂泵井 1～4	4 套	提砂泵井 1～4 液位
		清水池	4 套	清水池液位
4	多声道超声波流量计	MBR 生物池 A～D 系列的总进水管	4 套	测量 MBR 生物池 A～D 系列的总进水流量
		配水泵房出水总管	2 套	测量工程的配水泵房总出水流量
5	静压液位计	膜池 A～D 系列进水渠	16 套	膜池 A～D 系列进水渠液位

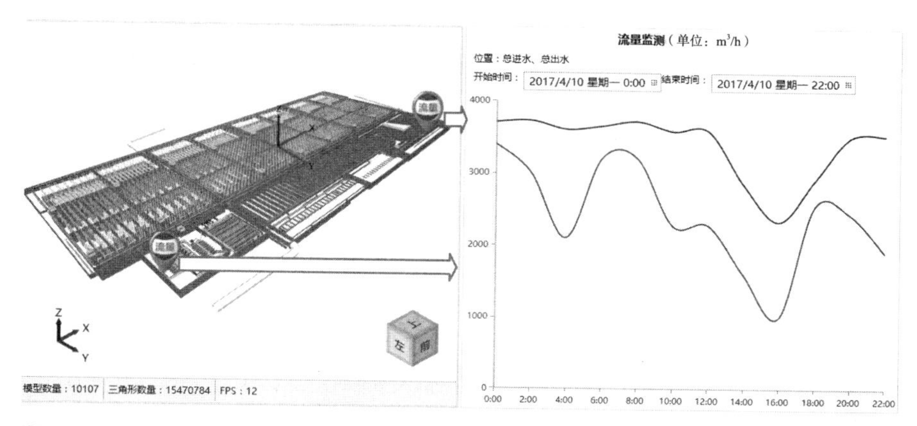

图 6–19　4 月 10 日进出水量对比

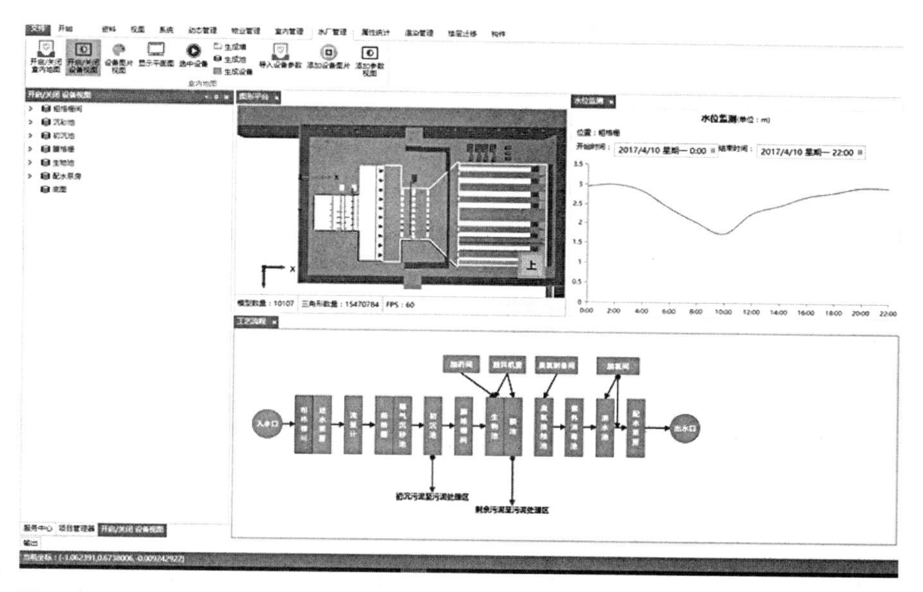

图 6–20　4 月 10 日粗格栅前段液位变化情况

将水位监测数据集成到 BIM 系统中，包括进出水流量，粗格栅、细格栅、进水泵房、生物池、膜池、清水池液位，水位控制和防淹泡模拟与应急做准备，如图 6–19 和图 6–20 所示。

在 BIM 建立了水量预测算法，在应用过程中，对该算法的有效性进行验证，验证过程如下：

首先，在 BIM 系统中提取进水口的流量监测数据，这里取再生水厂 2017 年 3 月 20 日 0 点至 26 日 24 点之间的数据，其中，20 日 0 点～25 日 24 点之间的数据为训练数据，建立基于 BP 神经网络的进水量预测模型，然后，对 26 日 0 点至 24 点之间的进水量进行预测，并和实际监测到的进水量进行比较，结果如图 6–21 所示。

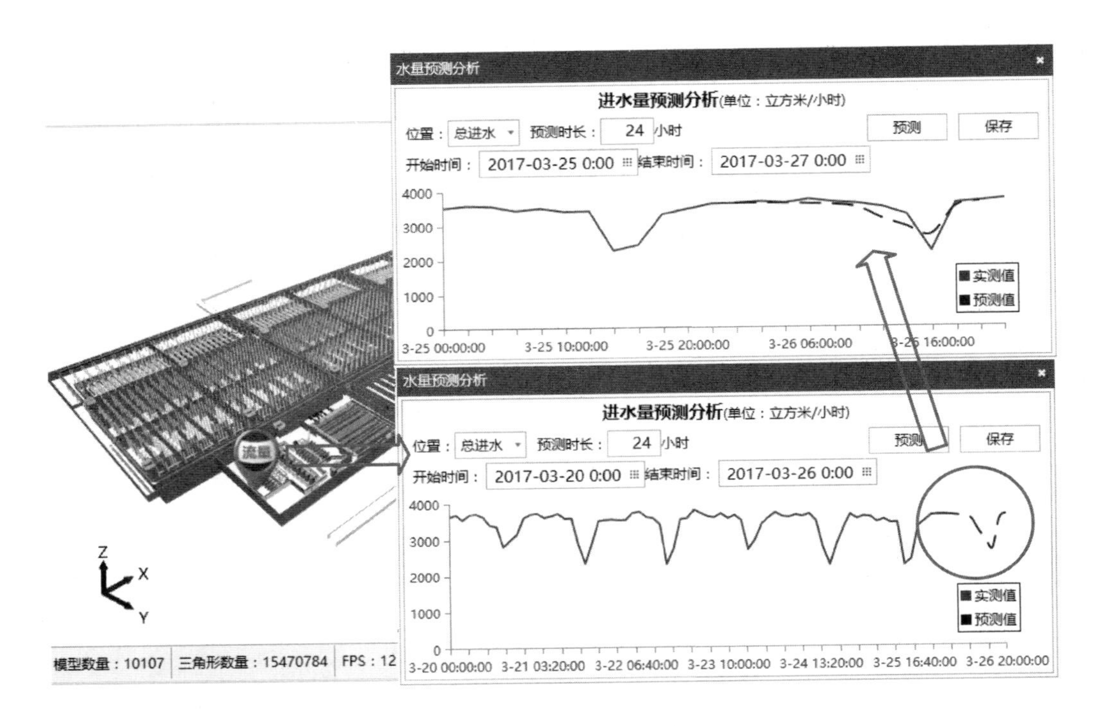

图 6-21 3 月 26 日进水量预测分析

6.3 基于 BIM 和物联网的环境监控与预警

在污水中含有大量的硫酸盐，槐房再生水厂的污水处理过程中，硫酸盐会在硫酸盐还原菌的作用下，产生硫化物，并以硫化氢（H_2S）的形式扩散到空气中。H_2S 是一种无色、剧毒的有害气体，具有强酸腐蚀性，一旦人体吸入过多的 H_2S 气体，将会对眼部和肺部产生严重损害。水厂在水处理过程中，会通过预曝气、添加铁盐、硝酸盐等方式减少 H_2S 的释放，但是水厂水区主要构筑物位于地下，一旦发生 H_2S 超标的事件，将会对水厂工人的生命健康产生严重损害。因此，在水厂易发生 H_2S 泄露部位设置传感器，搭建毒害气体监测与报警系统，用于 H_2S 气体的监测和报警。

毒害气体监测与报警系统包含 H_2S 传感器和声光报警器等模块。在水厂现场，一旦 H_2S 传感器监测到 H_2S 气体浓度超标，将启动声光报警器进行报警；在 BIM 系统（上位监控系统）中，可查询各 H_2S 传感器的位置、监测值和报警事件等信息。

在水厂布置内部芯片为 MQ-136 的 H_2S 浓度检测传感器，传感器的主要参数见表 6-9。

硫化氢检测传感器参数　　表 6-9

序号	属性	值 / 范围	图片
1	检测气体	硫化氢	
2	检测范围	$0\sim200\times10^{-6}$	
3	输出类型	模拟量	
4	工作电压	24V	
5	工作温度	−10～50℃	
6	工作湿度	95%RH	
7	响应时间	≤1s	

在水厂的粗格栅间、细格栅间、膜格栅间、初沉池设备间和管廊等一共部署了 20 套 H_2S 浓度检测传感器和相应的声光报警器，传感器每隔 30s 采集一次 H_2S 浓度数据，符合国家规范要求 [86、88～89]。采集到的浓度数据经现场总线连接到现场控制站的输入模块上，再经过以太网提供给监测服务器，最后提供给 BIM 运维系统，传感器布置点如图 6-22 所示。

在 BIM 运维系统中，可看到所有 H_2S 浓度检测传感器当前检测到的浓度值，选择任意的传感器，可查看该传感器的详细参数以及检测到的 H_2S 浓度变化趋势，并可输出报表等，如图 6-23 所示。

当 H_2S 浓度超过报警值时，现场声光报警器会进行报警，BIM 运维系统中也会有相应提示，H_2S 浓度报警值根据国家规范 [90] 中的规定进行设定，见表 6-10。报警记录会保留在 BIM 运维系统中，可以事后进行查看，也可将报警记录打印输出成报表，如图 6-24 所示。

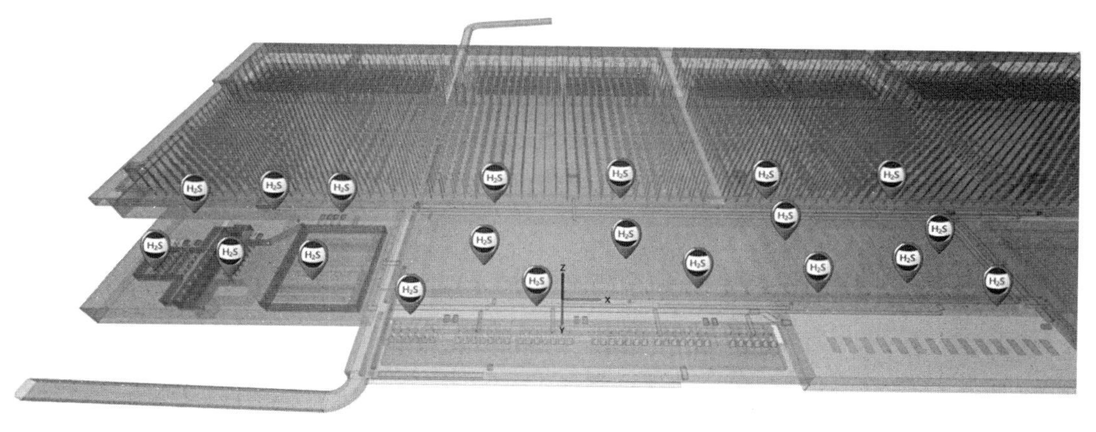

图 6-22　硫化氢传感器布置图

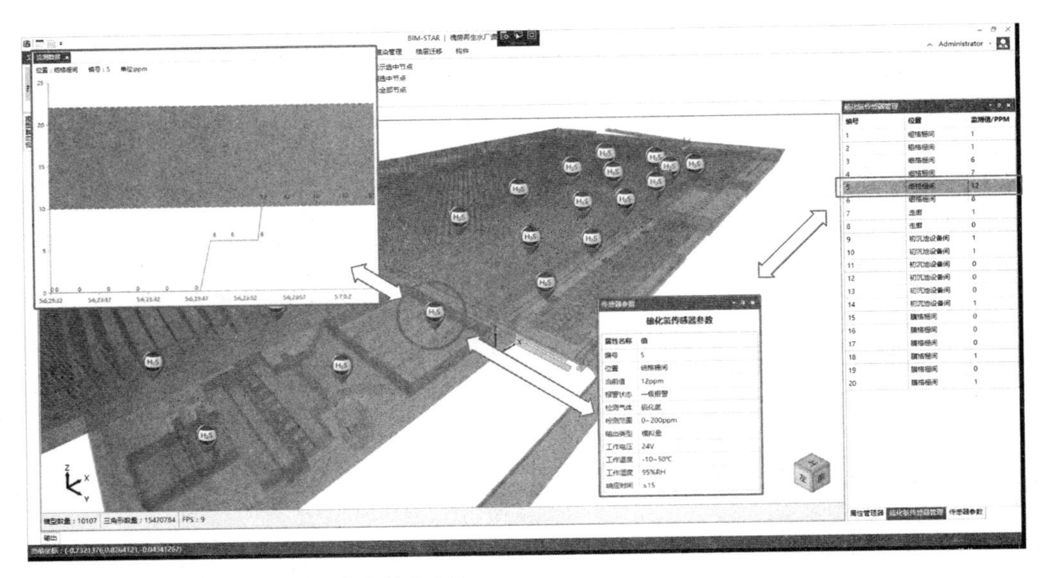

图 6-23　硫化氢传感器检测值变化趋势查询

硫化氢各级浓度报警值　　表 6-10

序号	类别	报警值	说明
1	一级报警	10×10^{-6}	人员日工作 8h 的暴露安全极限值
2	二级报警	22×10^{-6}	人员短期暴露限值
3	三级报警	30×10^{-6}	人员最大暴露限值

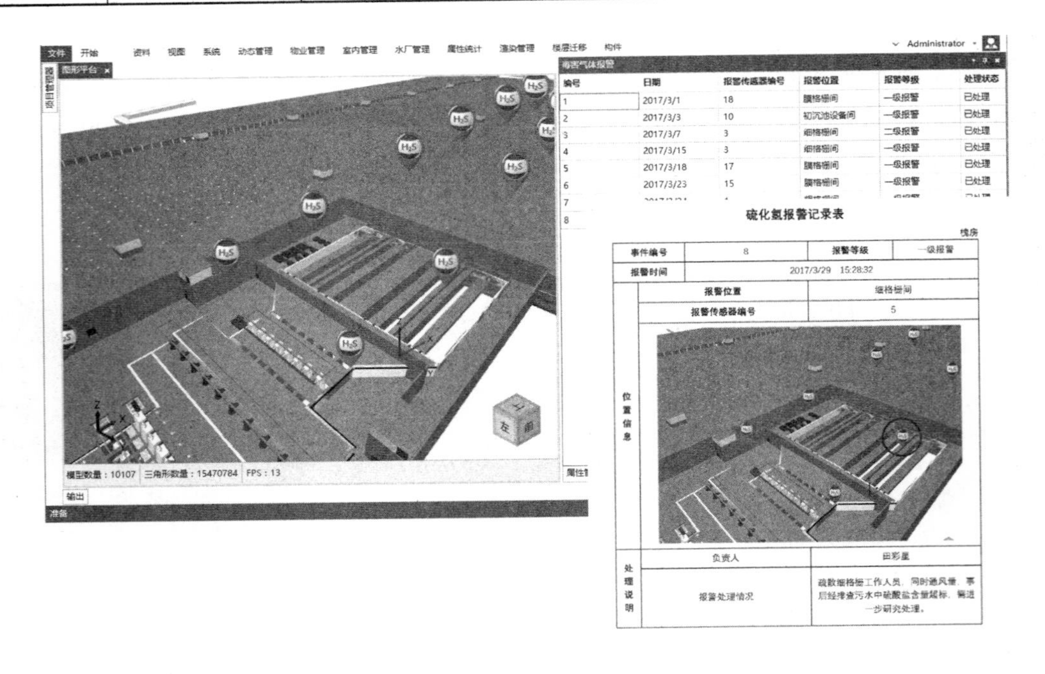

图 6-24　报警记录查看

6.4 基于BIM和物联网的综合运维管理系统开发

本小节将介绍基于BIM和物联网的综合运维管理系统需求分析、设计和实现过程，包括系统功能分析、逻辑架构设计、物理架构设计、数据传输设计、功能设计和系统实现等内容，为北京槐房再生水厂的综合运维管理提供支持。

6.4.1 需求分析

针对北京槐房再生水厂建筑物及构筑物繁多、工艺管线复杂等特点，研究设计、施工过程BIM信息的特征，引入建筑业国际标准IFC（Industry Foundation Classes），通过建立机电设备信息模型（MEP-BIM），解决设计、施工阶段BIM机电信息向运维阶段集成交付的问题，实现信息的综合管理和应用；同时，在BIM集成交付模型的基础上，综合应用计算机辅助工程技术（CAE）、虚拟现实技术、人工智能技术、工程数据库、移动网络技术、物联网技术以及计算机软件集成技术，通过开发BIM集成平台，实现槐房水厂的竣工模型集成交付、机电信息管理、维护维修管理等。通过调研BIM在设计、施工和运维之间的信息共享、BIM建筑运维管理中的应用，以及北京槐房再生水厂的实际特点，分析其存在的问题、缺陷以及可能的解决方案，得出的系统需求概述如下：

1. 建立统一BIM运维信息库

（1）BIM竣工信息集成交付。建筑运维管理过程往往需要使用设计、施工过程积累的信息，比如建筑信息、设备信息、设备厂家等，通常这些信息是在设计、施工过程中逐步产生的，分散在纸质竣工文档中，难以被运维管理有效的利用，也容易产生错误。本工程在施工阶段已建立BIM模型，积累了部分工程设计、施工信息，通过开发IFC接口、建立BIM模型运维编码体系等，按照BIM运维交付标准，实现BIM竣工信息的集成交付，辅助运维信息库的建立。

（2）运维模型的建立与完善。在运维管理过程中，会产生大量的信息，比如设备维修信息存在于维修日志中，环境监控信息存在于各监控子系统中。工程中的各种信息分散存在，容易产生错误和不一致，另外，各种信息之间缺乏有效的关联性，难以对信息进行进一步利用，对运维管理效率产生不利影响。因此，以施工阶段所能获得的相关信息作为基础，将分散到各阶段、各专业中的工程信息有效整合，建立信息之间的关联关系，统一为运维管理提供信息服务，建立统一完整的运维模型，比如机电设备上下游关系的建立与完善、设备维护信息的录入等。

（3）建立基于云的BIM运维数据库。项目运维期需要大量信息，包括设计、施工过程中的建筑BIM模型、机电设备BIM模型、传感器监测数据、自动控制系统监测数据以及其他图纸、文档等非结构化信息。通过分布式文件存储和分布式关系数据库两种技术途径，建立基于云的BIM数据库，实现基于云计算技术的运维信息管理，便于项目运维期数据的共享、集成与提取，为运维期的逻辑、维护、维修、巡检、能耗、安全、应急、逃生等管理提供支持。

（4）基于BIM的运维信息共享。BIM运维信息库中的信息可以方便地与现有系统共享，如已有的办公系统、培训系统等。可根据北京再生水厂的管理需求，通过开发相应的数据接口，从BIM运维信息库提取信息，减少信息的重复录入，避免信息的不一致。

2．基于BIM的再生水厂常规运维管理

传统的运维管理经常需要查阅纸质的竣工资料，十分繁琐而且容易出错，效率低下，迫切需要基于BIM技术的新型运维管理手段，进行BIM信息的集成交付与运维应用。基于BIM的再生水厂辅助运维管理是基于从设计和施工阶段所建立的统一工程运维信息库，用于信息的综合存储与管理。其目的一方面是为了实现施工阶段和运维阶段的信息共享，以及施工完成后将实体建筑和虚拟的BIM一起集成交付业主；另一方面也是为了加强运维期的综合信息化管理，为建筑运维管理提供高效的手段和技术支持。基于BIM的再生水厂辅助运维管理包括机电信息管理、维护维修管理、运维知识库、房间管理等。

（1）机电信息管理。在运维期海量信息的基础上，利用信息检索、关联查询、统计分析等手段，通过三维可视化平台，实现对机电图纸、设备信息和应急预案的综合智能化管理。信息检索让用户快速地找到需要了解的当前系统的构件信息、图纸信息、备品信息、附件信息等，并且导出数据报表；关联查询是指通过构件信息查找到与构件相关联的信息，例如：图纸、备品、附件等；统计分析对不同系统下构件属性值进行统计检索，以不同的表现形式将统计结果呈现给用户，如直方图、饼图、自动控制图、线图、球图等；设计和施工过程中会有大量图纸信息，将图纸与BIM模型中的构件进行关联，实现三维视图与二维平面图的关联，这样用户输入图纸的关键字即可快速查找图纸；利用RFID、二维码等存储构件信息，并与BIM模型关联，实现机电设备信息的综合管理。

（2）维护维修管理。维护维修管理包括设备识别与定位、维护计划、维护日志、巡检维护等。在基于BIM的再生水厂辅助运维管理系统中，可实现通过移动终端扫描二维码，对设备进行识别与定位，获取远程数据库中的与该设备相关的信息，能够为设备添加维护计划，定时提醒维护人员进行设备维护，进行维护后，添加维护日志，便于追踪与管理。可根据项目需求，增加巡检维护和备品管理等功能，实现对备品库中机电设备构件的备品数量和使用情况进行追踪，制订采购计划。

（3）运维知识库。运维知识库包括培训资料、操作规程和模拟操作动画等的管理。

在运维知识库中储存设备操作规程、培训资料等，当工作人员在操作设备过程中遇到问题时，可以在系统中快速地找到相应的设备操作规程进行学习，以免操作出错导致损失，同时在新人的培训以及员工的专业素质提升方面也提供资源支持；模拟操作是通过动画的方式更加形象、生动地去展现设备的操作、安装以及某些系统的工作流程等。同时在内部员工的沟通上也有很大的帮助。另外，可根据需要与已有的培训管理系统对接，进行信息共享。

3. 基于 BIM 的再生水厂集成运维管理

（1）水质水量集成管理。可视化是 BIM 的特点之一，根据系统需求，采用特定格式导入水质水量监测数据，经过数据融合，在 BIM 系统中对水质水量数据进行统一管理，能够实现 BIM 数据与监测数据的相互查询，在此基础上，实现水质水量监测数据的统计分析、报表输出等。

（2）成本管理。对建筑运维期的成本进行综合管理与控制，将 BIM 模型中的资源设备等相关信息与成本相关联，实现对维护成本、设备成本、人力成本、物料成本、基于 BA 监测系统的能耗成本等的多形态、多维度的智能化管理。

（3）移动端辅助运维管理。在实际运维管理过程中，使用移动端进行运维管理更为方便有效，移动端是指包括智能手机、平板电脑、物业管理专用的 PDA 等，基于统一的 BIM 运维信息库，开发移动应用，实现移动端的机电运维管理和监测管理等。利用二维码在移动端实现机电信息管理，包括机电设备属性信息的查询，设备定位，维护维修填报和查询，设备操作规程、培训资料和图纸的浏览等，为运维管理提供支持。

6.4.2 系统架构设计

1. 逻辑架构设计

基于 BIM 和物联网的综合运维管理系统以 BIM 技术为核心，建立基于 BIM 的监测信息模型，通过构建分布式的监测集成系统，利用可扩展的插件式机制，开发针对不同自动化子系统的数据协议插件，集成包括有毒有害气体监测报警、水厂水位监测和水厂水质监测等在内的自动化子系统，实现基于 BIM 的多源信息集成与共享。平台的逻辑架构如图 6-25 所示，主要包含数据源、接口层、数据层、平台层、应用层和界面层，各层主要内容如下：

数据源包含与基于 BIM 和物联网的综合运维管理系统相关的所有数据信息的来源，是未经处理的工程数据，可分为静态数据和动态数据两类。动态数据包括常用 BIM 建模及设计软件生成的建筑 IFC 模型中性文件，运维管理过程中产生的非结构化的过程文档，如建筑图纸、设备操作手册等；动态数据包括各自动化子系统的监测数据，通过建筑室内环境监测系统得到的温度、湿度监测数据，通过布设智能传感器监测到的毒害

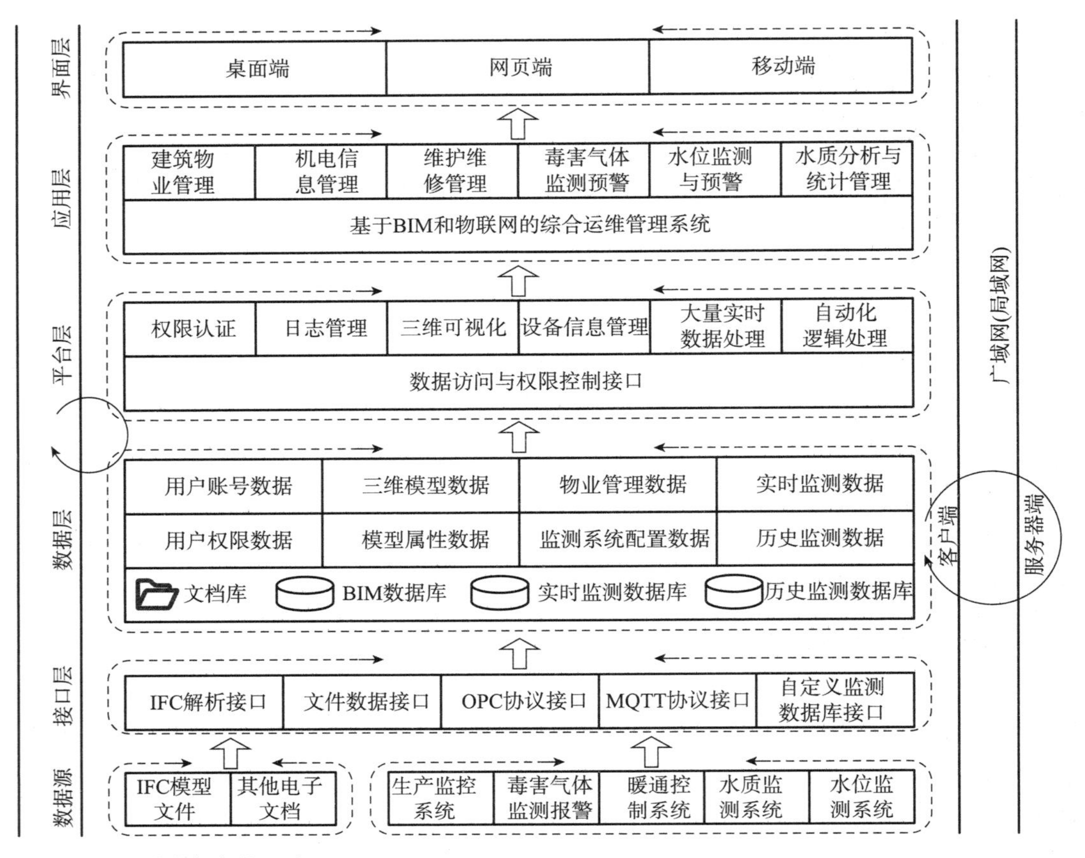

图 6-25　系统逻辑架构设计

气体含量数据，通过水厂水位监测系统得到的水厂各区域水位数据等。

接口层为对于不同的数据源开发的数据接口。对于 BIM 模型数据，可通过 IFC 数据接口与交换引擎实现与相关专业软件的数据转换和集成。专业软件包括 Autodesk Revit、Tekla、CATIA 等 BIM 设计及建模软件；对于文档数据，通过建立文档库进行文档的存储和管理，并和结构化的 BIM 模型数据进行关联；对于自动化子系统监测数据，通过开发数据协议集成接口，集成机电设备监测数据，该系统中用到的数据协议接口包括 OPC 协议接口、MQTT 协议接口等。

数据层负责基于 BIM 和物联网的综合运维管理系统数据的存储和管理。其中，文档库基于文件存储系统构建，负责文档的存储和管理，并提供文档增加、删除、替换的统一接口，供系统调用；BIM 数据采用基于 IFC 标准的 BIM 数据库进行存储和管理，主要的 BIM 数据包括系统用户账号、权限数据、三维模型几何数据及其属性数据、物业管理过程数据等；实时监测数据基于内存数据库构建，能够满足数据的实时性要求；历史监测数据基于时间序列数据库构建，能够满足大量历史监测数据存储和分析的要求。根据数据的特点采用不同的方式对其进行存储和管理，并构建统一的数据存储管理和共享机制，实现 BIM 结构化数据、非结构化文档数据、实时的监测数据及历史监测数据之间的相互关联，形成有机的整体，为平台提供数据支持。

平台层为基于 BIM 和物联网的综合运维管理系统的公共基础模块，独立于系统的业务逻辑，为系统应用层提供支持。数据访问与权限控制接口为系统所有业务逻辑提供统一的数据访问接口，并根据用户类型进行数据访问和修改的权限控制，用户权限认证由单独的模块负责；日志管理记录用户使用系统的情况和对数据的操作日志，如登录系统、新增项目、删除某条数据记录等操作；三维可视化模块提供视图变换、图形控制、动态漫游等三维模型显示及管理功能；设备信息管理模块用于对设备构件扩展属性进行管理；大量实时数据处理和自动化逻辑处理模块为监测集成系统部分的基础模块，分别负责大量实时监测数据的前处理、分析预测以及自动化的逻辑控制等。

应用层为系统的具体业务应用，包括建筑物业管理、机电信息管理、维护维修管理、有毒有害气体监测报警、水位监测与预警、水质分析与统计管理等。

界面层为系统的具体实现，包括桌面端、网页端和移动端。

2．物理架构设计

基于平台逻辑架构设计，进行了系统物理架构设计，如图 6–26 所示。其中，逻辑架构中的数据源体现在物理架构中底层环境监测系统、水位监测系统等自动化子系统；接口层中 IFC 解析接口在 BIM 桌面客户端中实现，其他数据协议接口在自动化子系统和监测集成服务器中实现，用于两者时间的数据传递；数据层的实时数据存储

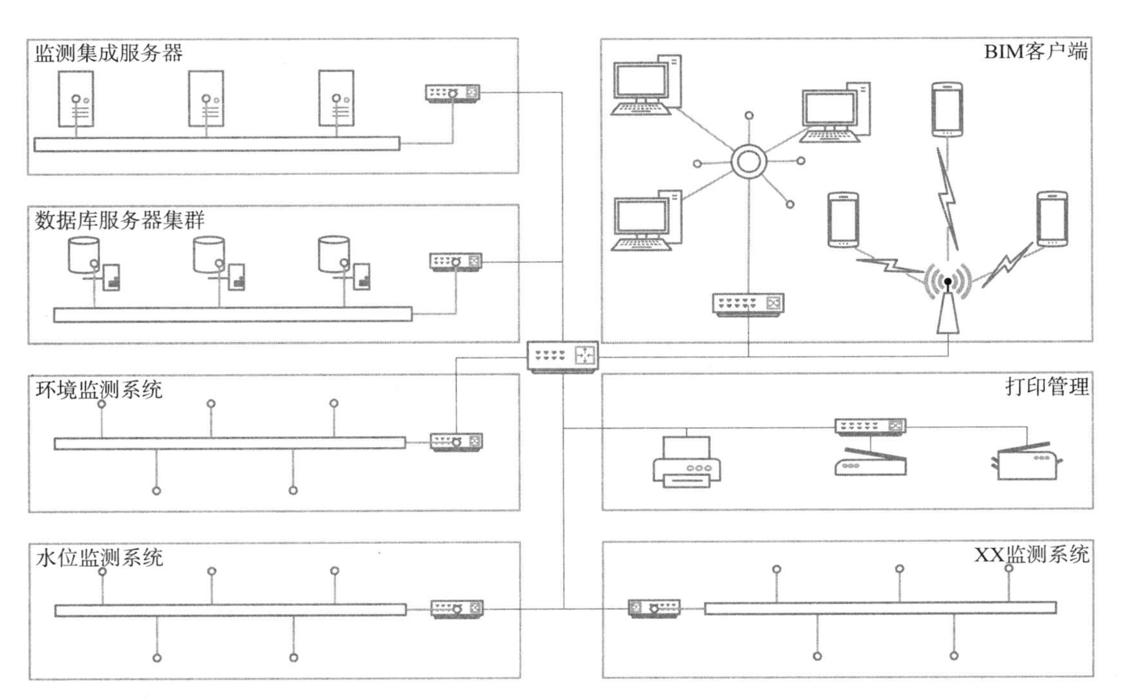

图 6–26　系统物理架构设计

在监测集成服务器中实现，其他数据存储在数据库服务器集群中实现；平台层的数据访问及权限控制接口、日志管理、大量数据实时处理、自动化逻辑处理在监测集成服务器中实现；平台层的三维可视化和设备信息管理、应用层和界面层的相关模块在BIM客户端中实现。

底层自动化子系统的种类根据实际项目需要确定。一般建筑内的自动化系统包含控制器、传感器和执行器三种设备。控制器用于接收传感器数据、进行现场逻辑控制以及与上层监测集成服务器之间进行通信；传感器用于采集数据，例如室内温度、水池水位等；执行器用于执行某一特定动作，例如关闭阀门等。

数据库服务器集群中根据不同的数据存储需求采用相应的数据库管理软件部署。BIM数据采用Microsoft SQL Server关系型数据库存储，包含一主一从两台服务器，主服务器为主要数据存储和共享服务器，从服务器为备份服务器；历史监测数据采用InfluxDB时间序列数据库存储，当数据量较大时，可利用多台服务器搭建InfluxDB服务器集群；文档数据采用Windows文件系统搭建。

监测集成服务器采用分布式的架构，包含一台主监测集成服务器和多台协议插件服务器；主监测服务器负责总体数据管理协调、HTTP和Rest数据服务、数据处理和自动化等，协议插件服务器负责与采用该协议的自动化子系统之间的通信，实际管理过程中，如果数据量不大，可以将主监测服务器和协议插件服务器部署在同一台物理服务器上。

BIM客户端是用户使用的系统终端，包括电脑、手机等设备，根据实际项目需求，可以只在局域网内使用，如果服务器端接入外网，BIM客户端也可以在广域网下使用。另外，打印管理设备用于报表的打印。

3．数据传输设计

在系统中，各自动化子系统与协议插件服务器之间、协议插件服务器与主监测集成服务器之间、主监测集成服务器与BIM客户端之间需要进行大量的数据传输，数据传输的基础设施是以太网，基础协议是TCP/IP的相关协议，在此基础上，需要对平台各部分的数据传输协议和方式进行设计。

（1）自动化子系统与协议插件服务器。自动化子系统和协议插件服务器之间的数据传输采用自动化子系统支持的协议和方式，比如常用的OPC和MQTT两种协议。OPC基于微软的COM/DCOM技术实现，利用以太网进行各组件之间的数据传输；MQTT协议是一个C/S架构的基于发布/订阅模式的消息传输协议，属于TCP/IP协议栈中的应用层协议，利用以太网进行数据传输。

（2）协议插件服务器与主监测集成服务器。协议插件服务器与主监测集成服务器之间采用消息的机制进行通信，该机制基于MassTransit服务总线实现。MassTransit在进行各模块之间的消息传递时，底层采用socket接口实现。

在TCP/IP协议模型中，socket是介于应用层和传输层之间的抽象层，其本质是对TCP/

IP 协议的封装，是一种编程接口。socket 在进行数据传输时，采用“打开—读 / 写—关闭”的模式。首先，由服务器根据 IP 地址、待创建的 socket 类型、采用的协议创建 socket，并绑定 IP 地址和端口号，此时，服务器处于监听状态，等待客户端进行连接；客户端根据需要连接的服务器 IP 和端口号发送连接请求，连接服务器端的 socket；服务端收到连接请求后，确认连接并返回确认信息；客户端收到确认信息后就正式建立了服务器和客户端之间的 socket 连接，双方可以进行数据的读 / 写操作，操作完成后，关闭 socket 连接。

MassTransit 使用 JSON 进行消息的封装，JSON 是一种轻量级的文本数据交换格式，它和 XML 是目前网络传输中使用最广泛的两种文本数据交换格式。相比于 XML，JSON 有如下优点：

1）更加轻量，传输相同数据时，占用的带宽更小。

2）更加简单，解析速度更快。

3）可扩展性更强，在进行扩展时代码更改量更小。

在协议插件服务器与主监测集成服务器传输的消息主要有 ISensor 和 ICommand 两种。ISensor 消息用于监测点状态数据更新，ICommand 消息用于对监测系统进行控制。如下为 JSON 封装的一条 ISensor 消息，用于传递某一温度传感器在 2016 年 12 月 9 日 11 时 12 分 30s 时的监测值。


```
{
"Id": "69b4ed28-8841-4bd9-8d77-0733f863d47d",
    "Type": "ISensorValueUpdate",
    "Module": "MQTT",
    "Name": "temperature_2_3",
    "TimeStamp": "2016-12-09 11:12:30",
"Value": "13"
}
```


（3）主监测集成服务器与 BIM 客户端。BIM 客户端利用 Web 服务获取主监测集成服务器中的数据，Web 服务是一种跨平台的远程调用技术，基于 HTTP、XML、JSON（JavaScript Object Notation、JavaScript 对象表示法）等技术实现，可用来进行不同平台应用程序之间的数据交换。从架构的角度，Web 服务可以分为 RPCP（Remote Procedure Call Protocol，远程过程调用协议）式架构、RST（Representational State Transfer，表述性状态传递）式架构和 REST-RPC 混合架构。其中，REST 式架构是指符合 REST 风格的 Web 服务架构，它因具备无状态、服务自解释性、低耦合、易扩展等优点而越来越受欢迎。

REST 式架构是一种面向资源的架构，按照 REST 式架构设计的 Web 服务提供的 API 称为 RESTful API，定义 RESTful API 的基本要素为：

1）资源：资源是被 API 操作的对象，如数据库中的一条记录、一份电子文档、一个程序运行结果等，每个资源具有唯一的 URI（Uniform Resource Identifier，统一资源标识符）。

2）对资源的操作：RESTful API 对资源的操作遵循统一接口原则，使用标准的 HTTP 方法（例如 GET、PUT、POST 等）对资源进行访问。

基于以上的原则，设计了主监测集成服务器提供的 RESTful API，用于 BIM 客户端获取监测数据，其中部分 RESTful API 及提供的操作见表 6-11。

部分 RESTful API 及提供的操作　　表 6-11

序号	资源地址	资源说明	GET	POST	PUT	DELETE
1	X/Sensors	监测服务器上所有传感器信息	查询	新建	更新	删除
2	X/Sensors/Module	Module 协议插件中的所有传感器信息	查询	新建	更新	删除
3	X/Sensors/Module/AAA	Module 中名称为 AAA 的传感器信息	查询	新建	更新	删除
4	X/Sensors/Module/AAA/Value	AAA 传感器的当前状态值	查询	—	更新	—

注：X 代表资源所在服务器的标识，为 http://〈IP 地址 / 域名〉:〈端口〉的形式。

6.4.3　系统功能设计

根据实际项目管理需求，进行基于 BIM 和物联网的综合运维管理系统的功能设计，主要包含监测集成服务器、BIM 桌面客户端和移动客户端三部分的功能设计，如图 6-27 所示。

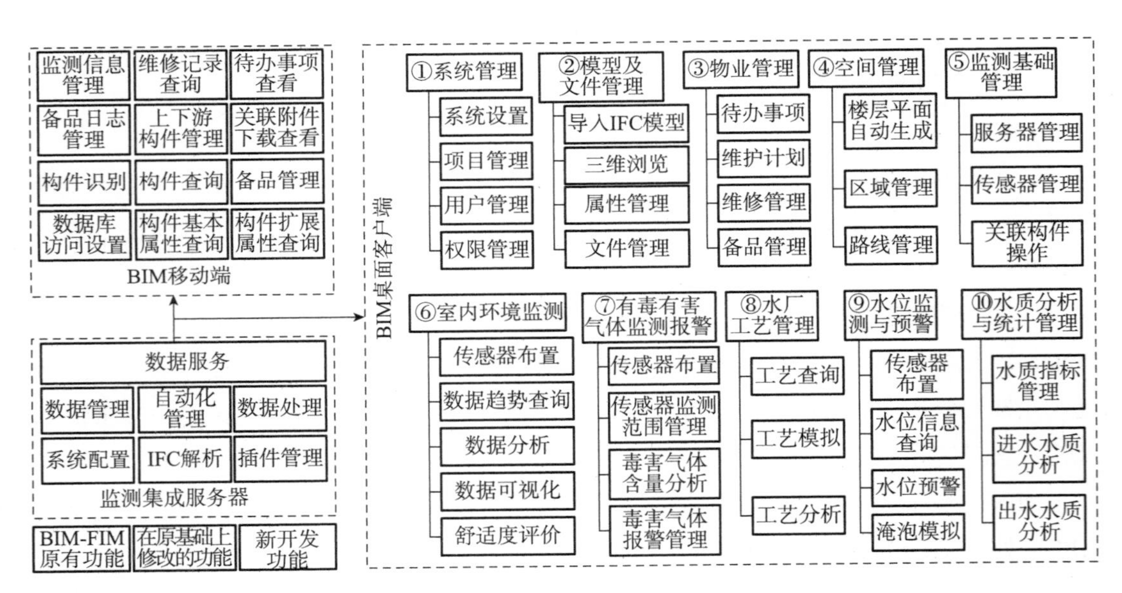

图 6-27　系统功能设计

1．监测集成服务器功能设计

监测集成服务器主要在服务端运行，负责各自动化子系统的数据集成和共享，其主要功能设计见表 6–12。

监测集成服务器主要功能设计　　表 6–12

序号	功能模块	说明
1	系统配置	系统的整体配置管理，包括 BIM 数据库、历史数据库的基本设定（IP 地址、用户名、密码等）
2	插件管理	协议插件的管理，包括加载、初始化、卸载等
3	IFC 解析	从 IFC 文档中解析提取监测相关信息，包括监测点的元属性信息等，利用解析出的信息对各协议插件进行配置
4	数据管理	实时数据、历史数据的存储和管理
5	数据处理	对监测点监测数据进行预处理
6	自动化管理	进行自动化逻辑设定，符合设定逻辑时，触发相应的事件
7	数据服务	提供统一的数据接口，供 BIM 客户端调用，获取各监测点的数据

2．BIM 客户端功能设计

BIM 桌面客户端的主要功能模块及子模块的功能设计见表 6–13，包括系统管理、物业管理、导入 IFC、三维浏览、属性管理和文件管理部分等。

BIM 桌面客户端的主要功能模块及子模块的功能设计　　表 6–13

序号	功能模块	功能子模块	说明
1	系统管理	系统设置	BIM 数据库和监测集成服务器地址设置
		项目管理	项目及子项目的划分管理
		用户管理	系统用户信息的增删改
		权限管理	用户的功能权限和项目权限管理
2	模型及文件管理	导入 IFC 模型	通过 IFC 格式文件，导入各类建模系统创建的 BIM 模型，包括 3D 模型、构件设计信息、工程构件树及其他相关信息
		三维模型浏览	三维模型浏览、放大、缩小、旋转、平移等操作以及标准视图查看
		属性管理	构件属性集和属性的搜索、查询和修改等
		文件管理	文件目录结构的管理，文件上传、下载、查看，文件权限管理，与模型构件的关联管理等

续表

序号	功能模块	功能子模块	说明
3	物业管理	待办事项	用户的待办事项管理
		维护计划	维护计划的制定、执行、与构件的关联管理等
		维修管理	维护计划的制定、执行、与构件的关联管理等
		备品管理	设备备品信息的管理
4	空间管理	楼层平面自动生成	可根据楼层设定信息自动从三维模型中生成楼层平面信息并显示
		区域管理	水厂各区域的信息查询和管理
		路线管理	水厂车辆及人员通行路线管理
5	监测基础管理	服务器管理	增加、删除、修改子项目对应的监测系统服务器信息
		传感器管理	增加、删除、修改监测系统服务器包含的传感器信息，包括传感器名称、标识、类型、值类型、描述等
		关联构件操作	将传感器与选定的模型构件关联，并可选定传感器，查看关联的三维模型构件
6	室内环境监测	传感器布置	建筑内房间温湿度传感器的布置管理
		室内环境数据趋势查询	查看各房间温湿度的历史趋势图，可查看最近1h、1d、1周、1月、1年或自定义时间段的数据，并给出最近5min、0.5h、1h等的统计平均值、最大值、最小值
		室内环境数据分析	查看各房间温湿度的历史分析图，可按小时、天、月等统计最近1h、1d、1周、1月、1年或自定义时间段监测数据统计平均值、最大值和最小值
		室内环境数据可视化	可在三维模型和二维楼层平面图上查看室内温湿度的监测数据，不同监测数据用不同颜色深度标识，并给出图例
		室内舒适度评价	利用温湿度监测数据和用户实际舒适度感受进行自适应神经模糊推理系统训练，并根据各房间温湿度数据进行实时舒适度评价
7	有毒有害气体监测报警	传感器布置管理	硫化氢毒害气体传感器布置的管理，传感器详细信息查询
		传感器监测范围管理	硫化氢毒害气体传感器感知范围的管理
		毒害气体含量分析	查看建筑各区域硫化氢毒害气体含量
		毒害气体报警管理	毒害气体浓度超标时及时报警，通过三维模型显示报警区域，通知管理人员采取应急措施
8	工艺管理	工艺查询	水厂各区域生产工艺信息的查询
		工艺模拟	水厂各区域工艺的模拟
		工艺分析	对工艺模拟结果进行分析，调整生产添加物料情况

续表

序号	功能模块	功能子模块	说明
9	水位监测与预警	传感器布置	水位传感器的布置管理
		水位信息查询	查询各区域的当前水位信息及历史水位记录
		水位预警	水位超过警戒值时及时报警，通过三维模型标识报警区域，通知管理人员采取应急措施
		淹泡模拟	模拟进水量超标时，各区域的水位变化情况、区域及设备淹没情况，为水厂应急提供参考
10	水质分析与统计管理	水质指标管理	查询各区域水质控制指标
		进水水质分析	水厂进水生化需氧量、化学需氧量、总悬浮物等含量监测和分析
		出水水质分析	水厂出水生化需氧量、化学需氧量、总悬浮物等含量监测和分析

3．移动端功能设计

BIM移动端的主要功能模块及子模块的功能设计见表6-14，包括移动端构件查询、待办事项查看、监测信息管理等。

BIM移动端主要功能模块设计　　表6-14

序号	功能模块	说明
1	数据库访问设置	设置手机端访问的BIM数据库和监测服务器地址，用于手机端获取网络数据
2	构件识别	扫描二维码，获取构件基本信息，并进入构件管理界面
3	构件查询	查询手机端最近浏览的构件信息，可通过关键词检索
4	构件基本属性查询	查询构件的基本信息，包括构件编号、名称、类型、节点类型等
5	构件扩展属性查询	查询构件的扩展属性集名称及其包含的扩展属性信息，具体包括包含的属性集信息因构件而异
6	关联附件下载和查看	查询和下载构件关联的附件信息，下载后的附件可在本地直接打开，附件类型包括pdf、png、doc等
7	待办事项查看	通过选择日期，查看构件在当天需要进行的维护任务和维修任务及其状态，选择维护任务或维修任务，可查看其详细信息
8	备品管理	查询与构件关联的备品，具体信息包含备品编号、名称、创建人员、创建日期、描述、供应商和数量
9	备品日志管理	查询某一备品的详细操作记录
10	维修记录查询	查询与构件关联的维修记录，选择某一记录，可查询维修记录的详细信息，包含维修等级、计划名称、创建人员、创建日期、维修状态

序号	功能模块	说明
11	上下游构件管理	可查询构件的上下游构件，选择上游或下游构件的任一项，可查看其详细信息
12	监测信息管理	可查询与构件关联的监测传感器类型和状态信息

6.4.4 系统数据库设计

数据库设计包含 BIM 数据库、实时监测数据库和历史监测数据库的设计。BIM 数据库用于系统用户账号、权限数据，三维模型几何数据及其属性数据，物业管理过程数据等的存储和管理；实时监测数据库用于监测点元属性信息及实时监测数据的存储和管理；历史监测数据库用于监测点历史监测数据的存储和管理。

1．BIM 数据库设计

BIM 数据库采用 Microsoft SQL Server 关系型数据库，数据库的部分物理数据模型设计如图 6–28 所示。

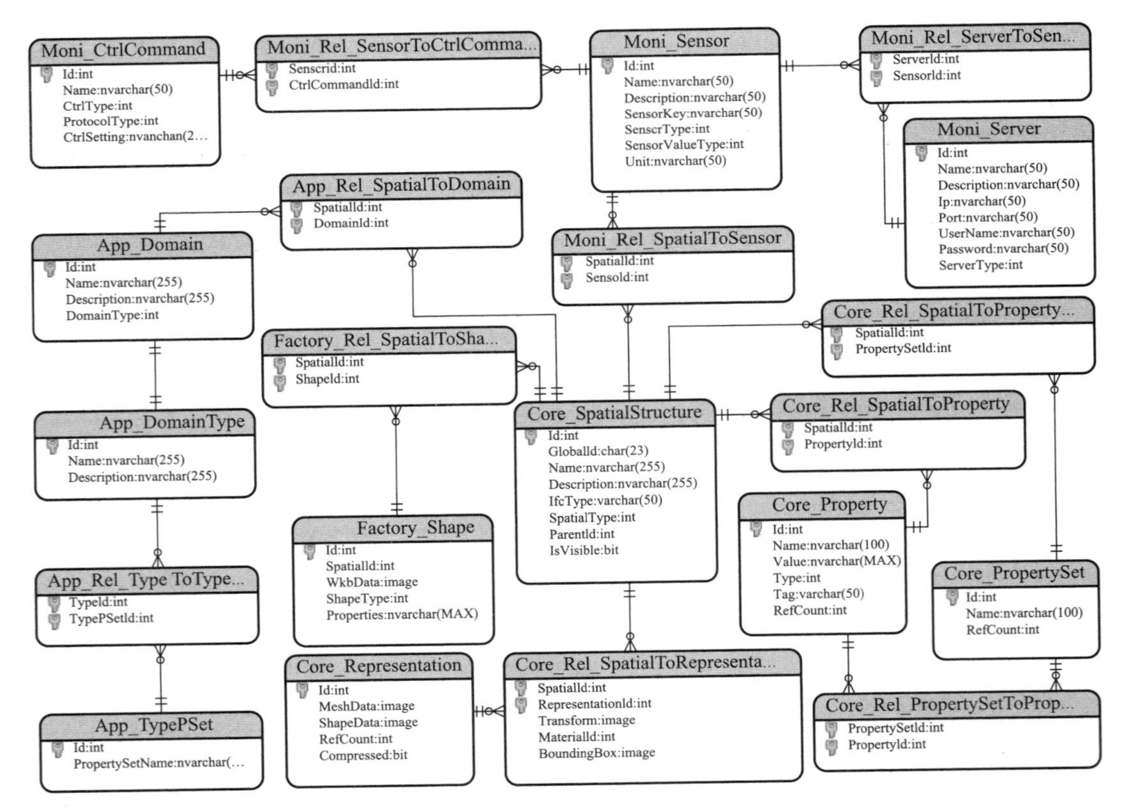

图 6–28　BIM 数据库物理数据模型

2. 实时监测数据库设计

实时监测数据库采用 SQLite 内存数据库，包含的数据表及说明见表 6-15。

内存数据库数据表及说明　　表 6-15

序号	表名	备注	说明
1	Object	实例对象表	记录系统内存中的实例对象信息，包括服务器、插件、传感器等对象，对象中包含对 Type 的外键引用
2	Object_Property	对象属性表	记录实例对象的属性信息
3	Type	类型表	记录内存中实例对象的类型信息
4	Type_Method	类型方法表	记录内存中类型的方法信息
5	Type_Property	类型属性表	记录内存中类型的属性信息
6	Type_CurState	类型状态表	记录内存中类型的状态信息
7	Type_Event	类型事件表	记录内存中类型的关联的事件信息

3. 历史监测数据库设计

历史监测数据库采用 Influxdb 时间序列数据库，时间序列数据库与关系型数据库有所不同，它以时间序列作为主要的数据存储对象，并且是一种无结构的数据库。Influxdb 部分概念与关系型数据库中的概念比较见表 6-16。

Influxdb 部分概念与关系型数据库概念比较　　表 6-16

序号	Influxdb 概念	对应的关系型数据库中概念
1	Database	数据库
2	Measurement	数据库中的表
3	Point	表中的记录

同关系型数据库一样，一个 Database 中可包含多个 Measurement，一个 Measurement 可包含多个 Point，Point 由时间戳、数据和标签组成，各部分的说明见表 6-17，其中时间和标签可用做数据库索引，用索引值进行数据查询时，Influxdb 有进行数据查询速度的优化数据不能用做索引。

Point 属性说明 表 6-17

序号	Point 属性	说明
1	时间戳（Time）	Point 的时间，用做数据库的主索引
2	数据（Fields）	与改 Point 有关的记录值，如温度值、湿度值
3	标签（Tags）	Point 的属性，可用做数据库的索引

在进行基于 BIM 的建筑设备自动化集成系统数据存储时，一个项目对应一个 Database，一个子自动化系统中相关数据对应一个 Measurement，子自动化系统包含多个需要存储的数据点，每条数据用一个 Point 存储，Point 中用标签记录数据点的标识 ID。

6.4.5 系统实现

系统的开发环境见表 6-18。

系统开发环境 表 6-18

序号	名称	说明
1	编程环境	Visual Studio 2013、Arduino Studio
2	基础框架	Microsoft .NET 4.5、BIM-STAR
3	编程语言	Visual C#、SQL、C
4	开源框架	MassTransit、NetTopologySuite、MemBus、pubsubclient、sqlite-net、paho.mqtt.m2mqtt、
5	数据库	Microsoft SQL Server 2012、SQLite 3.16.2、Influxdb 0.9.0

6.5 基于 BioWIN 辅助工艺运行调控

槐房再生水厂采用 MBR 生物处理工艺，工艺流程如图 6-29 所示，经过近一年的调试运行，厂内基本掌握了工艺稳定运行的控制参数，但是由于槐房再生水厂为新建水厂，未完全掌握进水特性、进水负荷的变化规律，为保证出水达标，个别时间段生产投入（药耗）出现轻微的过量现象；同时污水处理工艺涉及的过程复杂，工艺调整一般依靠工程经验，调整周期长，成本高，存在一定风险，因此给水厂的稳定高效运行带来了

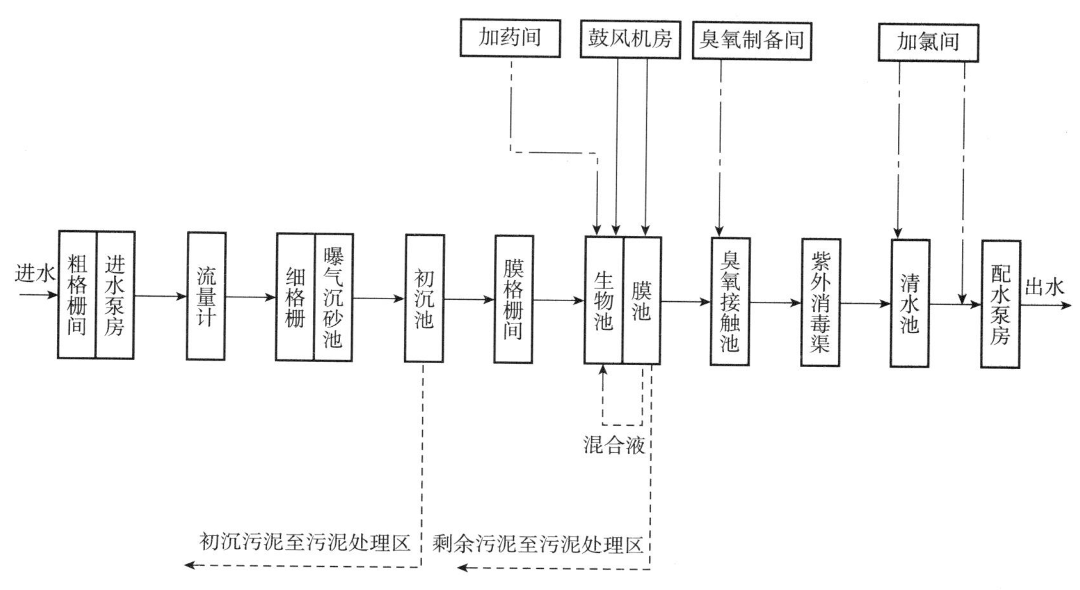

图 6-29　槐房再生水厂污水处理工艺流程图

困难。为解决上述问题，槐房再生水厂采用 BioWIN 软件，通过对槐房再生水厂实际生产情况的模拟，确定水质特性和模型参数，根据槐房再生水厂的实际情况建立污水处理工艺模型，实现快速预测不同处理工艺条件下的出水水质，以便为槐房再生水厂实际工艺改进、应对极端水质条件及汛期大水量提供参考意见。

通过 BioWIN 软件可对槐房再生水厂不同工艺条件进行多次模拟，找到最优的运行参数来优化工艺，在此基础上进行在线监测，及时掌握槐房再生水厂出水水质情况，进而作出最佳的调整。该方法可大大减少试验工作量，提高工作效率，另外还可以克服依靠工程实验进行工艺调整周期长、成本高、风险大的缺点，节省人力、物力和财力，对提高再生水厂设计、运行和管理水平具有重要的实际意义。

6.5.1 模型模拟过程

模拟过程如图 6-30 所示，检测槐房再生水厂来水水质，分析槐房再生水厂的污水处理工艺，主要考察软件模拟的部分，确定槐房再生水厂 MBR 工艺的运行参数，建立初步模型；然后根据水质组分，计算污水组分参数，与工艺参数、模型参数一并输入 BioWIN 软件；将某段时间的进水指标值输入 BioWIN 软件，进行模型的校准，若与实际情况相符则进行模型验证，若与实际情况不符则调整相应参数，再次进行模型校准，如此反复，直至与实际情况相符，然后进行模型验证，以检验模型的预测能力与可靠性。最终本研究就所建立的模型针对厂内的实际问题进行应用，为工艺调整及优化提供指导建议。

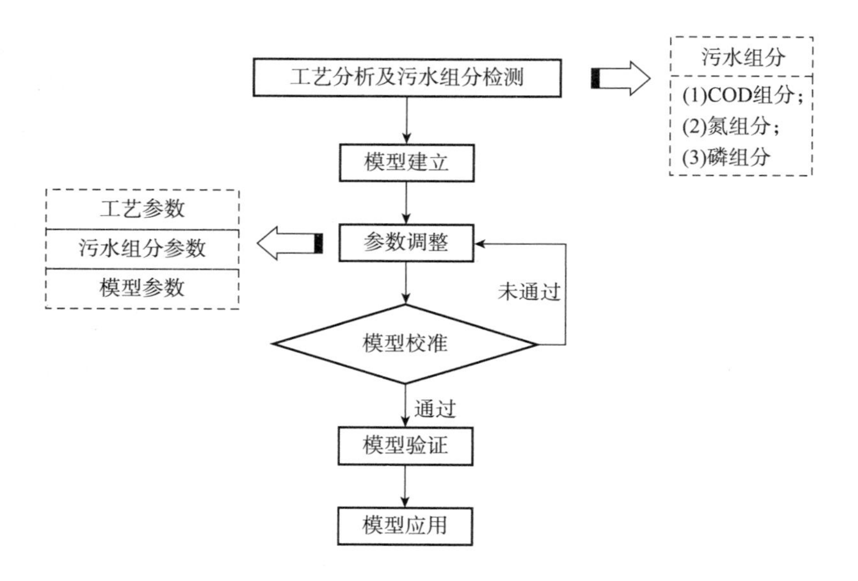

图 6-30　模拟流程图

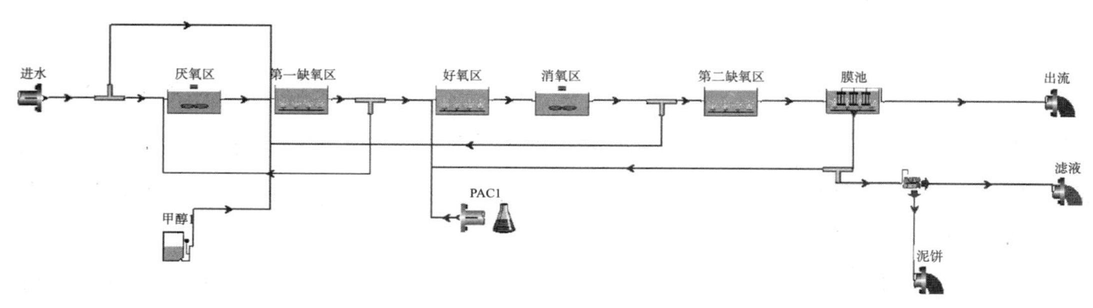

图 6-31　槐房再生水厂工艺模型

6.5.2　模型建立

针对槐房再生水厂进行了模拟，该厂采用 MBR 生物处理工艺，分 4 个系列，每个系列由 4 座生物池并联然后和 2 组膜池串联组成，全厂共 16 座生物池，日处理能力 60 万 t，其中生物处理及化学除磷工艺为 BioWIN 软件要模拟的部分。建立了槐房再生水厂的 MBR 工艺系统简化模型，如图 6-31 所示。该模型只保留了 1 座生物池和 1 组膜池，且根据实际情况把生物池分为厌氧区、第一缺氧区、好氧区、消氧区和第二缺氧区，方便体现全厂的工艺流程，这种模型具有结构简洁、调试方便、用时短、模拟结果清楚明了等特点。

6.5.3　数据调研及参数确定

系统参数主要包括三部分：工艺参数、污水组成参数和模型参数。工艺参数是指代表实际污水处理运行工艺的模型工艺参数。污水组成参数是指将污水划分成一定的组分，这些组分是有同样的计量单位并按一定的比例关系组成可以衡量污水水质的指标。模型参数是指生物反应器的动力学参数和化学计量参数，它们是表征模型固定特性的量。

1．工艺参数

根据槐房再生水厂处理工艺2017年7月的实际运行情况，将本模型中所涉及的污水处理的工艺参数列于表6-19。

工艺参数　　表6-19

项目		数值
流量	日均处理量（km^3/d）	300
	外回流量（km^3/d）	1200
	剩余排泥量（m^3/d）	8300
水力停留时间	非曝气区实际水力停留时间（h）	10
	曝气区实际水力停留时间（h）	7
其他工艺参数	曝气池平均水温（℃）	30
	曝气池供气量（m^3/s）	5.5
	生物池体积（m^3）	30000
	膜池体积（m^3）	5800

2．污水组成参数

根据研发中心和检测中心所测得水样组分数据，分别计算进水的COD、氮及磷组分参数。其中COD组分包括：易生物降解组分S_S、慢速可生物降解组分X_S、颗粒性不可生物降解组分X_I和溶解性不可生物降解组分S_I，根据相关公式可进一步计算出模型中相应的COD组分参数。COD、氮、磷组分参数的调整情况详见表6-20，部分参数采用软件缺省值。

污水组分参数调整情况　　表6-20

符号	组分意义	单位	校准值	备注
F_{bs}	快速生物降解有机物	g COD/g total COD	0.32290	测量值
F_{ac}	醋酸	g COD/g 快速生物降解 COD	0.10970	测量值
F_{xsp}	非胶体慢速生物降解有机物	g COD/g 慢速可降解 COD	0.75000	缺省值
F_{us}	可溶性难生物降解有机物	g COD/g total COD	0.05010	测量值
F_{up}	颗粒性难生物降解有机物	g COD/g total COD	0.02060	测量值
F_{na}	氨氮	g 氨氮 /g 有机氮	0.84000	测量值

续表

符号	组分意义	单位	校准值	备注
F_{nox}	颗粒性有机氮	g N/g 有机氮	0.50000	缺省值
F_{nus}	可溶解难生物降解凯式氮	g N/g TKN	0.02000	缺省值
F_{upN}	颗粒难生物降解 COD 中 N 含量	g N/g COD	0.03500	缺省值
F_{po4}	磷酸盐	g 磷酸盐 /g TP	0.59986	测量值
F_{upP}	颗粒难生物降解 COD 中 P 含量	g P/COD	0.01100	缺省值

3. 模型参数

由于活性污泥法生物反应系统中大部分的模型参数（包括动力学参数和化学计量参数）较为稳定，并且 BioWIN 使用的 ASDM 模型的参数缺省值来源于最新的科学研究结果和大量实际污水处理厂工艺系统的校正参数，在实际模拟过程中需要校正的模型参数很少，模型参数均采用软件缺省值。

6.5.4 模型校准

为了提高模拟结果的可信度，必须对所使用的模型参数进行校准。本研究根据 7 月槐房再生水厂进水水质的数据对模型进行调试，模型校准结果见表 6-21。经过多次调整后，发现各出水水质指标的模拟结果与实测值吻合较好，因此采用该模拟所确定的系统参数。至此工艺参数、污水组成参数、模型参数均已确定，模型已成功建立。

模型校准过程 表 6-21

监测指标	总进水		膜池出水	
	实测值	模拟值	实测值	模拟值
COD	600	600	17.5	20.6
BOD	300	—	<2	0.97
SS	300	300	<5	0
TP	6.5	6.5	0.19	0.15
TN	80	80	11.1	9.12
NH_4^+-N	42	—	0.43	0.41

6.5.5 模型验证

为检测工艺模型的有效性和可靠性，将槐房再生水厂 3 月其中一周的进水水量和进水水质数据输入到软件中，由于动态模拟得到的出水水质数据为周期变化值，需进行分析处理，得出各指标的日均值，并将上述日均值与实际监测值进行比较，考察模拟结果与实测值的符合程度。从图 6-32～图 6-35 中可以看出，COD、NH_4^+-N 的模拟值与实测值的平均值和整体趋势基本吻合，局部会存在一定的偏差，但这种偏差仍在可接受范围内，因此所建立的 MBR 模型能够有效反应实际污水处理工艺的运行。

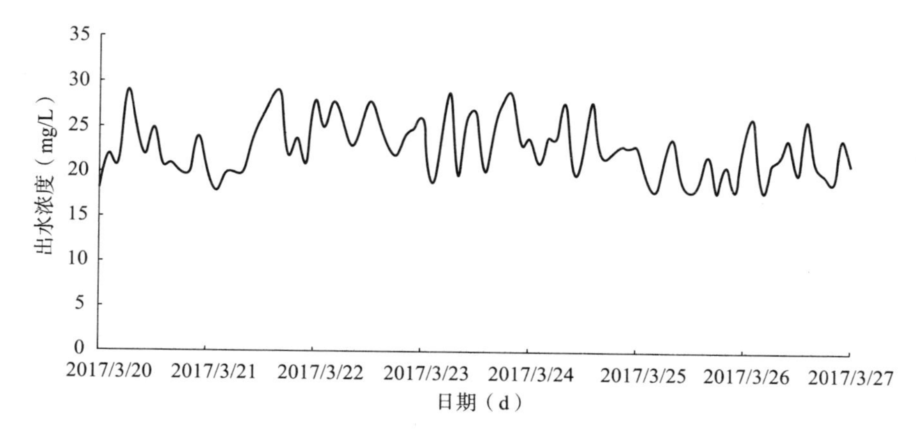

图 6-32　实际出水 COD

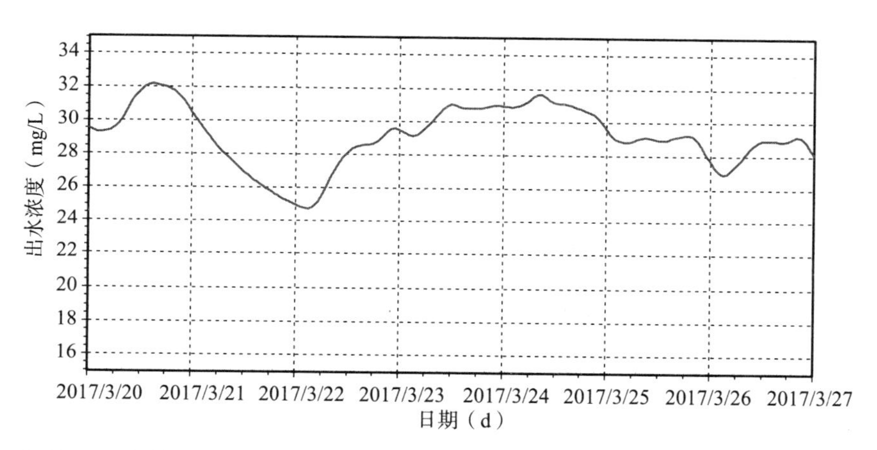

图 6-33　3 月 20 日至 3 月 27 日模拟出水 COD 变化

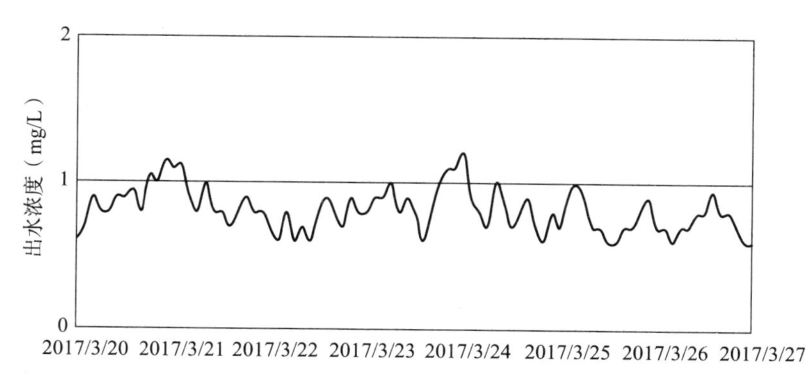

图 6-34　实际出水氨氮

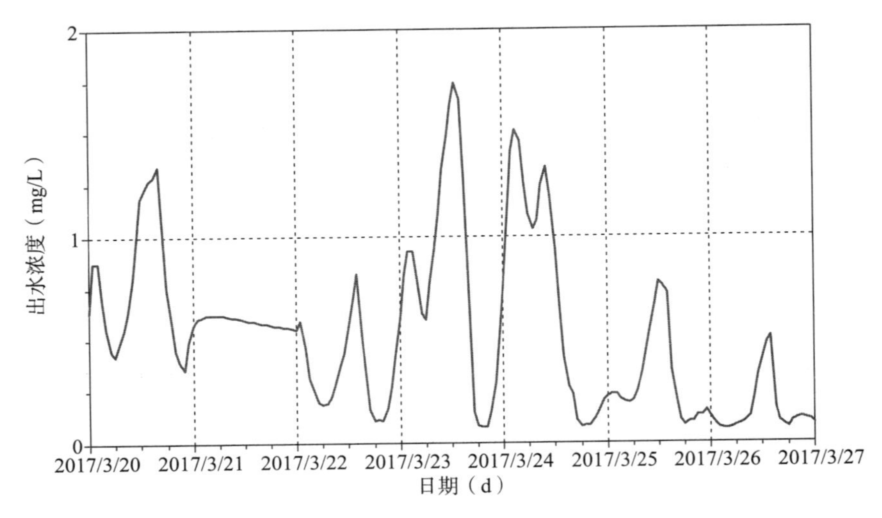

图 6-35　模拟出水氨氮

6.5.6　运行调控

1. 模拟评价初沉池的运行影响

由于槐房再生水厂为新建水厂，为了便于工艺调整及从节约碳源的角度考虑，在前期的运行中没有启用初沉池，近期槐房再生水厂水量稳定在 30 万 t 左右，为了消化池的正常运行、提高沼气产量，计划启用初沉池。鉴于槐房再生水厂没有运行初沉池的经验，而依据工程运行经验对污水处理工艺的优化，存在周期长、风险大的缺点，针对该问题，运用所建的 MBR 模型对水厂的生产运行情况进行模拟，考察模拟初沉池出水指标及去除效果。模拟结果见表 6-22，从表中可以看出，初沉池对总进水的去除作用主要表现在两个方面：一是对总进水 SS 的稳定去除。从模拟数据看，初沉池对进水 SS 的去除率为 40%；二是对颗粒性 COD 的去除。从模拟数据看，初沉池对总进水颗粒性 COD 的去除率可达 43%，对 BOD 的去除率为 26%，而对溶解性 COD 则几乎没有去除作用。如果将进水中可生物降解的 COD 视做碳源，通过模型组分计算可知，初沉池去除了约 120mg/L 的可降解 COD，相当于 80mg/L 甲醇碳源。表明启用初沉池将会降低生物池进水 COD，可能会导致碳源投加量增多。

初沉池去除效果评价　　表 6-22

监测指标	总进水模拟值 (mg/L)	初沉出水模拟值 (mg/L)	去除率
COD	413	270	35%
颗粒性 COD	283	162	43%

续表

监测指标	总进水模拟值（mg/L）	初沉出水模拟值（mg/L）	去除率
溶解性 COD	129	147	-14%
VFA	10	33	-230%
BOD	187	135	26%
总 SS	250	194	40%
无机 SS	65	45	31%

2．优化药剂的投加量

在水厂运行初期来水水质、水量不稳定，为保证出水总磷稳定达标，除磷药剂聚合氯化铝（PAC）的投加量偏高。随着水量的增多（目前已稳定在 30 万 t/d），水质已趋于平稳，具备优化调整的空间，因此，水厂运用 BioWIN 软件辅助化学药剂投加量的优化调整，以期达到在出水达标的情况下，减少药剂投加，降低运营成本的目的。

通过 BioWIN 静态模拟发现在外加碳源充足的条件下，PAC 的投加量对出水 TP 的影响较小。通过动态模拟，在进水水质、水量及碳源投加量固定的情况下，不断降低 PAC 的投加量，如图 6-36 所示。通过模拟结果，由图 6-37 可以得出，随着 PAC 投加量的减少，出水总磷呈上升趋势，说明出水总磷与 PAC 的投加量呈负相关关系。但直至 PAC 投加量减少到 0mg/L，出水 TP 能够满足出水标准的要求，因此

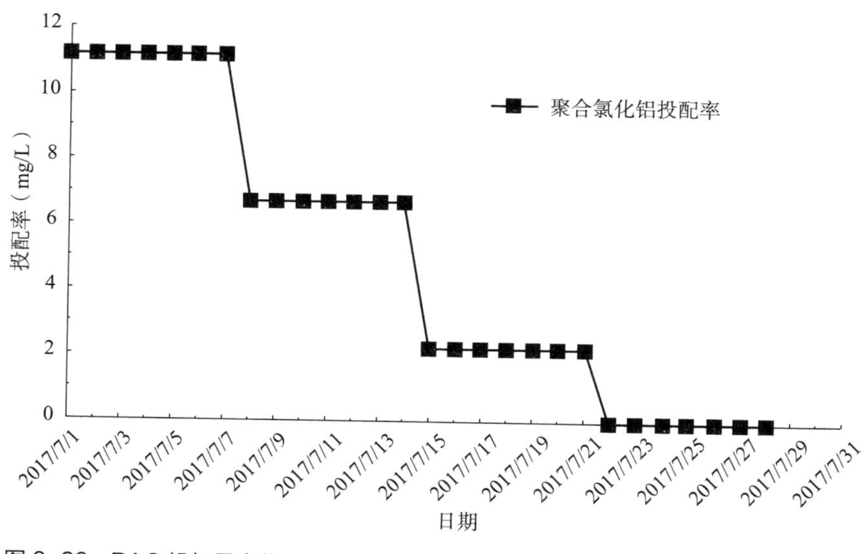

图 6-36　PAC 投加量变化

实际生产尝试。

根据 PAC 加药量对 TP 模拟结果进行优化控制。为保证在调试优化期间出水 TP 稳定达标，槐房再生水厂对运行的 3 个系列分别采用了 3 种不同的运行模式针对除磷药剂投加量进行优化：A 系列进行连续加药，B 系列不加药，C 系列进行间歇性加药；总出水为 3 个系列出水的混合样，总出水 TP 达标，且 PAC 投配率由之前的 20mg/L 降至 12mg/L，PAC 的投加量相较于优化调整之前减少了约 20%。

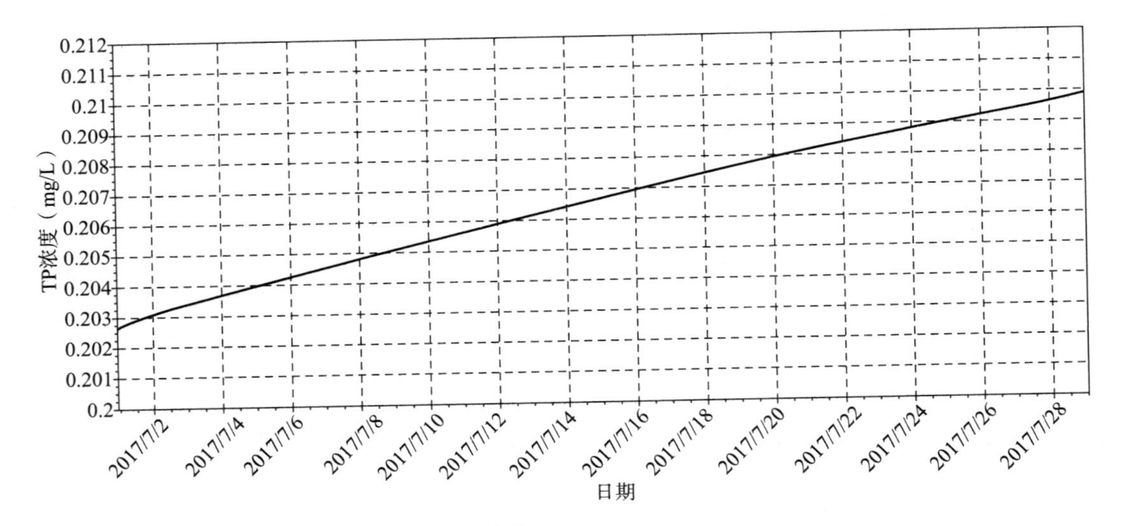

图 6-37　不同 PAC 投加量下出水总磷模拟结果

第7章

长沙梅溪湖国际文化艺术中心智慧建造实践

7.1 工程简介

7.1.1 工程概况

长沙梅溪湖国际文化艺术中心工程位于湖南省长沙市湘江新区，北邻梅溪湖北路、南邻环湖路、东邻节庆路，地铁 2 号线设有文化艺术中心站。工程造价 28 亿元，总建筑面积 12.6 万 m^2，通过 5.2 万 m^2 地下室连为一体，地上分为三个单体建筑，即包括 1800 座大剧场、500 座多功能小剧场和一个展厅面积超过 1 万 m^2 的当代艺术馆。其中大剧场地上 5 层，局部 8 层，建筑总高度 52.12m；小剧场地上 3 层，建筑总高度 21.05m；艺术馆地上 4 层，建筑总高度 42.5m。

长沙梅溪湖国际文化艺术中心是湖南省规模最大、功能最全、全国领先、国际一流的高雅文化艺术殿堂，能承接世界一流的大型歌剧、舞剧、交响乐等高雅艺术表演。总体项目设计效果如图 7–1 所示。大剧场是以演出大型歌剧、舞剧为主，能满足国内外各类歌剧、舞剧、音乐剧、大型歌舞、戏剧、话剧等大型舞台类演出的使用要求。小剧场（多功能剧场）以灵活的剧场演出布置方式作为特点，并可以根据演出要求改变座位排布。因此，小剧场可以满足从宴会和商业活动到小型话剧、时装表演和音乐演出等众多不同的活动和表演需求。当代艺术馆集艺术展览、艺术交流等功能于一体，以艺术品流动展览为主，以固定展示为辅，兼顾艺术培训、艺术品交易等，设置永久收藏展区和灵活的布展空间，目标为宣传和展示湖南省文化及世界各地的艺术品。

图 7–1　项目设计效果图

1. 建筑设计理念

大剧场设计为一个焦点式文化艺术中心。围绕十字形平面分别为主舞台、侧舞台、后舞台以及观众厅。"十字形平面"有机地把建筑物分成了几大功能区：观演区、剧务用房、演出用房、培训用房、服务配套设施用房、行政业务用房等。观演区是大剧场的主体功能，包括观众厅、演出舞台以及为它们服务的各种辅助功能。"十字形"的西边区域布置观演区、观众厅入口前厅。

小剧场主要围绕多功能厅展开功能布局，最多容纳500名观众的多功能厅位于小剧场中心，观众出入口连接入口前厅，候场区四周布置演出用房如化妆间、服装间等。小剧场后区划分独立区域作为对外经营的餐厅，餐厅区域位于建筑物2层，与多功能厅完全分隔，避免人流交叉。

艺术馆由三片形似花瓣的展览空间围绕着中庭组成。中庭空间是艺术馆的灵魂空间，像一个聚集空间，吸引参观者，再分流到各个展区；亦可以作为一个展览空间，布置展品。中庭为一个四层通高的空间，周边布置有环廊，围绕中空空间布置了公共楼梯及观光电梯，其作为整个建筑的核心，紧密地将三个展览区连接在一起。

三个单体建筑外幕墙材料为GRC玻璃纤维加强混凝土板与玻璃的组合，大剧场与艺术馆屋面较为平整的区域采用铝单板屋面系统。建筑物的表皮根据建筑立面的朝向而做出不同的选择。双曲面GRC幕墙造型，犹如绽放的"芙蓉花"，每个单体由花瓣衍生而来。大剧场为四片花瓣，艺术馆为三片花瓣，小剧场为一片花瓣，高高低低地散落在梅溪湖畔。颜色、绿化带及飘逸的造型将三个独立的建筑合而为一，与梅溪湖融为一体，是人文景观与自然生态的完美结合，三大主体建筑，通过蜿蜒的通道、弯曲的白色平面及具有巴洛克风格的建筑相互连接在一起。

2. 结构设计理念

大剧场以主舞台正交中心线为基线，整个建筑平面分布呈十字形，四周四个类似半椭圆平面对接于主舞台四周。各层平面外轮廓随建筑外皮造型变化，竖向关系为放射外扩或内收。随着竖向高度的变化，平面尺寸不断变化，东西最大尺寸约223m，南北最大尺寸约166m。大剧场屋盖为连续异型曲面，为非解析曲面，屋盖造型标高在16～48m之间变化，造型复杂。

艺术馆由三个半椭圆形大空间展厅环绕中庭大空间组成的建筑，整个建筑平面成"品"字形，三个类似半椭圆平面通过中庭水平交通联系到一起。各层平面外轮廓随建筑外皮造型变化，内收或外扩。随着竖向高度的变化，平面尺寸不断变化，东西最大尺寸约176m，南北最大尺寸约90m。艺术馆屋盖为连续异型曲面，为非解析曲面，屋盖造型标高在15～41m之间变化，造型复杂。

小剧场平面尺寸长宽随建筑空间外皮的变化而变化，最大尺寸约为110m和65m。结构布置上存在两个大空间范围：一个为跨度22～28m的舞台观众厅栅顶，标高为+11.5m左右；

另一个为从 –5～+16m 范围的异型曲面钢结构外皮，局部跨度达到约 37m。

三个单体钢结构外表面完全与建筑外表皮空间随形，二者空间距离恒定为 1m，所有受力构件均为空间弯曲构件，省略了一层调整形状的辅助钢结构；其次，采用单层空间弯曲网壳将楼面与屋面连成一个整体，使之在结构体系传力路径上成为真正意义上的空间钢结构。且三个单体外墙上设置了九个大悬臂室外露台，使得单层网壳墙面受力结构体系更趋复杂。

3. 项目难点

本工程项目设计造型复杂，施工难度大，无人机航拍施工全景如图 7–2 所示。工程难点主要体现在土建结构、钢结构、机电系统、GRC 幕墙、精装修这五个方面：土建结构高大空间多、圆弧曲线多、低矮夹层多、台口大梁多，如图 7–3 所示；外围钢结构造型奇特、空间结构异型，材质强度高、截面厚，体量大、单根构件重，如图 7–4 所示；机电系统繁多，管线复杂交错，随着结构降板错落，机电管线高低起伏，如图 7–5 所示；GRC 屋面幕墙呈“芙蓉花”造型，由流线型非解析曲面构成，如图 7–6 所示；精装修区域造型奇特、曲面流动性强、灯带扭曲、空间结构复杂、异型体量大，如图 7–7 所示。

图 7–2　无人机航拍施工全景

图 7–3　土建结构现场照片

图 7–4　钢结构现场照片

图 7–5　机电管线现场照片

图 7-6　GRC 幕墙现场照片

图 7-7　GRG 吊顶现场照片

7.1.2　智慧建造策划

1. 实施策划

开工伊始，针对本工程特点、难点，项目部即策划了以 BIM 技术、云计算和物联网等信息化技术为载体的智慧建造研究与应用，目标是通过实现 BIM 应用的可视化、协同化、参数化、集成化，解决项目难点，以达到控制成本、全程优化、精确建造的目的。

在编制的《总包 BIM 执行计划书》中划分工作界面、规定各专业分包 BIM 团队配置、各专业 BIM 软件类型和版本、各专业 BIM 建模标准、各专业建模深度以及深化设计、加工、施工过程中 BIM 应用标准。并同时将执行计划书中的规定最终落实到与专业分包签订的合同中，以合同约束分包。

2. 组织架构

工程智慧建造团队由总包 BIM 管理团队负责管理，协调机电、钢结构、幕墙、精装修等专业分包 BIM 团队全阶段 BIM 应用，具体组织架构如图 7-8 所示。

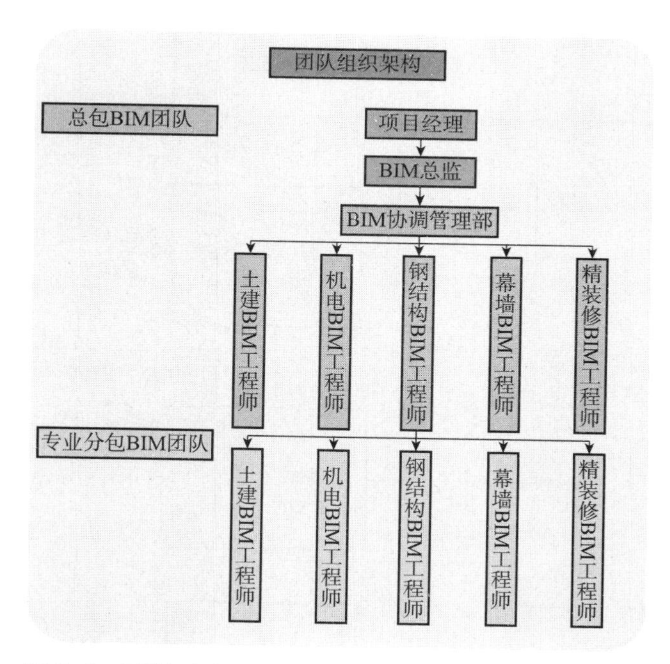

图 7-8　团队组织架构

7.2 基于云平台协同化和 BIM 参数化的深化设计

7.2.1 基于云平台协同的深化设计

考虑到项目相关设计人员分散在英国、广州、香港、上海、北京等地，与长沙项目部沟通不便，利用 Trimble Connect 云文件管理平台可以分权限共享 BIM 文件以及图纸、会议纪要等，具体协同流程如图 7–9 所示。利用 Trello 平台可以有效及时跨地域沟通并保留依据。

在深化设计过程中，各专业分包将初版模型上传至 Trimble Connect 平台，如图 7–10 所示，方便来自国内外的项目参与方下载、沟通讨论，如图 7–11 所示，且平台内分权限操作，每个成员的操作记录都会实时显示，可追溯性强。

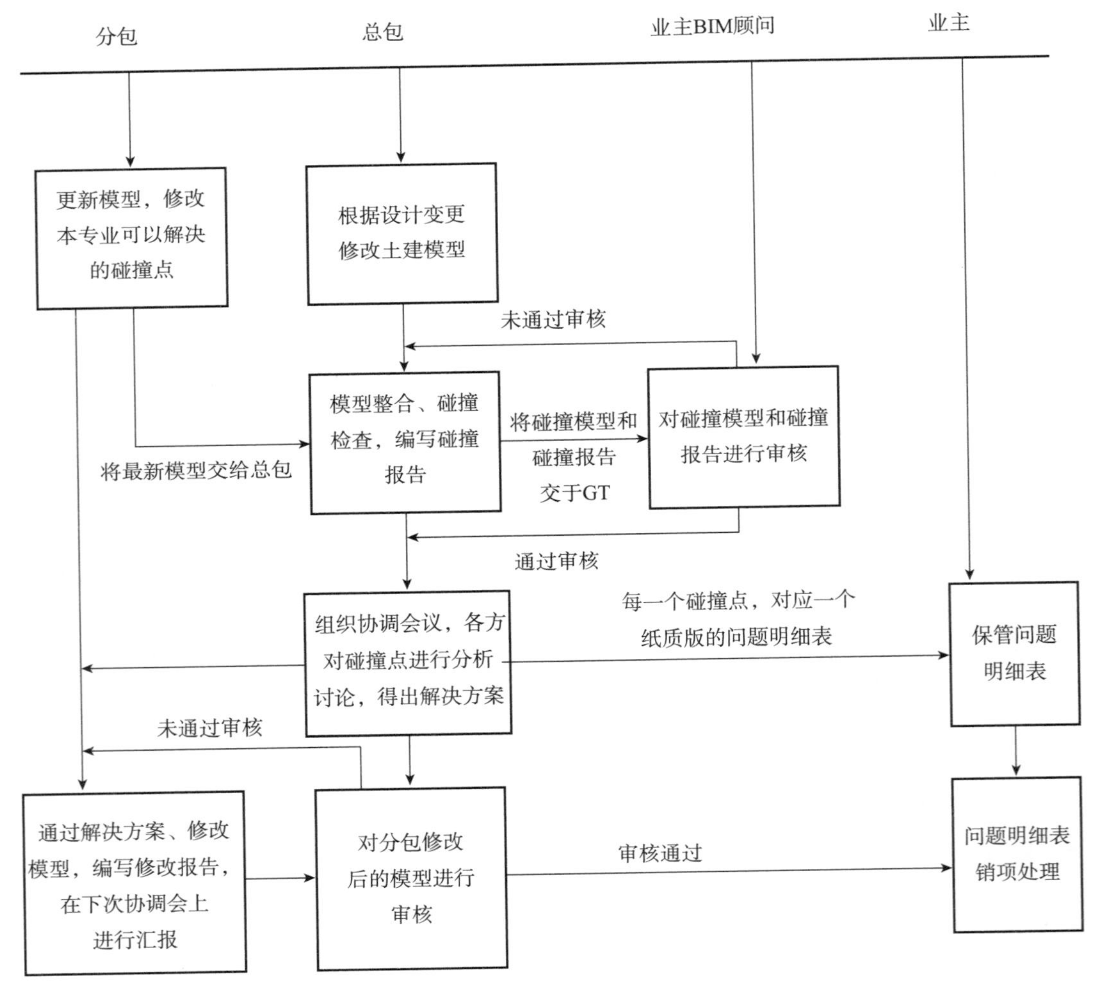

图 7–9　云平台协同流程图

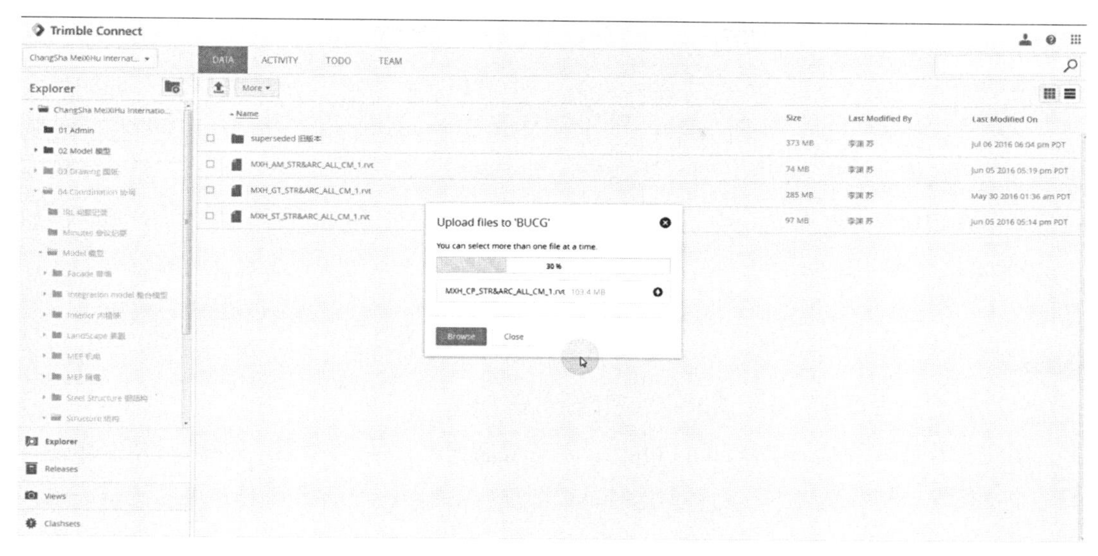

图 7-10　Trimble Connect 平台上传模型

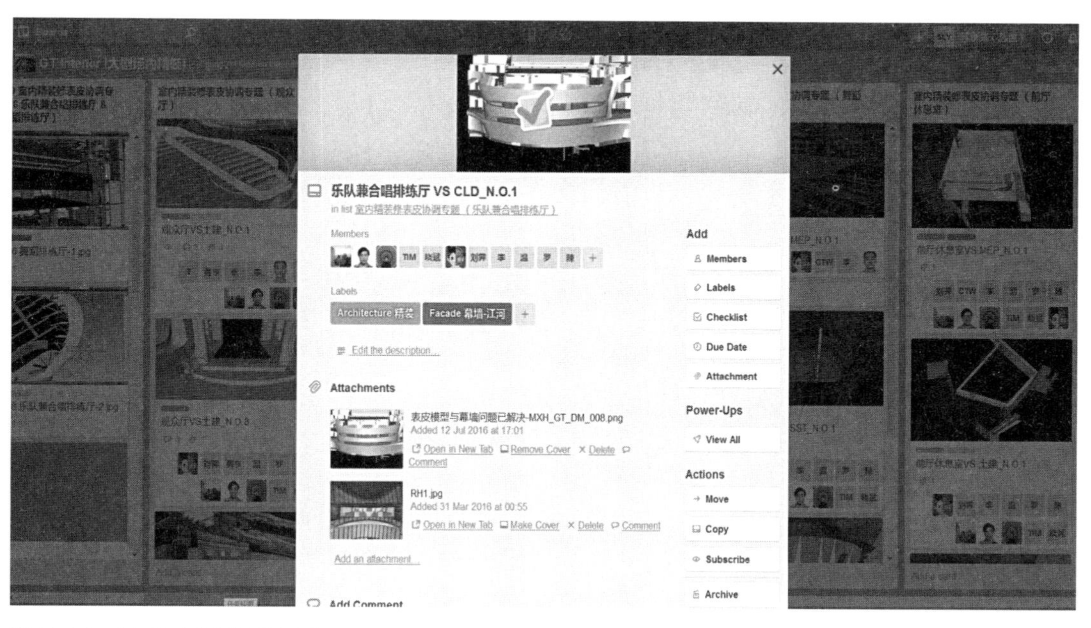

图 7-11　Trello 平台在线沟通

7.2.2　基于 BIM 的参数化深化设计

1. 全专业 BIM 建模

由于本工程的复杂性和造型的特殊性，采用常规方式无法有效解决深化设计问题，所以针对不同专业采用了对应的 BIM 软件，进行各专业建模及深化设计。

土建建模应用 Revit，总包 BIM 工作组在拿到设计模型的基础上，对照蓝图进行复核并修改设计模型，如图 7-12 所示。在施工阶段根据设计变更修改模型，形成最终与现场一致的施工模型。

钢结构设计建模应用 CAD（3D），利用 CAD 的三维功能绘制钢结构线模。在线模的基础上，参照土建施工模型，深化设计应用 Tekla（X-Steel），将线转化为面，形成钢结构实体模型，如图 7-13 所示。并通过 Tekla 进行节点深化设计，最后利用 Tekla 生成图纸列表出施工图。

机电深化应用 Revit MEP，在深化设计阶段参照链接土建施工模型建立管线综合模型，如图 7-14 所示。依据碰撞情况调整管线路由，根据精装标高控制线调整管线标高，管综完成后从 Revit 直接导出施工图。机房深化依据设计要求选择设备，并依据设备真实尺寸建立对应族文件，机房深化完成后从 Revit 直接导出施工图。

幕墙深化设计阶段采用 Digital Project，对幕墙表皮进行参数化建模，完成分格、切缝、翻边，如图 7-15 所示。深化设计应用 Rhino 以及专用的 grasshopper 插件，编写逻辑关系，建立二次钢结构、防水保温层、幕墙天沟、防雷、泛光照明、通风排烟、背负钢架、GRC 等各系统各层次模型，再利用 Rhino 直接从模型出施工图。

精装修深化设计应用 Digital Project，利用其参数化建模，如图 7-16 所示，对精装修表皮、龙骨及其他构造层次进行建模，并从 Digital Project 出施工图。

室外景观应用 Digital Project 进行参数化建模，如图 7-17 所示，在 Rhino 中对室外弧线

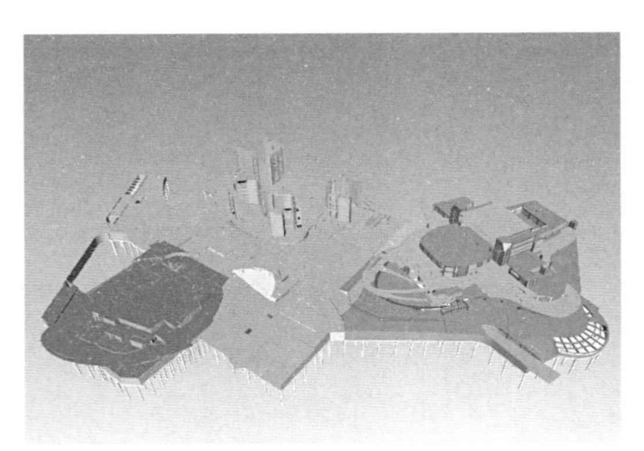

图 7-12　土建模型

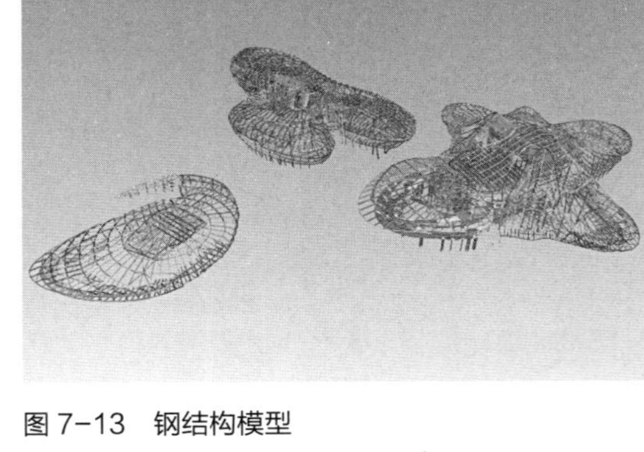

图 7-13　钢结构模型

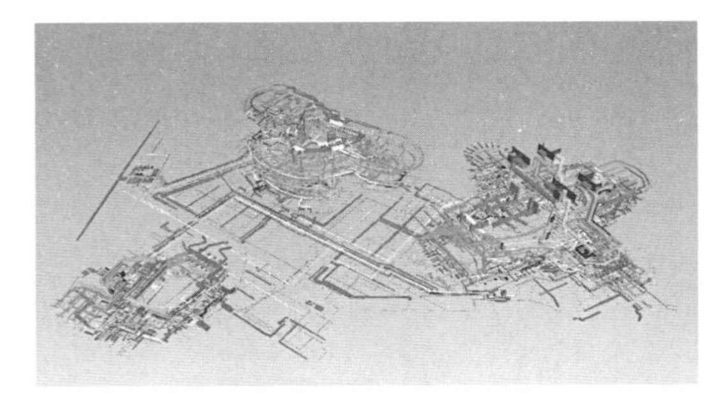

图 7-14　机电管综模型

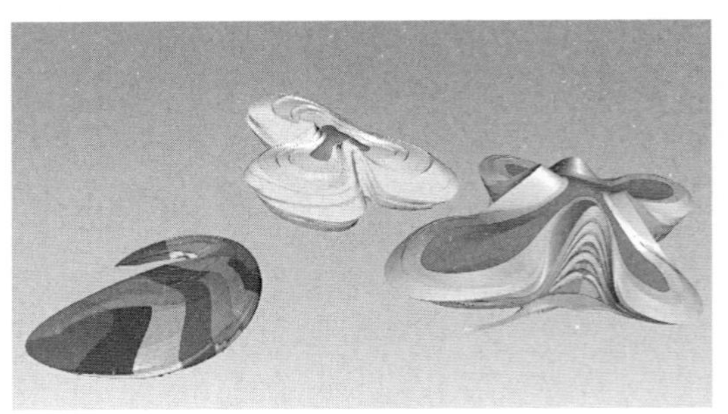

图 7-15　幕墙模型

图 7-16　精装修模型

图 7-17　室外景观模型

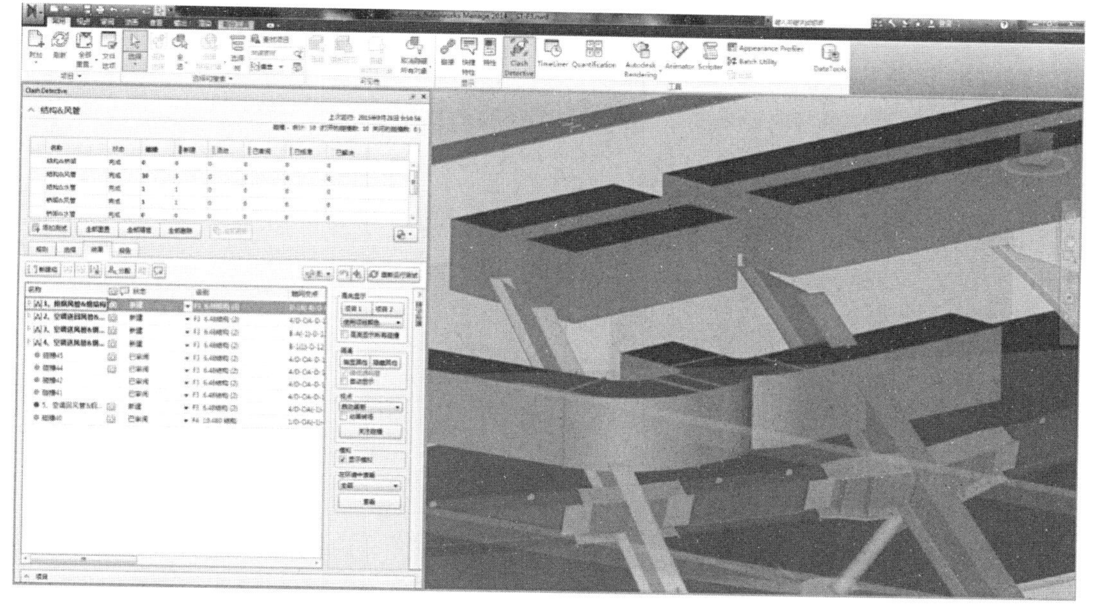

图 7-18　Navisworks 碰撞检测

清水混凝土结构、仿清水混凝土结构、灯槽、水沟等进行深化，从 Rhino 出施工图。

2. 碰撞检测

各专业分包定期上传最新 BIM 模型至云平台，将三个单体的不同专业 BIM 模型整合在一起，为下步碰撞检测做准备。

使用 Navisworks 进行相关专业间碰撞检测，如图 7-18 所示，发现建模错误或设计缺陷，提前修改或协调设计作变更，避免现场拆改。首次碰撞即检测出 2.48 万个碰撞点，经数次修改，碰撞基本解决。

3. 深化设计优化

（1）钢结构优化

通过将不共面的 H 型钢空间交汇节点优化为圆管相贯节点，如图 7-19 所示，降低了构件加工制作难度，减少了不规则 H 型钢构件因焊接应力集中导致的焊接变形。

（2）机电优化

通过优化设备基础排布和走廊上管道分布，如图 7–20 所示，使得管材减少了约 25%，风管面积减少了约 5%，大大增加了机房走廊的检修空间。

（3）幕墙优化

通过优化 GRC 檩托和二次钢构连接节点，如图 7–21 所示，扩大三维可调范围，保障节点安装过程中有效消化施工误差。

（4）精装修优化

通过将精装吊顶 GRG 无规则的自由曲面优化为规则的双曲面及平板，如图 7–22 所示，大大减少开模数量，缩短加工工期，降低生产成本。

4. BIM 出施工图

各专业经碰撞检测解决专业间、与其他专业的碰撞问题，经过最终修改确定后，进行标准化设置并导出图纸，最终完成施工图出图，如图 7–23 所示，为后续加工和施工做准备。

图 7–19 钢结构截面优化

图 7–20 机电排布优化

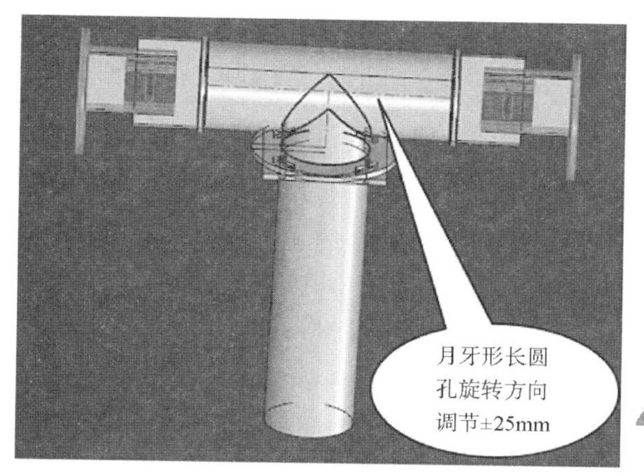

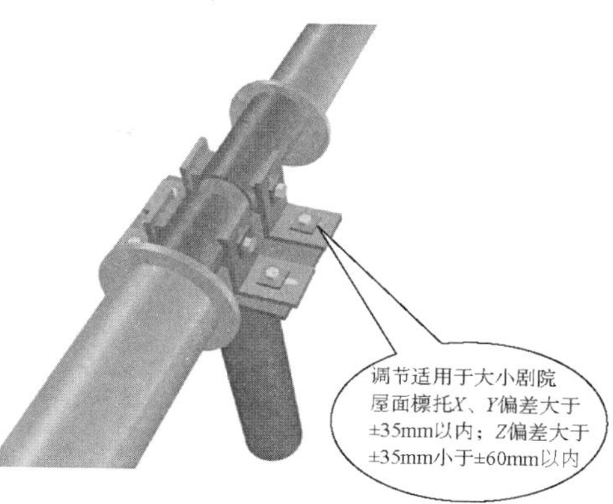

图 7-21　幕墙节点优化

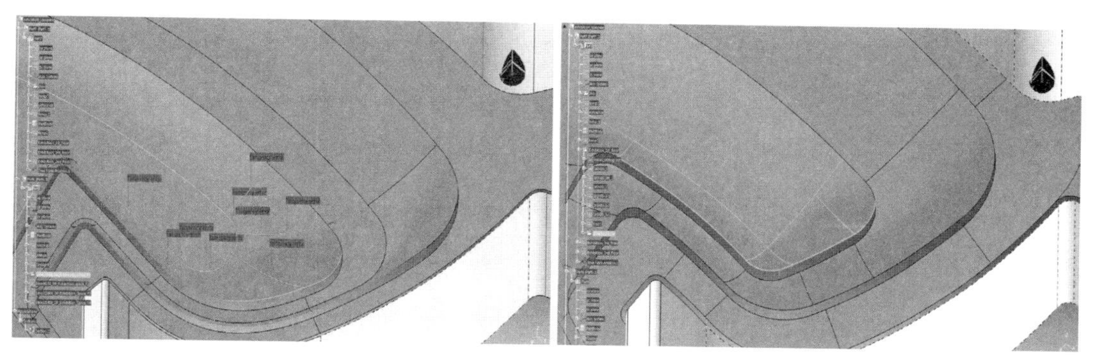

图 7-22　精装修 GRG 优化

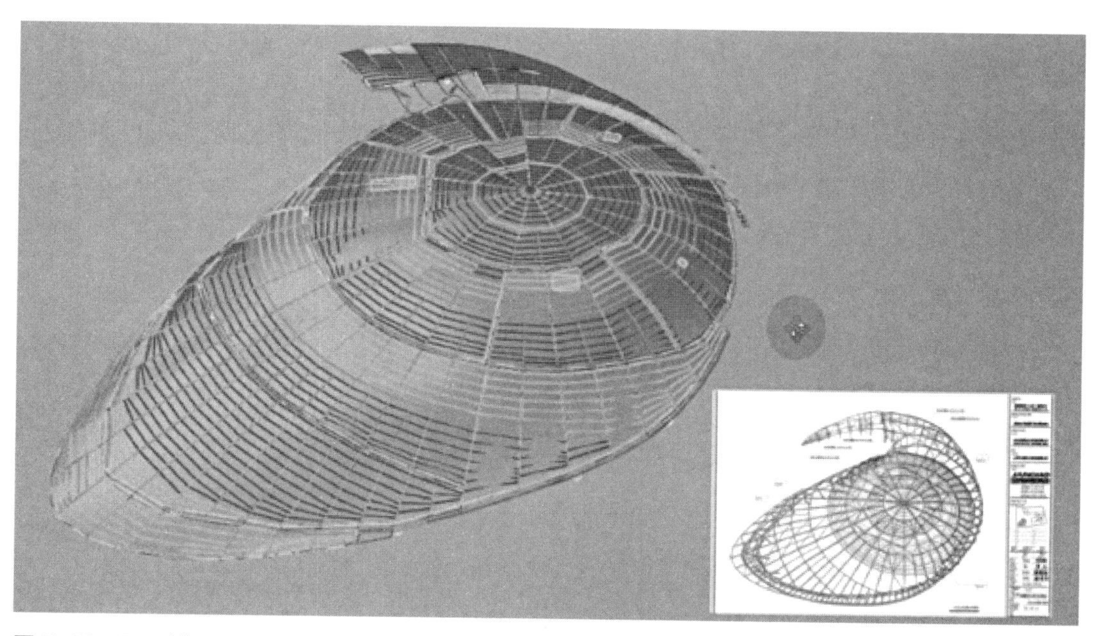

图 7-23　BIM 模型出施工图

7.3 基于数控技术的数字化加工

7.3.1 钢结构数字化加工

弯扭钢构件加工质量好坏，将直接影响主体建筑造型和施工质量安全。总包派驻钢结构负责人驻场，在工厂协调钢构件生产进度、监督钢构件生产质量和精度。使用软件对壁板自动展开，如图 7–24 所示，并进行模拟拼装，如图 7–25 所示，将壁板切割数据输入数控机床进行壁板下料切割，并完成卧拼焊接，如图 7–26 所示。由此保障了 2.1 万 t 钢构件精准加工。

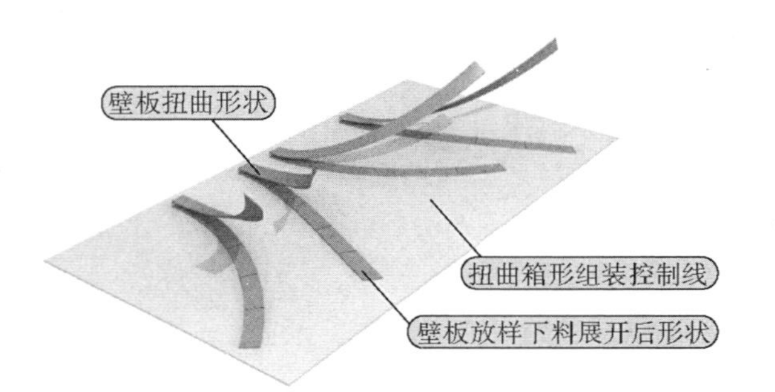

图 7–24　弯扭钢构件壁板展开

图 7–25　弯扭钢构件模拟卧拼

图 7–26　弯扭钢构件卧拼焊接

7.3.2 屋面幕墙 GRC 数字化加工

GRC 面板由内外两层组成，最小厚度为 18mm，外表面为厚度 3mm 装饰层，主要成分为白水泥、石英硅砂、渗丙烯酸聚合物。内层为厚度约 15mm 结构受力层，主要成分为普通硅酸盐水泥、石英砂、丙烯酸聚合物、长玻璃纤维。

GRC 板块基本规格为 6.5m × 2.5m，平均板块重量约 800kg/m^2，板块均为异型，且 1 万余块 GRC 板均不相同。GRC 外表皮距离主体钢结构理论上仅有 1m 空间且 GRC 为开放式幕墙，GRC 板块均通过螺栓与主体钢结构连接，致使 GRC 加工精度必须得到保障。例如，大剧场入口蜂窝状钢结构部分 GRC 板为空间弯扭自由曲面，如图 7–27 所示，曲率非常大。其余外围护 GRC 板有较大的曲率，板的四条边线中点的空间弯曲矢高远大于 100mm，且均为空间双曲面板。

1. GRC 幕墙参数化设计

由于 GRC 加工精度要求高，本工程通过 BIM 技术，对 GRC 模具进行参数化设计，通过数字化与数控化的对接，控制 GRC 模具的加工精度，提高 GRC 板块的出模精度。

首先，在 Digital Project 中生成模具划分模型，每件模具对应十几、二十几块不等的 GRC 板块，如图 7–28 所示；然后，对 Digital Project 模型初步处理后，如图 7–29 所示，自

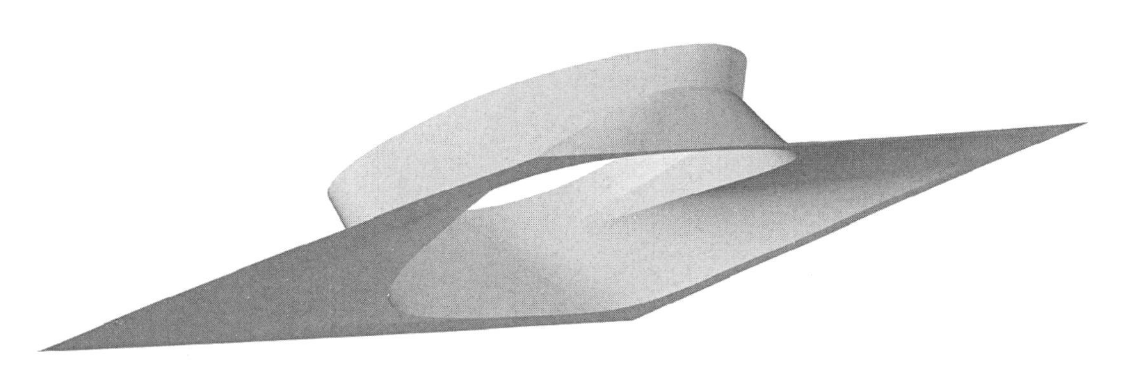

图 7–27 蜂窝状钢结构处 GRC 板

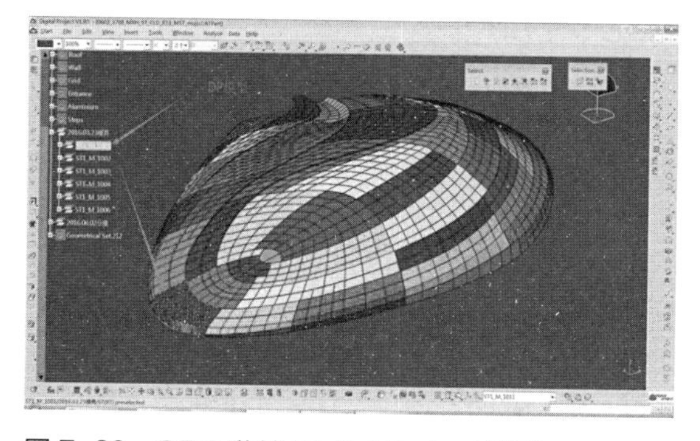

图 7–28 GRC 幕墙 Digital Project 模型

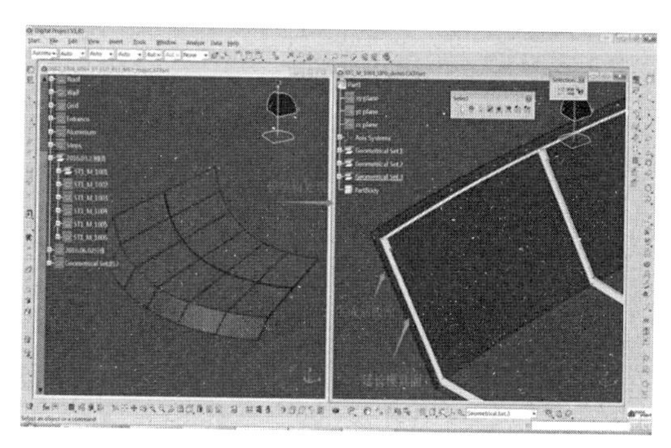

图 7–29 模型初步处理

动生成筋板面和延长模具面，如图7-30所示。

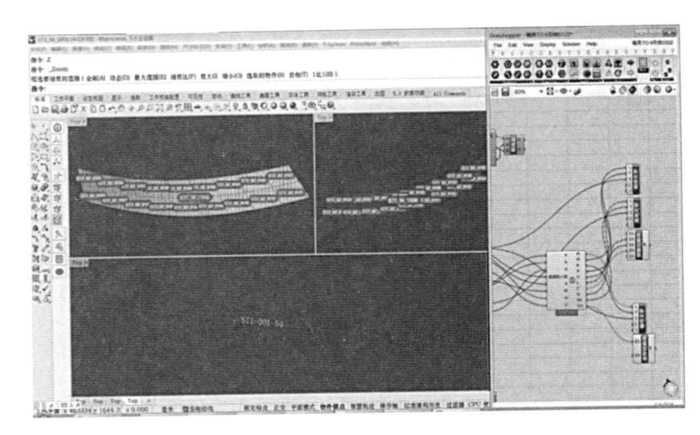

图7-30 切筋板线

在模型中依据经线间距500mm、纬线间距1000mm切割模具模型，生成筋板线，并从模型中导出蒙皮组装图和筋板排版图。从GRC模型中选中加工制作的GRC板块（含三维数据），选择合适的加工基准控制面，在基准控制面上按照每300～500mm间距（一般均为500mm，曲率大的按300mm）垂直基准面对模型进行切割，切面与模型形成的曲线为模型控制线，根据曲面的双曲特点，模型控制线为双向控制线或单向控制线两种，即地模上双方向做300～500mm切面，形成双方向模型控制线。

2. GRC幕墙模具加工

GRC幕墙模具设计和制作大致流程为：Digital Project模型→模型初步处理→切筋板线→TYPE3图形处理→CNC切割（QC自检）→筋板线拼接→校正*Z*轴平面（红外线检查）→筋板固定及校平→筋板组拼完成（全站仪检查）→蒙皮（筋板*XY*轴定位坐标→准备基准面→蒙皮翻边弹地线→引地线至筋板）→挡边制作（全站仪检查）→填补空隙→模具完成。

利用TYPE3图形处理软件，如图7-31所示，与加工过程紧密结合。优化刀具路径计算，优化数控加工机器轨迹。

将筋板模型导出CNC可用文件，将文件导入计算机专用数控系统，利用CNC三轴雕刻机对2200mm×1100mm整板切割雕刻，如图7-32所示，其加工精度不仅较以往手工切割大大提高，并且大大缩短了加工周期。

利用全站仪定位架设可调支座，依据经线间距500mm、纬线间距1000mm，把制作好的曲面曲线板，按照图纸上的顺序、尺寸、标高等的对应位置进行摆放，如图7-33所示，

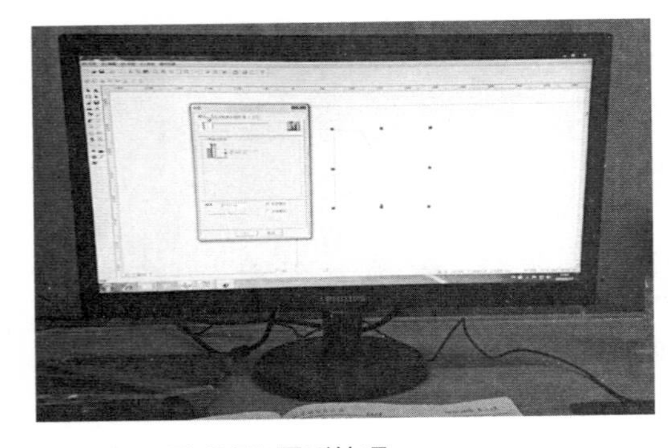

图7-31 TYPE3图形处理

图7-32 CNC切割

对于相邻曲面曲线板之间的空隙，根据预先定制的木盒，按照曲面曲线板不同的高度进行摆放定位，在定位过程中需使用红外线水平仪进行水平调整，再进行固定，用全站仪对曲面控制线精确度进行检查。

根据蒙皮组装图，铺设基础模具面层木板，用气枪钉固定，根据造型的不同、扭曲的不同，选择不同薄厚木板进行铺设。扭曲度小的用整块木板进行铺面，扭曲面大的采用异型板条，再用气枪钉固定，组合成扭曲板面，如图 7-34 所示。制作挡边后填补空隙，模具制作完成。

图 7-33　模具筋板组拼

图 7-34　模具蒙皮施工

3. GRC 幕墙板块生产加工

传统 GRC 模架是在木板上覆盖白纸，沿白纸所绘曲线切割而成，其精度难以保证。本工程采用数控化 GRC 模架加工方法，将 Digital Project 中的设计模型通过插件导出 CNC 可用文件，然后再导入 CNC 专用数控系统，数控系统代码逐行运行，驱动 CNC 三轴雕刻机铣刀上下、左右、前后高速转动，实现毫米级加工精度。CNC 加工后的模架经线方向间隔 500mm、纬线方向间隔 1000mm 排布，随蒙皮过程贴 3 层 5mm 厚板，刮 3 层腻子，刷 1 道漆，浇灌 GRC 砂浆，待砂浆达到一定强度后与背负钢架连接，再经养护、脱模、表面修整后包装。

本工程建立了场外加工中心，将 BIM 模型转换成装配图，将构件划分为标准节并提供下料单，场外加工中心根据下料单将构件加工成半成品后，通过专用货架打包运输至施工现场，通过塔吊结合卸料平台运输至各作业楼层，进行流水化拼装作业。根据施工工艺流程，完成支架下料切割、牢固施焊、规范开孔和防锈防腐工作，拼装、加固、清洁、运输、吊装、固定工作，固化流水作业施工，形成半自动工程化拼装流水线。

采用墙面防水腻子粉，对模具表面进行批刮处理，如图 7-35 所示，腻子凝固后利用砂纸机对整个模面再一次进行打磨找平处理。要求打磨板块曲面平整、顺畅、圆润，打磨结束后将模具表面灰尘清除干净。经用 3D 扫描仪检查合格后，进行模具表面油漆，采用喷漆法成膜，如图 7–36 所示。

背负钢架使用的钢杆件（部件）均为 Q235 热镀锌钢，利用可调的预埋背负钢架固定框架，在调整各个预埋背负钢架的位置至相对尺寸正确后，再调整钢框架对模具的位置，调整正确后相对固定，如图 7–37 所示。

锚钩与背负钢架通过螺栓连接，如图 7–38 所示，检查螺栓有无缺漏，螺母是否拧紧。

脱模后（图 7–39）对 GRC 板块喷砂及做表面保护，GRC 成品制作完成，如图 7–40 所示。

图 7–35　模具批刮处理

图 7–36　模具内面层喷漆处理

图 7–37　背负钢架安装定位

图 7–38　喷浆后安装背负钢架

图 7–39　GRC 脱模

图 7–40　GRC 成品

本工程通过幕墙数字化预制加工技术，尤其是对双曲面 GRC 幕墙的模具进行参数化设计及数字化加工，为本工程 GRC 幕墙施工、安装精度提供了重要保障，同时通过预制化加工技术的引入提高生产效率。

7.4 基于数字建造技术的集成化施工

7.4.1 钢结构施工

1. 倾斜式竖向承重双曲单层网壳安装

大剧场前厅入口“蜂窝”状倾斜式竖向承重双曲单层网壳结构，南北长 93m，东西长 43m，最大倾斜角度 40°，由盆式支座、弯扭箱形杆件和铸钢节点组成。箱形杆件截面尺寸主要为：3100mm × 1300mm × 45mm × 45mm，1200mm × 1200mm × 45mm × 45mm，材质均为 Q390GJC。双曲网壳结构底部对称布置 13 个巨型盆式支座，网壳结构下弦 11 个铸钢节点，上弦 6 个铸钢节点，最大铸钢节点重量达 83.6t。

采用 SAP2000 建立倾斜式竖向承重双曲单层网壳的有限元模型，如图 7-41 所示，为了建模方便，对原结构进行了合理简化，弯扭构件均采用直线段模拟，顶环梁与连接梁之间连接的铸钢节点采用刚性杆连接模拟。

根据构件受力变化情况，将倾斜蜂窝状结构划分为三个部分，如图 7-42 所示，两边构件采取上下叠加的方式安装，中间构件采用“自身结构体系支撑 + 设置临时支撑”的大型倾斜蜂窝状结构的安装方法，进行斜拉安装，起始点安装如图 7-43 所示，安装完成如图 7-44 所示。有效减少 1/3 临时胎架支撑用量，提高杆件的定位精度，确保施工过程中，结构处于安全状态，并保证结构整体线型，缩短了 40% 的工期，降低施工成本。

2. 大跨度双曲单层网壳结构分区卸载及合拢

大剧场的平面呈“十”字形，纵向最大尺寸约为 223m，横向最大尺寸约为 166m，艺术馆由三个半椭圆形大空间展厅环绕中庭大空间组成的建筑，平面呈“品”字形，平面两个

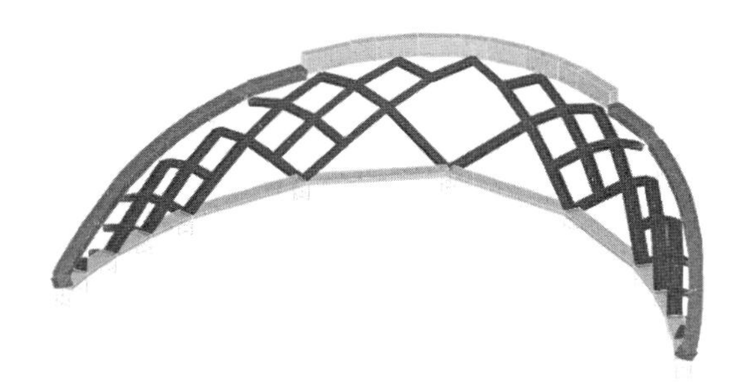

图 7-41 SAP2000 模型图

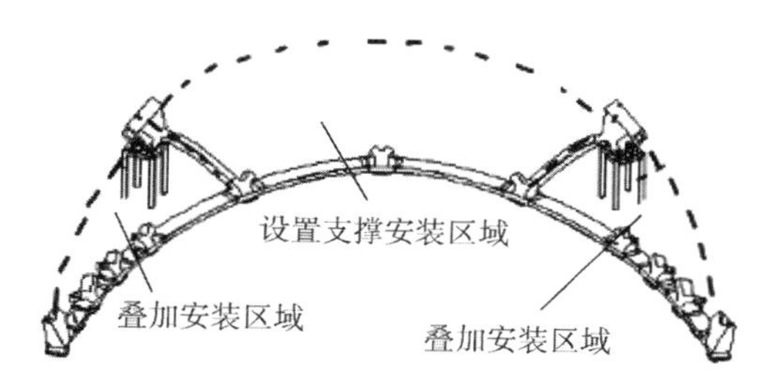

图 7-42 分区安装示意图

图 7-43　安装起始点

图 7-44　蜂窝状钢结构安装完成

方向的最大尺寸分别约为 176m 和 90m。原设计屋面处设置了合拢缝，考虑到屋面造型新颖受力复杂，屋面主要杆件为 2cm 以上板。

按常规，大跨度钢结构应在合拢后再拆除安装胎架，但本工程特殊之处在于：一是跨度比较大，二是曲面的曲率变化没有规律，三是墙面与屋面连成一个整体，若合拢后再拆除胎架，则胎架拆除后的安装变形引起的应力及焊接残余应力二者叠加，可能会影响钢结构的使用安全，经深入研究，并组织国内相关专家论证，先分区卸载拆除安装胎架，再将各个分区合拢成一个整体。

大剧场、艺术馆各分区钢结构施工完成、达到验收标准后，即开始结构的分区卸载。结构卸载是将屋盖钢结构从胎架与结构共同受力状态下，转换到自由受力状态的过程，即保证现有钢结构胎架体系整体受力安全、主体结构由施工安装状态顺利过渡到设计状态。本工程各分区卸载遵循卸载过程中结构构件的受力与变形协调、均衡、变化过程缓和、结构多次循环微量下降并便于现场施工操作，即“分区、分级、等量，均衡、缓慢”的原则来实现。根据本工程各分区结构变形特点，每个区分 3～5 级进行卸载。其中大剧场一区的变形较大，按 5～10 级进行卸载。

大剧场钢结构各分区卸载按照结构的传力特点从上到下的顺序进行，以一区为例，如图 7-45 所示。

在卸载过程中根据卸载监测点（大剧场和艺术馆各布置 29 个、17 个监测点），如图 7-46 所示，进行变形测量（并汇总成测量结果），确保卸载完成的状态在预计范围内。在各分区卸载前测量各分区监测点的初始坐标，卸载时，根据卸载顺序记录各检测点的坐标，根据最终监测点的坐标与初始坐标的差值得出卸载过程中的位移变形量。大剧场一区 P02 监测点分级卸载变形折线图如图 7-47 所示。

根据现场实测记录，最大变形值与理论变形值稍微偏大，但控制在规定的 1.15 倍范围内。

在大剧场 4 条合拢缝处，原设计布置了四道共用边界梁（柱），如图 7-48 所示，而且

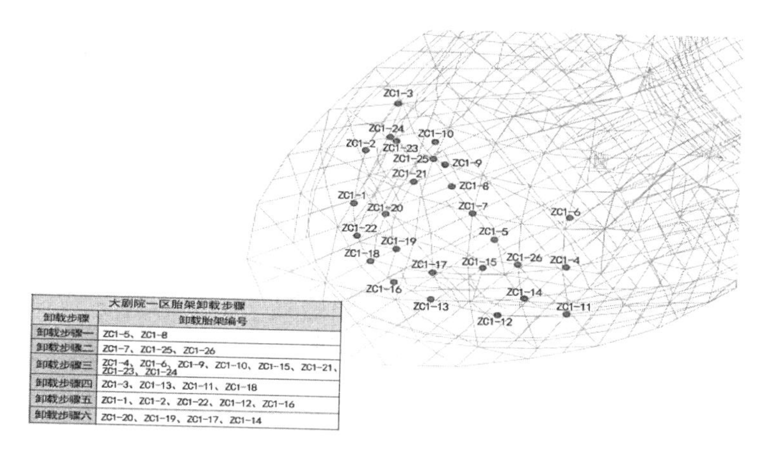

大剧院一区胎架卸载步骤	
卸载步骤	卸载胎架编号
卸载步骤一	ZC1-5、ZC1-8
卸载步骤二	ZC1-7、ZC1-25、ZC1-26
卸载步骤三	ZC1-4、ZC1-6、ZC1-9、ZC1-10、ZC1-15、ZC1-21、ZC1-23、ZC1-24
卸载步骤四	ZC1-3、ZC1-13、ZC1-11、ZC1-18
卸载步骤五	ZC1-1、ZC1-2、ZC1-22、ZC1-12、ZC1-16
卸载步骤六	ZC1-20、ZC1-19、ZC1-17、ZC1-14

图 7-45　大剧场一区胎架卸载顺序

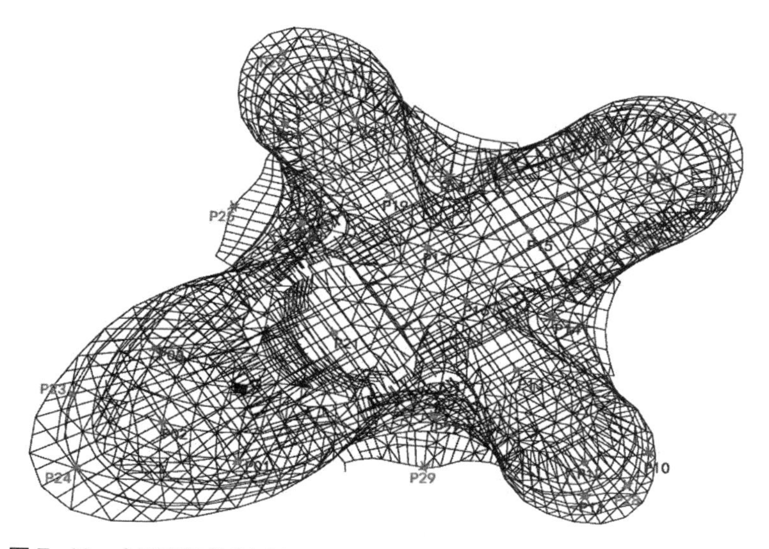

图 7-46　大剧场卸载监测点布置

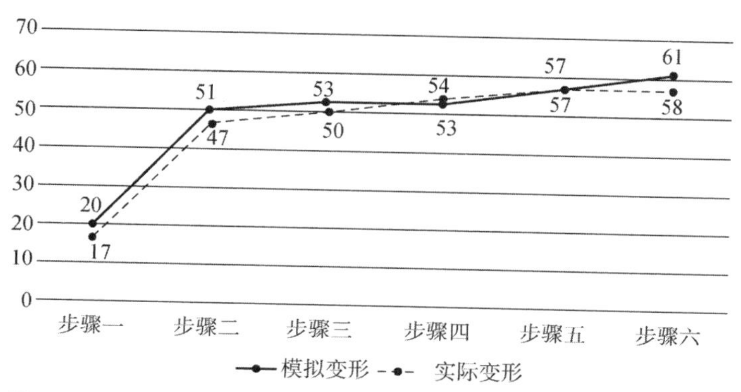

图 7-47　钢结构 P02 监测点分步卸载变形折线图（mm）

在边界梁（柱）与下（内）部混凝土剪力墙之间设置了桁架式支撑，在屋面中间区范围内设置了多道伞状支撑，支承在下面的混凝土剪力墙顶部，因此，大剧场被合拢缝切开后形成的 5 个相对独立区块在分别拆除安装用胎架、合拢缝没有封闭之前，各自具有较大的空间刚度，保障了各相对独立区块的空间稳定性。

考虑附加变形后，大剧场及艺术馆的结构变形总量未超过原设计确定的变形标准，见表 7-1。考虑附加应力后，大剧场及艺术馆的钢材总应力未超过原设计确定的钢材允许应力设计值。合拢缝（共用边界）两侧杆件的位移量叠加值约在 10mm，最大值约 25mm，在采取

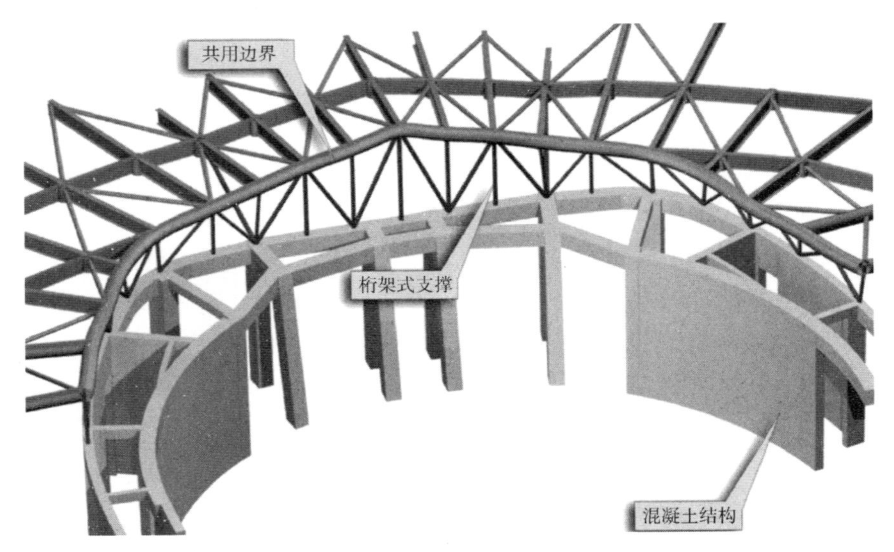

图 7-48　共用边界设置

前厅合拢边界处部分节点的变形对比（mm）　　表 7-1

节点编号	未设合拢缝时的变形			设合拢缝时的变形			水平变形差	竖向变形差
	U1	U2	U3	U1	U2	U3		
7717	−3.88	−3.68	−7.39	−7.19	−6.67	−3.25	4.46	4.14
6994	−3.31	−3.43	−7.41	−6.70	−9.25	−3.09	6.65	4.32
6571	−2.10	−5.71	−1.60	−2.85	−10.21	−0.39	4.52	1.21
6512	−2.85	−3.68	−2.07	−4.62	5.27	−2.27	2.35	−0.20
6514	−3.02	−3.15	−2.33	−5.57	−5.33	−2.20	3.35	0.13
6120	−3.67	−2.17	−3.98	−7.98	−5.48	−3.67	5.42	0.31
5184	−4.29	−1.15	−2.29	−6.70	−3.22	−2.17	2.99	0.12
3654	−4.76	−0.87	−2.25	−6.21	−2.38	−2.34	1.81	−0.09
6121	−6.02	0.34	−1.59	−8.28	−0.18	−1.28	2.25	0.31
6203	−6.02	0.34	−1.55	−9.87	1.15	−0.17	3.91	1.38
1687	−6.49	−1.11	−2.06	−11.53	−1.97	0.09	5.11	2.15
6846	−4.44	−2.53	−1.83	−7.05	−3.37	−0.03	2.70	1.80
7705	−1.34	−0.20	−1.26	−1.25	−0.29	−0.61	−0.07	0.65

必要的焊接措施后，可以保证合拢缝的焊缝焊接质量。设置合拢缝后，桁架式支撑或支承钢柱作用于混凝土结构顶面的支座反力呈减小趋势，其值一般不大于10%。根据以上分析计算，在大剧场及艺术馆设置合拢缝，每个安装分区完成后先拆除安装胎架，再封闭合拢缝的施工程序，未对结构安全产生明显的不利影响，可以保证钢结构安全使用。

7.4.2 屋面幕墙施工

1. 结构三维扫描

幕墙施工之初，通过对现场实体结构实测实量，掌握现场实际与设计模型的差别、消除初始误差，保障施工精度。

在测站上架设三维激光扫描仪，如图 7-49 所示，对中整平好扫描仪之后，将扫描仪和笔记本通过 COM 口进行连接，打开扫描仪电源，扫描仪随后进行自检，自检结束后各项准备工作也就结束了。然后打开天宝扫描仪的配套软件 Realworks Survey，建立数据库，设置好 IP 之后，将笔记本和扫描仪连接建立通信，设置采样间隔、距离等参数，通过自检后的零方向，在软件操作区框选出所要扫描区域的大概位置，减少噪声的干扰和扫描时间，然后通过电脑自动获得目标物和标靶的采样点云图。

检查点云数据的一致性和数据的完整性，平滑掉点云数据中的噪声数据，填补齐缺失的部分点云，清除其中的杂质点云数据。利用公共标靶作为约束条件进行点云模型的拼接，如图 7-50 所示。

利用 Realworks Survey 软件逆向建模生成实体模型。将逆向建模后模型与设计模型进行分析比对，根据扫描的钢结构现场数据调整幕墙二次钢结构、檩托、檩条的尺寸。

图 7-49 现场三维扫描

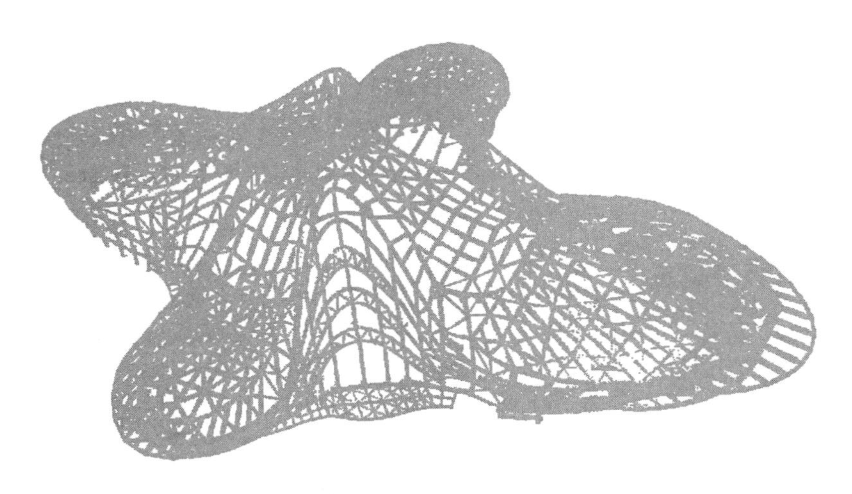

图 7-50　三维扫描点云模型

2. GRC 幕墙可视化施工

（1）三维可视化指导防水施工

由于幕墙 GRC 防水构造层次复杂，由两道防水系统构成。经过材料比选，针对异型屋面第一道防水系统选用橡胶喷涂，其具有无缝连接、高延展性（1000%）、粘结强度高（6MPa）、防火耐老化等优点。第二道刚性防水系统使用直立锁边。建立 GRC 构造层次 BIM 模型，并进行模拟安装，可视化指导防水层施工，如图 7-51、图 7-52 所示。

图 7-51　橡胶喷涂模拟及现场施工

（2）装配式 GRC 安装

为考虑 GRC 后期可拆卸，GRC 采用装配式安装，如图 7-53、图 7-54 所示。安装步骤：吊装就位→深入插入端→调节板缝间距→闭合端螺母临时拧固→复测三维坐标→调节滑动螺栓及转轴→拧固螺栓节点。确保 GRC 安装“高精度、零焊接、全栓接、可拆卸”。GRC 各

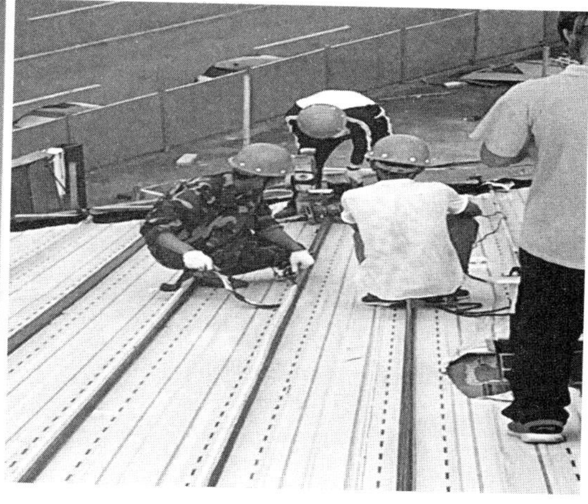

图 7-52　直立锁边安装模拟及现场施工

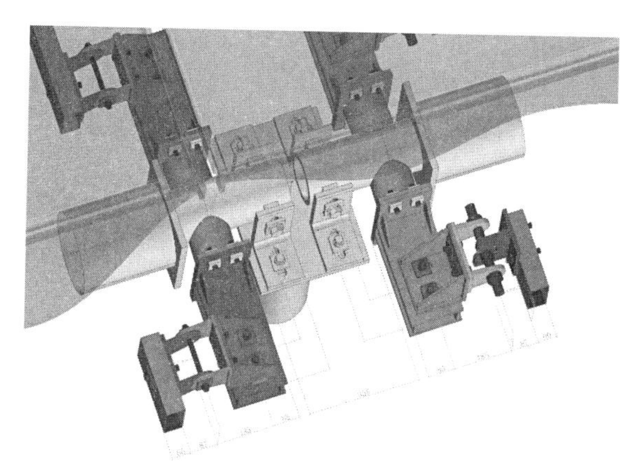

图 7-53　GRC 安装模拟

图 7-54　GRC 插入端

层次共计 45.4 万个螺栓（含 GRC 板面、转接件、牛腿），同时使用 15 台全站仪放样，目前已实现全部螺栓孔精确对位，GRC 板块可拆卸率 100%。

3. GRC 幕墙信息管理

由于本工程幕墙造型复杂，三个单体共 11353 块双曲面 GRC 板，且各板块无一相同，所以对于幕墙 GRC 专项施工管理的需求极为迫切。经调研，若采用 RFID（射频识别）技术，实现成本高且因需要专门手持设备造成使用难度大。反之，目前微信二次开发成熟，开发成本低，智能手机迅速发展，人手一部手机都安装了微信，且微信上并没有一款专门针对 GRC 的管理系统。基于以上需求和调研，联合高校开发了微信平台 GRC 管理系统，从注册登录、用户管理、信息录入、管理流程、三维可视、动态监测、信息查询等都做出了详尽规划。

（1）GRC 管理系统

GRC 管理系统信息界面，如图 7-55 所示，主要包括功能介绍和账号主体，选择接收消息和置顶公众号可以方便使用管理系统，不用担心被淹没在大量微信消息之中。

GRC 管理系统主体界面主要包括项目风采、管理系统和扫一扫功能。项目风采一栏包括项目介绍、历史信息查询、重大节点和帮助，用户可以查看项目的介绍以及重大节点，并且可以在帮助界面熟悉系统使用和操作，方便在实际操作中进行无纸化验收。点击管理系统可选择单位进行实名注册以及登录后可查看相关权限下信息。点击扫一扫可开启摄像头，扫描二维码，进行施工过程管理。

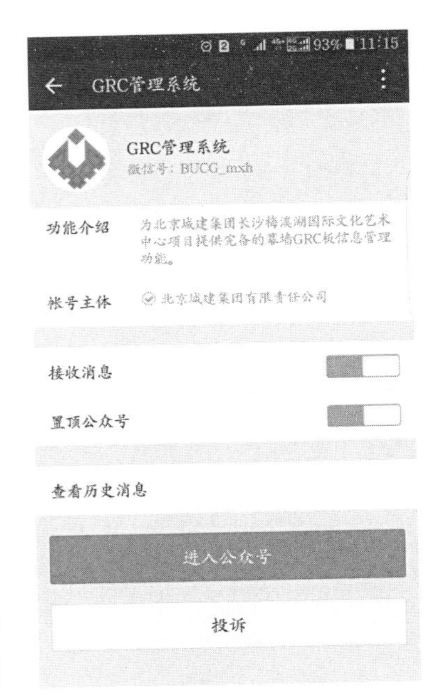

图 7-55　GRC 管理系统信息界面

为保证 GRC 管理系统在一定范围内的信息安全，管理系统使用人员需要选择参与单位，输入手机号码和真实姓名进行注册。注册成功后，由管理员在系统后台对用户权限进行分配，以获得符合项目参与角色权限。登录成功后可以在管理系统内看到用户的信息，不同于普通网页需要读取 cookies 保留长期登录，微信平台 GRC 管理系统登录通过调用高级接口可以实现一次登录，永久有效。

（2）BIM 模型信息传递

GRC 施工过程管理 GRC 板块信息来源于幕墙 GRC 板块 BIM 模型。在 Rhino 中利用 grasshopper 插件将模型中 GRC 编号信息以 Excel 表格形式导出，如图 7-56 所示。

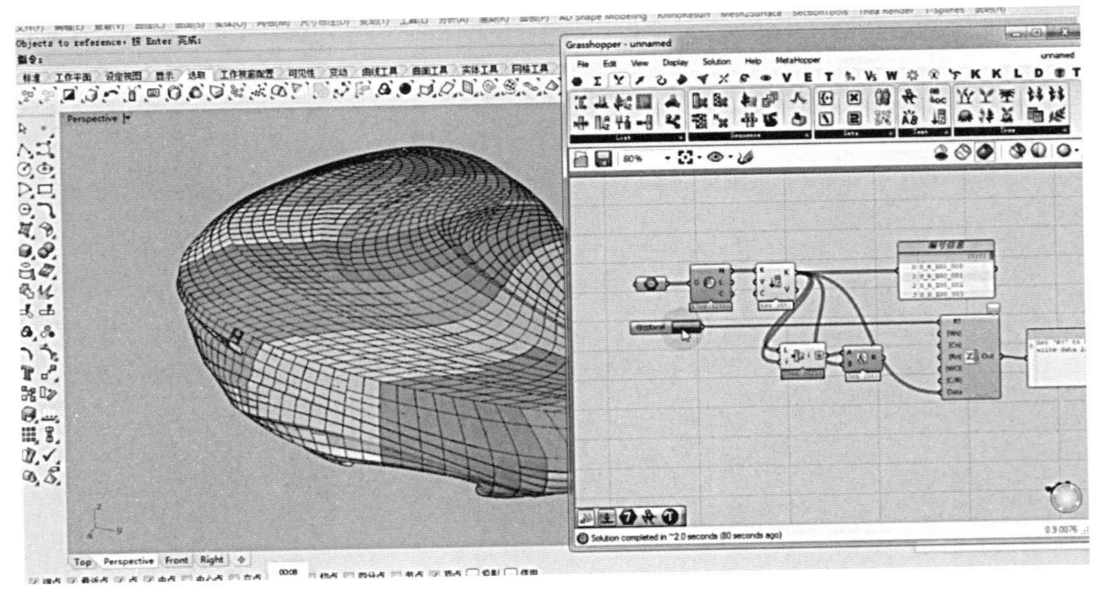

图 7-56　BIM 模型信息处理

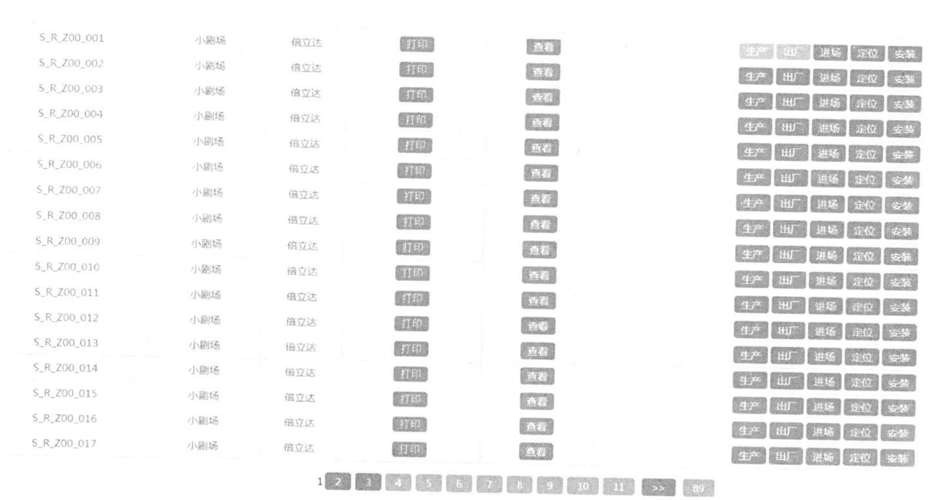

图 7–57　Excel 表格导入管理系统后台

图 7–58　GRC 验收流程图

导出之后，再将 Excel 表格导入 GRC 管理系统后台，如图 7–57 所示，生成每块 GRC 板基本信息列表，实现数据信息共享和传递。

再利用软件将每块 GRC 板链接字符串生成二维码并批量导入后台，工厂加工生产后打印二维码粘贴至对应 GRC 板成品。确保验收过程中扫描二维码得到的 GRC 板信息准确且一一对应。

（3）GRC 无纸化验收管理

GRC 施工过程质量管理包括出厂验收、进场验收和安装验收，如图 7–58 所示。

通过使用 GRC 管理系统扫描粘贴在 GRC 上的二维码，如图 7–59 所示，可实现出厂、进场、安装三个过程，涵盖业主、监理、总包、专业分包四方无纸化验收，如图 7–60 所示，在保证可追溯性的情况下实现验收过程的绿色节能。

图 7–59　粘有二维码的 GRC 板块

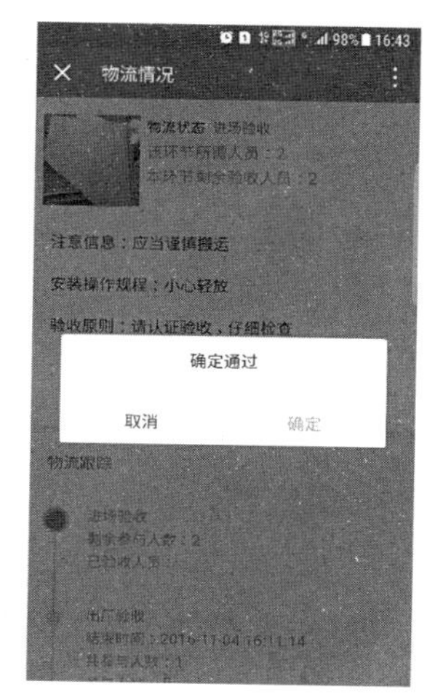

图 7–60　无纸化验收界面

4. GRC 幕墙施工动态监测技术

GRC 施工动态统计可以做到数量统计，而三维动态监测可以查看已安装 GRC 板三维显示效果，如图 7-61 所示，通过三维模型了解已安装具体位置。安装完成后 GRC 板自动更新，通过不同颜色，直观立体显示各个单体 GRC 板安装进度及效果。通过 GRC 管理系统的 GRC 施工动态监测将大大提高 GRC 施工管理效率，提升施工品质。

图 7-61　GRC 三维动态监测

7.4.3　精装修施工

1. 精装三维扫描

通过现场三维扫描，获得现场准确的尺寸数据，为后期深化做准备；利用三维扫描数据建立点云模型，如图 7-62 所示，与模型及图纸进行比对发现问题，如图 7-63 所示，及时调整。

图 7-62　施工现场结构三维扫描模型

2. 精装机器人自动放样

大剧场观众厅、前厅等复杂区域精装修呈连续流线造型，如图 7-64 所示，施工放样共计 13528 个点位。通过天宝手持设备选取 BIM 模型中所需放样点，如图 7-65 所示，指挥放样机器人发射红外激光自动照准现实点位，实现“所见点即所得”，实际误差控制在 ±3mm，将 BIM 模型精确反映到施工现场，如图 7-66 所示。完成放样后并对放样成果进行点位保护与编号，作为实际施工的最终参考。

图 7-63　发现问题调整模型

图 7-64　观众厅精装修效果图

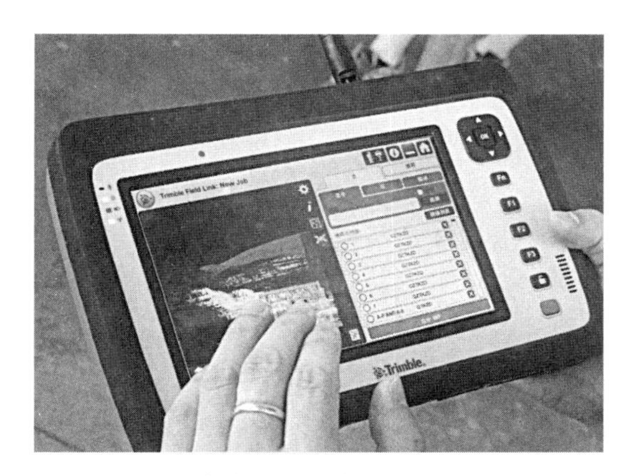

图 7-65　平板控制机器人放样

图 7-66　观众厅精装修施工效果

7.5　基于项目级大数据的信息化运维

7.5.1　模型信息移交

从云平台下载各专业 BIM 模型，通过全专业全系统 BIM 模型整合，如图 7-67 所示。为竣工模型提交及后期运维做准备。最终移交给业主的竣工模型包含土建结构、二次结构、

图 7-67　全专业 BIM 模型整合

钢结构、机电、幕墙、精装修、室外景观等信息。

7.5.2　屋面幕墙 GRC 运维

1. GRC 信息查询

通过 GRC 管理系统对 GRC 信息录入和采集，形成项目级大数据，以此作为 GRC 运维的数据基础。

本项目中，GRC 设计成无法维修，运营中 GRC 板损坏，只能拆卸重新生产。如有 GRC 板块损坏，维护人员可扫描板块上的二维码并结合 GRC 管理系统后台确定损坏的 GRC 板块长度、宽度、对角线、定位点等所有特征值信息，如图 7-68 所示，并将损坏的 GRC 板第一时间重新生产加工。

图 7-68　GRC 信息查询

2. GRC 可拆卸方案

考虑运营中 GRC 板块可能损坏，为使 GRC 拆卸方案切实可行，特组织编制拆卸方案并专家论证。对该方案进行三维模拟，如图 7-69 所示，并在工厂进行实体样板论证，如图 7-70 所示，为运营维护提供了便利。

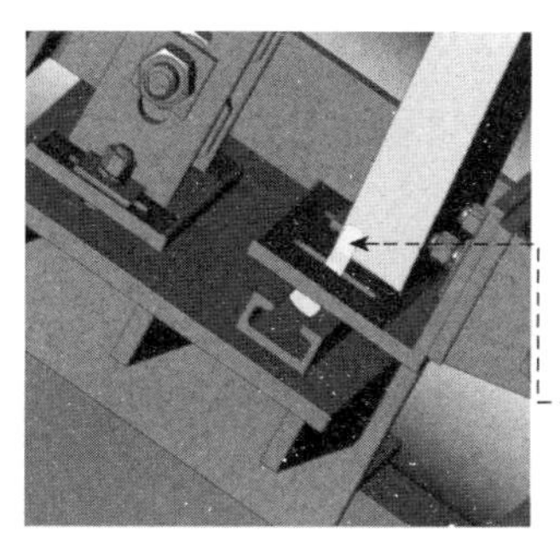

图 7-69　GRC 拆卸方案模拟

图 7-70　GRC 拆卸方案实体样板

7.6　智慧建造实践总结

本工程通过智慧建造实践，解决了多方远距离沟通和深化设计过程中数据传递、Q390GJC 厚钢板箱形弯扭构件加工和成型、倾斜式蜂窝状单层网壳和拱墙立面深化设计及施工、GRC 幕墙异型板块精准制备施工及管理、复杂造型双曲面 GRG 误差控制及精准施工等问题，形成了大型复杂建筑深化设计、加工制作、施工与运维成套技术，实现了精准、高效建造。通过北京市住建委组织的科技成果鉴定，鉴定意见为“该研究成果总体达到国际先进水平，其中倾斜式蜂窝状钢结构及 GRC 幕墙建造技术达到国际领先水平”。

该研究成果系统性强，应用价值大，社会经济效益显著，不仅为长沙梅溪湖国际文化艺术中心建造提供了有力的技术支撑，并为类似工程提供了技术借鉴。

7.6.1　社会效益

本工程依托智慧建造研究，取得了授权或受理国家发明专利 11 项、国家实用新型专利 22 项、软件著作权 1 项、省部级工法 6 项在内的自主知识产权，发表了相关论文 11 篇，获得了第五届“龙图杯”全国 BIM 大赛一等奖、第二届中国建设工程 BIM 大赛一等奖、中国钢结构金奖、全国工程建设优秀 QC 小组活动成果一等奖、全国优秀项目管理成果一等奖、北京市优秀项目经理部等多个奖项。

通过智慧建造应用实践，攻克了项目施工技术难题，实现了“四节一环保”，赢得了湖南省市级领导的一致称赞，填补了湖南省高端文化艺术设施空白，丰富了湖南省人民精神文化生活，社会效益显著。

7.6.2 经济效益

本工程通过智慧建造相关技术的运用，取得了巨大的经济效益，总计约2400万元，具体信息见表7-2。

本工程运用智慧建造技术所取得的经济效益　表7-2

事项	优化节点	钢结构“瘦身”	碰撞检测
具体措施	将H型钢空间交汇节点优化为圆管相贯节点	对拱墙钢结构进行优化“瘦身”，大幅降低单位空间内杆件交汇	全专业建模及深化设计，并进行碰撞检测规避风险
产生影响	简化构件加工制作难度、减少加工制作周期及现场安装难度	响应国家节能降耗的号召，降低加工制作难度、减少现场安装成本	提前解决上万个碰撞点，避免现场大量返工、拆改现象
经济效益	900万元	1200万元	300万元

第8章

北京新机场智慧建造实践

8.1 工程概况

北京新机场位于永定河北岸，北京市大兴区榆垡镇、礼贤镇和河北省廊坊市广阳区之间，距天安门广场直线距离约46km，距廊坊市市中心直线距离约26km。整个北京新机场呈现为“海星形”，结构形式复杂，主体结构采用混凝土框架结构，屋顶及其支撑结构采用钢结构，空间跨度大，实现的功能多。

新机场航站楼核心区工程建筑面积约60万m^2，地下2层，地上局部5层，主体结构为现浇钢筋混凝土框架结构，局部为型钢混凝土结构，屋面及其支撑系统为钢结构，屋面为金属屋面，外立面为玻璃幕墙。楼前为双层的高架桥。航站楼核心区的B2层为轨道区，共有5条轨道线，B1层主要为出港旅客提供换乘轨道交通的换乘空间，F1～F5层为出港的功能区，包括迎客大厅、办票、安检、边防、行李提取、候机等功能区域。

混凝土基本柱网为9m×9m、9m×18m和18m×18m以及不同圆心的圆弧轴网、三角形轴网9m×10.392m等。B2为轨道区，结构层高达11.55m；B1层为结构转换层，框架梁轴线跨度为18m；楼层内存在大量的大截面梁，梁的集中线荷载超过20kN/m。

新机场规划终端的旅客容量目标为每年1亿以上人次，本期容量为每年7200万人次，货邮吞吐量200万吨、飞机起降量62万架次的目标设计，建设4条跑道、80万m^2航站楼、40万m^2的停车楼及综合服务楼、5.2万m^2的双层高架桥及相应的货运、空管、航油、航食、市政配套、综合交通枢纽等生产生活设施。

本期航站楼项目由旅客航站楼、换乘中心和综合服务楼与停车楼三部分组成，总建筑面积达103万m^2，航站楼核心区建筑面积60万m^2，超过首都国际机场T3航站楼，建成后将是目前全球最大的机场航站楼，计划于2019年建成通航。

8.2 智慧工地集成管理平台

根据新机场项目部信息化建设的现状，结合行业信息化发展方向，新机场智慧工地集成管理平台的总体功能规划包括以下四个方面：可视化数据展现、应用业务系统集成导航、平台数据管理、平台系统管理。

8.2.1 可视化数据展现

智慧工地集成管理平台能够将新机场的应用系统数据和仪器设备采集数据，通过可视化手段集中展现，通过两级页面的方式体现。

第一级，首页集成关键应用系统数据。

将关键应用系统的数据接口开放给平台，数据能够穿入到智慧工地平台首页，智慧工地平台以多种表现形式将数据合理展现。同时所有应用系统以功能列表形式排列，点击相应应用系统，可以跳转至二级页面。

第二级，各个应用系统数据单独展现。

需要各个应用系统的数据接口对智慧工地平台开放，智慧工地平台能够实时获取到数据，针对每个应用系统的各类数据，智慧工地平台单独设置二级页面对应用系统进行数据展示，但是不体现业务。

1. 界面设计

首页页面如图 8-1 所示，顶部为 LOGO——北京新机场旅客航站楼及综合换乘中心（核心区）工程智慧工地集成平台，顶部左上角为北京城建集团，顶部右侧为登录账号、设置等；左侧栏最上边为安全生产时间和交付倒计时，左侧栏中间为八个应用业务系统链接，包括劳务管理、视频监控、资料管理、二维码系统、塔机监控、OA 平台、环境监控和 BIM5D 系统，点击相应链接，将跳转至应用平台自身的业务系统；左侧栏最下面为相关劳务数据的展示；中间位置为项目的航拍图、BIM 展示、视频监控、介绍视频，通过顶部四个按钮可以随时切换，中间底部按钮是数据的展示页面链接，包括视频监控、混凝土质量监控、钢网架监控、混凝土温度监测、三维扫描仪，通过点击相关按钮，可以链接到该应用的数据展示页面；右侧栏最上边为通知，中间是塔机监控数据展示，塔机分布动画演示，最下面是扬尘噪声系统平均值数据。

图 8-1 北京新机场旅客航站楼及综合换乘中心（核心区）工程智慧工地集成平台

2. 视频监控

平台能够获取视频监控实时数据，获取摄像头位置、通道信息等，在平台二级页面进行直观展示。

视频监控二级页面如图 8–2 所示，左侧为视频监控列表，中间区域体现摄像头安装部署图，点击图中具体某个摄像头，右侧影像区域能够随时切换至当前摄像头画面，右侧底部为云台控制。

3. 混凝土质量监控

平台能够获取混凝土质量监测的数据，在平台二级页面进行直观动态展示。

混凝土质量监控二级页面如图 8–3 所示，左侧按月份排序，月份底下包含视频列表，中间区域为视频画面，能够快进、快退、暂停播放等。

4. 钢网架实时监控

平台能够获取钢网架监测的实时数据，在平台二级页面进行直观展示。

钢网架监控二级页面如图 8–4 所示，左侧按测区排序，共 18 个测区，测区下面是测杆，点击测杆中的点，右侧展示该点的数据，每根杆四个传感器，以表格形式呈现，表头为监测杆名称，下面的监测值分四行，每个传感器的数据，按时间天数累加记录数据。

5. 混凝土温度监测

平台能够获取新机场对大面积混凝土的温度监测数据，将采集到的变化数据，在平台二级页面进行直观展示。

混凝土监测二级页面如图 8–5 所示，左侧为温度按八个区划分的列表，区下面是具体的监测点名称，点击某个监测点，右侧展示该点的监测数据；以表格形式呈现，表头为监测点名称，下面的监测值分三行，大气温度、表层温度、中心温度，按时间天数累加记录数据，相邻两个数据做差值，大于 25，标红预警。

图 8–2　视频监控

图 8-3　混凝土质量监控

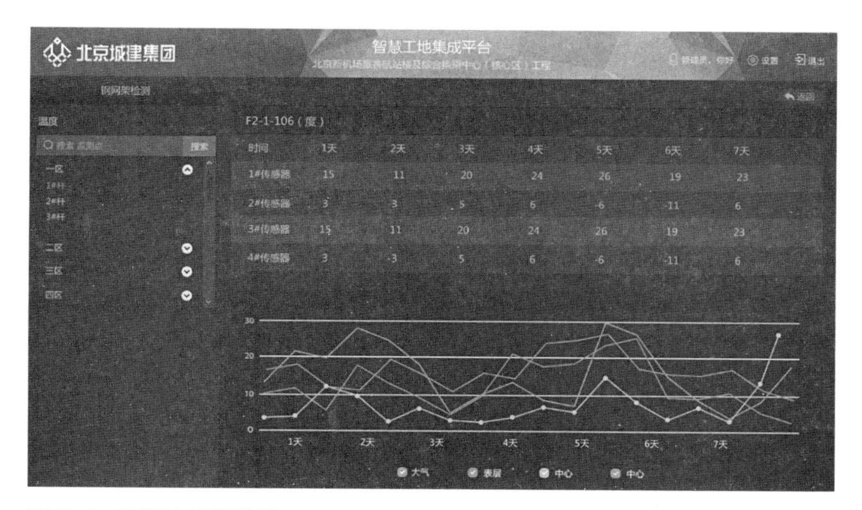

图 8-4　混凝土质量监控

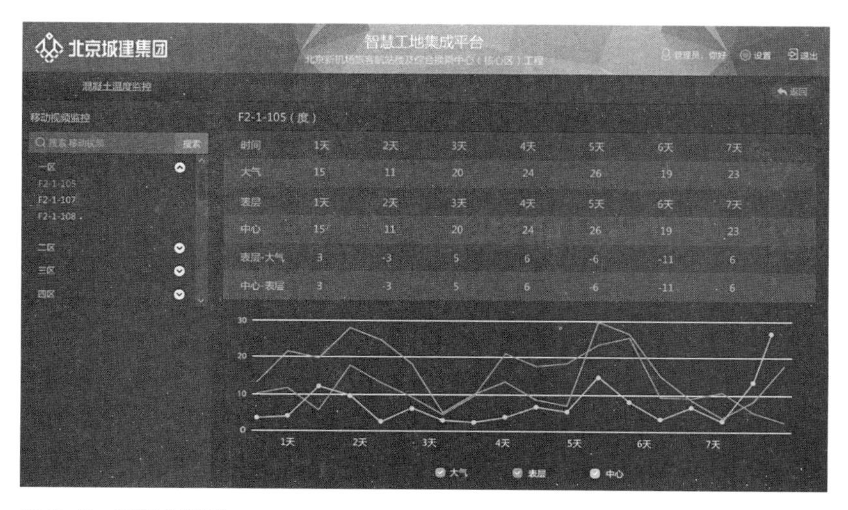

图 8-5　混凝土监测

6. 三维点云模型显示

平台能够获取三维扫描仪采集的数据，将采集到的数据，在平台二级页面进行直观动态展示。三维扫描仪二级页面如图 8-6 所示，左侧为按照扫描内容的列表，比如基坑、钢网架等，右侧为采集到的图片和得出的结论，图片可以下载，并且提供原始文件下载，原始文件以压缩包形式呈现。

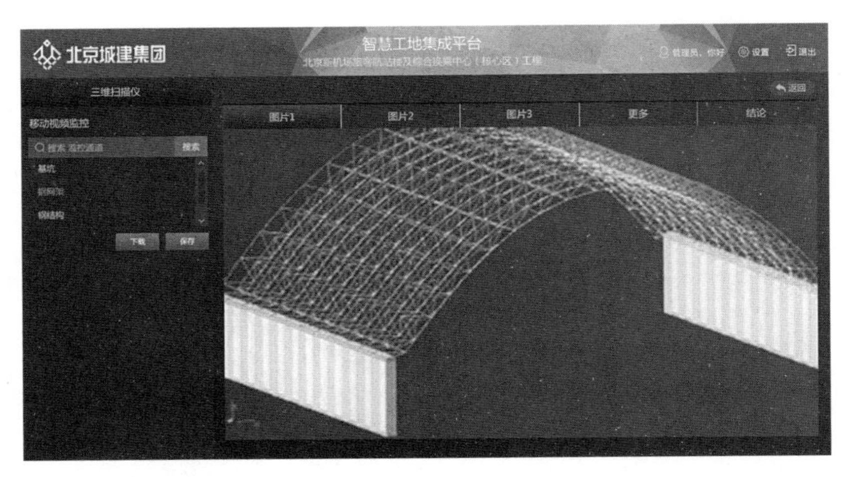

图 8-6　三维扫描仪模型

8.2.2　集成导航

智慧工地平台，针对每个具体的应用系统，提供应用系统数据展示的同时，也能够导航链接到该应用的业务系统，实现集成导航。智慧工地平台的一级页面和二级页面均能够跳转至该应用业务系统，并且跳过登录页面直接进入系统首页，若配置用户名和密码不正确，系统会默认进入系统登录界面，登录后系统会自动保存用户名和密码，下次免登录。但是，为了实现智慧工地平台对各个应用业务系统的一键登录和定制不同用户名密码的一键登录，需要对被集成应用业务系统进行改造。

需要被集成导航的业务系统有：视频监控系统、劳务实名制系统、塔机防碰撞系统、OA 平台系统、资料管理系统、二维码系统、扬尘噪声系统、BIM5D 系统。

8.2.3　数据管理

智慧工地平台实现对平台第一级和第二级页面获取到的数据进行集中存储和管理，平台每天获取的数据集中存储，实现数据的统一集中管控，为后期平台和用户的使用分析提供支持。

8.2.4　系统管理

项目管理员对智慧工地集成管理平台进行用户设置，各个子系统须统一用户名与密码，保证与智慧工地平台一致，并且各个子系统需进行改造，实现通过智慧工地平台链接到子系统无需再次输入用户名和密码，能够直接登录，实现单点登录。具体来说，通过平台点击各个子系统，能够跳过子系统的登录页面直接进入系统首页，若配置用户名和密码不正确，系统会默认进入系统登录界面，登录后系统会自动保存用户名和密码，下次免登录。各子系统界面如图 8-7 所示。

图 8-7　子系统界面图

（*a*）劳务实名制管理系统；（*b*）塔吊防碰撞系统；（*c*）视频监控系统；（*d*）OA 系统；（*e*）扬尘噪声监测系统；（*f*）二维码系统；（*g*）机场 BIM5D 专版；（*h*）资料管理系统

8.3 劳务实名制一卡通系统

北京新机场航站楼项目施工现场面临着环境复杂、人员杂乱等诸多问题。具体表现如下：项目现场危机潜伏，工人施工环境有一定的危险因素，遇到突发事件时如无法准确知道受困人数以及所在区域，将拖延救援工作；施工现场与生活区没有隔离和安全防护措施，外来人员擅自出入工地，农民工家属及子女随意进出工地，使项目正常施工受到干扰；由于施工环境的限制，设备与材料的安全管理不完善及部分工人的防范意识薄弱，为犯罪分子提供了可乘之机；建筑工地，工人杂乱，安监部门很难监督施工人员的工作量以及工作效率，人员管理困难；随着社会经济的不断进步、发展，人们对安全生产的要求也越来越高，尤其是近几年建筑安全事故时有发生，如何才能安全、高效的生产已越来越受到社会的关注。

结合新机场航站楼项目施工现场环境及劳务用工情况的调查结果，通过对劳务实名制信息化管理进行探索研究，特采用广联达劳务实名制一卡通信息化系统，主要包含“工人实名制登记、工人考勤、门禁、监控、信息发布、食堂消费、超市消费，并实现与现场视频监控系统集成”等。另外，本系统结合物联网技术，通过智能化的管理模式对工人进出施工现场、起居生活等进行全方位的管控，项目管理人员的工作效率得到显著的提高。同时满足公司总部及项目现场管理人员通过远程监控视频实时监控生产现场，大大降低了项目的劳务用工风险。

8.3.1 现场部署标准化

实现项目施工现场全封闭管理。设立门禁闸机通道进出，无卡人员禁止出入，同时配合保安及视频监控设备，有效地防止其他社会人员进入，保证施工现场的安全。整个项目分为施工区、生活区以及办公区，施工区采用 4 通道 5 台翼闸设计，共 6 门区；生活区采用 5 通道 6 台翼闸设计，共 4 门区；办公区采用 2 通道 3 台翼闸，共 1 门区。

图 8-8 施工区现场照片

由于现场环境因素，施工区现场设计上采用单门区可以单独独立工作，独立配置有操作台、工控机、不间断电源、42 寸 LED 电视信息显示、高清拍照兼录像摄像头等，如图 8-8 所示。生活区，共分为两个区域，现场全封闭，人员只能通过刷卡进入，生活区人员刷卡数据不计入考勤，总包单位的施工人员可以在两区之间相互通行，如图 8-9 所示。办公区为单独一个门区设计，在门区规划上区分于施工区与生活区，办公区只限办公人员持卡进出，如图 8-10 所示。

图 8-9　生活区现场照片

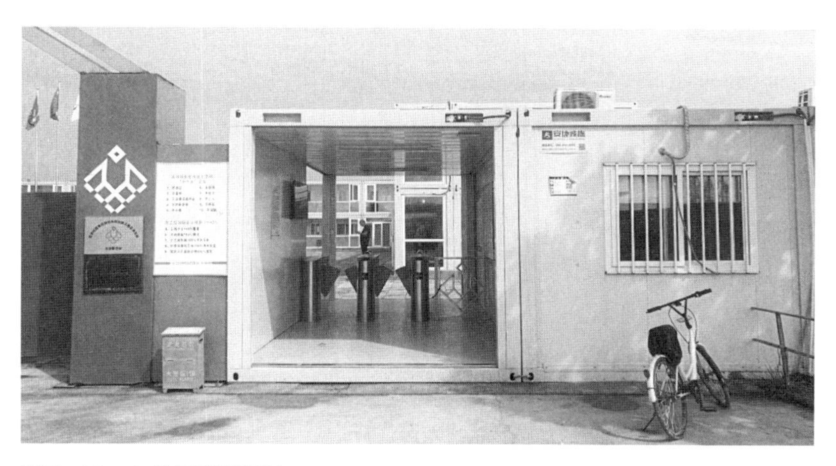

图 8-10　办公区现场照片

8.3.2　业务管理标准化

1. 实名制认证进场

分包队伍进场，要求三证齐全：入场教育并考试合格的人员持考试试卷、身份证以及劳务合同办理入场登记。登记人员信息通过身份证阅读器，同时上传特殊工种证书和照片，保证人员信息准确，也减轻了劳务管理员的工作量。对黑名单人员和年龄不符合要求的人员，系统会自动拦截，降低了项目的人员风险。

2. 考勤记录功能

工人一人一卡，进出现场要求刷卡进出，系统考勤记录可实时监控进出场频次、作业时间、工种，采集出勤数据后，根据队伍、班组、个人姓名等关键字检索统计当日、当月或者某一时间段作业人员出勤信息。考勤记录功能的应用，一是为恶意讨薪提供查询依据，降低企业风险；二是可监控各队伍及班组实际出勤人数，为生产计划安排、工种配比、劳动效率分析、工人成本分析提供依据，如图 8–11～图 8–13 所示。

3. 队伍班组综合实力分析

队伍班组综合实力分析功能，主要是通过考勤数据对队伍和班组人员流动情况、人数规模、劳动效率等方面进行综合分析，统计某一时间节点队伍及班组综合实力，对于综合实力较差的队伍及班组进行预警，提示风险，慎重使用或者不用，减少管理隐患，如图8–14所示。

4. 安全培训教育

保证每个上岗工人安全培训到位一直是项目头疼的问题，应用劳务系统以后，可以通过刷卡进行签到，系统自动跟踪每个人参加的培训情况，不参加培训的人不能进入现场，保证了安全培训的效果，如图 8–15 所示。

图 8–11　工人考勤表

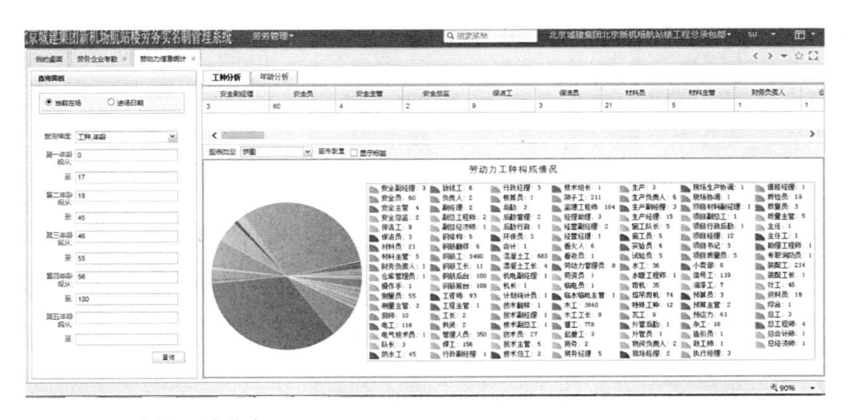

图 8–12　在场工种分布

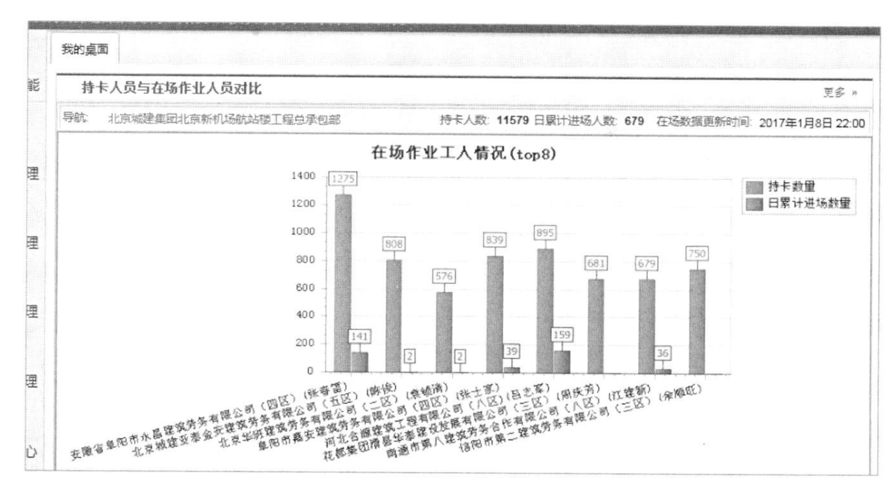

图 8-13 在场人数

查询结果

	企业名称	队长姓名	队长电话	合作年限	参与项目数	不良记录数	黑名单人数	注册资金(万元)	经营范
1	上海富茂建筑劳务有限公司	杨忠禄	13901379207	1	2				土
2	上海争光建筑装潢有限公司	宋炳辉、…	13801853046、1305200...	1	1		1		土
3	上海蜀山建筑有限公司	陈洪、翟亮	13601765920、1365167...	1	2				土
4	上海徽宏建设工程有限公司	伍劲松	13817558337	1	1				土
5	江苏宏万里建筑劳务有限公司	洪万里	13338050128	1	1				土
6	上海润雷建筑工程有限公司	孙方雷、…	13331888868、1363668...	1	1		1		土
7	上海磊鑫建筑工程有限公司	杨青果	15800805988	1	1		5		土
8	上海广大基础工程有限公司	张明翠	15301696193	0	1				桩
9	上海弘韬建设发展有限公司	周月虎	13162483212	1	1				基
10	上海长凯岩土工程有限公司	殷立锋	13381650191	0	1				基
11	上海时进土石方基础工程有限公司	李松涛 陈…	13052450484、1370173...	0	1				土
12	上海明德机械建筑机械工程有限…	黄明德	13501809289	1	1				土
13	江苏艺博防水防腐工程有限公司	吴俊鑫	13914211157	0	1				防
14	河南省华瑞防水防腐有限公司	李龙龙	13838923133	1	1				防
15	中国建筑第八工程局有限公司(…	严总 鹏经理	[illegible]	[illegible]	[illegible]				[illegible]

第 1 页,共 2 页 每页显示 25 条记录 显示 1 - 25条,共 39 条

参与项目 奖罚记录

	项目名称	进场日期	退场日期	参与人数
1	16-1项目	2014-10-23		9
2	龙华国际	2014-05-01		51

图 8-14 综合实力分析

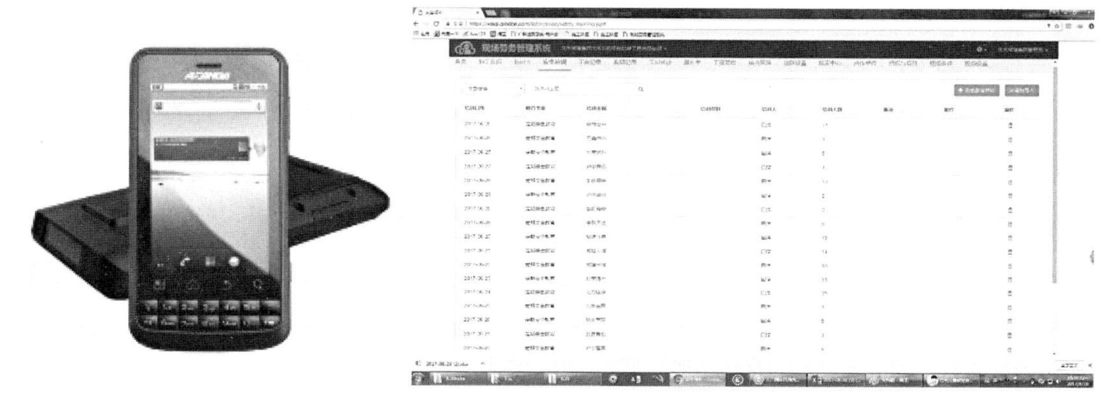

图 8-15 刷卡签到

8.4 塔吊安全监控管理系统

目前建筑行业施工安全形势严峻，国家和行业政策对施工安全管理要求越来越严格，在施工领域越来越多的企业采用新技术对施工现场进行安全管理，采用物联网技术对现场塔吊、升降机等现场机械进行安全管理，取得了不错的效果。

新机场核心区项目共有 27 台塔吊集中作业，体量庞大，碰撞关系复杂，最少有 3 台发生碰撞关系，最多可达到与 7 台同时进行交叉作业，对产品设备具有非常高的要求，需满足群塔作业的管理和控制。

8.4.1 塔机安全监控系统构成

如图 8-16 所示，塔吊安全监控系统有三大子系统构成：塔吊监控平台（远程监控云平台和地面实时监控软件）、数据传输与存储系统、塔吊黑匣子监控硬件设备。具体包含内容详见表 8-1。

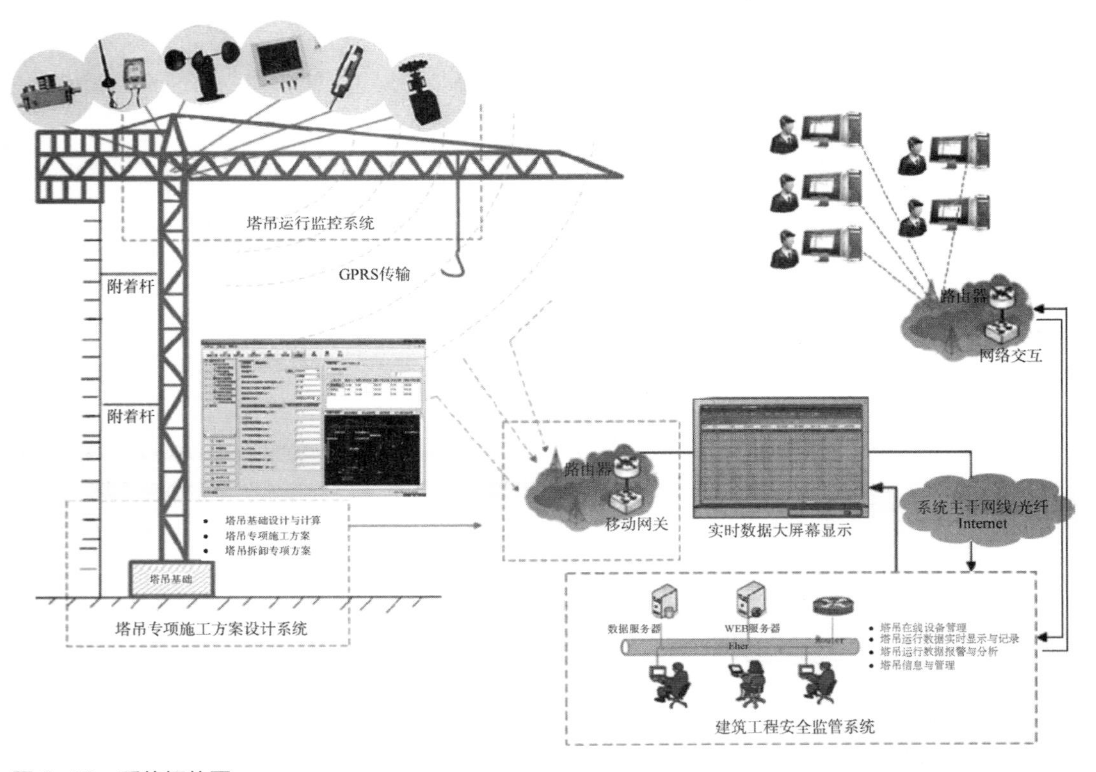

图 8-16　系统拓扑图

北京新机场塔吊安全监控管理系统　　表 8-1

名称	主要组成内容	实景图片	在系统中的功能及价值
塔吊监控平台	远程监控云平台：包含电脑PC端监控和手机客户端两部分	 电脑 PC 端  手机客户端	施工企业通过分级授权远程登录云平台账号，实现公司或项目部对塔吊的运行状况进行远程监控
			应项目要求监控云平台授权到集团项目公司服务器上，保证内部数据信息的安全
			主要包含实时监控、报警及违章信息查询、统计报表分析等功能；采用云平台模式，客户无需部署软件，直接登录云平台账号即可查看，支持海量数据
	地面实时监控系统：包含地面监控软件和硬件设备两部分		项目部可以通过地面监控软件实时监控现场塔吊运行状况
			可对既往的现场塔吊运行状况进行记录及回访
			硬件设备安装在项目部监控室，和现场塔吊距离不能超过600m
数据传输与存储系统	GPRS 数据传输模块（DTU 设备）	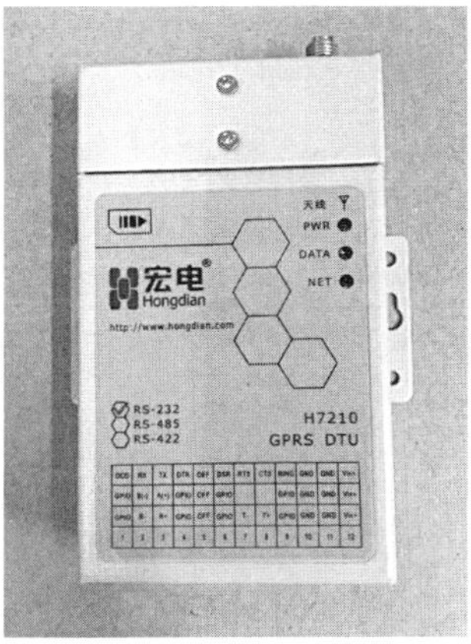	用于将黑匣子硬件设备采集和处理的数据发送至监控云平台
			设备安装在主机里
塔吊黑匣子监控硬件设备	主机控制模块，主要包含核心板、主板、截断控制、防雷模块、电源控制等模块	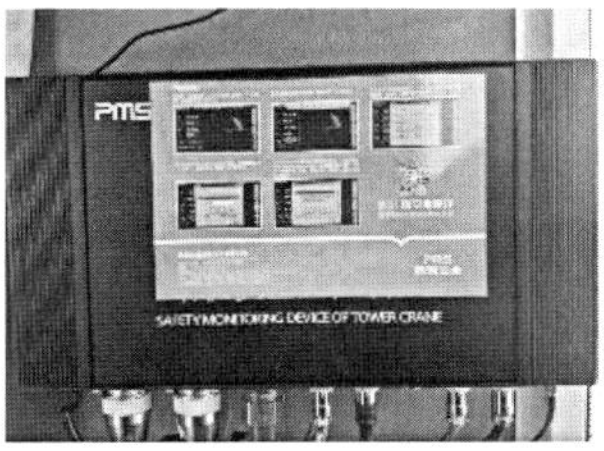	整个系统的大脑和中枢、核心设备、系统的各种算法和控制指令均通过本设备进行
			设备安装在塔吊司机驾驶室

名称	主要组成内容	实景图片	在系统中的功能及价值
塔吊黑匣子监控硬件设备	显示器、工业级彩色触摸屏包含7寸和10寸两个规格，PM530标配为7寸	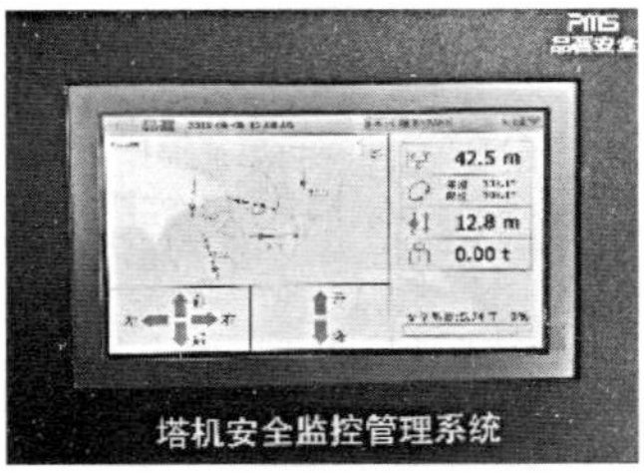	系统的调试、塔机运行状况的数据显示等功能均通过显示器实现
			设备安装在司机驾驶室
	无线通信模块（433模块）	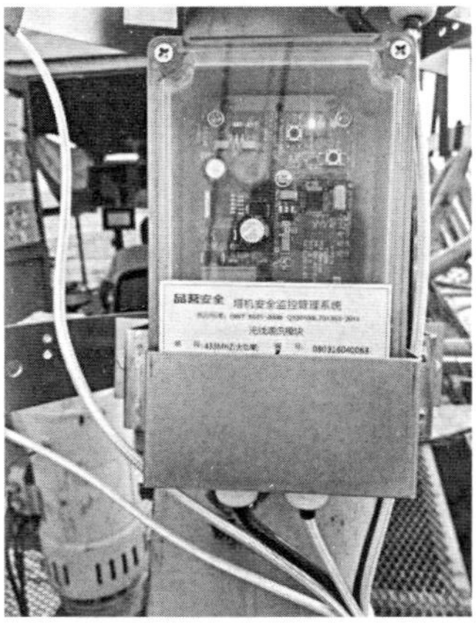	用于塔吊防碰撞计算时不同塔吊之间的数据传输
			用于与现场地面实时监控软件的数据传输
			根据施工现场工况针对性开发的一款无线通信设备，绕射能力强，设备安装在塔吊上
	吊重传感器，分为销轴式传感器和S型拉力器		测量塔吊的吊重数据
			参与系统力和力矩的超限控制
			一般安装在塔帽或大臂上
	变幅传感器	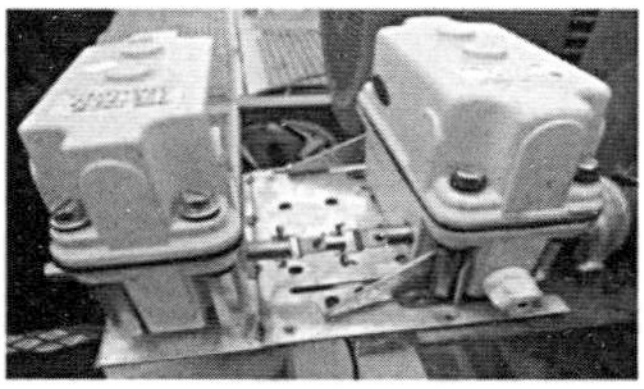	测量小车的幅度值
			参与系统的幅度限位控制
			参与塔吊的力矩超限控制
			安装在塔吊自身幅度限位器旁边
	回转传感器，分为绝对值编码器和电子罗盘两种，PM530采用绝对值编码器	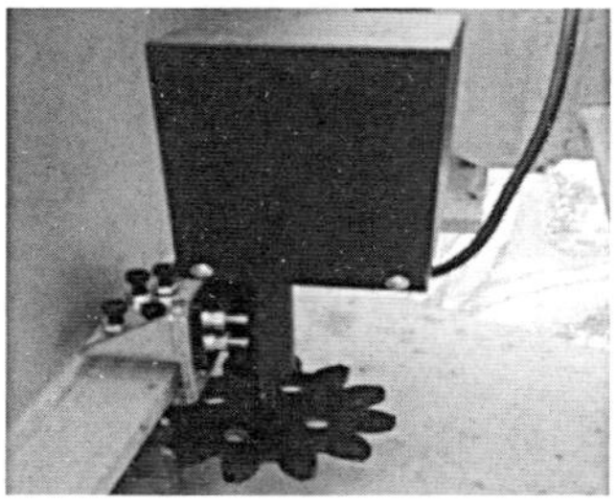	测量塔吊的回转角度值
			参与塔吊的回转限位控制
			参与区域保护、精准吊装、群塔防碰撞等功能的实现
			安装在塔吊回转台

续表

名称	主要组成内容	实景图片	在系统中的功能及价值
塔吊黑匣子监控硬件设备	高度传感器		测量塔吊的吊钩高度值
			参与塔吊的高度限位控制
			安装在塔吊自身高度限位器旁边
	风速传感器		测量塔吊现场的风力值
			当风速超过六级时，风力报警

8.4.2 塔吊监控系统实现的主要功能及原理

1. 主要功能

塔吊安全监控系统在项目的实际应用中可以实现基本功能、高级应用功能、监控记录功能等。其中，基本功能主要包括超载限制功能、小车幅度限位功能、超力矩限制功能、吊钩高度限位功能、回转限位功能、风速报警功能；高级应用功能主要包括区域保护功能、精准吊装功能、群塔作业防碰撞功能；监控记录功能主要包括黑匣子记录功能、云平台远程监控功能、地面实时监控功能。

2. 具体功能的实现方式及原理

（1）超载限制功能

通过在塔吊上安装吊重传感器可以测量塔吊每吊重物的实际重量（误差率 5%），根据塔吊自身的荷载表，当重物的重量超过系统设置的预警值（该值可根据项目实际情况调整，一般为额定荷载的百分比）时，监控系统会进行声光和语音预警，当重物的重量超过系统设置的报警值时，监控系统会进行报警，并禁止重物起吊。

（2）小车幅度限位功能

通过在塔吊上安装变幅传感器可以测量塔吊小车的行程距离，根据系统预设的限位值，当小车的行程值达到系统设置的预警值时，系统发出声光和语音报警，并自动将小车由高速状态切换为低速状态，当小车的行程值达到系统设置的报警值时，系统自动禁止小车行进。

（3）力矩限制功能

塔吊安装了吊重和变幅传感器后，根据力矩 = 力 × 力臂，系统会自动计算小车在不同位置的力矩值，随着小车的行进，当力矩值达到系统设置的预警值（额定力矩的百分比）时，系统会发出声光和语音报警，并自动将小车由高速切换为低速，当力矩值达到系统设置的报警值时，系统禁止小车行进。

（4）吊钩高度限位功能

原理及功能同小车幅度限位功能。

（5）回转限位功能

通过在塔吊上安装回转传感器可以测量塔吊的回转转角，根据塔吊操作规程，塔吊回转禁止在一个方向超过 540°，系统设置 ±540° 的转角值后，当司机操作塔吊回转值达到系统设定的额定值时（该值设定时要考虑塔吊回转断电后的自由旋转值），系统自动禁止塔吊转动。

（6）风速报警功能

通过安装在塔吊顶部的风速仪，测量塔吊工作现场的风速值，当超过规定值时，监控系统自动报警，并在云平台对项目管理方进行报警提醒。

（7）群塔防碰撞功能

碰撞是施工现场最大最危险的安全隐患之一，通过使用监控系统的防碰撞功能，可以有效地避免施工现场群塔作业的碰撞安全隐患。

通过安装无线通信模块（433 模块），将现场的塔吊控制系统组成一个通信网络，塔吊通过安装的变幅传感器和回转传感器采集塔机的实时数据，发送至主机及相邻碰撞关系的塔吊，通过三维防碰撞计算模型，系统自动计算塔吊间的距离，并根据设定的碰撞的角度和幅度预报警值发出控制指令，实现群塔作业的防碰撞控制，如图 8-17 所示。

（8）黑匣子记录功能

塔吊黑匣子核心硬件设备以 ARM 作为核心控制单元，成熟的工业产品，性能稳定，抗干扰能力强，硬件设备可存储 2 万条工作记录，2s 一条的实时记录，可存储 56h，且黑匣子记录可通过通信模块实时传输至地面监控软件，便于事故回放。

（9）云平台远程监控功能

为了满足施工各主体方的远程监管需求，开发了远程监控云平台和手机监控客户端，施工企业或项目部可通过平台账号实现对现场塔吊的作业情况进行远程监控和管理，通过监控平台，可以实现实时监控、电子地图、违章信息、报警信息、提醒信息、统计报表等功能。

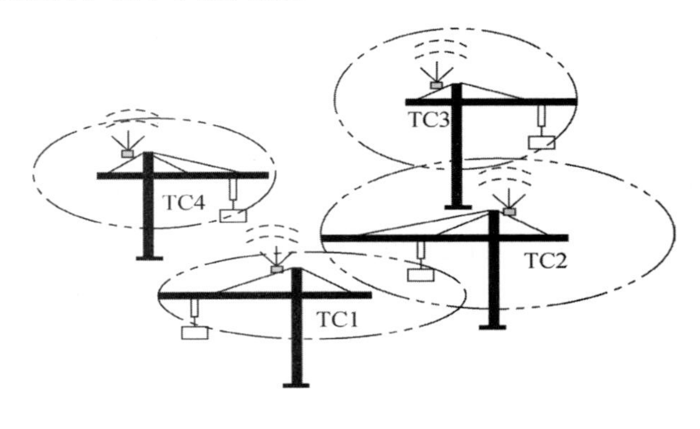

图 8-17　群塔防碰撞监测原理图

实时监控功能：通过该功能，可实现对项目现场的塔吊进行监控状态查看、塔吊模拟监控、运行数据查询、运行时间查询、吊重数据查询等，如图 8-18～图 8-20 所示。

违章信息查询：通过该功能，可以查看现场塔吊的违章记录并支持回放，如图 8-21 所示。

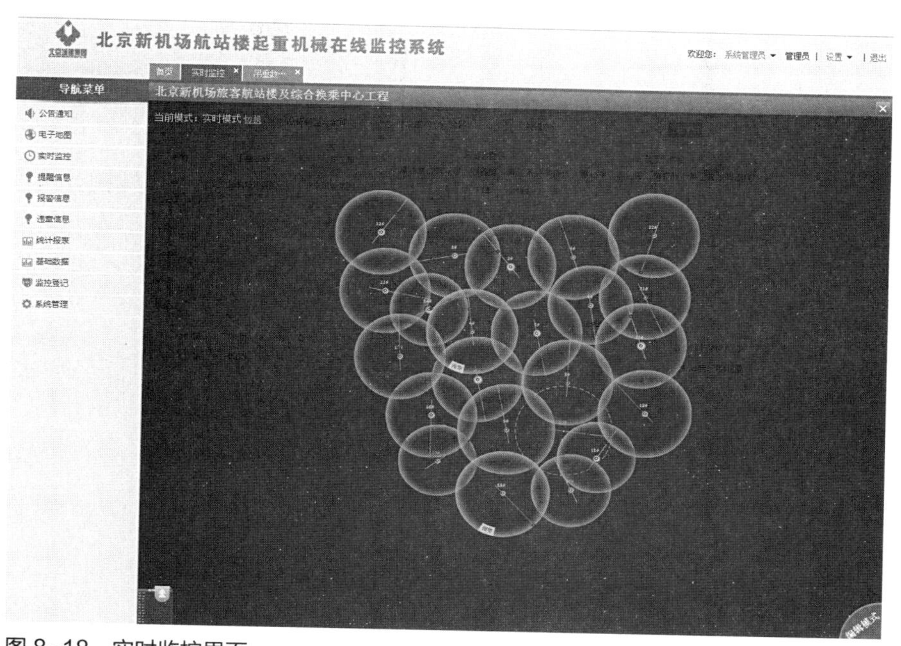

图 8-18　实时监控界面

北京新机场航站楼起重机械在线监控系统

欢迎您：系统管理员 ▾ 管理员 | 设置 ▾ | 退出

首页 | 实时监控 | 运行数…

导航菜单：公告通知、电子地图、实时监控、提醒信息、报警信息、违章信息、统计报表、基础数据、监控登记、系统管理

塔式起重机运行数据【工程名称：北京新机场旅客航站楼及综合换乘中心工程,5#】　导出　打印

时间：2016-06-01　00:00 至 23:59　力矩百分比：全部　状态：全部　查询

运行时间	回转角度(°)	幅度(m)	吊钩高度(m)	吊重(t)	力矩百分比(%)	安全吊重(t)	风速(级)	司机	倾角(°)	吊绳倍率	司机状态	设备状态
17:02:18	77.4	69.0	6.8	2.19	32.5	6.7	0	无	未安装	4	无	限位提醒
17:02:08	77.4	69.1	5.9	0.75	11.1	6.7	0	无	未安装	4	无	限位提醒
17:01:57	77.4	69.0	4.5	0.00	0.0	6.7	0	无	未安装	4	无	限位提醒
17:01:22	77.4	69.1	3.5	0.00	0.0	6.7	0	无	未安装	4	无	限位提醒
17:00:22	77.4	69.1	3.5	0.00	0.0	6.7	0	无	未安装	4	无	限位提醒
16:59:22	77.4	69.4	5.0	0.00	0.0	6.7	0	无	未安装	4	无	限位提醒
16:59:12	77.1	66.1	12.2	0.00	0.0	7.2	0	无	未安装	4	无	正常
16:59:01	76.4	58.8	19.3	0.00	0.0	8.5	0	无	未安装	4	无	正常
16:58:51	76.0	51.2	26.3	0.00	0.0	10.2	0	无	未安装	4	无	正常
16:58:41	64.4	45.4	26.9	0.00	0.0	12.1	0	无	未安装	4	无	正常
16:58:30	39.5	41.6	26.9	0.00	0.0	13.4	0	无	未安装	4	无	正常
16:58:18	10.3	38.9	26.9	0.00	0.0	14.6	0	无	未安装	4	无	正常
16:58:06	339.7	38.9	26.9	0.00	0.0	14.6	0	无	未安装	4	无	正常
16:57:55	313.3	38.8	22.9	0.00	0.0	14.7	0	无	未安装	4	无	正常
16:57:45	289.1	39.0	15.7	0.00	0.0	14.6	0	无	未安装	4	无	正常
16:57:34	280.3	38.9	8.8	0.00	0.0	14.6	0	无	未安装	4	无	正常
16:57:22	280.3	38.9	3.1	0.00	0.0	14.6	0	无	未安装	4	无	正常
16:56:32	280.3	39.2	3.6	0.59	4.1	14.5	0	无	未安装	4	无	正常
16:56:20	280.3	38.4	5.0	1.01	6.8	14.9	0	无	未安装	4	无	正常
16:56:03	282.4	36.8	5.2	1.07	6.7	15.8	0	无	未安装	4	无	正常

20 ▾　第 1 共10页

显示1到20, 共194记录

图 8-19　运行数据查询

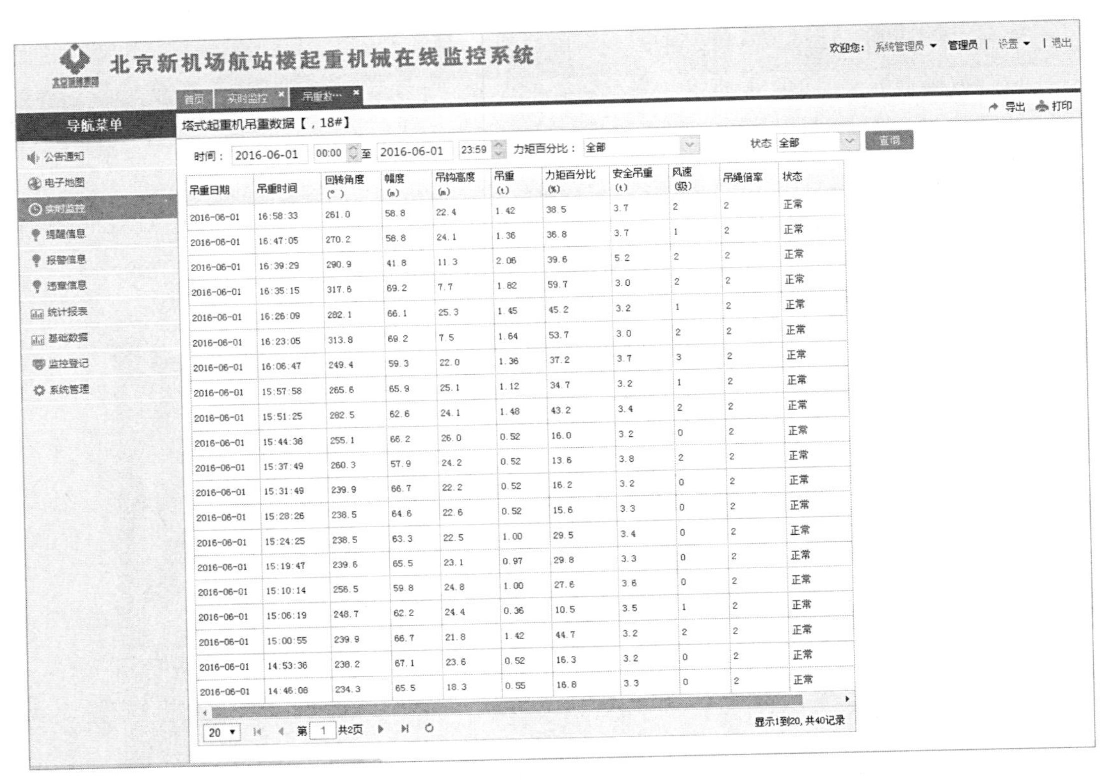

图 8–20　吊重数据查询

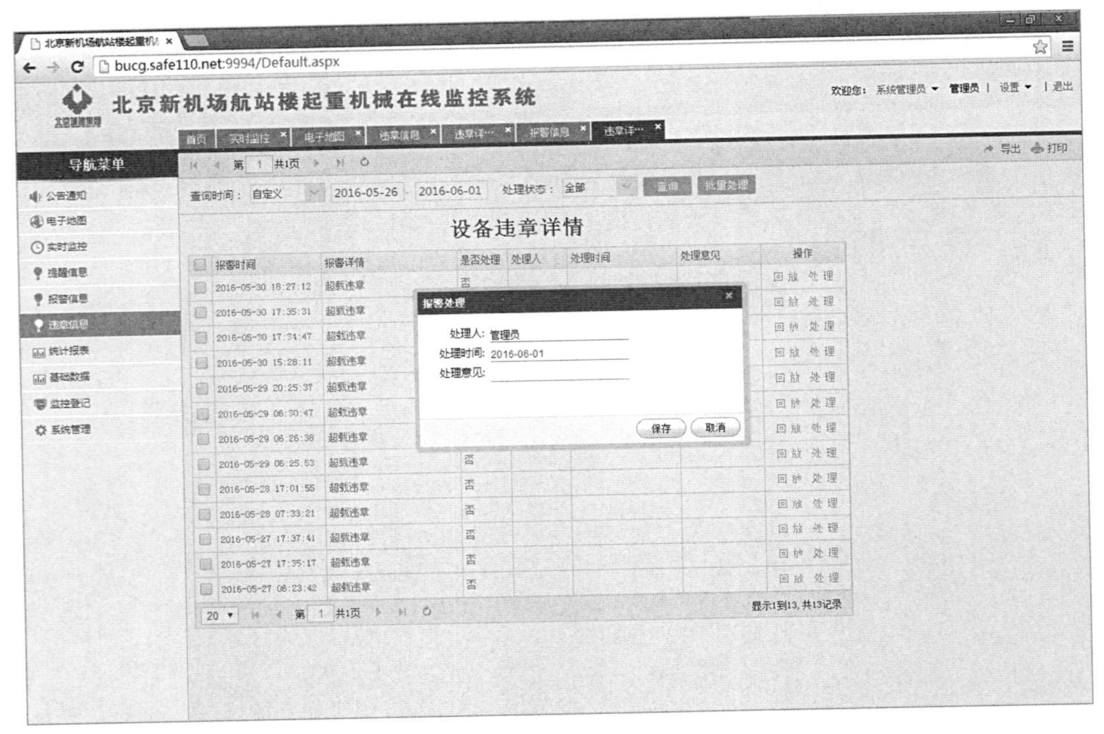

图 8–21　违章信息详情

报警信息：通过此界面查看相关报警信息，如风速和倾斜报警等。

提醒信息：通过此页面，可以查看现场塔吊设备发出的超载、限位、碰撞、限行区域保护等各种提醒信息的统计及详细数据分析和回放。

统计报表：系统提供塔式起重机工作等级统计表、设备离线时长一览表、司机作业情况统计一览表、力矩百分比统计一览表、群塔统计一览表等多种报表分析，便于企业对现场塔吊工作状况进行统计管理，如图 8-22 所示。

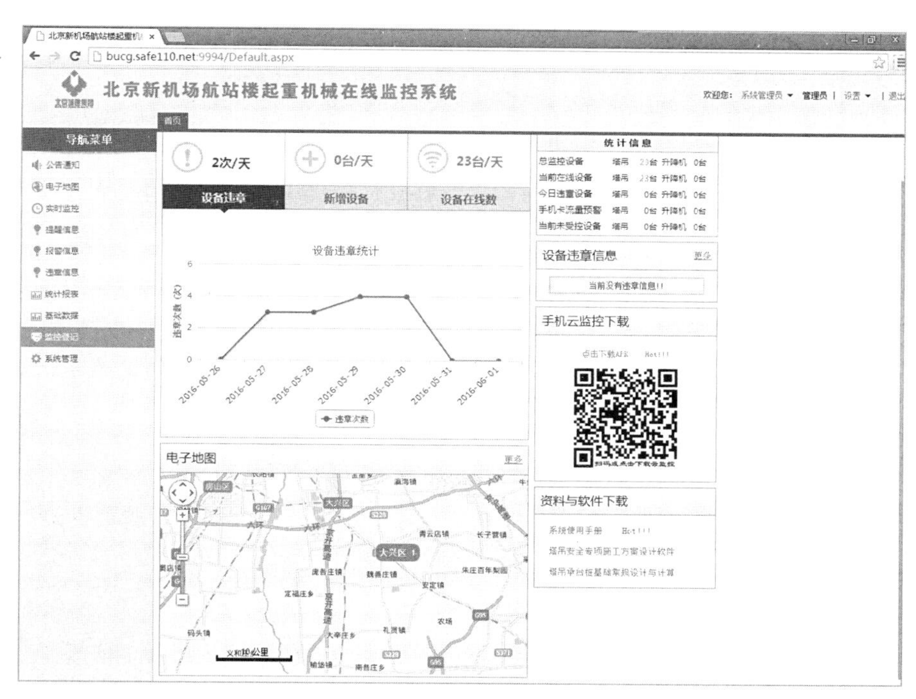

图 8-22　塔机工作统计

（10）地面软件实时监控功能

该监控功能只针对项目使用，正常有效距离 600m，安装该功能（软件和硬件）后，施工项目部可通过地面监控软件实时观看现场塔吊的作业情况。由于监控方式原因，此监控功能实时性比云平台更及时，且可通过该平台对现场塔吊监控系统的各种参数远程设置和调整。

8.5　新机场视频监控系统

施工单位秉承着安全生产的要求，从集团层面、公司层面乃至项目层面对北京新机场工程都尤为重视，大力促进新机场的信息化建设水平，建立健全智慧工地的每一个子系统，而视频监控系统作为智慧工地不可缺少的模块，显得尤为重要。

北京新机场旅客航站楼及综合换乘中心（核心区）设置了视频监控系统，规划了硬件部署和软件设计，完成了硬件设备的采购、安装、调试和交验，定制开发了软件系统，实现了 PC/ 手机对工程现场 121 个点位视频监控的实时查看与控制，加强了新机场工程的安防管理，提升了工程的信息化水平。

8.5.1 视频监控系统建设目的

视频监控平台以物联网、云计算、移动宽带互联网技术为基础，将现场视频监控传感器通过本地项目部署的无线 / 有线网络组建局域网，通过互联网接入云服务器，实现远程视频监控，实现对建筑施工现场的实时监控。便于集团和项目管理人员随时掌握建筑工地施工现场的施工进度，远程监控现场生产操作过程，远程监控现场人身和财产的安全。

使用视频监控系统，集团公司及监管部门可随时掌握建筑工地施工现场的施工进度，远程监控现场生产操作过程，远程监控现场人员和财产的安全；项目部可实时掌握施工进度、施工质量，实时了解施工现场基本情况、安全动态及重大危险源控制等，提升自身的管理水平。解决了施工人员的人身安全，以及工地的建筑材料、设备等财产的保全问题。完善了工地的安全管理措施。

1. 信息可视化

工地部署的视频监控，数据通过互联网接入云服务器，平台基于云服务器进行定制开发，借助平台，能够看到实际生产情况，及时地获取工地信息。

2. 传输实时化

通过工地部署的有线 / 无线网络，能够将视频数据实时的传输到后端，实现平台数据的实时性和精确性。

3. 监管远程化

平台不仅能够在局域网内获取工地视频监控数据，还可以通过互联网实现远程对工地的监控。

4. 历史可回溯

对于以往的历史视频数据，通过平台能够随时调取、预览、下载，实现视频数据的历史回顾和追溯。

8.5.2 视频监控系统总体设计

新机场视频监控总体设计主要涉及两方面内容，即系统的结构设计和硬件的选型实施。

1. 系统设计

离散的各个区域的视频监控，通过局域网串联，统一通过云端的方式共享，集团和公司内部通过可视化安防监控平台实现协同调度。通过该平台，能够随时随地的查看视频数据，通过桌面PC、手机和平板电脑查看任意区域的视频监控。

可视化安防监控平台的拓扑结构如图8-23所示，首先在项目上部署视频监控硬件设备，通过有线或者无线组建项目自有的局域网，将设备接入局域网中，录像机一方面通过本地交换机可以接入到本地服务器，通过部署可视化安防监控平台的本地PC端即可进行监控；另一方面，通过本地交换机接入到互联网，能够接入相对应的云服务器，可视化安防监控平台基于互联网从云服务器中获取该项目的视频监控，即可实现远程监控，包括远程PC端和手机端。

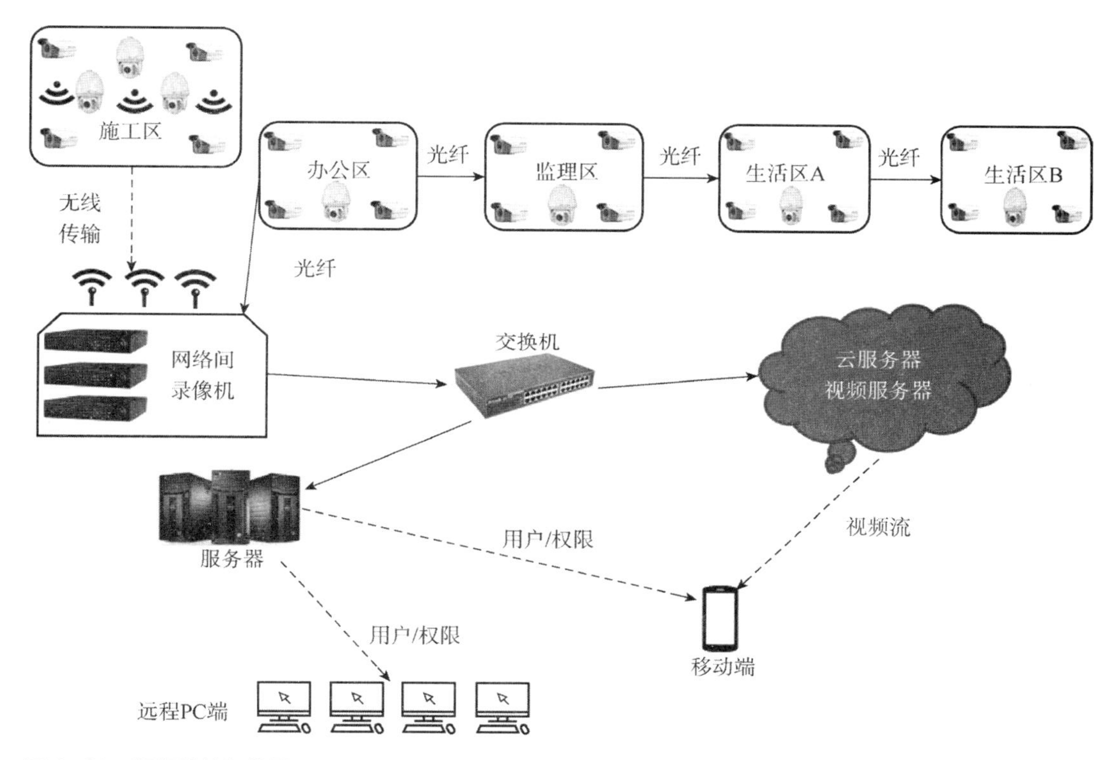

图8-23　视频监控拓扑图

2. 硬件布置

（1）网络环境设计

新机场施工区域到后端网络机房不仅距离传输远，而且间隔中环境复杂多变，无法通过有线形式进行数据传输，需通过无线传输；民工生活区则通过有线方式传输，通过无线/有线混合传输方式，实现数据的稳定传输。

（2）摄像头

新机场选择图像清晰真实、适应复杂环境、安装调试简便的摄像头，且针对不同场所选用不同的摄像头。宽阔的公共区域、人员集散地采用网络高清一体化高速球，网络高速球可通过云台转动、变焦变倍，更适合大范围内的监控，根据球机工作定位，合理选择是否需要带红外夜视功能；室外周界或狭长区域的监控则采用枪式摄像机，根据监控范围的灯光状况选择是否需要带红外功能。

视频服务器由视频压缩编码器、网络接口、视频接口、RS422/RS485 串行接口、RS232 串行接口构成，具有多协议支持功能，可与计算机设备紧密结合。

（3）枪机选型

网络枪机为海康威视 DS-2CD3T45D-I5 400 万高清摄像头，具体参数如图 8-24 所示。

（4）球机选型

网络球机为海康威视 DS-2DC4220IW-D 200 万高清摄像头，具体参数如图 8-25 所示。

（5）录像机选型

网络录像机为海康威视 DS-8616N-E8 16 路硬盘录像机 NVR，具体参数如图 8-26 所示。

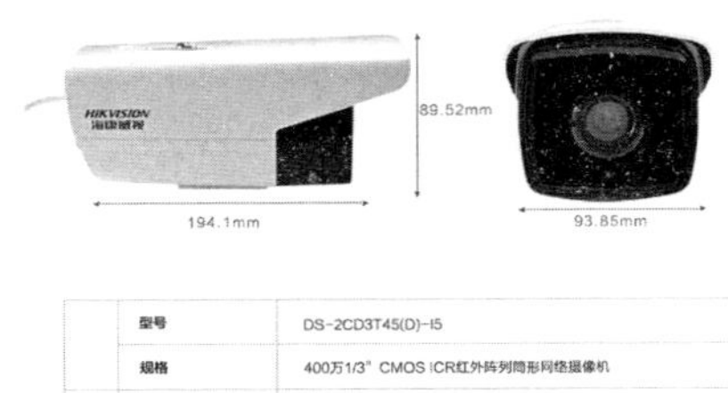

	型号	DS-2CD3T45(D)-I5
	规格	400万1/3" CMOS ICR红外阵列筒形网络摄像机
摄像机	传感器类型	1/3" Progressive Scan CMOS
	低照度	0.07Lux @(F1.2,AGC ON) ,0 Lux with IR；0.1 Lux @(F1.4 ,AGC ON), 0 Lux with IR
	快门	1/3s至1/100 000s
	镜头	4mm, 水平视场角: 76.5° (6mm、8mm、12mm可选)
	镜头接口类型	M12
	日夜转换模式	ICR红外滤片式
	数字降噪	3D数字降噪
	宽动态范围	数字宽动态
压缩标准	视频压缩标准	H.265 / H.264 / MJPEG
	H.265编码类型	Main Profile
	视频压缩码率	32 kbps~8Mbps
图像	图像大尺寸	2560 mm × 1440 mm
	帧率	50Hz: 25fps(2560 × 1440, 2048 × 1536, 1920 × 1080, 1280 × 720)
	图像设置	走廊模式、亮度、对比度、饱和度等通过客户端或者IE浏览器可调
	背光补偿	支持,可选择区域
	感兴趣区域	ROI支持双码流分别设置1个固定区域
网络功能	存储功能	NAS(NFS,SMB/CIFS均支持)
	智能报警	越界侦测、区域入侵侦测、移动侦测、动态分析、遮挡报警、网线断 IP地址冲突、存储器满、存储器错
	支持协议	TCP/IP,ICMP,HTTP,HTTPS,FTP,DHCP,DNS,DDNS,RTP,RTSP,RTCP, PPPoENTP,UPnP,SMTP,SNMP,IGMP,802.1X,QoS,IPv6,Bonjour
	接口协议	ONVIF(PROFILE S,PROFILE G),PSIA,CGI ,ISAPI
	通用功能	防闪烁、双码流、心跳、镜像、密码保护、视频遮盖、水印
接口	通信接口	1 个RJ45 10M / 100M 自适应以太网口
一般规范	工作温度和湿度	-30~60℃,湿度小于95%(无凝结)
	电源供应	DC 12V2A
	功耗	I5W；7.5W MAX
	红外照射距离	I5m；40m
	防护等级	IP66
	尺寸	194.1mm × 93.85mm × 89.52mm
	重量	1200g

图 8-24 网络枪机具体参数

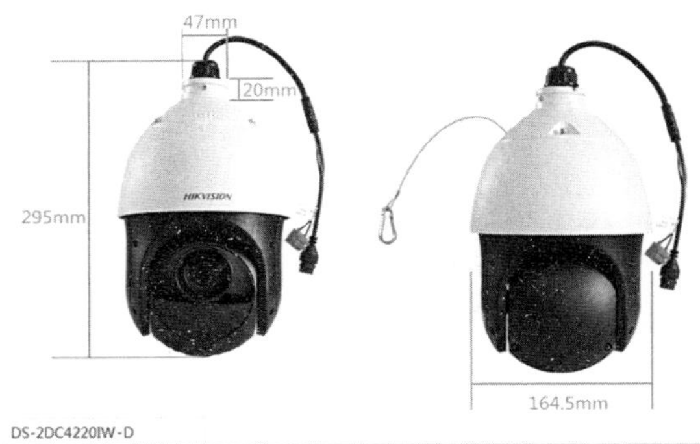

DS-2DC4220IW-D

机芯	图像传感器	1/2.8"Progressive Scan CMOS
	最低照度	彩色：0.05Lux @ (F1.6，AGC ON) 黑白：0.01Lux @(F1.6，AGC ON) 0 Lux with IR
	白平衡	自动 / 手动 / 自动跟踪白平衡 /室外/室内/日光灯白平衡/钠灯白平衡
	增益控制	自动 / 手动
	降噪	支持
	信噪比	大于 52dB
	背光补偿	支持
	宽动态	支持
	电子快门	1-1/10 000s
	日夜模式	自动ICR 彩转黑
	数字变倍	16倍
	隐私遮蔽	最多8块区域
	聚焦模式	自动 / 半自动 / 手动
镜头	焦距	4.7~94mm, 20倍光学
	变倍速度	大约3s (光学, 广角~望远)
	水平视角	58.3°~3.2° (广角~望远)
	近摄距	10~1000mm(广角~望远)
	光圈数	F1.6~F3.5
Smart功能	Smart侦测	区域入侵侦测、越界侦测、移动侦测、视频遮挡侦测
	Smart录像	断网续传、智能后检索
	Smart图像增强	透雾、强光抑制、Smart IR
	Smart编码	低码率、ROI、SVC
	Smart报警	网线断、IP地址冲突、存储器满、存储器错、非法访问

图 8-25 网络球机具体参数

物理接口

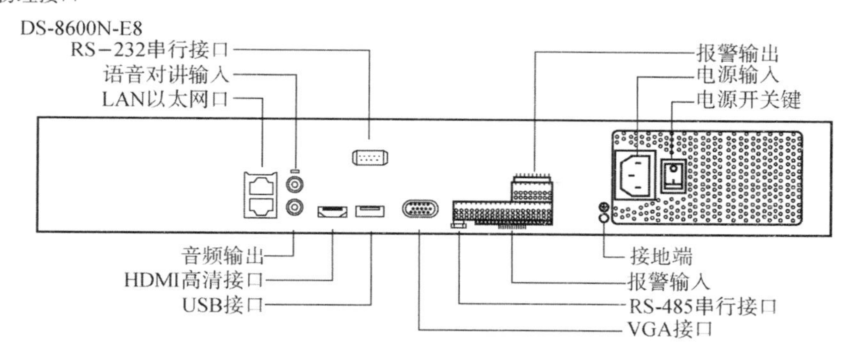

视音频输入	网络视频输入	16路
	网络视频接入宽带	160Mbps
视音频输出	HDMI输出	1路，分辨率：1024x768/60Hz，1280x720/60Hz，1280x1024/60Hz，1600×1200/60Hz，1920x1080p/60Hz
	VGA输出	1路，分辨率：1024x768/60Hz，1280x720/60Hz，1280x1024/60Hz，1600×1200/60Hz，1920x1080p/60Hz
	音频输出	1个，RCA接口（线性电平，阻抗：1kΩ），对应VGA口。
视音频编解码参数	录像分辨率	6MP/5MP/3MP/1080p/UXGA/720p/VGA/4CIF/DCIF/2CIF/CIF/QCIF
	同步回放	16路
录像管理	录像/抓图模式	手动录像、定时录像、事件录像、移动侦测录像、报警录像、动测或报警录像、动测且报警录像
	回放模式	即时回放、常规回放、事件回放、标签回放、智能回放、外部文件回放
	备份模式	常规备份、事件备份、录像剪辑备份
硬盘驱动器	类型	8个SATA接口
	最大容量	每个接口支持容量最大6TB的硬盘
外部接口	语音对讲输入	1个，RCA接口（电平：2.0Vp-p，阻抗：1kΩ）
	网络接口	2个，RJ45 10M/100M/1000M自适应以太网口
	串行接口	1个，标准RS-485串行接口(预留)；1个，标准RS-232串行接口
	USB接口	2个USB2.0，1个USB3.0
	报警输入	16路
	报警输出	4路
网络管理	网络协议	IPv6、UPnP(即插即用)、NTP（网络校时）、SADP（自动搜索IP地址）、PPPoE(拨号上网)、DHCP（自动获取IP地址）等
其他	电源	AC 220V
	功耗（不含硬盘）	≤20W
	工作温度	−10～+55℃
	工作湿度	10%～90%
	机箱	19英寸标准2U机箱
	尺寸	445mm（宽）×470mm（深）×90mm（高）
	重量（不含硬盘）	≤8 **kg**

图 8-26　网络录像机具体参数

8.5.3 硬件部署说明

为了实现机场项目全覆盖，施工区安装21台球机，13台枪机，实现10个通道口、全部料场以及施工现场的全覆盖。两个生活区共安装10台球机、44台枪机，实现生活区、餐厅的全覆盖。办公区和监理区安装枪机31台、球机2台，实现办公区的全覆盖。总计安装33台球机、88台枪机，共121个视频点位。

1. 施工区部署方案

施工区面积大设备众多，为视频监控部署的重点区域，总计布置21台球机、13台枪机，具体布置方案如图8–27所示。18台球机部署在塔吊上，监控施工现场和料场，3台球机部署在场地东侧，监控料场；10台枪机分别部署在10个主要出入口处，3台枪机部署在5号、10号通道，以及17号塔吊南侧。球机及枪机均通过无线网桥与办公区后端无线基站连接。

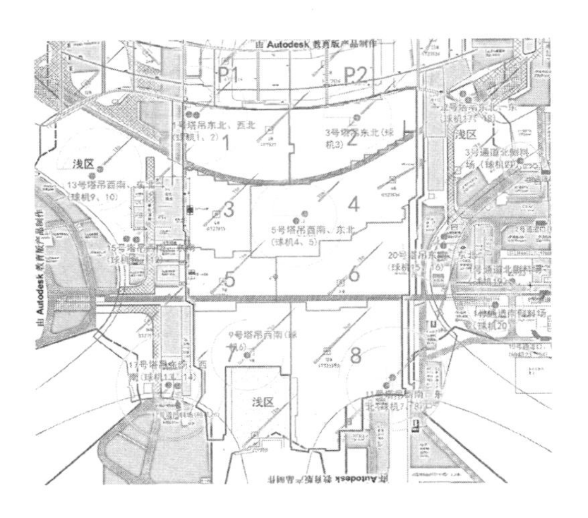

图8–27 施工区部署图（图中圆点为监控布点）

2. 生活区部署方案

生活区居住工人众多，为视频监控部署的重点区域，总计布设10台球机、44台枪机，具体布置图如图8–28所示。10台球机部署在两个生活区主要通道交叉口以及食堂；44台枪机分别部署在两个生活区主要出入口处以及主要道路两头，以实现全覆盖。球机和枪机均通过光纤接入方式与办公区后端无线基站连接。

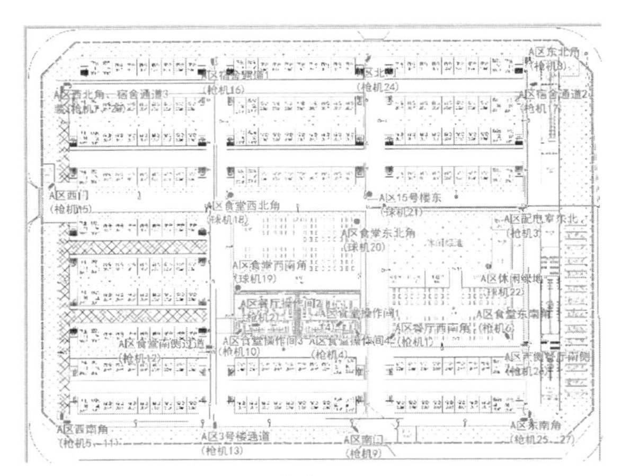

（*a*）

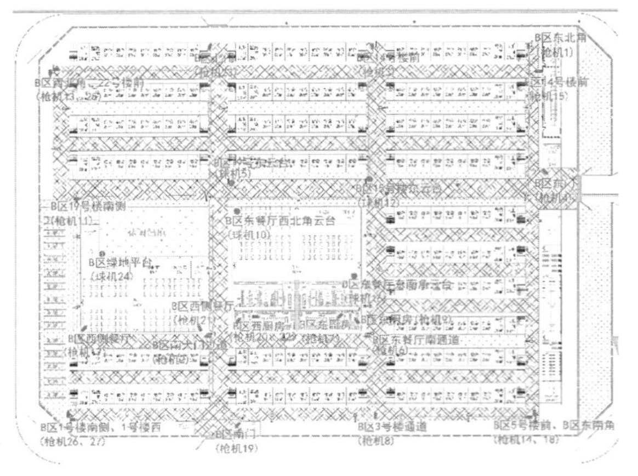

（*b*）

图8–28 生活区部署图

（*a*）A区；（*b*）B区

3. 工作区部署方案

工作区项目管理人员众多，存在大量重要设备和资料，为视频监控部署的重点区域，总计布设球机2台、枪机30

台，具体布置图如图 8-29 所示。2 台球机部署在项目部办公区，30 台枪机分别部署在两块场地主要出入口处、道路两头以及停车场，以实现全覆盖。球机和枪机均通过光纤接入方式与办公区后端无线基站连接。

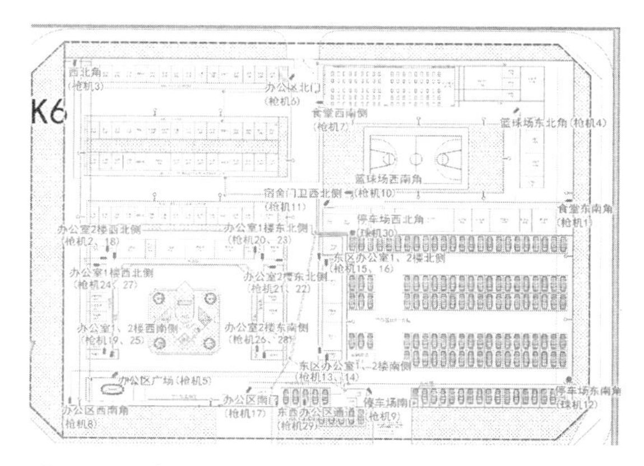

图 8-29 办公区部署图

8.5.4 视频监控系统功能

1. 系统功能概述

系统的主要功能有以下几点：

（1）实时监控工地现场情况，科学减少安防巡视等方面的人工工作量，降低现场安全事故的发生率。

（2）有效保存历史图像，随时调取图像，对工程现场发生的事故进行合理取证，形成相关部门处理问题的合理依据。

（3）对设备进行综合管理，根据现场情况进行修改。

（4）对用户进行管理，根据平台使用的实际情况，对使用用户进行增删改查等。

（5）根据用户对现场关注度的不同，进行用户角色权限管理，不同角色用户所能看到的区域有所不同，根据实际需要，可以允许一部分角色用户对摄像头具有操作权限，部分角色用户则没有该权限。

（6）用户初始密码与账号一致，通过修改密码可以对密码进行修改。

2. 系统功能界面

系统的主界面由左侧的导航栏和右侧的窗口栏构成，导航栏由视频监控、视频管理、用户权限管理等组成，右侧的窗口栏对应导航栏的所有内容。系统的首页如图 8-30 所示。

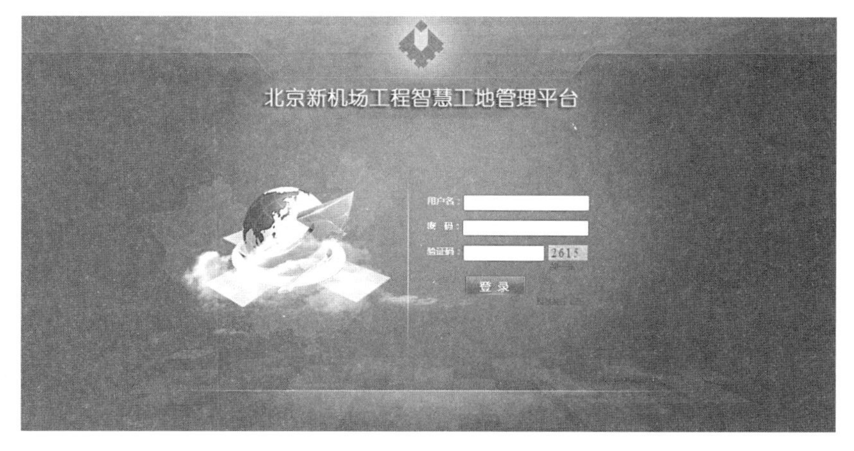

图 8-30 系统界面

3. 视频监控

图 8-31　功能面板

视频监控功能面板主要包含了视频监控和视频回放，视频监控是指，可以实时查看每个摄像头，监控摄像头照射的区域；视频回放是指，可以对摄像头的历史记录进行查看，回溯过去拍摄的影像。功能面板如图 8-31 所示。

视频监控界面左侧是控制面板，右侧是摄像头拍摄区域的实时影像，可以通过控制面板控制窗口显示的摄像头的数目，控制摄像头的焦距、方向等参数，通过控制面板的摄像头列表可以清楚地观测到具体有哪些摄像头，如图 8-32 所示。

视频回放功能可根据实际需求选择摄像头、回放时间段，并可以对录像进行常规的控制，如图 8-33 所示。

4. 视频管理

视频管理功能面板主要包含了设备管理、通道管理和视频组管理。功能面板如图8-34所示。

通过设备管理，可以对每个录像机进行管理，可以对录像机进行增加、修改、删除等操

图 8-32　视频监控界面

图 8-33　视频回放

图 8-34　视频管理功能面板

作，如图 8-35 所示。

每台录像机对应着多台摄像头设备，每台摄像头占用录像机中的通道，通道管理即是对摄像头进行管理，如图 8-36 所示。通过更新通道功能，可以更新录像机中的摄像头，通过通道列表，可以查看每台录像机中每个通道的具体信息。

将所有摄像头按照所在区域划分成组，通过视频组管理，对每个组进行具体信息查看，根据实际变动可以对组进行增加、删除，如图 8-37 所示。

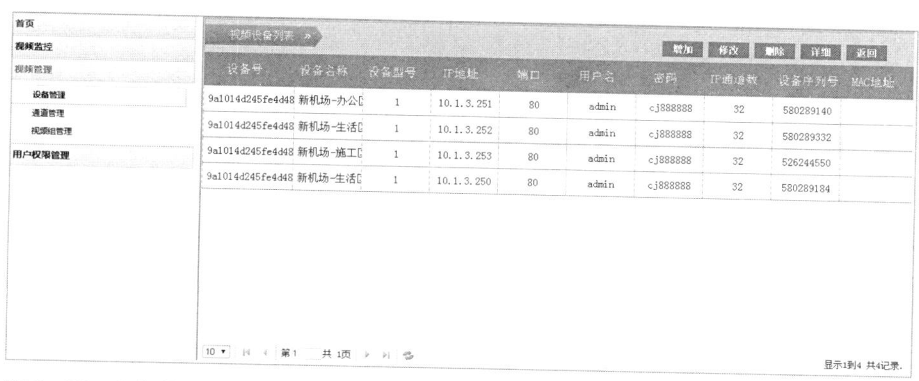

设备号	设备名称	设备型号	IP地址	端口	用户名	密码	IP通道数	设备序列号	MAC地址
9a1014d245fe4d48	新机场-办公[	1	10.1.3.251	80	admin	cj888888	32	580289140	
9a1014d245fe4d48	新机场-生活[	1	10.1.3.252	80	admin	cj888888	32	580289332	
9a1014d245fe4d48	新机场-施工[	1	10.1.3.253	80	admin	cj888888	32	526244550	
9a1014d245fe4d48	新机场-生活[	1	10.1.3.250	80	admin	cj888888	32	580289184	

10 第1 共1页 显示1到4 共4记录.

图 8-35　设备管理

首页
视频监控
视频管理
设备管理
通道管理
视频组管理
用户权限管理

用户名	密码	设备编号	设备ID	设备名称	IP地址	端口	操作
admin	cj888888	2	9a1014d245fe4d48b4a03	新机场-办公区	10.1.3.251	80	更新通道 通道列表
admin	cj888888	3	9a1014d245fe4d48b4a03	新机场-生活区J6	10.1.3.252	80	更新通道 通道列表
admin	cj888888	4	9a1014d245fe4d48b4a03	新机场-施工区	10.1.3.253	80	更新通道 通道列表
admin	cj888888	5	9a1014d245fe4d48b4a03	新机场-生活区J5	10.1.3.250	80	更新通道 通道列表

10 第1 共1页 显示1到4 共4记录.

图 8-36　通道管理

ID	组名	操作
31	施工区	详情 删除
32	办公区	详情 删除
33	监理区	详情 删除
34	生活区A区	详情 删除
36	生活区B区	详情 删除

10 第1 共1页 显示1到5 共5记录.

图 8-37　摄像头分组管理

5. 用户权限管理

用户权限管理功能面板主要包含了用户管理、角色管理和资源管理。功能面板如图 8–38 所示。

通过用户管理，可以对平台的使用者进行管理，如创建新用户、查询用户信息等，如图 8–39 所示。

角色管理，主要对用户角色进行编辑、增删改等管理。可以通过列表查看每一个角色，以及当前角色的具体信息，如图 8–40 所示。也可以在平台中创建新角色、对不同角色的权限进行设置（图 8–41）等。

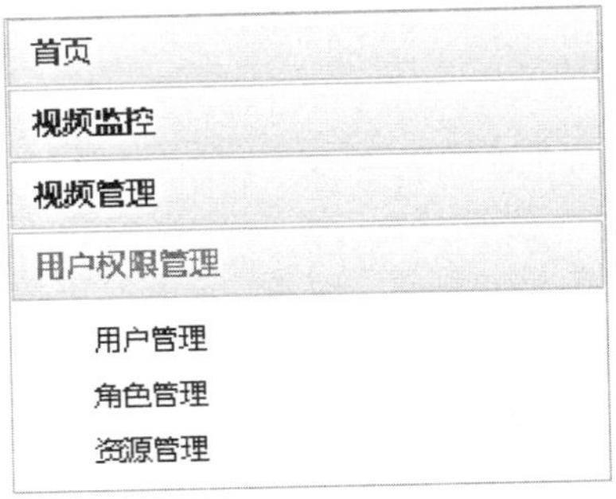

首页
视频监控
视频管理
用户权限管理
用户管理
角色管理
资源管理

图 8–38　用户权限管理功能面板

6. 手机端简介

新机场智慧工地手机客户端包括 Android 和 IOS 两个版本，主要模块包括视频监控、环境监控、设备监控、物料管理、人员管理和系统设置等，如图 8–42 所示。

名称搜索　用户状态 --请选择--　查 询　创建新用户

用户名	用户角色	用户状态	注册时间	描述	操作
duanxianjun	普通管理员	正常	2016-05-25 14:17:39		详情 视频权限
caoqingyan	物资经理	正常	2016-05-25 14:16:14		详情 视频权限
lihuijian	普通管理员	正常	2016-05-25 14:15:36		详情 视频权限
wuguanghui	物资经理	正常	2016-05-25 14:14:57		详情 视频权限
yangyinghui	普通管理员	正常	2016-05-25 14:14:30		详情 视频权限
zhixunfeng	物资经理	正常	2016-05-25 14:14:12		详情 视频权限
xiongjifu	普通管理员	正常	2016-05-25 14:13:24		详情 视频权限
liuhanchao	普通管理员	正常	2016-05-25 13:43:11		详情 视频权限
chengfucai	普通管理员	正常	2016-05-25 12:46:29		详情 视频权限
kejizhongxin	普通管理员	正常	2016-05-25 010:18:27		详情 视频权限

10　第 1　共 2页　显示1到10 共18记录.

图 8–39　用户管理

角色ID	角色名称	角色中文名称	角色描述	操作
1	ROLE_SUPER_ADMIN	平台管理员	超级管理员	查看 编辑 删除 视频权限
2	ROLE_GENERAL_ADMIN	普通管理员	普通管理员	查看 编辑 删除 视频权限
3	ROLE_PLAT_BUSI	平台业务人员	管理员	查看 编辑 删除 视频权限
4	ROLE_GENERAL_USER	普通用户	普通用户	查看 编辑 删除 视频权限
5	ROLE_ACCESS_LIMITED	受限制用户	受限制用户	查看 编辑 删除 视频权限
12	ROLE_PLAT_WUZI	物资经理	物资经理	查看 编辑 删除 视频权限
7	ROLE_PLAT_ZONGGONG	项目总工	总工	查看 编辑 删除 视频权限
15	ROLE_PLAT_XMJINGLI	项目经理	项目经理	查看 编辑 删除 视频权限
16	ROLE_PLAT_ZHB	综合办	综合办管理者	查看 编辑 删除 视频权限

10　第 1　共 1页　显示1到9 共9记录.

创建新角色　角色资源授权

图 8–40　角色管理

更新角色视频权限»

更新

	ID	GroupID	视频组名称	■播放	■云台	■录像	■回放
1	186	31	施工区	✔	✔	✔	✔
2	187	32	办公区	✔	✔	✔	✔
3	188	33	监理区	✔	✔	✔	✔
4	189	34	生活区A区	✔	✔	✔	✔
5	190	36	生活区B区	✔	✔	✔	✔

图 8–41　角色设置

在手机端可以实时进入视频监控系统查看现场情况。在视频监控功能里，可以选择监控区、摄像头，并进行旋转，在界面中还可以完成截图、录像、回放、全屏展示等功能，如图 8–43 所示。

图 8–42　手机客户端

图 8–43　视频监控功能

8.6　智慧建造实践总结

北京新机场航站楼工程规模巨大，平面面积超大，结构节点形式复杂多样、屋面钢结构跨度大落差高、机电系统繁多协同困难，给施工管理、平面布置、材料运输、节点深化、钢结构安装、机电系统深化带来了极大的挑战。新机场项目部通过将新兴信息技术与先进工程建造技术有机融合，推进项目信息化建设与科技开发工作。规划和研发了北京新机场智慧工地信息化管理平台，为项目实现信息化、精细化、智能化管控提供支撑平台。克服了建造过程中的种种困难，顺利实现了混凝土结构提前封顶，钢结构按时封顶。

项目荣获 2016 年全国建筑业创新技术应用示范工程、北京市 BIM 技术示范工程、中国建设行业信息化最佳应用实践项目。获得可视化安防监控系统、施工环境智能监测系统 2 项计算机软件著作权授权。

第 9 章

跨永定河特大桥智慧建造实践

9.1 工程概况

9.1.1 工程概况

永定河特大桥作为长安街上跨越永定河的桥梁，同长安街周边诸多标志性建筑一样，是现代建筑科技的结晶、历史人文风貌和时代特性的综合体现，它体现北京的活力、长安街的底蕴、永定河的胸怀，建成后将成为北京的城市新地标，如图 9–1 所示。

永定河特大桥主桥方案为高低拱形钢塔、横梁连接分离钢箱斜拉钢构组合体系桥，主桥起终点桩号为 K3+079.66～K3+718.66，与河道中线交点桩号 K3+374.37，斜交角 57.4° 。主桥全长 639m，分五跨布置，主跨 280m。北半侧桥跨径组合 50+133+280+120+56=639m，南半侧桥跨径组合 50+158.1+280+94.9+56=639m，桥梁标准宽度 47m，桥梁面积 31174m^2。索塔采用全钢结构，高塔共分成 31 个拼装截段，桥面以上高 113.93m。矮塔共分成 21 个拼装截段，桥面以上高 66.09m，斜拉索采用竖琴式渐变距离布置，塔上索间距 2.90～7.26m，梁上索间距 3.76～14.4m。高塔设 ϕ20cm 拉索 68 根，矮塔设 ϕ16cm 拉索 44 根，全桥共设拉索 112 根，如图 9–2 所示。

高塔塔底与混凝土基座设置承压板 + 高强预应力螺杆锚固、矮塔塔底与混凝土基座采用支座基座下接承台，下部基础采用群桩基础，如图 9–3 所示。

永定河特大桥主桥 6～11 号墩共 5 孔，均为全焊接钢箱断面钢梁，钢梁主结构采用南北两根分离式变截面钢箱主纵梁，中间用横梁连接，横梁间距 3m。钢梁中孔跨中及边孔标准段梁宽 47m，中孔钢梁宽度由跨中向东西两侧主墩逐渐加宽，8 号墩处桥宽 54.90m，9 号墩

图 9–1　永定河特大桥主桥

处宽 53.70m。中孔主纵梁钢箱高度由跨中向东西两侧主墩逐渐加高，跨中钢箱梁高 3.30m，8 号墩处主纵梁钢箱高 10m，9 号墩处主纵梁钢箱高 10.4m；边孔、辅助孔主纵梁钢箱等高 3m。主纵梁外侧设置悬臂板，悬臂板宽度随着桥面宽度及主纵梁底板宽度的变化而变化。车行道部分为正交异性钢桥面板。主梁为全焊接钢箱断面，如图 9-4 所示。

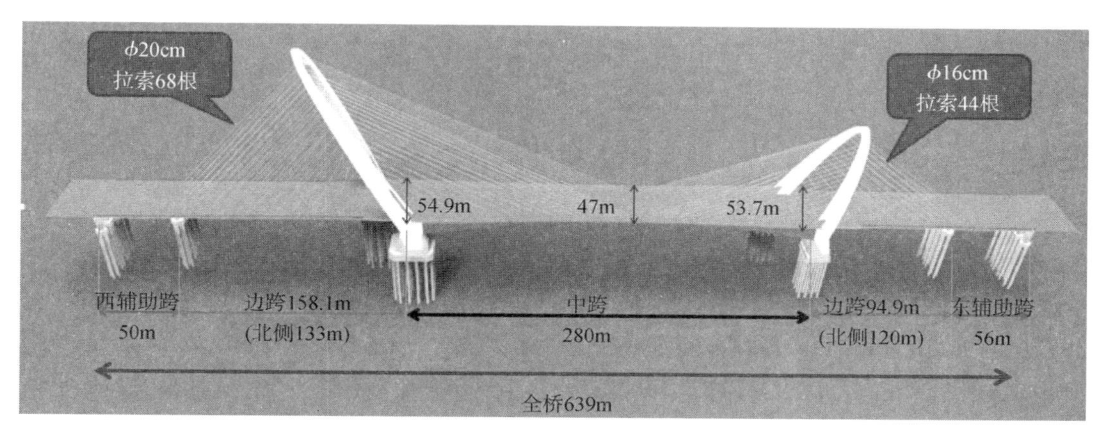

图 9-2 永定河特大桥侧立面图

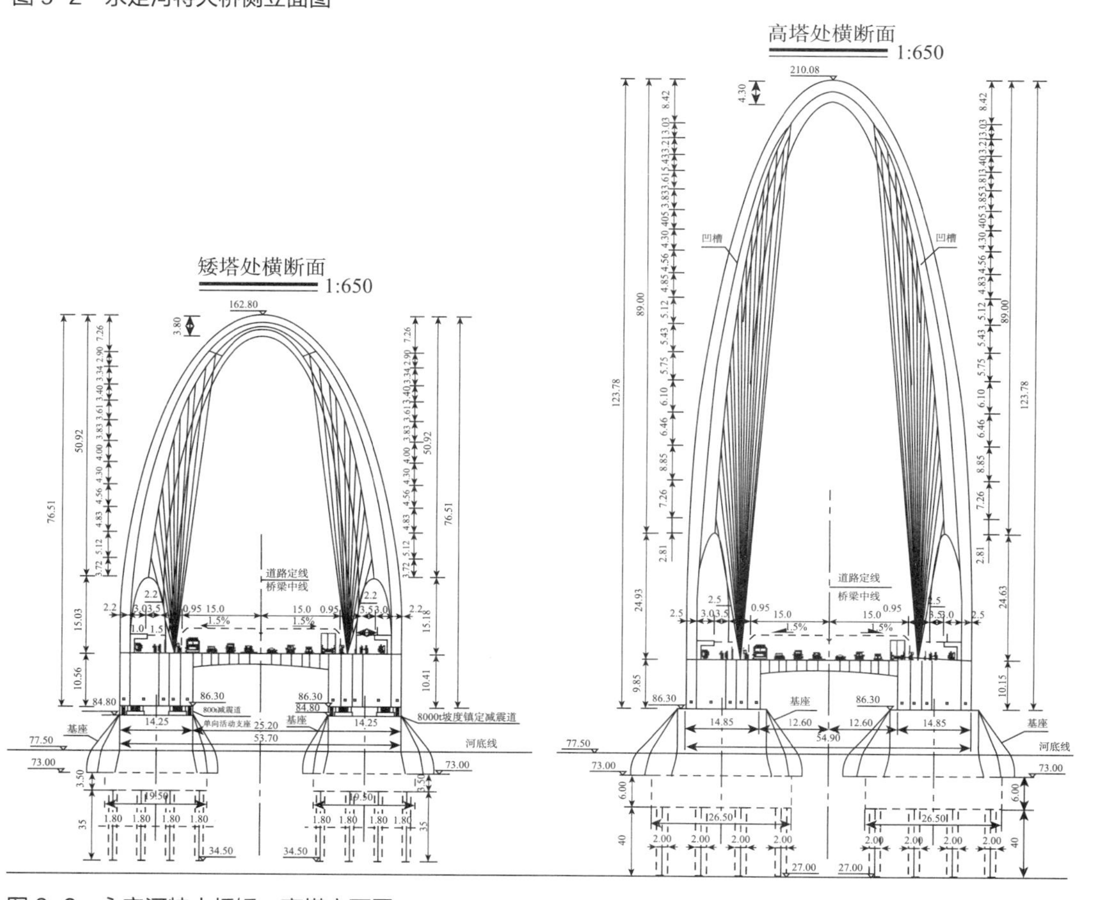

图 9-3 永定河特大桥矮、高塔立面图

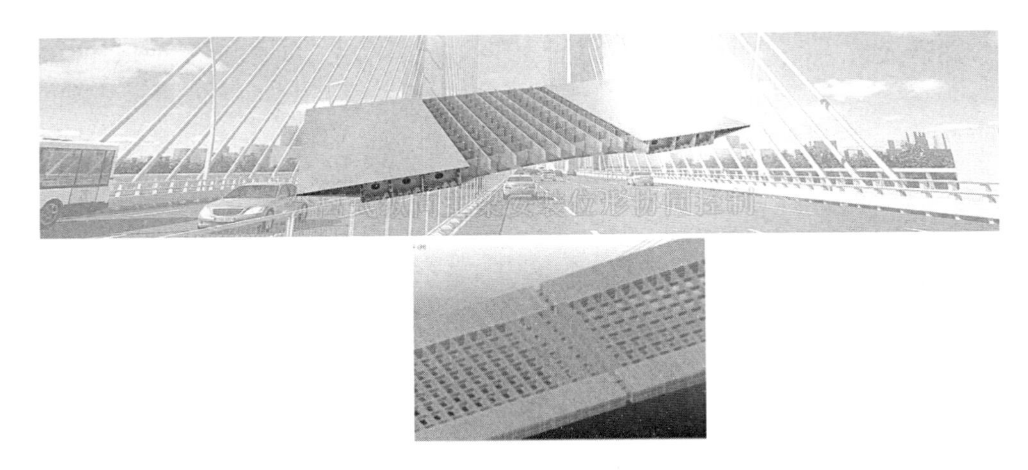

图 9-4　永定河特大桥主梁断面图

9.1.2　工程难点

1. 弯扭曲板加工难度大

本工程中的钢塔为三维空间扭曲构造形态，曲板为非一致曲率曲板，如图 9-5 所示，无两块完全相同的曲板，加工难度大。另一方面，目前国内没有相应钢塔曲板验收规范。

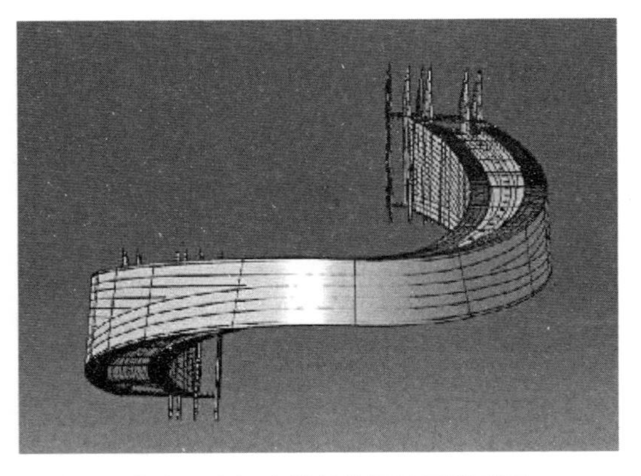

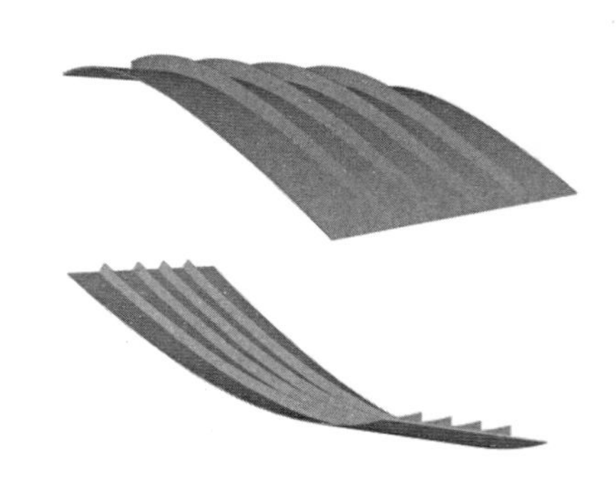

图 9-5　永定河大桥主塔部分板单元模型图

2. 钢结构焊接工艺复杂

本工程钢板种类较多，厚度为 8～150mm 不等，每种厚度又存在不同接头的焊接形式，抗撕裂性要求高，焊缝总长度 15 万延米，变形控制难度极大。

3. 斜塔支架超高支架设计、施工难度大

索塔节段安装位形精度控制要求高，塔梁柱固结段构造复杂、受力复杂，施工精度要求高，质量安全隐患因素多。设计方案中，高塔支架高达 130m，施工荷载重、工况复杂，国内无先例，如图 9-6 所示。

4. 钢塔与基座间锚固结构难度大

钢塔与基座间锚固结构极其复杂，如图 9–7 所示，设计 170 根钢拉杆和 $224m^2$ 的超大承压板，依次如图 9–8 和图 9–9 所示，目前，两项均为国内首位。因此，超大钢拉杆精准定位、超大面积承压板注浆的施工难度均极大。

5. 超重高空异型节段安装难度大

一方面，本工程中的吊装重量超过 700t，吊装高度超过 130m，使用 2000t 履带吊的施工难度大，如图 9–10 所示；另一方面，空间异型结构高空控制测量难度大，如图 9–11 所示，温度和风荷载等方面的物理场也对其就位、测量等产生影响。

图 9–6　塔支架模型图

图 9–7　钢塔与基座锚固

图 9–8　钢拉杆定位架三维模型

图 9-9　大面积承压板实体照片

图 9-10　大型履带吊吊装塔截段施工模拟

6. 空间拉索体系复杂

工程中共 114 根拉索，长度为 100～200m 不等，角度呈 30°～80° 不等，这些拉索长度均各不相同（图 9-12），空间拉索体系构造极其复杂。

7. 支座体系复杂

在塔柱安装施工阶段需对塔底与基座采取临时固结措施，由于塔柱高度较高、自重较

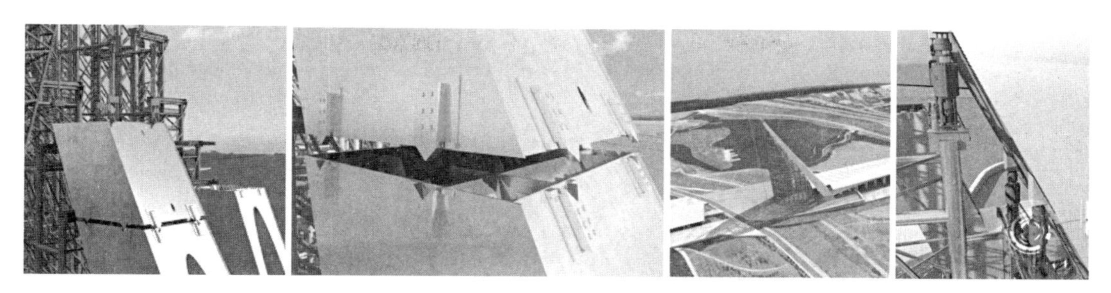

图 9-11　截段高空精确就位施工模拟

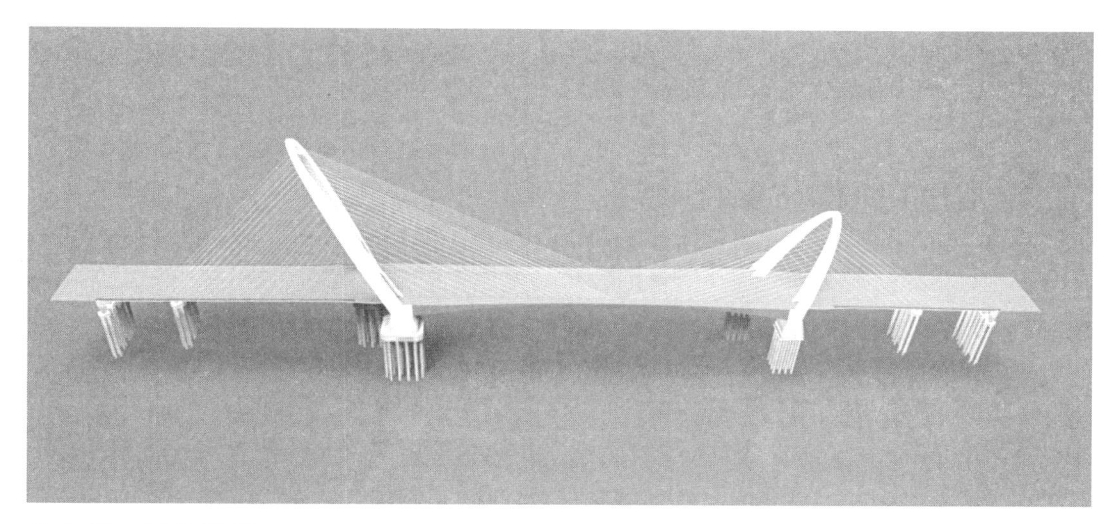

图 9-12　大桥拉锁示意

大、横向跨径较大，且空间异型，导致临时固结处受力复杂、内力较大，临时固结措施及实施方案难度很大，并且成桥合拢后临时固结措施拆除与体系转换时机和方案也需专门研究制定（图 9-13）。

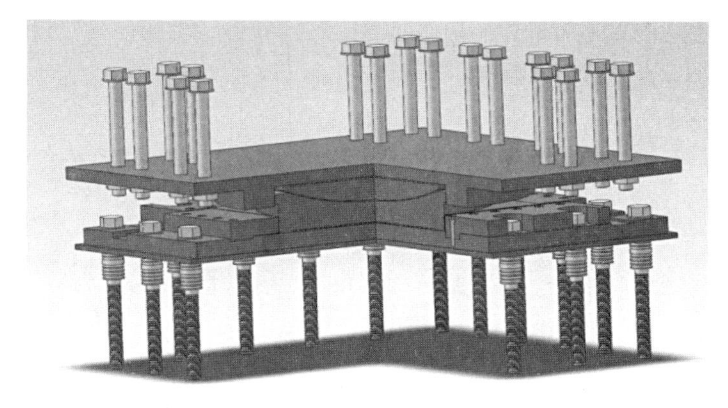

图 9-13　支座体系

8. 正交异性桥面板铺装体系复杂

目前环氧沥青混凝土、环氧水泥混凝土以及改性沥青混凝土等材料广泛应用于钢桥桥面铺装，技术也相对成熟。然而，本桥采用的环氧薄层 + 沥青混凝土方案中环氧树脂薄层用于钢桥面铺装的案例较少，如图 9-14 所示，没有可供借鉴的经验。

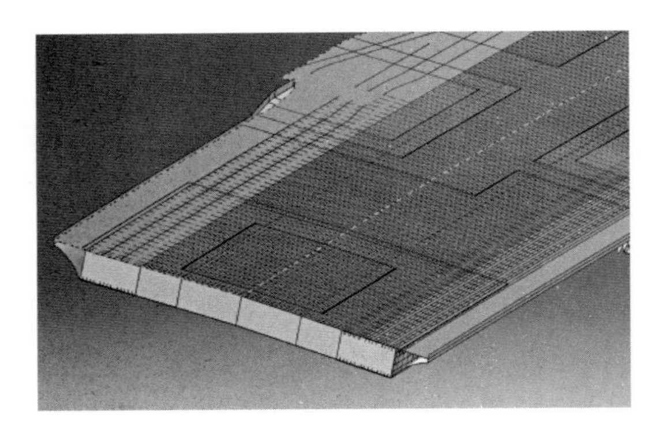
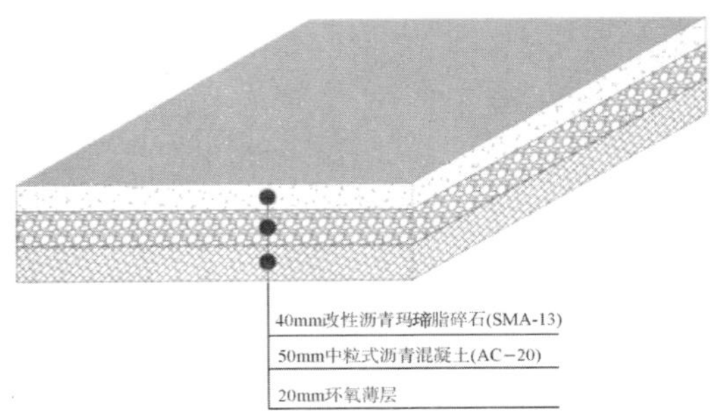

图 9-14　桥面铺装体系构造图

9.2　BIM 协作与深化设计

9.2.1　基于 BIM 的设计施工协同深化

永定河大桥工程全桥采用了数字化 BIM 模型的设计方式进行设计，施工单位的施工深化工作和设计模型有效的结合，极大地提高了施工单位对于设计意图的理解，同时也做到了施工需求和设计成果的最高效的结合。施工单位与设计单位基于三维模型的深度协同工作不仅为工程的展开节省了工期，也为工程节省了大量的资源避免了浪费，创造了巨大的价值。

正如在定位架的深化设计中，施工单位利用设计模型及工程需要展开定位架的深化，形成了最终实施的定位架设计方案。之后设计单位利用施工单位的定位架设计模型结合基座模型进行基座模型钢筋构造的调整，对于发生碰撞的部位进行了设计优化，及时在设计阶段解决了大量潜在碰撞点，为施工的高效展开打下了坚实的基础，如图 9-15 所示。

图 9-15　锚杆定位架钢结构与基座钢筋的优化设计

9.2.2 基于 BIM 技术的定位架深化

1. 三维建模

定位架结构形式复杂，横撑、斜撑在横纵两个方向均有设置，导致在 CAD 平立剖图上互相遮挡，不易分辨，因此，采用 BIM 技术，有效地避免了传统绘图形式在复杂结构上的弊病。

本次在完美承接设计 BIM 模型的基础上，通过对底部预埋件（图 9–16）、定位架立柱（图 9–17）、横向和斜向连接（图 9–18）、带孔钢定位板（图 9–19）建模以及预埋钢板和固定钢筋的优化，建立了定位架的整体施工模型（图 9–20）。

2. 有限元受力分析

由于钢拉杆位置分布不均匀，为使受力更均匀、结构更合理，定位架立柱间距不同，呈非对称形式。基于此，本工程集成应用三维模型与专业计算软件进行有限元受力分析（图

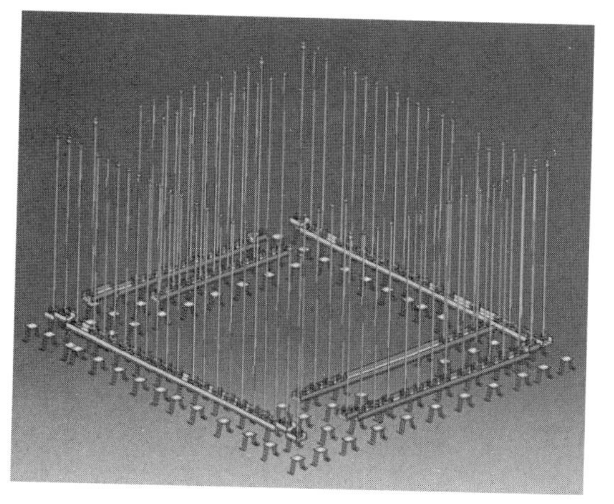

图 9–16　底部预埋件深化设计模型

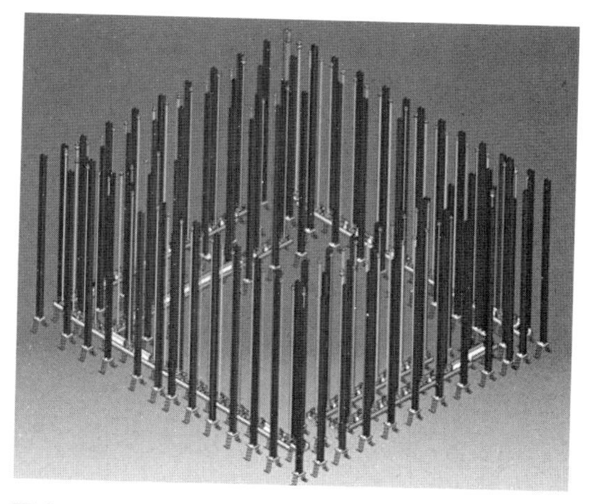

图 9–17　定位架立柱模型

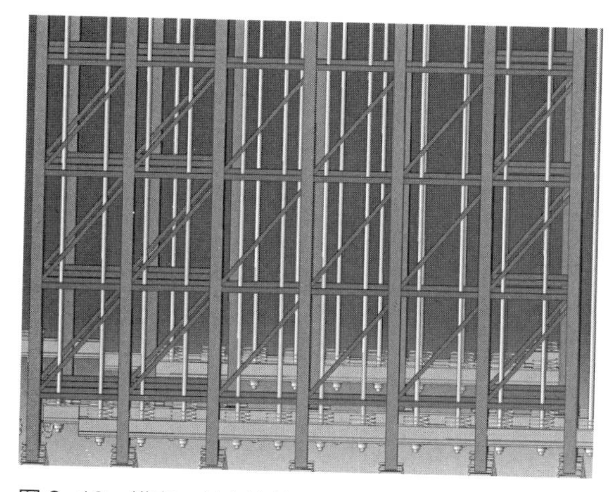

图 9–18　横向、斜向连接

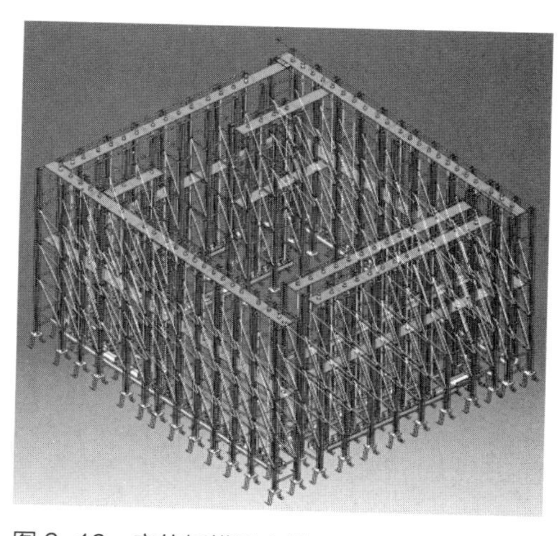

图 9–19　定位板模型合模

9-21、图 9-22）。施工荷载中主要考虑混凝土对支撑架的侧压力，另外还考虑混凝土浇筑对支架的冲击力。经过计算分析，混凝土对支架产生的冲击荷载约为 200～500kg。在施工中按此数据对架体施加集中节点荷载。

3. 施工仿真模拟

在建模过程中，按照实际施工顺序深化修改。在整体调整后，将 catia 三维模型转换到 delmia 中，以工期为时间轴，以数据真实、能够指导施工为原则，进行施工仿真，模拟从预

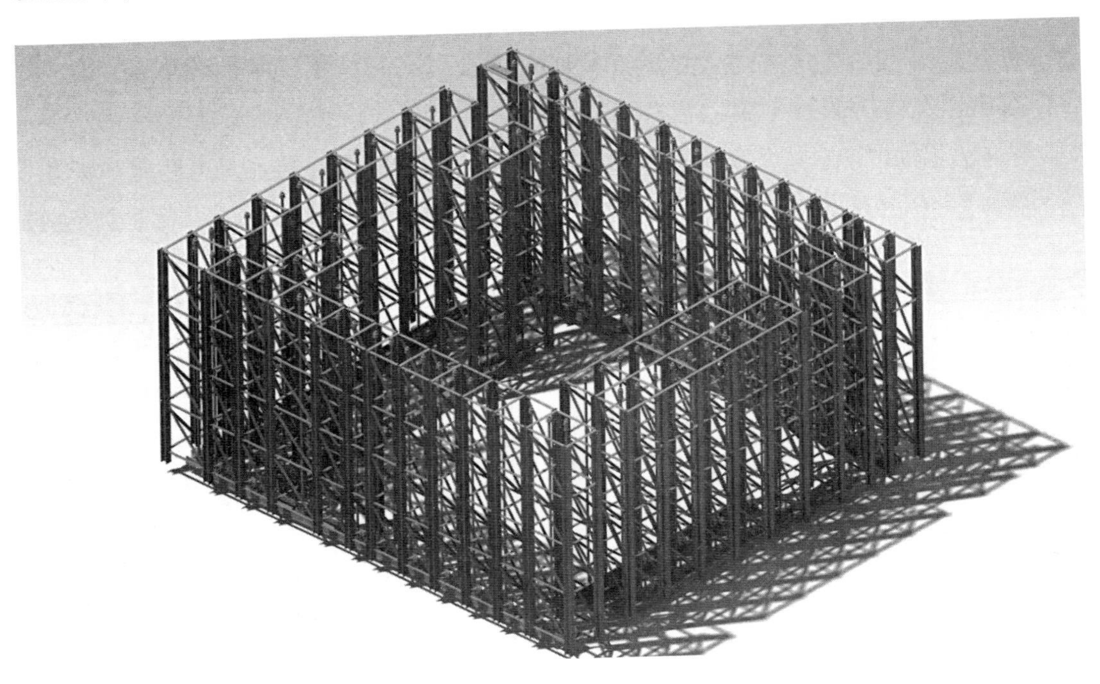

图 9-20　定位架的整体模型图

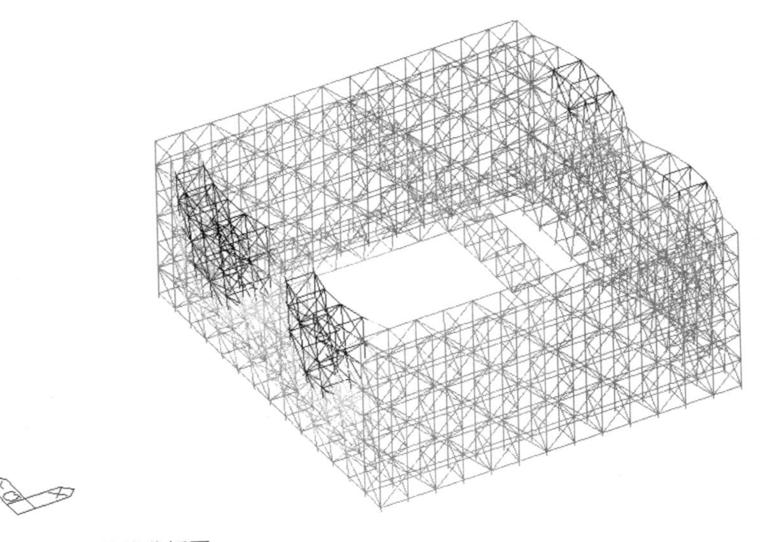

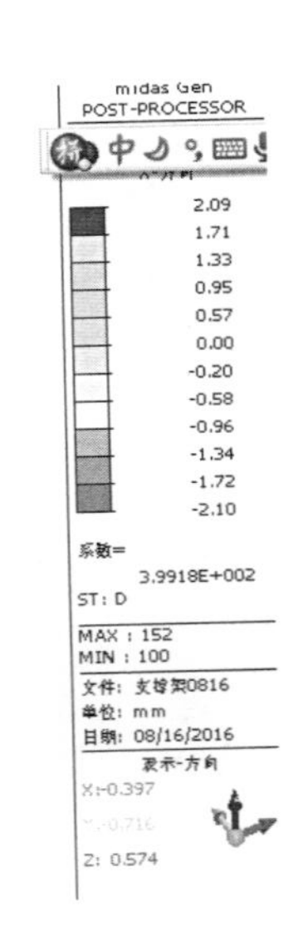

图 9-21　位移分析图

埋件安装、定位架分榀吊装焊接、钢拉杆精确就位三大步骤，并记录在案。

通过施工仿真模拟如图 9-23 所示，使得钢拉杆定位架的复杂结构的安装变得清晰易懂，将施工中的难点提前暴露并调整。同时，该模拟应用在施工队伍技术交底，为工程建设提供了巨大的帮助。

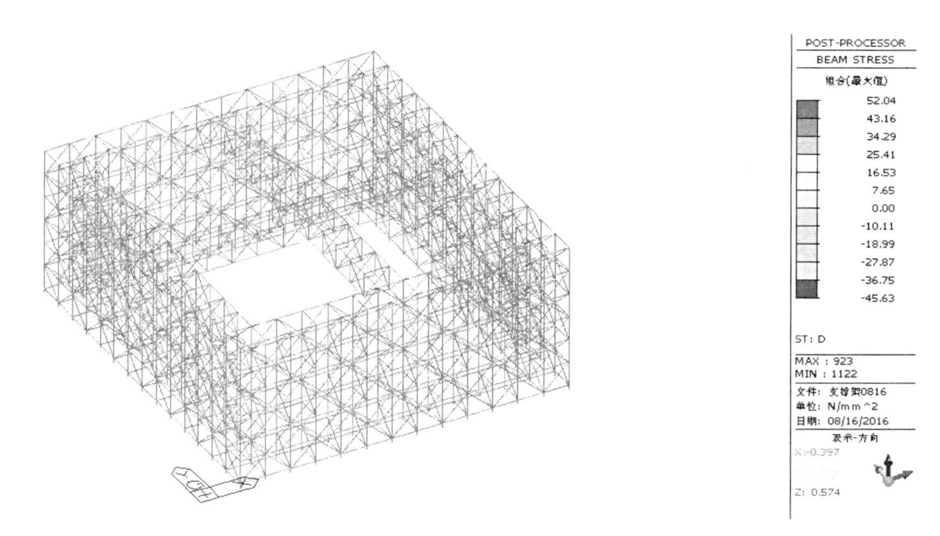

图 9-22　应力分析图

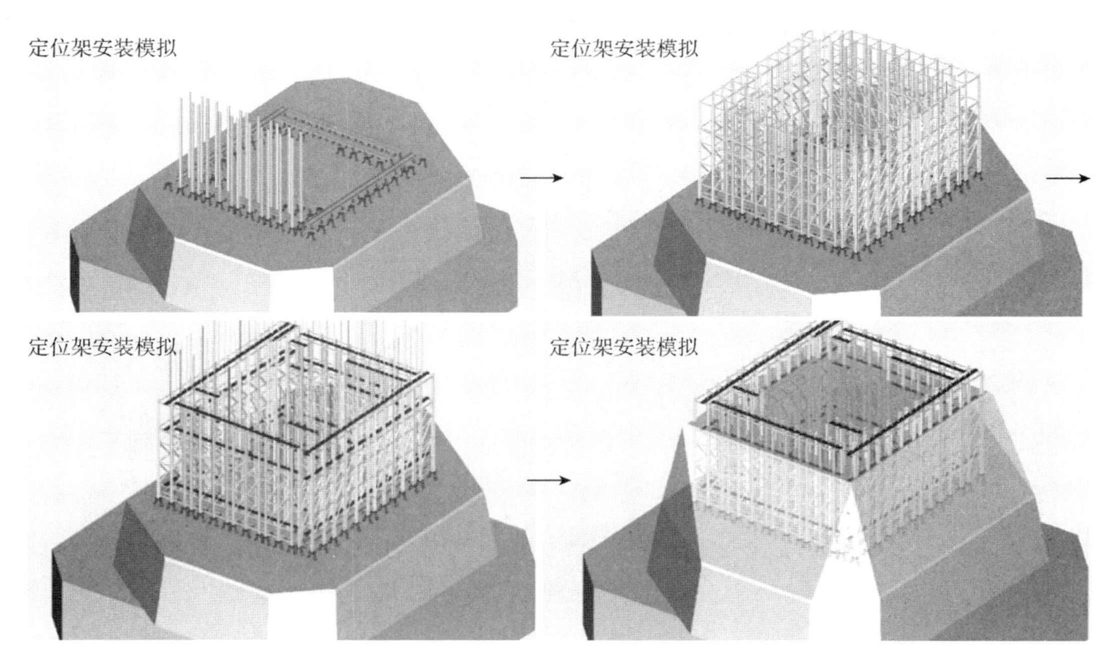

图 9-23　施工仿真模拟

9.2.3 基于 BIM 的支架深化设计

1. 基于 BIM 技术的支架法研究

（1）支架的难点与对策

主塔支架的研究的主要工作流程首先是根据基于 BIM 技术对支架结构进行有限元建模分析，然后根据吊装工况进行每一节段变形与力学仿真分析，分析两塔肢合拢前的最大变形值，最后提出每一节段安装的预变形值和各支点的受力。钢塔支架不但要进行变形和力学仿真分析，还要进行节段安装和支架卸载过程的安全性验算，复核支架的安全度，制定科学、合理的支架卸载顺序，其主要任务有如下三点：

1）完成钢塔节段安装就位精度控制，包括相关联的就位前的超重构件的翻身、空中的姿态调整以及相应的测控措施和手段，确保精确就位，最为重要的是确保主塔的线型符合设计要求。

2）要完成翻身的具体设计、空中姿态调整的吊具系统的研发等工作。为确保安全和安装精度，采用实时监控系统完成吊装过程力学监控，安装就位的测量监控。

3）钢塔支撑架体主要作用是为节段安装变形提供抗力，也为节段安装提供操作平台。

支架研究过程中的主要难点有以下三点：

难点一：有限元计算模型的建立，由于主塔为空间弯扭结构，内部结构复杂，并且为了确保计算结果的准确性，需用进行梁单元法计算与壳单元法计算两种方式，多种不同支架类型的多次建模计算，特别是壳单元计算模型建立时工作量大，容易出错。

对策：针对有限元模型建立复杂的问题，采用 BIM 技术与设计院之间直接进行三维模型的承接，在确保结构准确性的同时大大地提高效率，承接的设计模型如图 9-24、图 9-25 所示，具体工作如下：

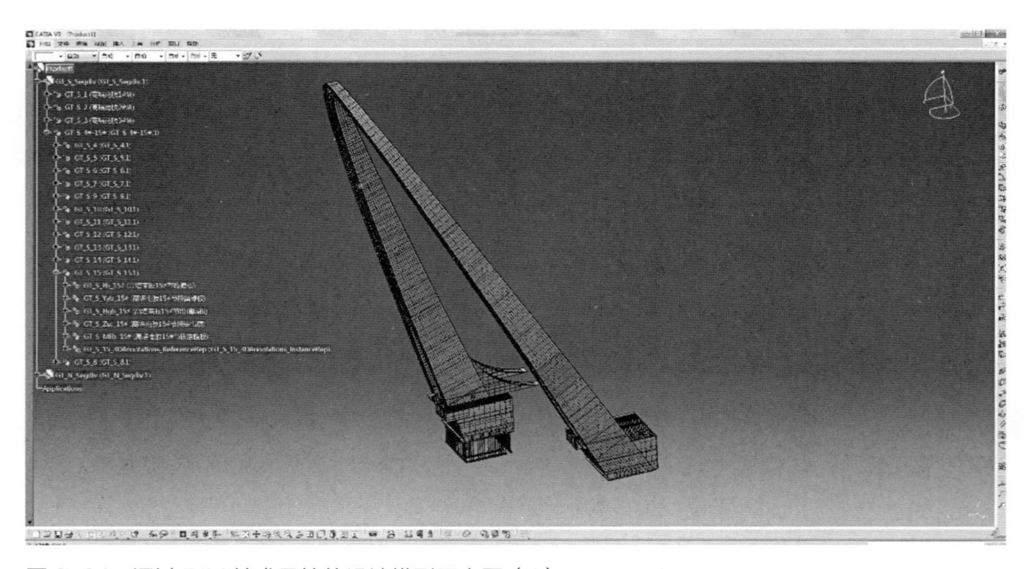

图 9-24　通过 BIM 技术承接的设计模型示意图（1）

图 9–25　通过 BIM 技术承接的设计模型示意图（2）

由于本项目采用支架结构支撑施工，其桥塔特点为扭转不规则的空间结构，采用传统的梁单元建模方式可能对于桥塔结构的剪力滞后效应、约束扭转效应和剪切变形的计算产生偏差，因此，采用壳单元模拟桥塔，采用梁单元模拟支架。

本项目计算的技术路线：首先依据设计单位发送的高塔 CATIA 三维几何模型导入至 ANSA 17.0 软件中抽取壳单元，将桥塔主要结构的所有板件从三维实体几何模型抽取为壳体几何模型，抽取过程完成后需要手动缝合所有板件之间的缝隙，确保在计算中板件之间的焊接牢靠且力的传递合理。此后，在 ANSA 中进行网格划分，共计划分 11 万个壳单元，将壳单元模型从 ANSA 软件导入至通用有限元软件 ABAQUS 2017 进行计算桥塔—支架耦合计算分析，最后将 ABAQUS 模型计算得出的桥塔与支架间支反力导入至 MIDASGEN 软件中计算支架的内力、应力与稳定性，并按照现行《钢结构设计规范》（GB 50017—2003）进行支架钢结构设计验算，如图 9–26 所示。

难点二：本项目采用支架结构支撑施工，施工仿真的计算假定对于位移计算结果影响很大。不同施工模拟的激活方法如图 9–27 所示。在施工模拟中，设 *OA* 为已经完工的结构部分，并假设由于自重或其他荷载的原因，*A* 点已经发生了一个向下的位移。在下一步施工中，将人为地调整梁段 *AC* 的初始位置，使得 *C* 点位于设计位置。这样，即使施工中间某些节点的位移有出入，但整体结构还是能满足设计要求的。在有限元计算中就不一样了，我们的节点坐标是在分析之初建立的，不可能在分析中动态的重新定义节点坐标。这个问题对于有限元模拟几乎是不可能克服的。

对策：针对有限元软件自身问题开发“追踪单元技术”，具体如下：

ABAQUS 提供的默认的单元激活技术可以简单地理解为如图 9–27（b）所示的形式。

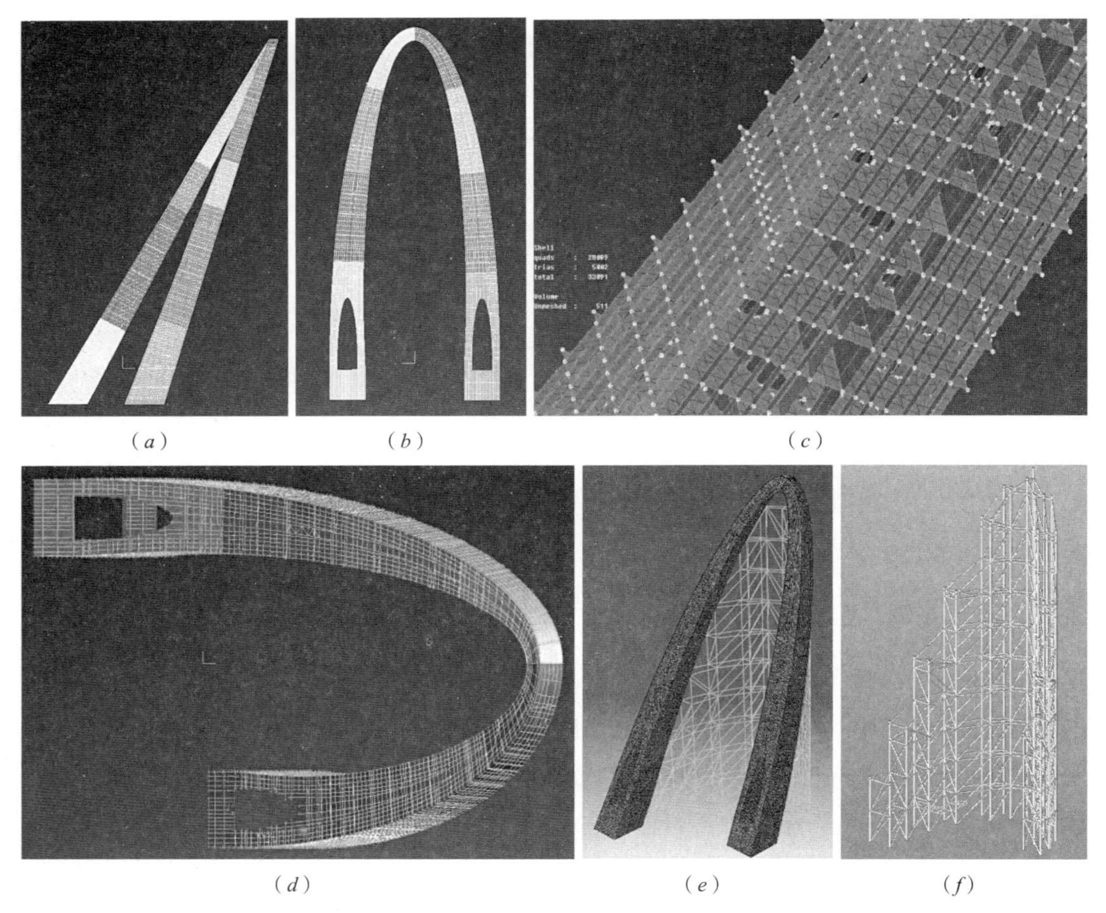

图 9-26　计算过程中的各种软件模型

（*a*）ANSA 壳单元横桥向视图；（*b*）ANSA 壳单元顺桥向视图；（*c*）ANSA 壳单元网格；（*d*）ANSA 壳单元俯视图；（*e*）ABAQUS 桥塔—支架整体模型；（*f*）MIDAS GEN 支架设计模型

图 9-27（b）中在单元 *AC* 加载时将该时刻的即时构型重新定义为其初始构型，实际加载的是一个折线单元 *ABC*，这一现象对于壳单元会导致每一个节段激活时的根部存在一个位移突变。这是有限元模拟所不期望发生的。为了解决这一问题，ABAQUS 提供了追踪单元的处理方法，如图 9-27（c）所示，对应的命令为 *Elcopy。这一处理方法是强行给 *AC* 部分一个位移，使得 *AC* 与已有的部分在交接处保持一致。这种处理方法的好处是新激活的单元可以确保位移的平滑。因此本计算书对 ABAQUS 中的各个模型均采用了追踪单元技术计算。

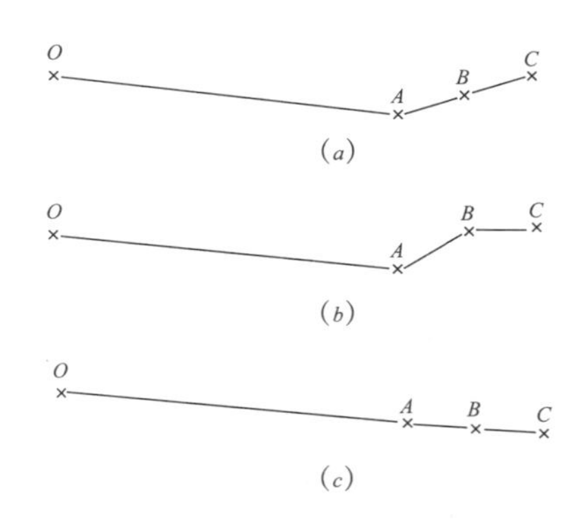

图 9-27　不同施工模拟的激活方法

（*a*）逐步调整；（*b*）ABAQUS 默认的激活方式；（*c*）ABAQUS 追踪单元技术

此外，为了确保桥塔—支架体系施工完成后可以将各个施工节段的位移限制至尽量小，使用正装倒拆法计算每个施工节段所需要的预抛高数值，计算流程为逐步激活各个桥塔与支架节段，此后逐步倒拆各个桥塔与支架节段，最后再正装激活各个节段。计算表明桥塔结构的正装倒拆可以实现完全闭合。

难点三：主塔线型控制问题，在 9.2.3 节的（3）中详细说明。

（2）支架分析计算

基于 BIM 技术解决所有问题后，对支架进行计算分析，以下仅以第 10 施工阶段为例，具体如下：

1）应力计算结果

施工阶段 10 时，在设计荷载下支架的最大应力为 –206.9～147.3MPa，符合 Q345 钢材设计应力 305MPa。在该施工阶段，支架在底部的立柱应力分担较为均匀，说明支架体系设计合理，如图 9–28 所示。

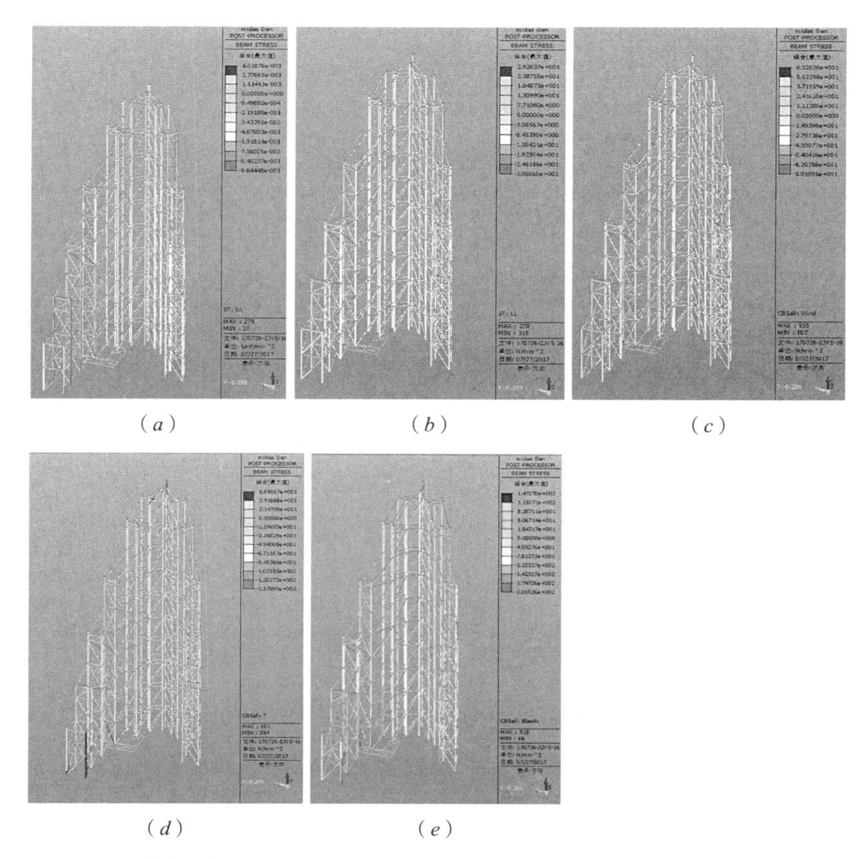

（*a*） （*b*） （*c*）

（*d*） （*e*）

图 9–28 应力计算

（*a*）恒荷载 –94.5～39.4MPa；（*b*）活荷载 –30.0～29.3MPa；（*c*）风荷载包络 –80.1～63.6MPa；（*d*）温度荷载包络 –80.1～63.3MPa；（*e*）设计组合应力包络 –206.9～147.3MPa

按照现行钢结构设计规范验算得出的所有杆件应力比率如图 9–29 所示，计算表明加固后的结构体系在施工阶段 10 的应力比均不超过 0.76。

2）稳定性计算结果

计算表明，该施工阶段得出的应力结果较大的荷载组合为组合 3：1.1 恒荷载 +0.6 × 1.4 活荷载 +1.4 风荷载 +1.0 温度荷载，在该组合计算下得出的屈曲系数如图 9–30 所示，可见一阶屈曲模态为 GTS6 顶部外伸立柱的屈曲失稳，屈曲失稳系数为 19.8，高于《钢结构设计规范》中弹性屈曲失稳系数应不低于 10.0 的限制要求。二阶失稳模态也是 GTS6 顶部外伸立柱的局部失稳，三阶失稳模态为支架顶部立柱的整体失稳模态。

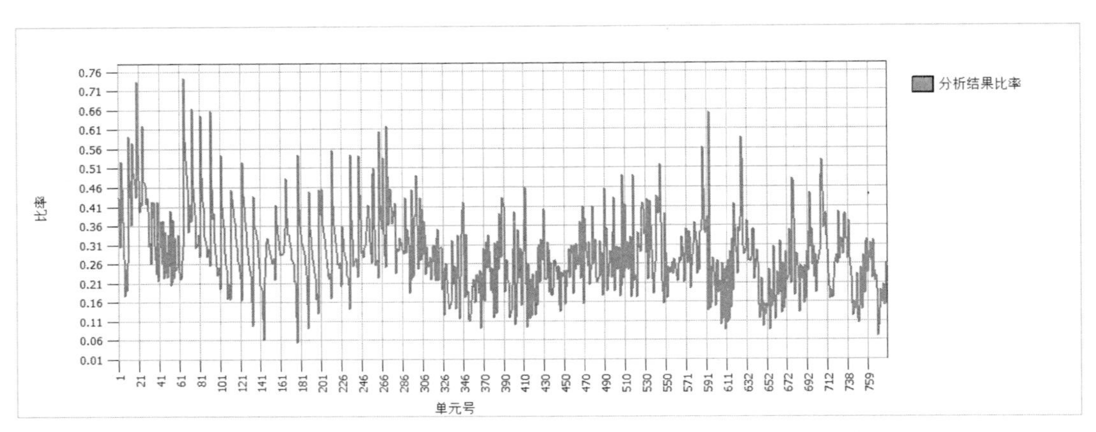

图 9–29　施工阶段 10 所有杆件验算结果比率

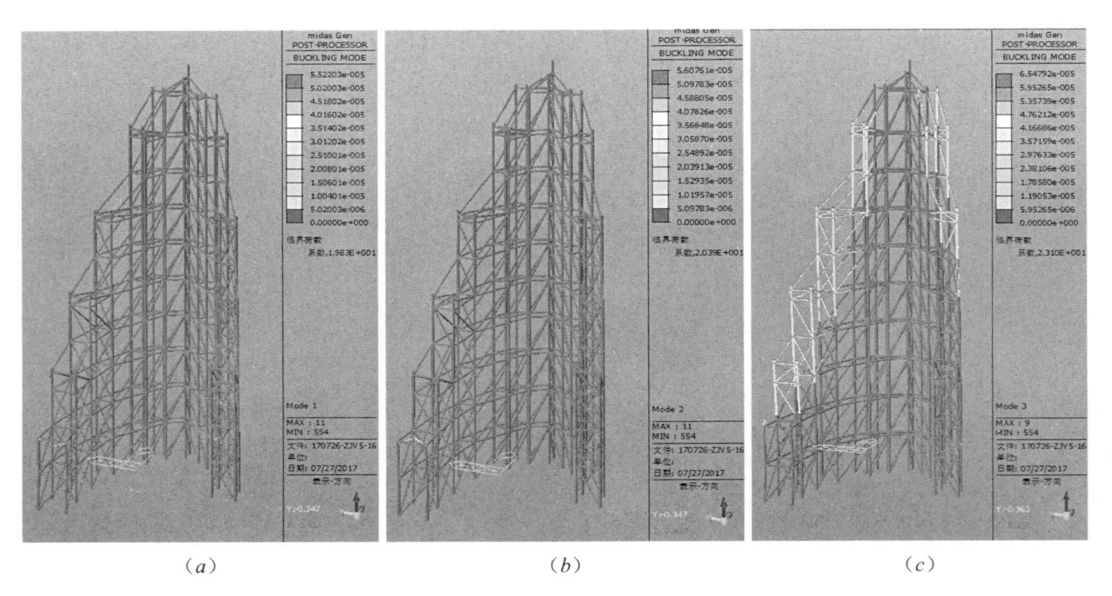

（a）　　（b）　　（c）

图 9–30　施工阶段 10 失稳模态

（a）一阶屈曲模态（临界系数 19.8）；（b）二阶屈曲模态（临界系数 20.4）；（c）三阶屈曲模态（临界系数 23.1）

3）支架基础支反力计算结果

如图 9–31 所示，提取该模型支架底部的支反力，计算可得支架体系的最大支反力为 504t，最大支反力出现于 GTS12 下方的基础上。此外，不同立柱基础的支反力分布较为均匀，说明双排柱面网壳的支架体系力的传递均匀。

（3）主塔线型计算分析及控制

主塔线型控制是支架法的核心问题也是支架法的难点所在，本次研究中主塔线型控制主要分为以下几个部分：

1）计算主塔在无支架状态下的变形。

2）计算主塔在有支架状态不做其他调整下的变形，通过其结果与主塔无支架状态下的变形的对比验证支架法对主塔线型控制的效力。

3）使用预变形法，辅助支架法对主塔线型进行进一步控制。通过“正拆倒装法”进行主塔安装线型的计算，确定主塔的安装线型。

4）使用 BIM 技术将有限元计算结果与设计模型进行交互，确定每个设计节段的安装位置。

5）通过卡尔曼滤波法，对理论计算与将来实际安装时的误差进行纠偏。

（4）具体实施方法

1）在无支架状态下，一次激活重力情况下钢塔下的变形，如图 9–32 所示。

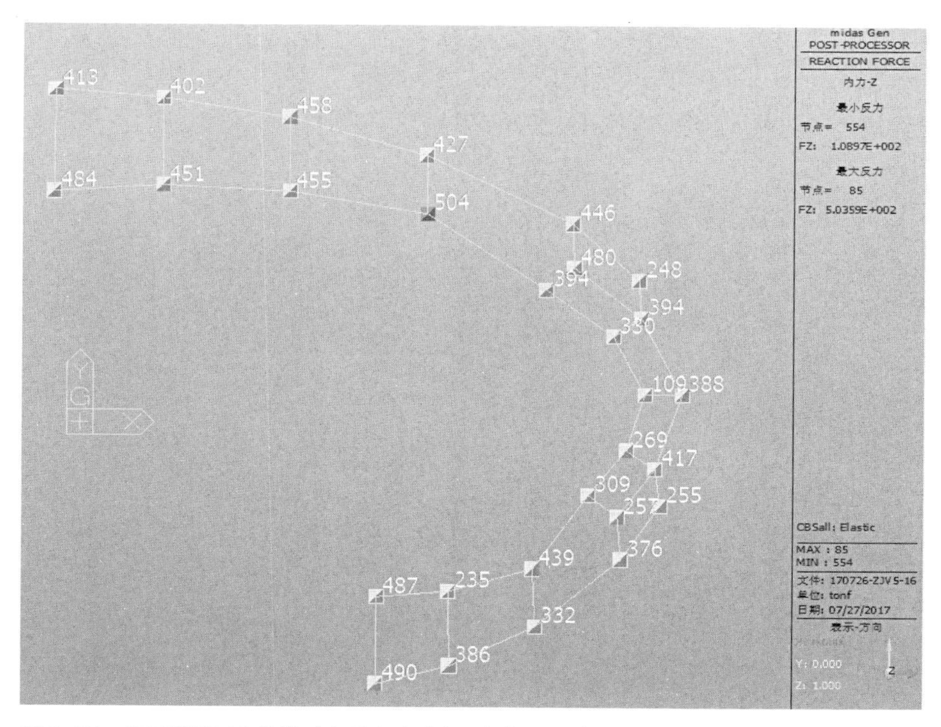

图 9–31 施工阶段 10 的基础支反力（t）（最大值 504t）

根据模型计算得出的各个施工阶段的桥塔顶部形心位移结果，可见当仅考虑重力荷载，不考虑预变形时，桥塔顶面形心发生的最大位移为 400mm。桥塔的各个方向位移随着施工阶段而逐步提升，其中顺桥向位移在三个方向的位移分量中比例最大，这是由于本桥塔顺桥向倾斜程度大导致的。直接悬臂拼装施工时若不考虑预变形的影响，总位移结果超出了设计要求的 1/4000 塔高的限制值（28mm）。

2）在带支架的情况下，不做预变形安装到顶端的变形模型，如图 9–33 所示。

计算得出的各个施工阶段的桥塔顶部形心位移结果如图 9–34 所示。可见当仅考虑重力荷载，不考虑预变形时，桥塔顶面形心发生的最大位移为 87.9mm。桥塔的各个方向位移随着施工阶段而逐步提升，其中顺桥向位移在三个方向的位移分量中比例最大，这是由于本桥塔顺桥向倾斜程度大导致的。桥塔—支架模型逐步施工时，若不考虑预变形的影响，位移结果超出了设计要求的 1/4000 塔高的限制值（28mm），因此支架的存在可明显减少主塔的变形，但仍然不能满足设计的要求，需要采取其他控制手段。

3）在带支架的情况下，通过预变形的方法控制主塔线型

根据预变形法进行 CAE 仿真安装计算的目的是验证预变形计算结果是否正确；通过 CAE 仿真计算提取出主塔每个节段上口角点预变形坐标作为施工控制依据。

依据正装倒拆法计算桥塔—支架模型的预变形。计算得出的各个施工阶段的桥塔顶部形心位移结果如图 9–34 所示。当考虑预变形时，在合拢前桥塔顶面形心发生的最大位移（施工阶段 9）为 3.1mm，符合 1/4000 塔高的设计要求，证明预变形计算结果正确。

使用正装倒拆法计算每个主塔安装节段预变形后的上口角点坐标见表 9–1。

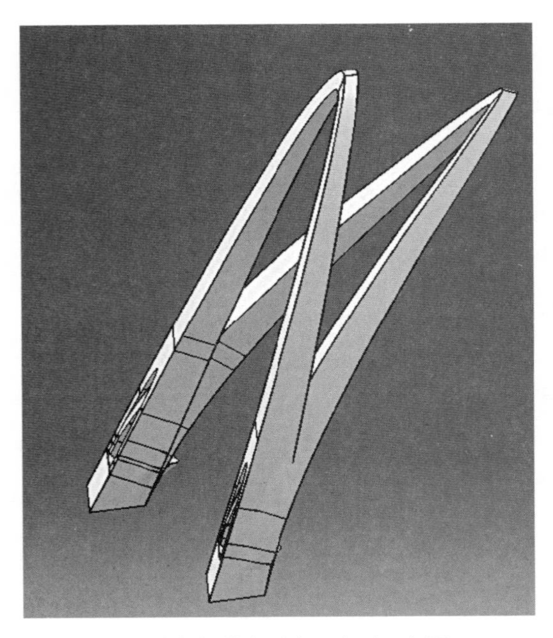

图 9–32　无支架钢塔在重力下变形示意图

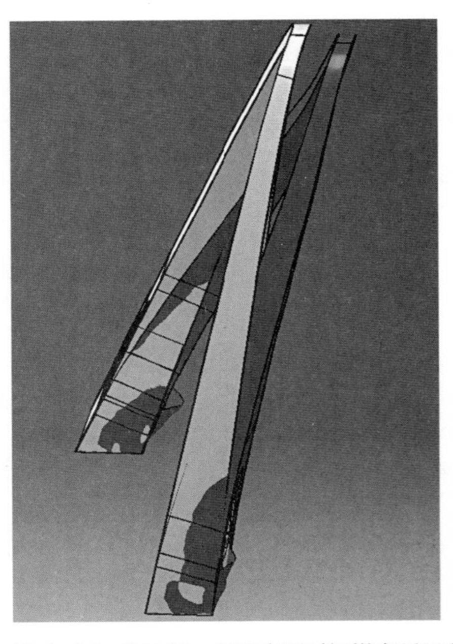

图 9–33　有支架、无预变形时钢塔变形示意图

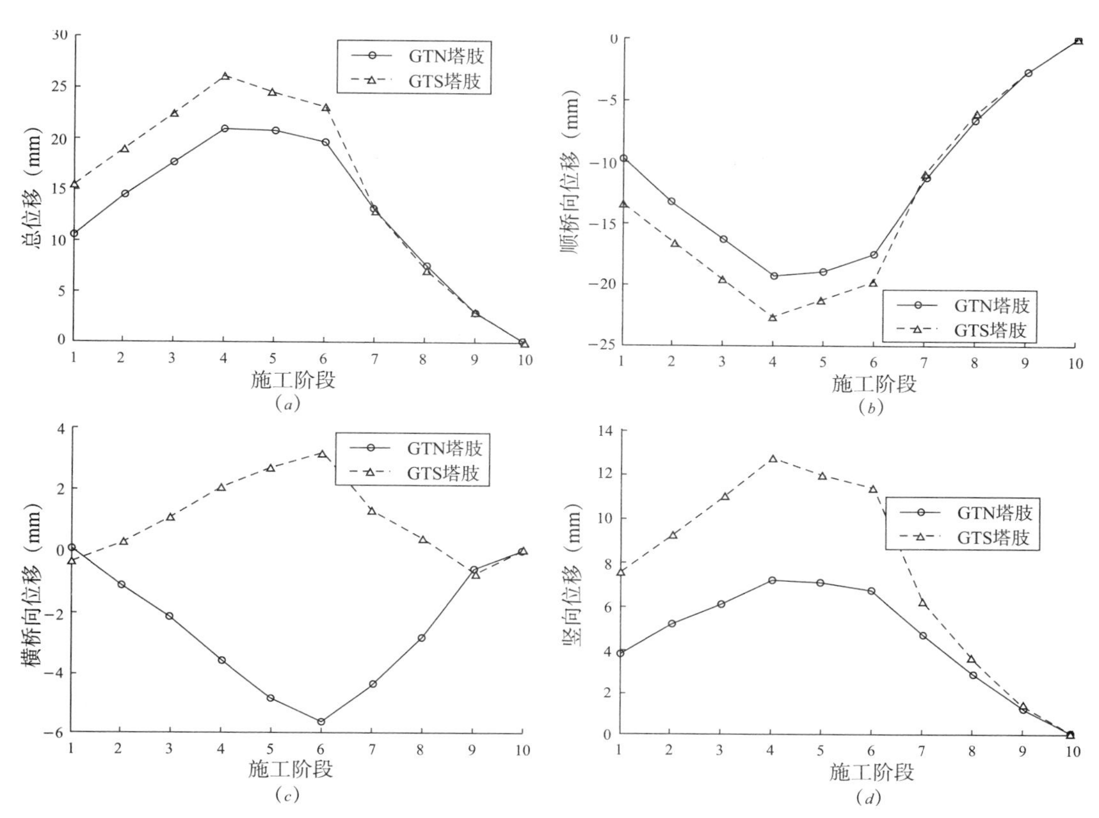

图 9-34　带支架采用预变形控制位移计算结果

节段上口角点预变形坐标表（仅以 7、8 节段为例）(mm)　　表 9-1

施工阶段 1：架设 GTN1～7、GTS1～7	Node	U.all	U.U1	U.U2	U.U3	*X*	*Y*	*Z*
GTN7 上口的角点	80221	10.149	-9.985	-0.756	1.288	12685.37	-16594.1	18668.3
	305470	12.048	-8.324	1.416	6.159	21966.61	-23961.7	15589.73
	300846	10.537	-7.129	1.492	5.487	21977.83	-27136.2	15626.52
	92776	8.85	-8.811	-1.002	0.582	12730.57	-27016.2	18786.23
GTS7 上口的角点	202938	14.825	-13.789	0.649	3.85	-5470.86	16605.77	20093.04
	205245	12.857	-12.088	0.847	3.096	-5396.75	26980.92	20204.36
	205026	15.24	-8.979	-2.186	8.708	2536.49	27128.93	15854.37
	202954	17.557	-10.516	-1.435	9.941	2475.006	16554.69	15733.2
施工阶段 2：架设 GTN8、GTS8	Node	U.all	U.U1	U.U2	U.U3	*X*	*Y*	*Z*
GTN8 上口的角点	70154	17.84	-17.053	-1.346	3.705	16581.97	-16576.4	28841.62
	72035	20.339	-15.067	0.313	9.66	25115.46	-16605.8	25925.45
	312651	18.142	-13.765	0.378	8.356	25217.06	-26641.3	26258.94
	73019	16.18	-15.751	-1.461	2.618	16704.8	-26460.4	29162.29
GTS8 上口的角点	211971	24.904	-22.069	0.675	8.16	-206.787	16573.23	29079.15
	215580	22.493	-20.163	0.845	7.049	-32.168	26467.21	29337.54
	214829	25.203	-16.587	-1.631	13.417	7332.387	26697.25	25305.59
	212848	27.98	-18.367	-1.536	14.925	7189.067	16611.05	25023.15

4）根据预变形计算结果在三维模型下进行仿真安装

根据正装倒拆法计算出每节段的预变形值，然后分段模拟向上安装。例如：1～7 节段在考虑预变形的条件下重力作用产生变形，如图 9–35、图 9–36 所示。

以后节段按照以上方法完成安装。

三维软件环境下仿真安装 1～7 节段，第 1～3 节段按照设计位置安装，从 4～7 节段按照预变形的位置安装，直到第 7 节段。安装的 1～7 节段在重力作用下提取 1～7 节段的位移值，见表 9–2。

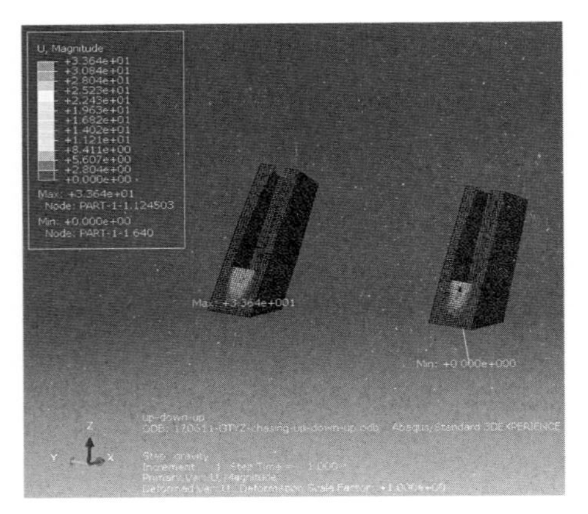

图 9–35　前 7 节段发生重力作用下的变形示意图

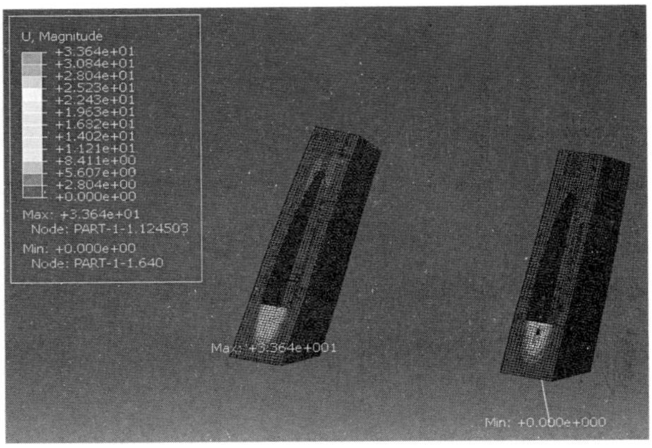

图 9–36　安装第 8 节段带预变形的模型示意图

前 1～7 节段在考虑预变形的情况下重力作用钢塔表面位移表（mm）　　表 9–2

Node Label	U.U1	U.U2	U.U3	X	Y	Z
8	0.9096	−0.2304	−0.7955	20459.05	−26646.4	10641.33
309	1.0272	−0.0833	−0.833	21276.93	−16507.7	13326.01
310	1.0245	−0.0772	−0.8412	21462.06	−16507.8	13262.7
367	0.8675	−0.0286	−0.7742	20209.48	−16420.8	9822.134
368	0.8646	−0.0226	−0.783	20394.63	−16419.1	9759.085
381	0.5021	0.0858	−0.5851	17802.54	−16102.8	1921.624
382	0.4999	0.0922	−0.5935	17987.41	−16099.9	1857.665
415	0.3623	0.0946	−0.4878	16704.77	−16003.5	−1681.66
416	0.3605	0.0854	−0.4963	16889.87	−16001.7	−1744.89
423	0.4276	0.1005	−0.535	17221.72	−16030.1	15.1545
432	0.2571	−0.0424	−0.0412	4725.945	−16002	−2112.35
459	0.3579	−0.0892	−0.0712	5527.895	−16029.3	−18.5995
503	0.2895	0.4037	−0.1925	9377.454	−16013.7	−1738.81

Node Label	U.U1	U.U2	U.U3	X	Y	Z
506	0.436	−0.1277	−0.1016	6110.111	−16083.3	1501.464
580	0.1997	0.0291	−0.3203	15456.58	−16002	−5778.7
581	0.7976	−0.2296	−0.75	19758.5	−26694.2	8341.837
595	0.8464	−0.2307	−0.7702	20039.53	−26676.4	9264.311
637	0.3456	0.0895	−0.4753	16583.84	−16002.4	−2078.59
638	0.3434	0.0796	−0.4849	16769.45	−16001	−2140.15
640	0	0	0	13501.46	−16002	−12196.2
641	0	0	0	13705.82	−16002	−12196.2
665	0.1988	−0.0214	−0.3283	15641.67	−16002	−5841.97
765	0.2933	−0.1209	−0.4672	16743.31	−26770	−1555.16
766	0.3291	−0.1333	−0.4894	16902.78	−26770	−1031.72
769	0.37	−0.1446	−0.5122	17062.25	−26770	−508.282
875	0.81	−0.2284	−0.753	19757.26	−25994.2	8337.781
881	0.8584	−0.2297	−0.774	20037.44	−25976.4	9257.437
923	1.155	0.0588	−0.4237	11717.2	−27099.2	16677.58
933 …… 2126	0.2238 …… 1.6156	−0.1175 …… −0.369	−0.4293 …… −0.6355	16743.31 …… 12488.71	−26070 …… −19843.1	−1555.16 …… 18154.85
2938	0	0	0	863.6346	−21750	−12196.1
9199	11.9456	−0.0113	−4.5529	3538.729	−21750	−5211.95
9436	12.5898	−0.0129	−4.7991	3642.457	−21750	−4941.14

将位移值导入 BIM 系统建出模型，如图 9-37 所示。

做出以上模型的对角线和交点。

将第 8 节段安装时位置的位移提取出来，见表 9-3。

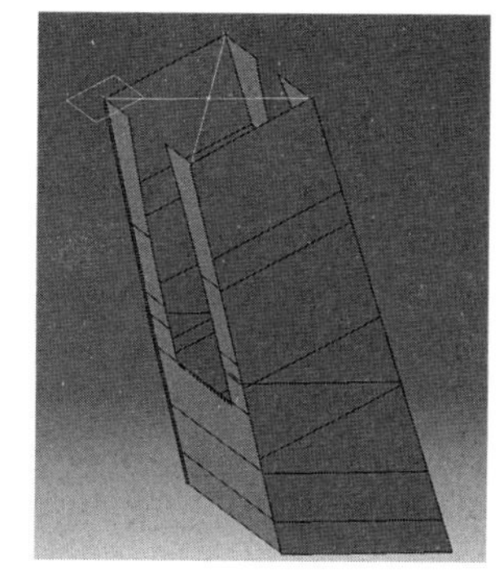

图 9-37　使用位移值导入 BIM 系统建模示意图

第 8 节段的安装时位置的位移值表（mm）　　表 9-3

Node Label	U.U1	U.U2	U.U3	X	Y	Z
8	0.9096	−0.2304	−0.7955	20459.05	−26646.4	10641.33
309	1.0272	−0.0833	−0.833	21276.93	−16507.7	13326.01
310	1.0245	−0.0772	−0.8412	21462.06	−16507.8	13262.7
367	0.8675	−0.0286	−0.7742	20209.48	−16420.8	9822.134
368	0.8646	−0.0226	−0.783	20394.63	−16419.1	9759.085
381	0.5021	0.0858	−0.5851	17802.54	−16102.8	1921.624
382	0.4999	0.0922	−0.5935	17987.41	−16099.9	1857.665
415	0.3623	0.0946	−0.4878	16704.77	−16003.5	−1681.66
416	0.3605	0.0854	−0.4963	16889.87	−16001.7	−1744.89
423	0.4276	0.1005	−0.535	17221.72	−16030.1	15.1545
432	0.2571	−0.0424	−0.0412	4725.945	−16002	−2112.35
459	0.3579	−0.0892	−0.0712	5527.895	−16029.3	−18.5995
503	0.2895	0.4037	−0.1925	9377.454	−16013.7	−1738.81
506	0.436	−0.1277	−0.1016	6110.111	−16083.3	1501.464
580	0.1997	0.0291	−0.3203	15456.58	−16002	−5778.7
581	0.7976	−0.2296	−0.75	19758.5	−26694.2	8341.837
595	0.8464	−0.2307	−0.7702	20039.53	−26676.4	9264.311
637	0.3456	0.0895	−0.4753	16583.84	−16002.4	−2078.59
638	0.3434	0.0796	−0.4849	16769.45	−16001	−2140.15
640	0	0	0	13501.46	−16002	−12196.2
641	0	0	0	13705.82	−16002	−12196.2
665	0.1988	−0.0214	−0.3283	15641.67	−16002	−5841.97
881	0.8584	−0.2297	−0.774	20037.44	−25976.4	9257.437
415	0.3623	0.0946	−0.4878	16704.77	−16003.5	−1681.66
765	0.2933	−0.1209	−0.4672	16743.31	−26770	−1555.16
766	0.3291	−0.1333	−0.4894	16902.78	−26770	−1031.72
769	0.37	−0.1446	−0.5122	17062.25	−26770	−508.282
875	0.81	−0.2284	−0.753	19757.26	−25994.2	8337.781
881	0.8584	−0.2297	−0.774	20037.44	−25976.4	9257.437

根据位移值建立第 8 节段安装位置模型，如图 9-38 所示。

根据以上模型，做出第 8 节段上口 4 个角点及对角线交点，如图 9-38 所示。第 1～7 节段由于重力作用，特征点（端口四个角点）发生了变形，不在一个平面上，因此需要建立一个最佳的平面，采用最小二乘法模拟出平面 A，将特征点（四个角点）投影到平面上并做对角线得到对角线交点 O_1。对于 8 节段上口安装的位置，由于数值仿真的每节段带有预变形，也不在一个平面上，同理的方法建立一个最佳平面 B，投影特征点（四个角点），得到对角线交点 O_2。连接 O_1、O_2 得到轴 O_1O_2。在第 8 节段设计模型上做出上口对角线交点 O_3，下口对角线交点 O_4，连接 O_3O_4 得到设计模型的轴线（图 9-40 安装截断控制线）。第 8 节段模型如下：将设计模型的 O_3 与前面的 O_2 点重合，将设计模型 O_3O_4 轴线与 O_1O_2 轴线重合。将设计模型上端口特征点（四个角点）投影至上面得到的平面 B，通过最小二乘法使此投影点与原来得到的数值分析特征点（四个角点）投影点距离的平方和最小，从而确定 8 节段安装的位置（由图 9-39 求节段安装控制参数，图 9-41 最小二乘法优化后最终确定的位置）。

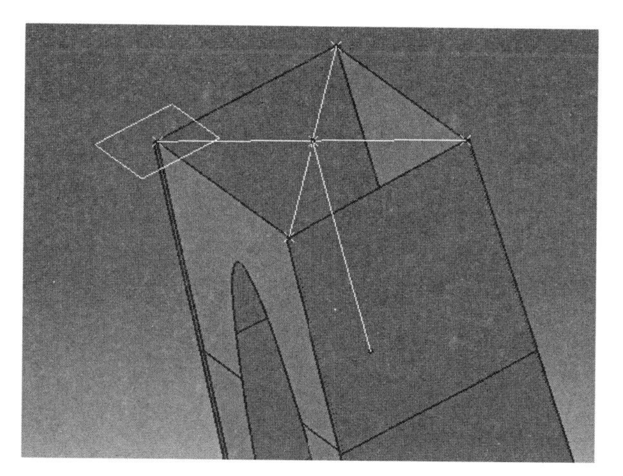

图 9-38　第 8 节段安装位置示意图

图 9-39　求节段安装控制参数示意图

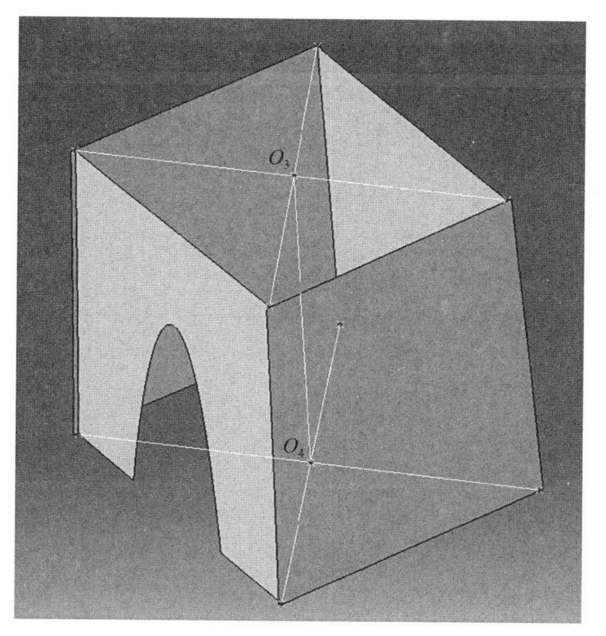

图 9-40　安装节段控制线求解示意图

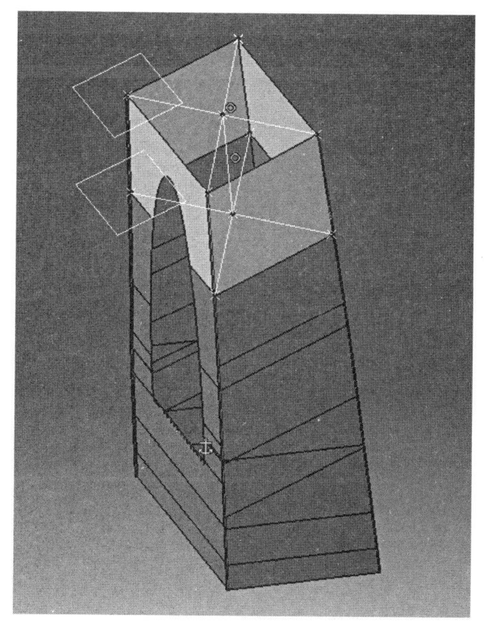

图 9-41　最小二乘法优化后确定的位置

如此方法可以得到以上所有设计节段的仿真安装位置。根据安装节段的具体位置，提取每节段端口安装特征点坐标、高程、牛腿坐标、高程。施工中按此坐标、高程控制。

5）实际安装调整值确定

实际安装时，每节段钢塔在重力作用下最终实测位置和仿真计算位置有差异。这个差异可以通过卡尔曼滤波法在考虑已安装节段的实测位置作出的预测位置与仿真位置之差进行调整。如果每一节段误差不大，可以累计出几个节段调整，如果差异大可以增加调整节段。

卡尔曼滤波公式如下：

$K(k)=P(k,k-1)\cdot[P(k,k-1)+P(k)]^{-1}$

$P(k,k-1)=A\cdot P(k-1,k-1)\cdot A^T+Q(k-1)$

$X(k,k-1)=A\cdot(k,k-1)\cdot X(k-1,k-1)$

$X(k,k)=X(k,k-1)+K(k)[y(k)-X(k,k-1)]$

$P(k,k)=[I-K(k)]\cdot P(k,k-1)$

这里 $X(k-1,k-1)$ 为 4×1 变量矩阵，为 $[x_{k-1},y_{k-1},z_{k-1},\theta_{k-1}]^T$（说明：（$x_{k-1}$，$y_{k-1}$，$z_{k-1}$）在卡尔曼滤波法中表示坐标，分别表示 k–1 节段，即本节段的上一节段在空间直角坐标系中 X、Y、Z 的坐标值），其中 x_{k-1}，y_{k-1}，z_{k-1}，为一侧壁面中的特征点坐标预测误差，θ_{k-1} 为节段安装沿壁面轴线旋转角预测误差，为了现场便于操作可根据坐标变换和几何关系转化为另一壁面特征点预测坐标误差。

在安装两个节段后，可以获得 $P(0,0)$、$X(0,0)$ 初始值。如果初始值代表第 1 节段数据，第 2 节段的预测值，可由第 1 节段初始值结合第 1 节段实测值递推预测出来。同理，对于第 3 节段的预测值，可由第 2 节段预测值结合第 2 节段实测值递推预测出来。当节段的预测值与仿真的位置位移值差值达到一定范围，将这一差值作为这一节段安装时的调整值。这样经过几段的调整会使实际安装位置和仿真位置倾向一致。

2. 基于 BIM 系统的支架体系设计

（1）基于 BIM 系统的支架整体设计

基于 BIM 系统，承接设计模型在设计模型的基础上进行支架整体的建模，并通过 BIM 系统间三维模型转化为加工图纸进行下料加工，如图 9–42 所示。

（2）基于 BIM 系统的安装模拟

基于 BIM 系统的支架虚拟安装，对已经设计完成的支架模型，通过 BIM 系统的虚拟安装功能，根据实际的工期安排进行支架施工的 4D 模拟，通过 4D 模拟发现支架施工中的问题，如图 9–43 所示。

图 9-42　下料加工

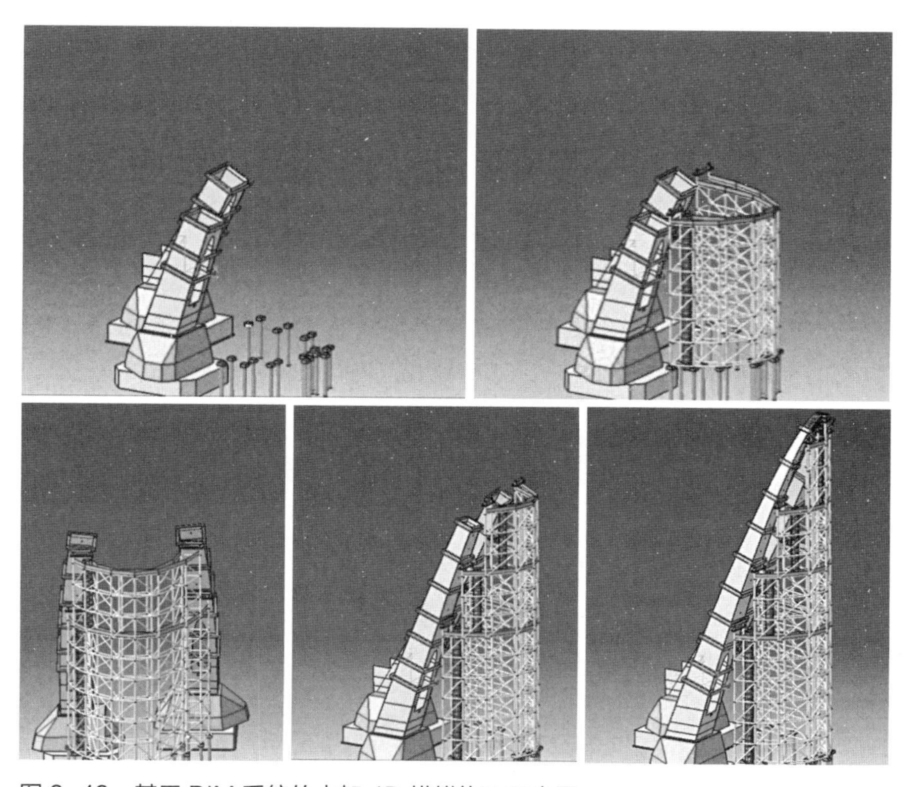

图 9-43　基于 BIM 系统的支架 4D 模拟施工示意图

9.2.4 基于 BIM 技术的吊耳深化

1. 概况

该桥设计为全钢结构双塔斜拉钢构组合体系桥。索塔采用全钢结构高低双塔，塔柱外形为两塔肢非一致倾斜的拱形结构。

2. 吊装方式

高塔分 31 段安装施工。其中依照节段形式主要分为 3 种方式进行吊装。吊装方式见表 9-4。

吊装方式表　　表 9-4

第一种	GTA1、GTA2、GTA3、GTB1、GTB2、GTB3 六个节段的卸车、吊装采用单机旋转法：即使用 2000t 履带起重机整体吊装，在结构处于完全水平稳定后，由起重机将结构垂直吊起，并通过回转将结构放置在指定位置，完成吊装工作
第二种	GTA4～11、GTB4～11、合拢段共 17 个节段的卸车、吊装采用双机抬吊提升递送吊装工艺：整体吊装设备，即使用 2000t 履带起重机为主起重机吊结构的上部，使用溜尾起重机吊结构的下部，两台起重机先将结构抬起，主起重机负责提升，溜尾起重机负责送递，来实现结构由平卧状态逐渐过渡到接近就位状态，完成结构的安装姿态，然后辅助起重机摘钩，由主起重机将结构垂直吊起，并回转将结构放置在安装位置上，固定完成吊装工作
第三种	GTA12～15、GTB12～15、合拢段共 9 个节段的卸车、吊装采用多机抬吊提升递送吊装工艺：整体吊装设备，即使用 2000t 履带起重机为主起重机起吊结构的上部，使用多台辅助起重机起吊结构的下部，三台起重机先将结构水平翻转一定角度后由两台起重机将结构抬起，主起重机负责提升，溜尾起重机负责送递，来实现结构由平卧状态逐渐过渡到接近就位状态，完成结构的安装姿态，然后辅助起重机摘钩，由主起重机将结构垂直吊起，并回转将结构放置在安装位置上，固定完成吊装工作

3. 吊耳的设计方式分析

（1）常规设计方式

依照节段重量及吊装方式确定单吊耳的最大受力后，依照标准选用吊耳尺寸。依照节段设计图估算节段重心位置。参照重心位置布置吊耳位置及形式。

（2）项目特点

索塔结构形式新颖、造型别致，其整体结构体系构造十分复杂。吊装节段为空间异型结构，吊装难度巨大。

（3）项目采用新的方式设计吊耳

因结构的造型特点，二维图纸无法充分表达结构形状。在吊耳的设计中常规的设计方式仅限于相对规整结构的设计。针对本桥的设计特点常规的设计方式不能保证吊耳位置的准确性和吊耳的结构的合理性。

本项目针对节段的吊耳构造的特点采用三维设计。使用 CATIA 软件在节段三维图上进行吊耳的设计分析。

4. 吊耳设计

（1）设计要求

1）依照节段结构特点确定吊耳的形式主要为板式吊耳，吊耳与结构的连接为焊接或栓接。

2）板式吊耳的设计要求如图 9-44 所示。

3）吊点处设计要求

①吊耳的设计中优先考虑减少节段外表面焊接量，保证安装后塔体的外观完整性。

②充分利用节段自身结构特点，避免节段材料的面受力。

4）吊耳本体设计要求如图 9-45 所示。

（2）设计思路

1）吊耳受力方向应与设备运输放置状态时重心方向相同。

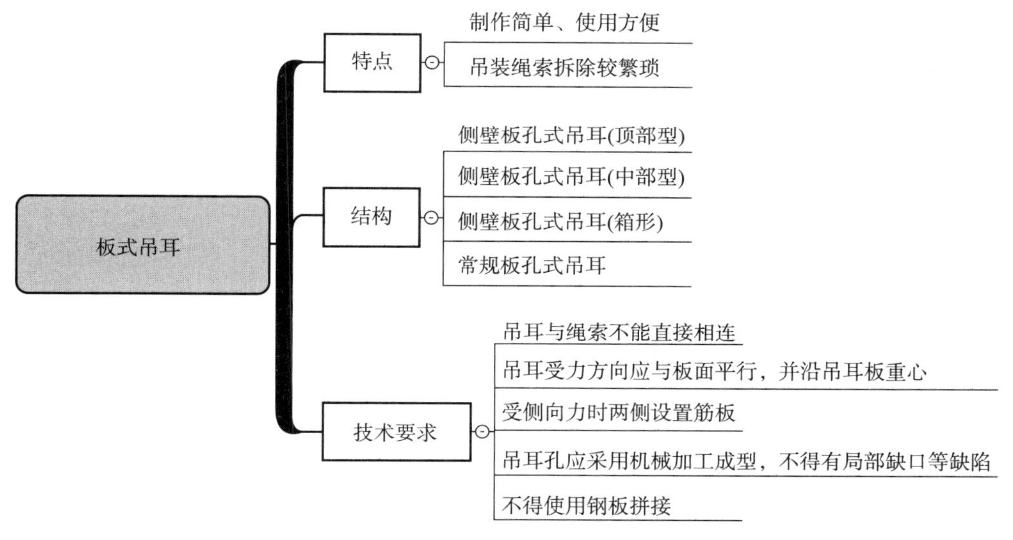

图 9-44 板式吊耳的设计要求

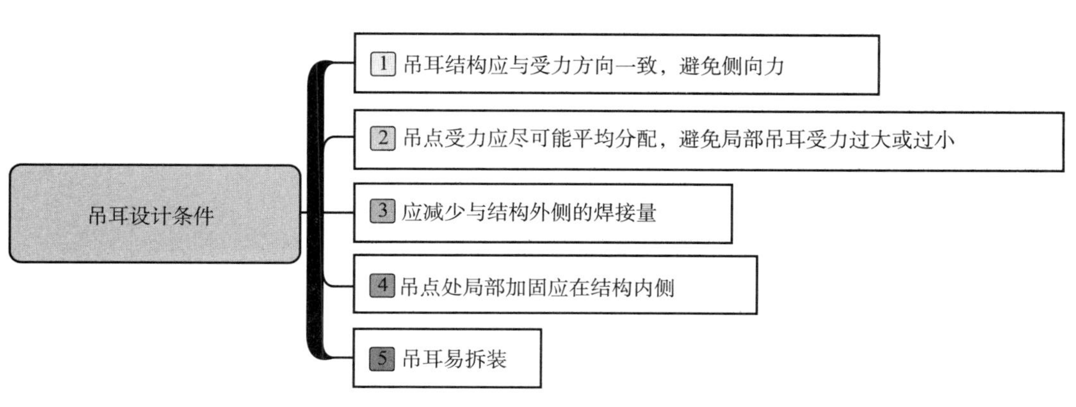

图 9-45 吊耳本体设计要求

2）设备在翻转、调整、就位过程中，两侧吊耳依照重心对称。

3）吊耳尺寸参考《化工设备吊耳及工程技术要求》（HG/T 21574—2008）中 AP-100 进行设计。

4）吊耳材质与节段材质相同采用 Q420qE。

（3）第一种吊装方式（以 GTN1 段为例）

1）应用 CATIA 创建节段的重心点如图 9-46 所示。

2）通过重心点绘制 *XY* 平面定位草图。草图中上下侧 8 个点为吊耳孔心的投影点。投影点距节段腹板的距离为 20mm。草图绘制如图 9-47 所示。

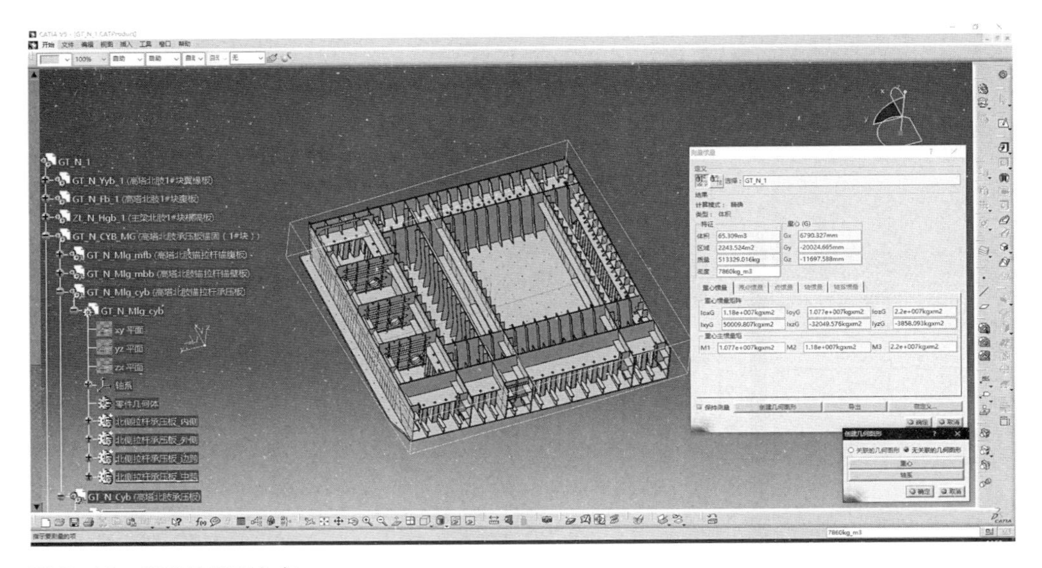

图 9-46　创建节段重心点

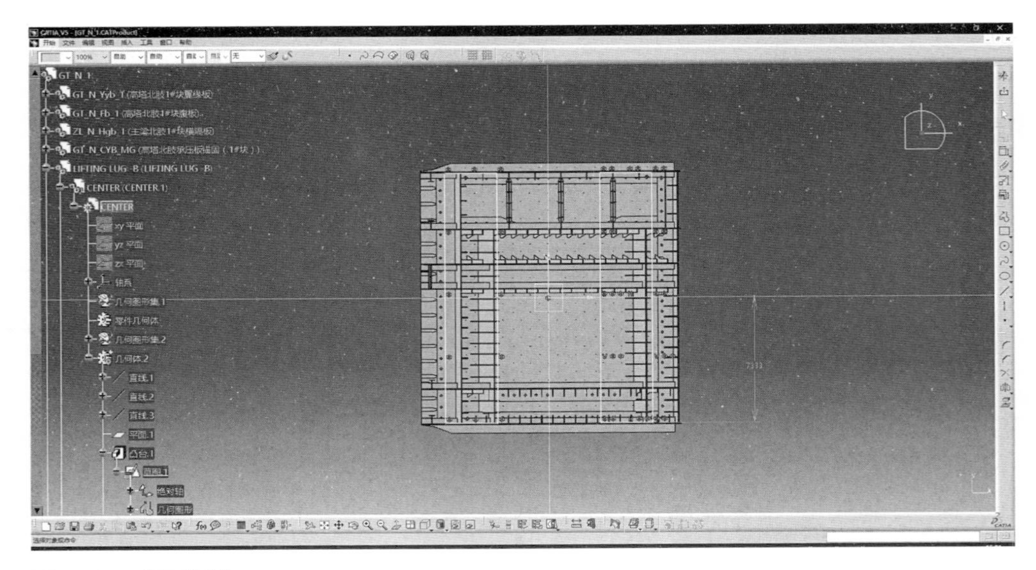

图 9-47　草图绘制

3）创建实体。位于腹板侧的 8 个点为吊耳的孔心位置。通过改变实体参数可对吊耳的位置进行变更。创建实体如图 9–48 所示。

4）建立定位草图绘制吊耳如图 9–49 所示。

5）绘制吊耳后，对吊耳与腹板的接触进行微调，并确定吊耳的最终设计位置。吊耳模型如图 9–50 所示。

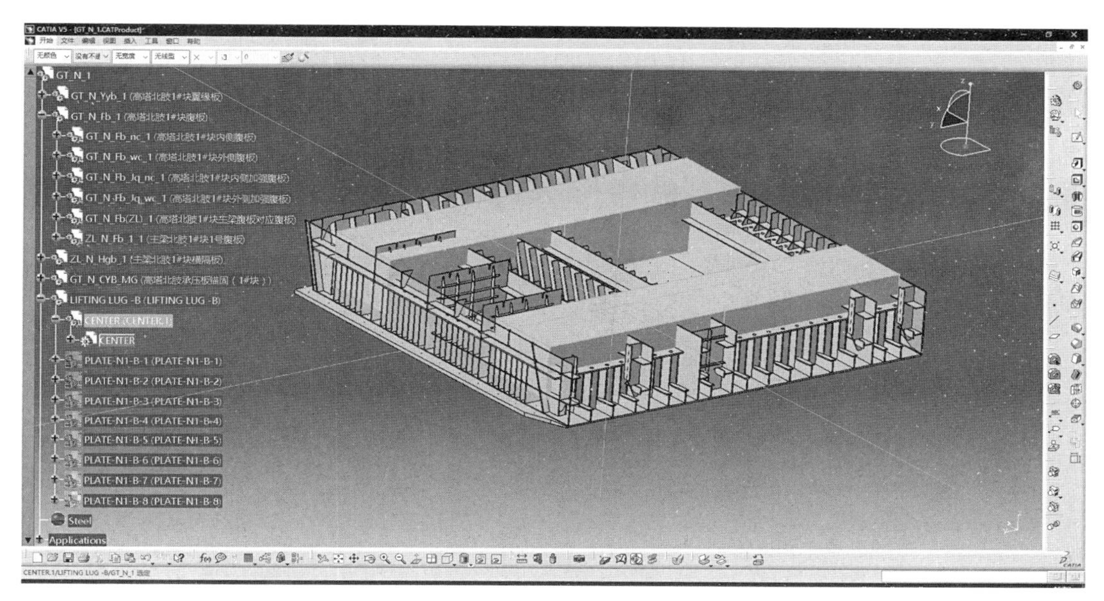

图 9–48　创建实体

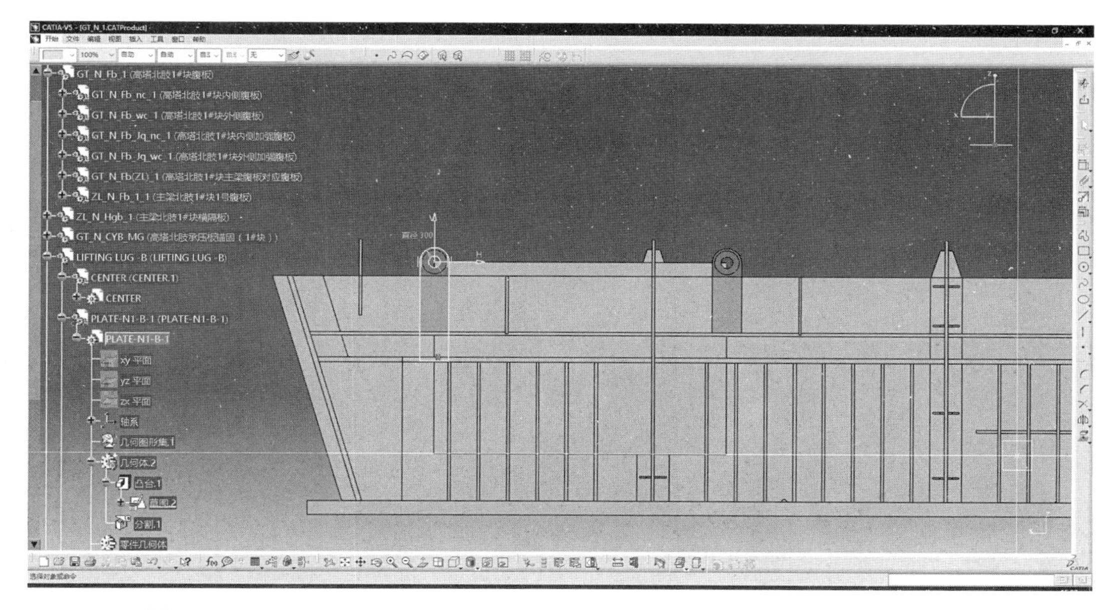

图 9–49　建立定位草图绘制吊耳

6）吊耳设计完成后进行有限元受力分析，依照分析结果反复调整吊耳的位置、尺寸、加固方式等直至满足受力要求。

（4）第二种吊装方式（以 GTN8 段为例）

1）应用 CATIA 创建节段的重心点如图 9–51 所示。

2）确定节段起吊时状态，确定平衡梁的方向。节段起吊状态如图 9–52 所示。

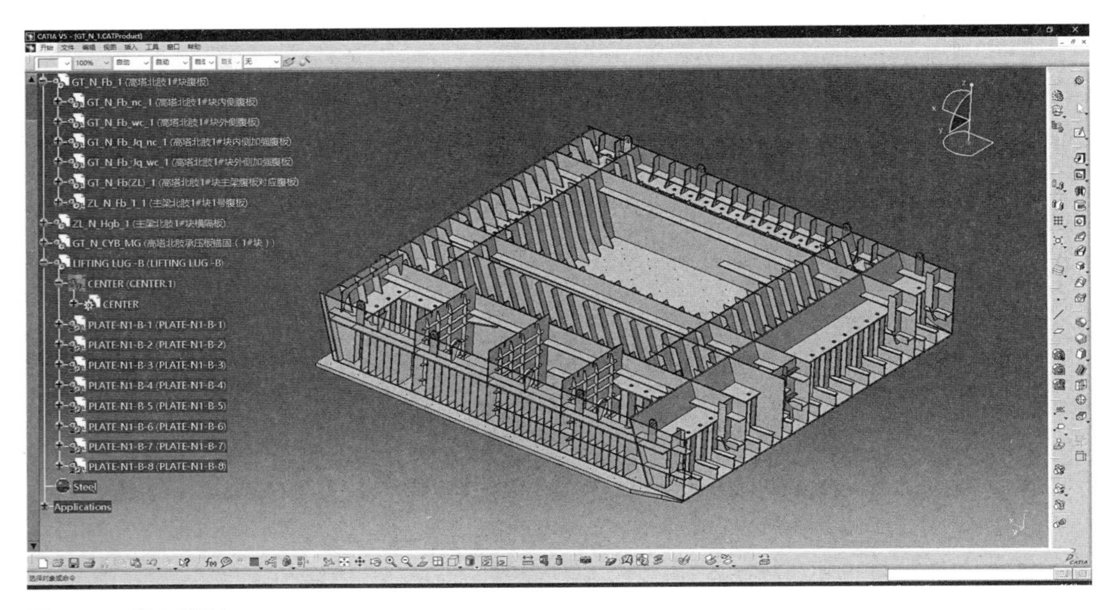

图 9–50　吊耳模型

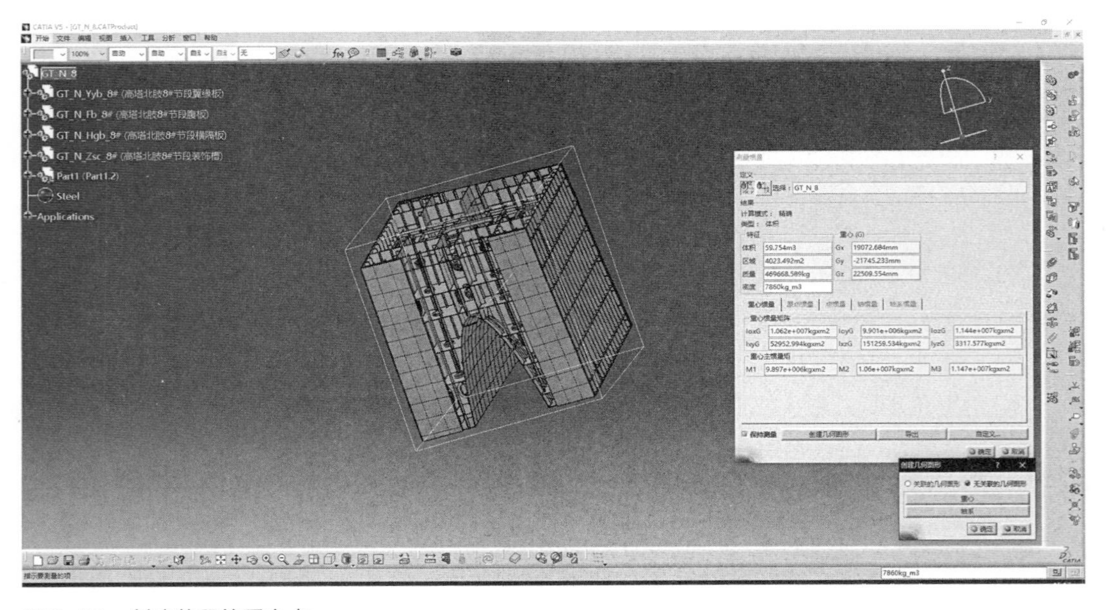

图 9–51　创建节段的重心点

3）通过重心点绘制 XY 平面上定位草图。草图垂直于平衡梁方向。草图两点为吊耳孔心的投影点。草图绘制如图 9–53 所示。

4）创建实体，四点为主吊耳孔心位置。通过改变实体参数可对吊耳的位置进行变更。主吊耳孔心位置如图 9–54 所示。

5）建立定位草图，绘制主吊耳。主吊耳草图绘制如图 9–55 所示。

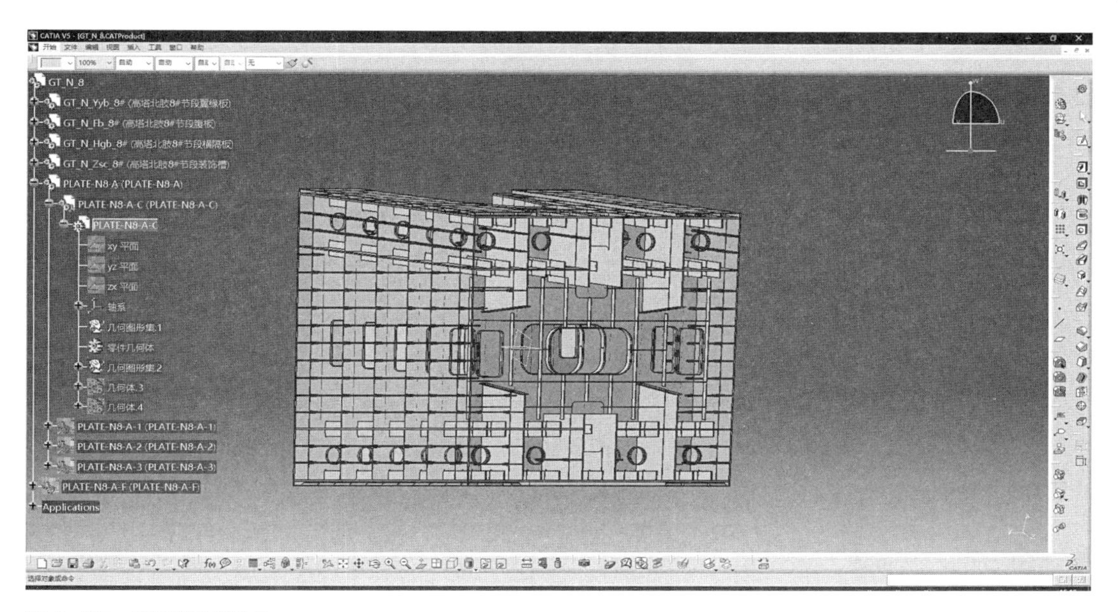

图 9–52 节段起吊状态

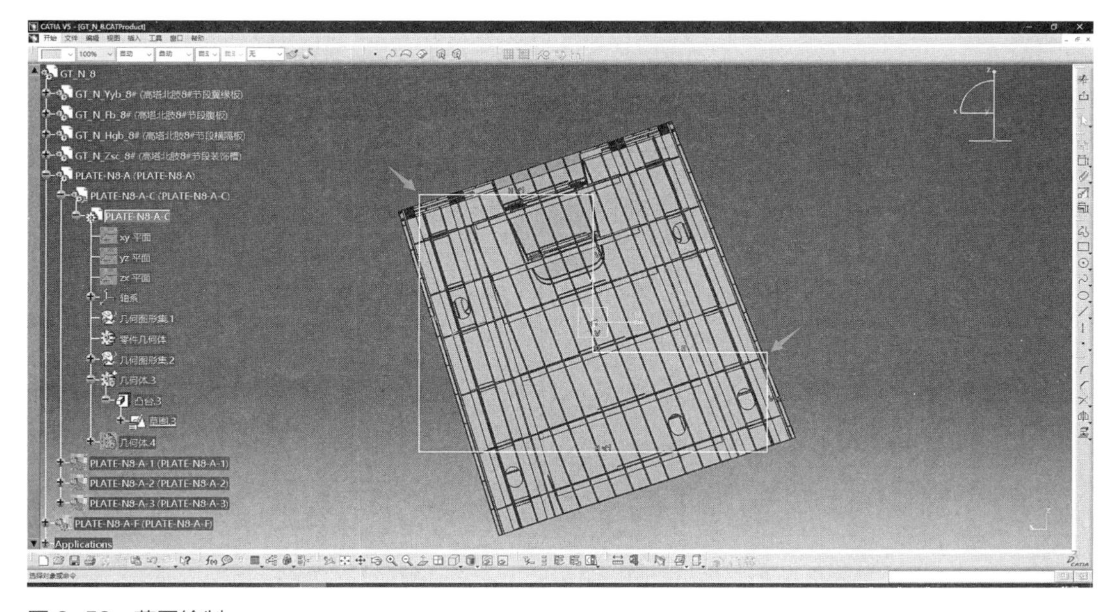

图 9–53 草图绘制

6）绘制吊耳后，对吊耳与腹板连接方式及加固形式进行调整，并确定主吊耳的最终设计状态。主吊耳模型如图 9–56 所示。

7）依照主吊耳的位置及节段起吊时的状态创建溜尾吊耳，方式与主吊耳相同。溜尾吊耳模型如图 9–57 所示。

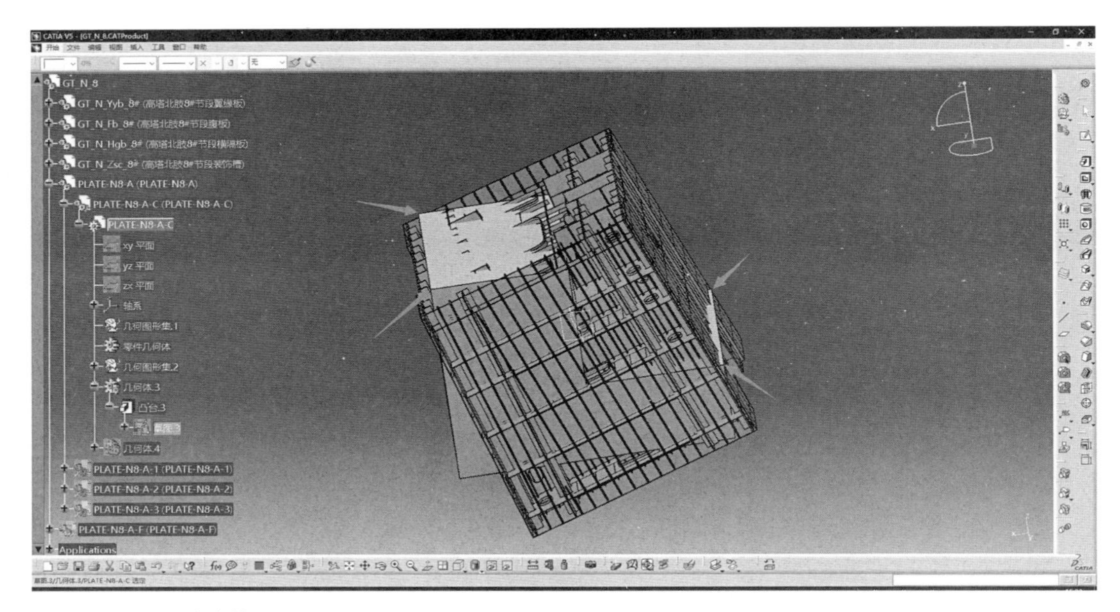

图 9–54　吊耳孔心位置

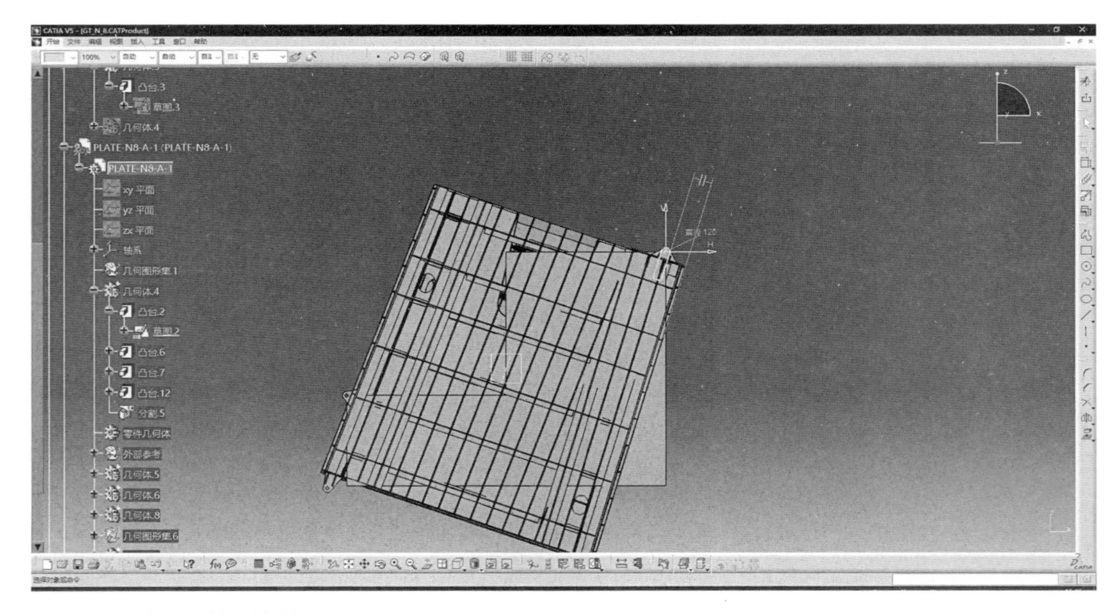

图 9–55　主吊耳草图绘制

8）吊耳设计完成后进行有限元受力分析，依照分析结果反复调整吊耳的位置、尺寸、加固方式等直至满足受力要求。

（5）第三种吊装方式（以 GTN15 段为例）

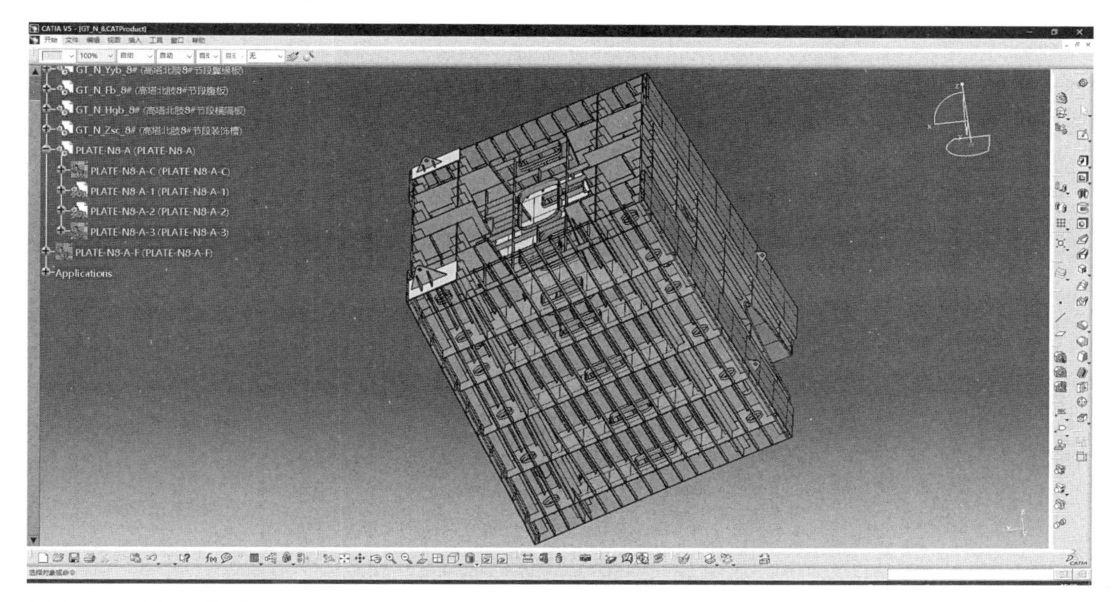

图 9-56　主吊耳模型

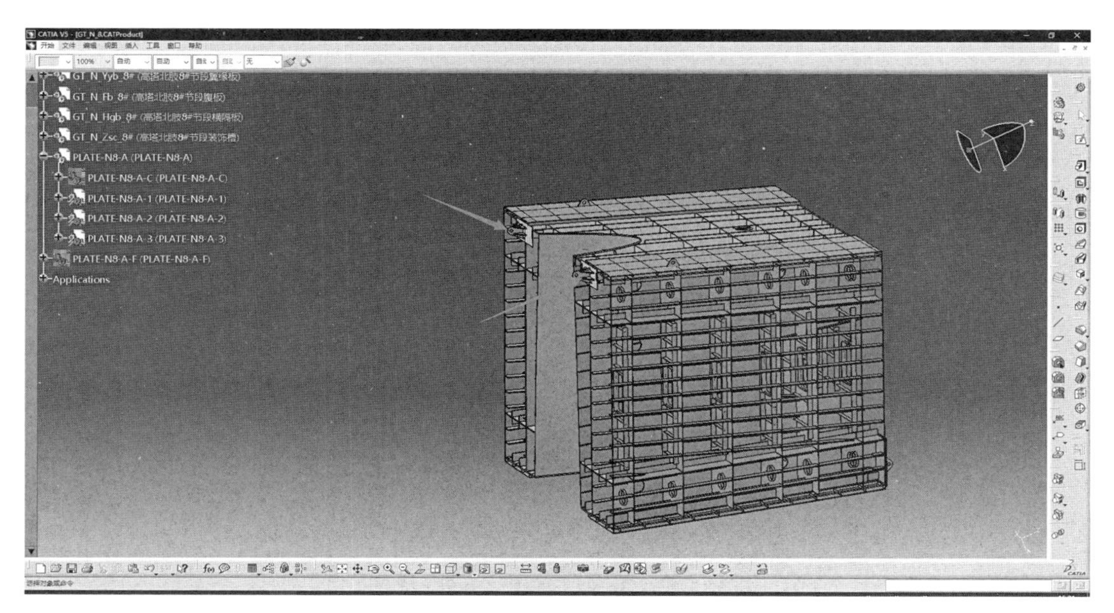

图 9-57　溜尾吊耳模型

1）应用 CATIA 创建节段的重心点如图 9–58 所示。

2）确认节段的就位状态。在就位状态时平衡梁的合理方向。节段就位状态如图 9–59 所示。

3）通过重心点绘制定位草图。草图垂直于平衡梁方向。草图两点为吊耳孔心的投影点。草图绘制如图 9–60 所示。

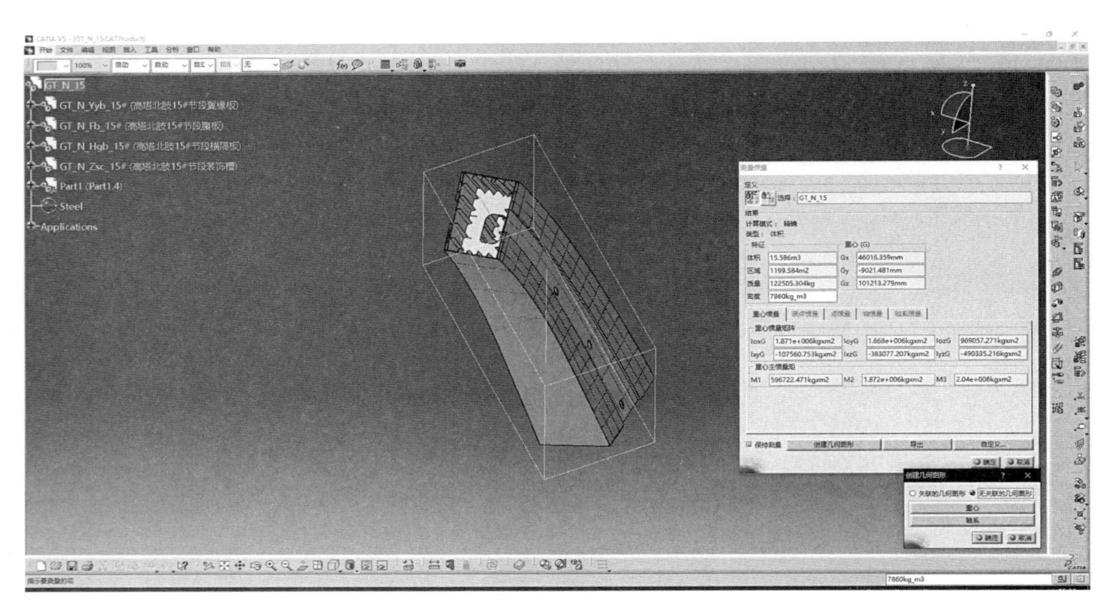

图 9–58　创建节段的重心点

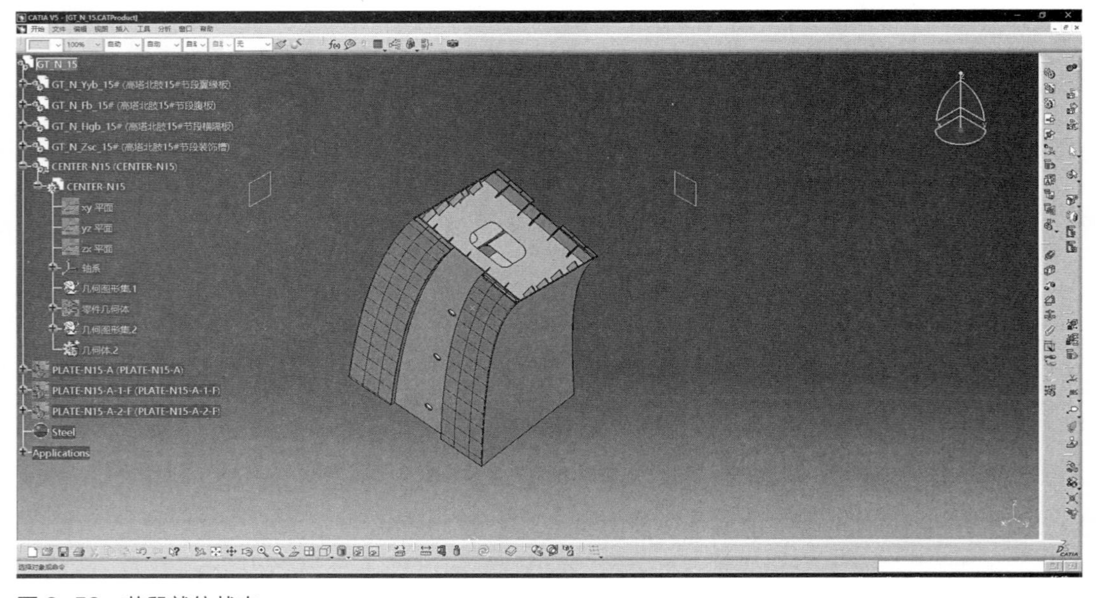

图 9–59　节段就位状态

4）创建实体，四点为主吊耳孔心位置。通过改变实体参数可对吊耳的位置进行变更。主吊耳孔心位置如图 9-61 所示。

5）建立定位草图，绘制吊耳。主吊耳草图绘制如图 9-62 所示。

6）绘制吊耳后，对吊耳与腹板连接方式及加固形式进行调整，并确定主吊耳的最终设计状态。主吊耳模型如图 9-63 所示。

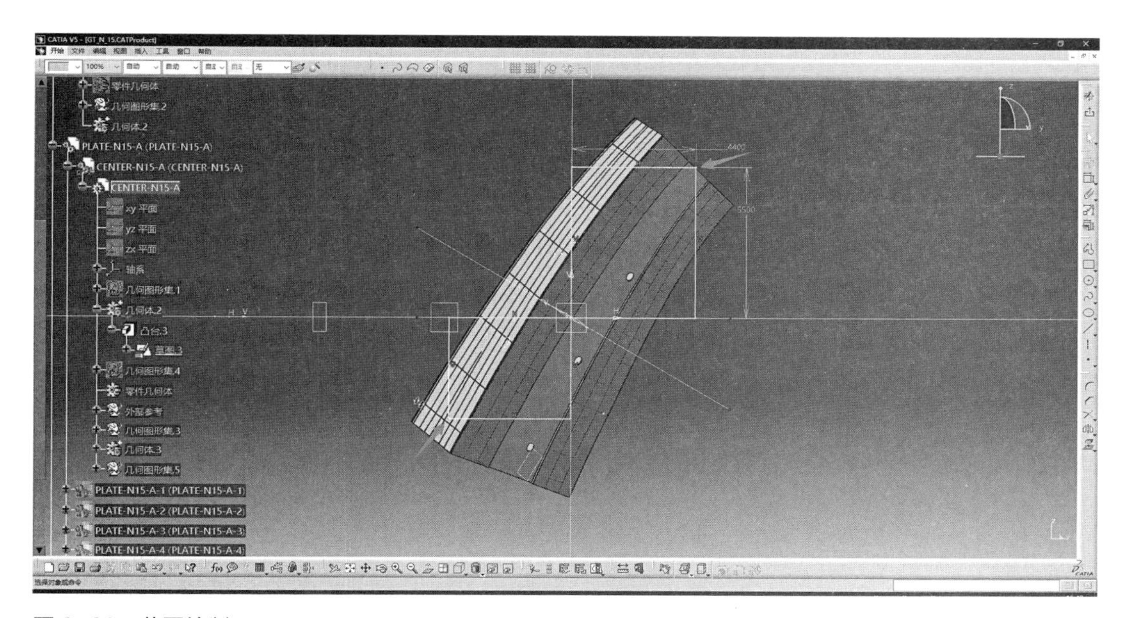

图 9-60　草图绘制

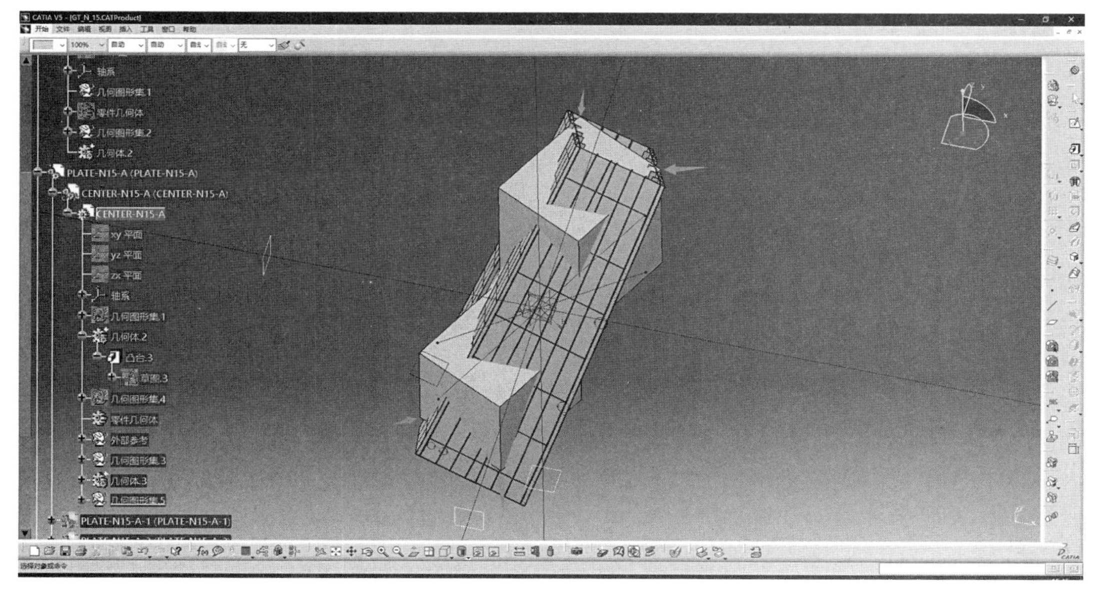

图 9-61　主吊耳孔心位置

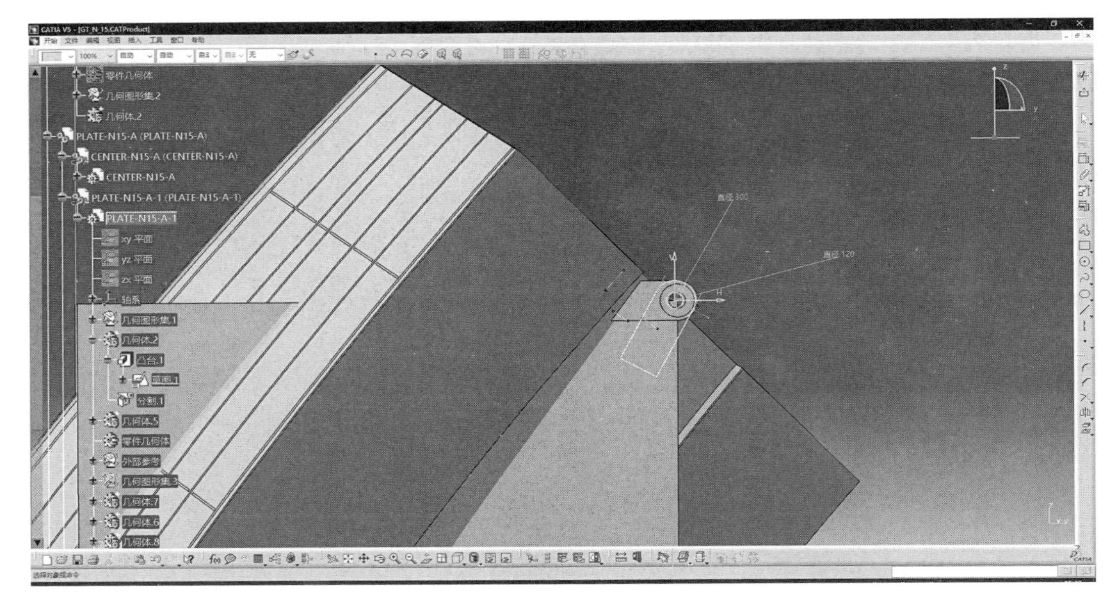

图 9-62　主吊耳草图绘制

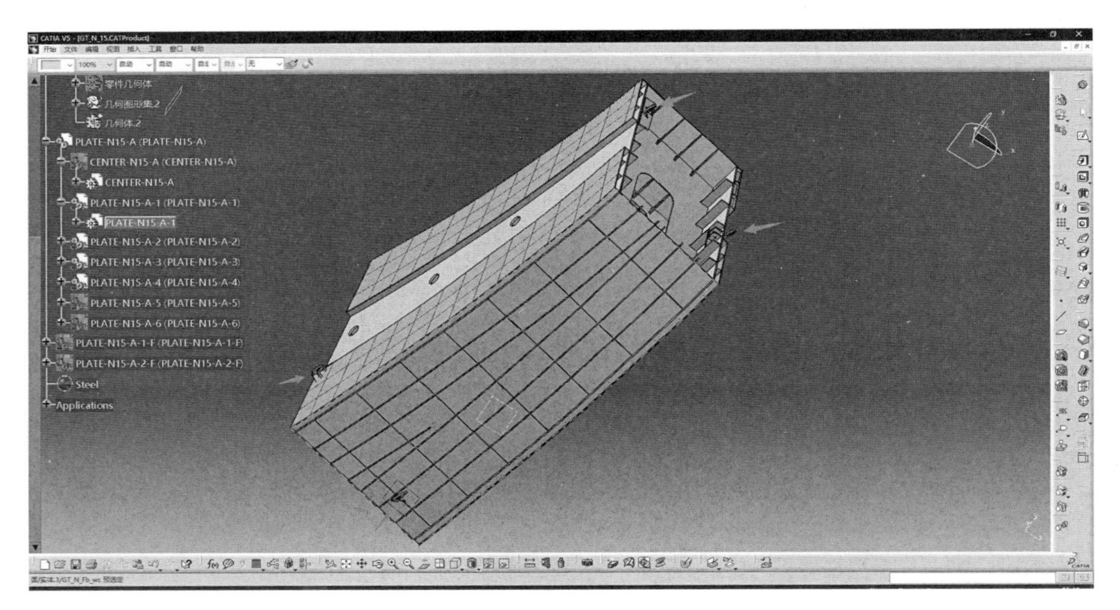

图 9-63　主吊耳模型

7）依照主吊耳对称重心确定结构由水平至竖直状态时溜尾吊耳的位置。溜尾吊耳方向确定如图 9–64 所示。

8）绘制吊耳后，对吊耳与腹板连接方式及加固形式进行调整，并确定溜尾吊耳的最终设计状态。溜尾吊耳模型如图 9–65 所示。

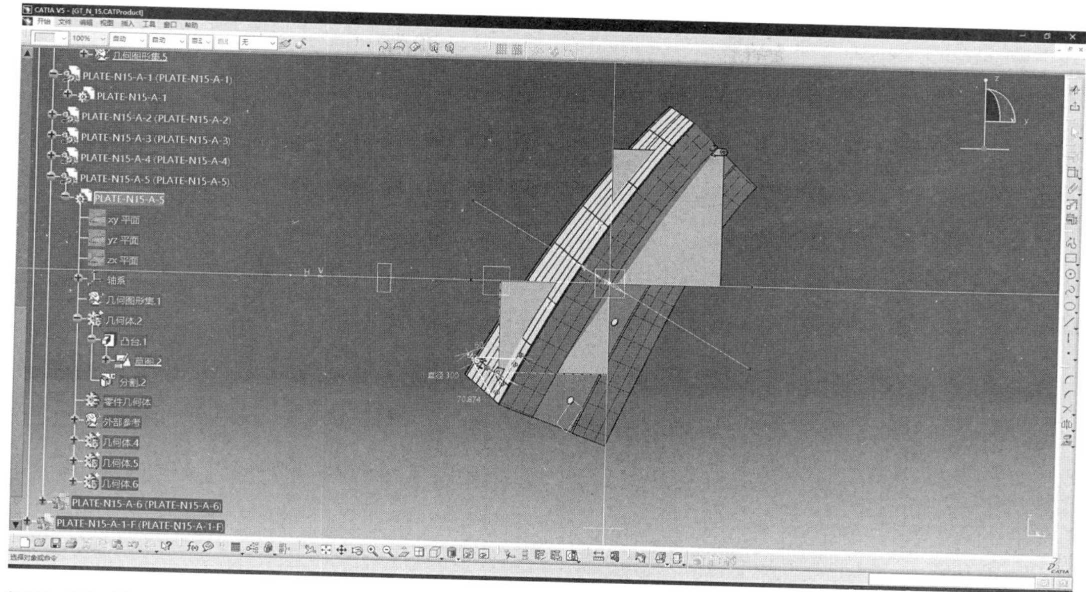

图 9-64　溜尾吊耳方向确定

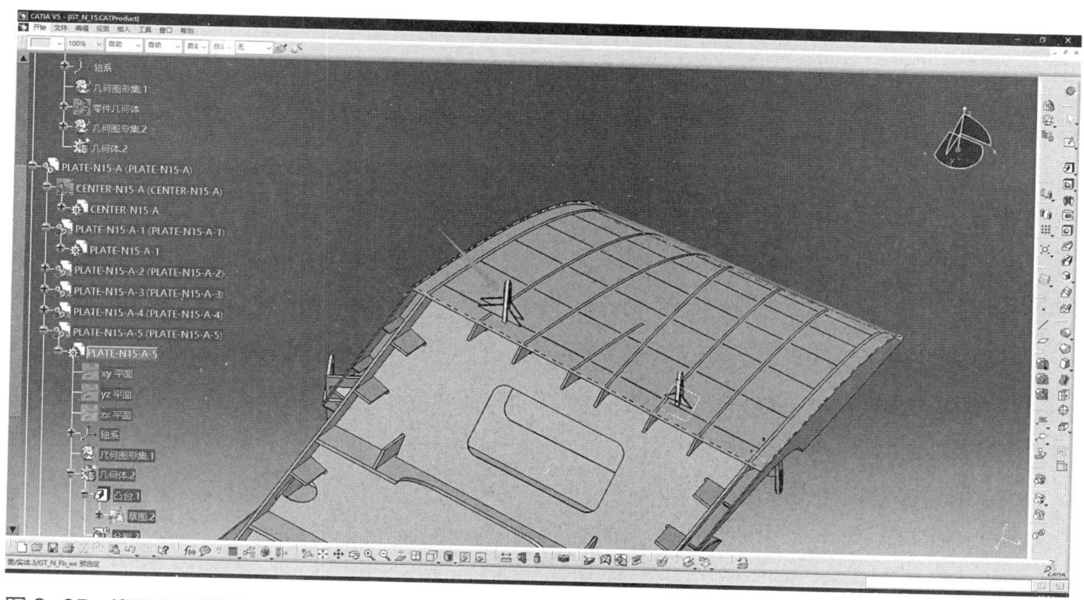

图 9-65　溜尾吊耳模型

9）确认节段运输状态。节段运输状态如图 9-66 所示。

10）依照运输状态，确定翻转吊耳的位置。翻转吊耳草图绘制如图 9-67 所示。

11）绘制吊耳后，对吊耳与腹板连接方式及加固形式进行调整，并确定翻转吊耳的最终设计状态。翻转吊耳模型如图 9-68 所示。

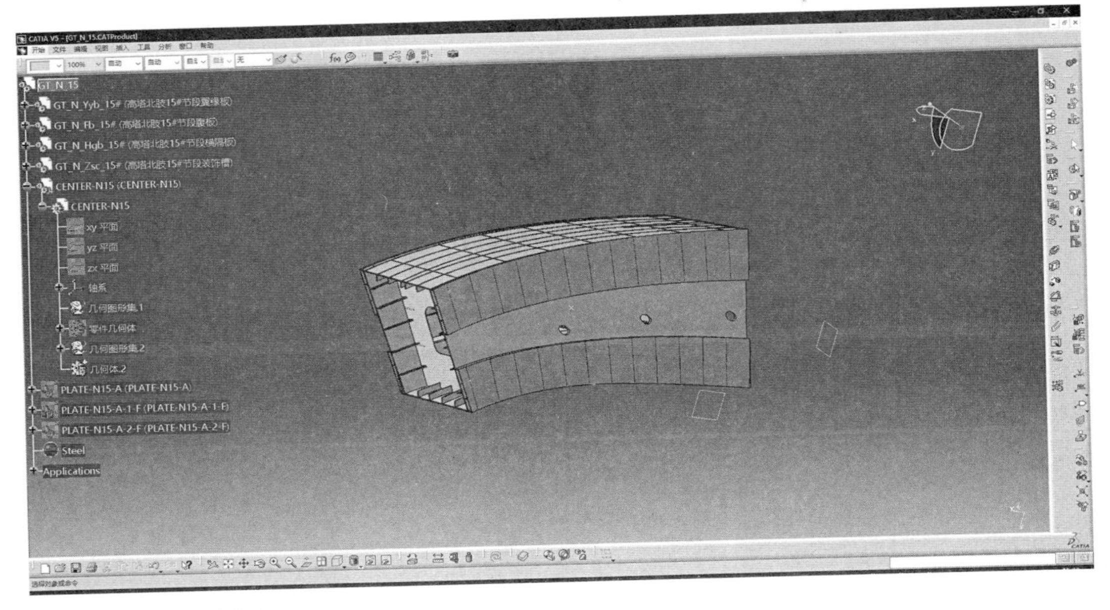

图 9-66　节段运输状态

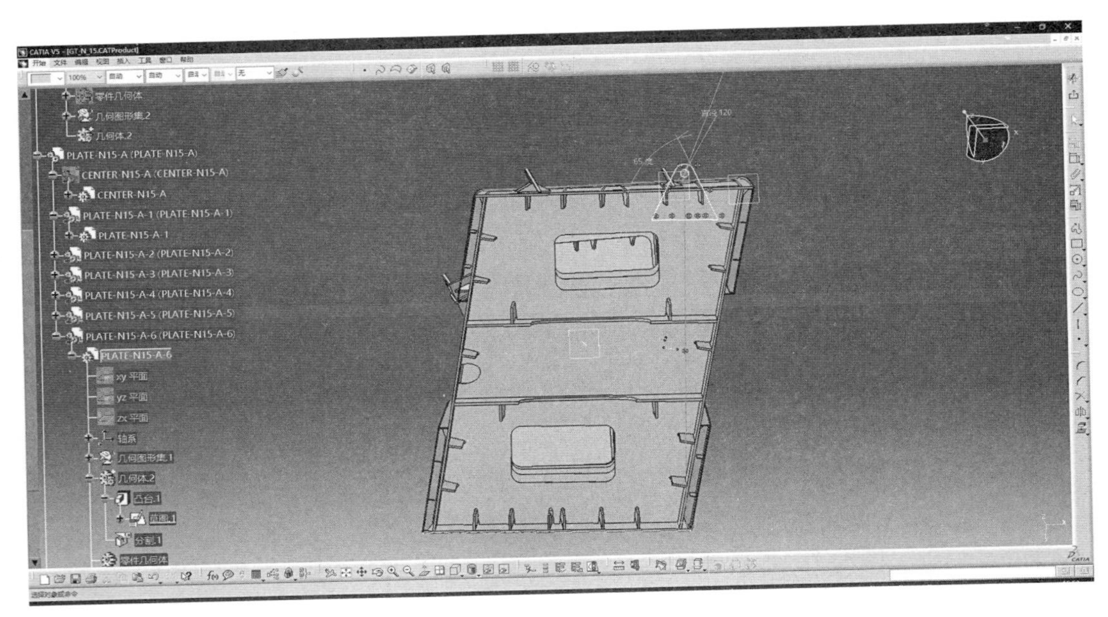

图 9-67　翻转吊耳草图绘制

12）吊耳设计完成后进行有限元受力分析，依照分析结果反复调整吊耳的位置、尺寸、加固方式等直至满足受力要求。

（6）设计校核

利用 CATIA 的分析与模拟模块对截段设计后的吊耳进行粗算。依照计算的应力云图对吊耳的加固进行修改。经粗算满足要求后使用 ansys 进行节段吊装过程的有限元分析，确定最终结果。

1）划分网格如图 9-69 所示。

2）对节段进行重力加载，考虑 1.65 倍的放大系数。重力加载如图 9-70 所示。

3）固结结构分析状态下的吊点。吊点固结如图 9-71 所示。

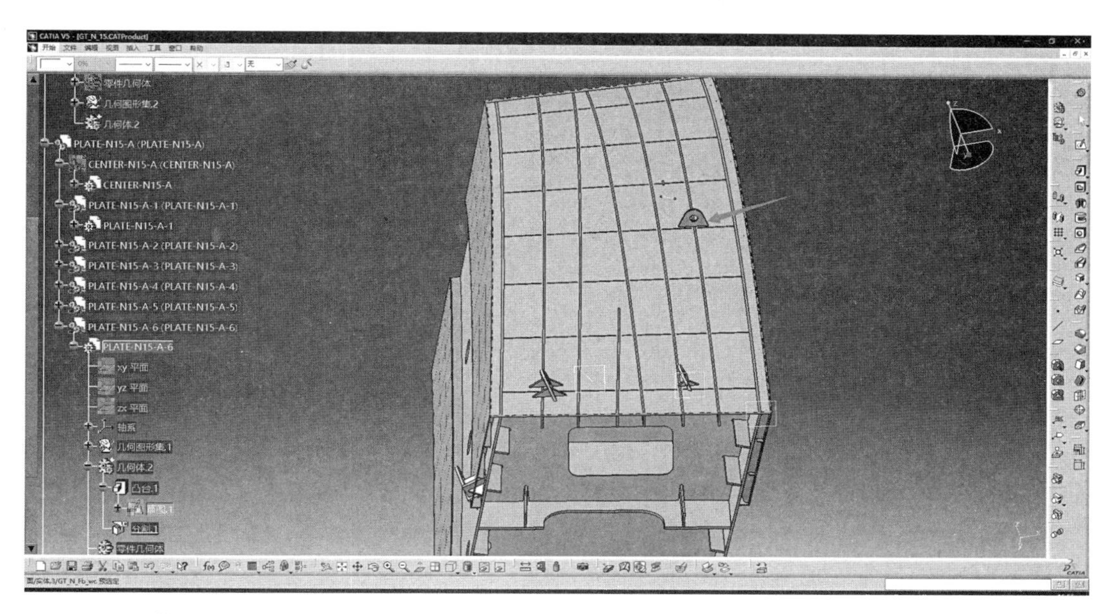

图 9-68　翻转吊耳模型

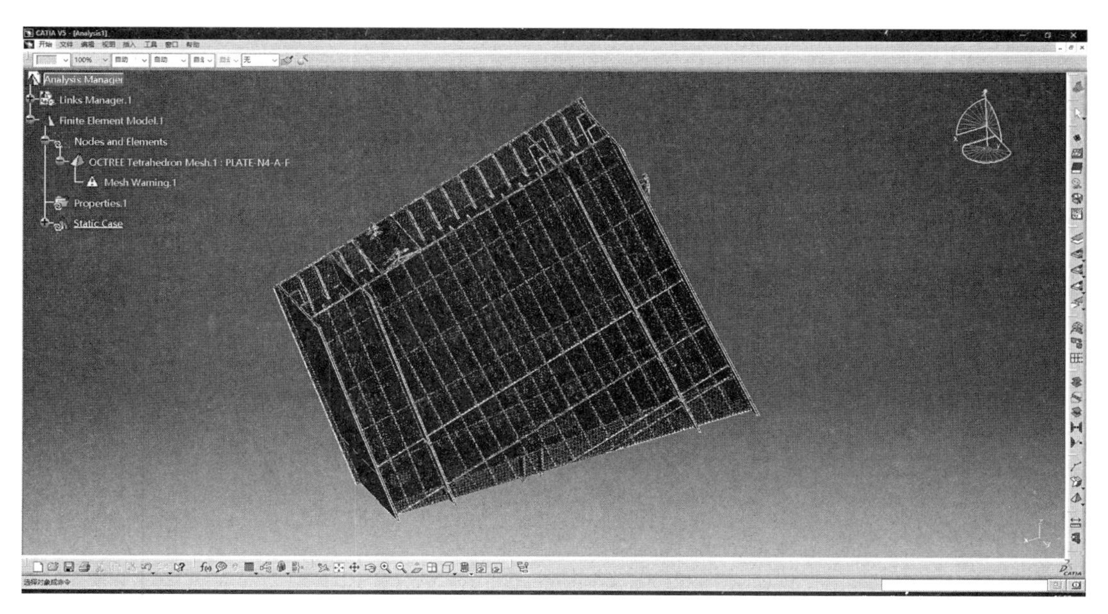

图 9-69　划分网格

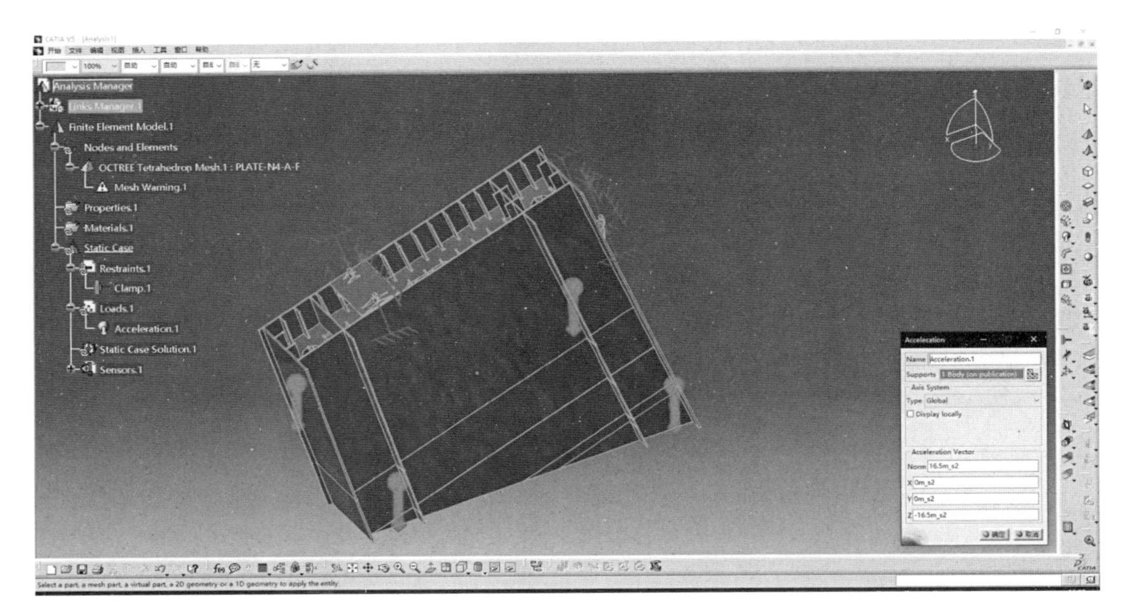

图 9-70　重力加载

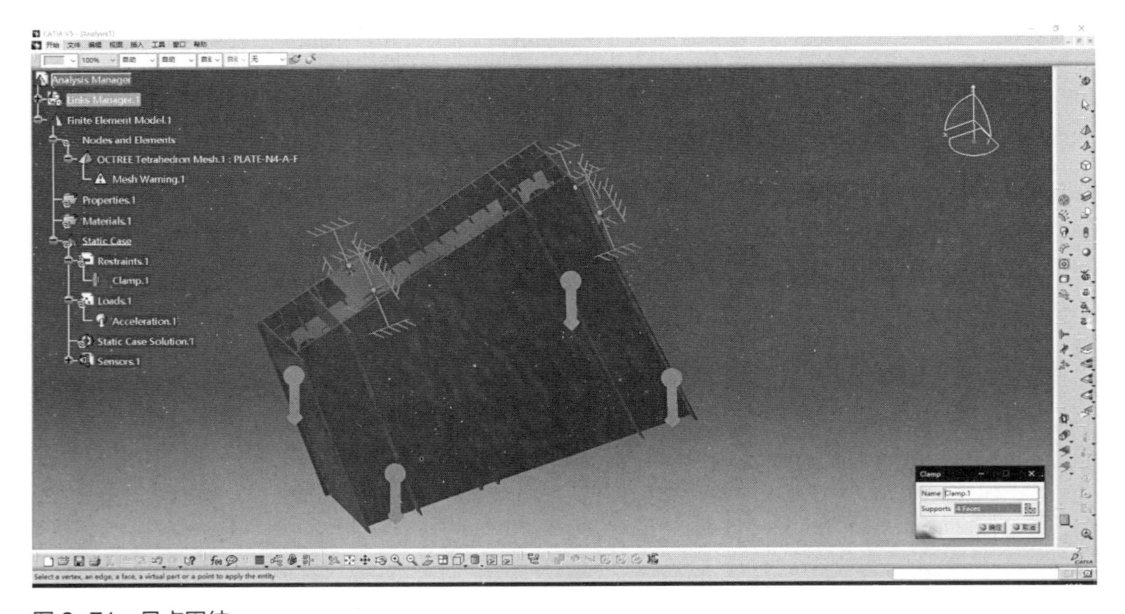

图 9-71　吊点固结

4）进行有限元计算分析。分析结果如图 9-72 所示。

（7）依照计算结果进行吊耳修改。

应用 CATIA 有限元进行粗算满足设计要求后，使用 ansys 进行有限元分析形成最终精确结果。

（8）基于 BIM 技术吊耳的设计方法带来的效益

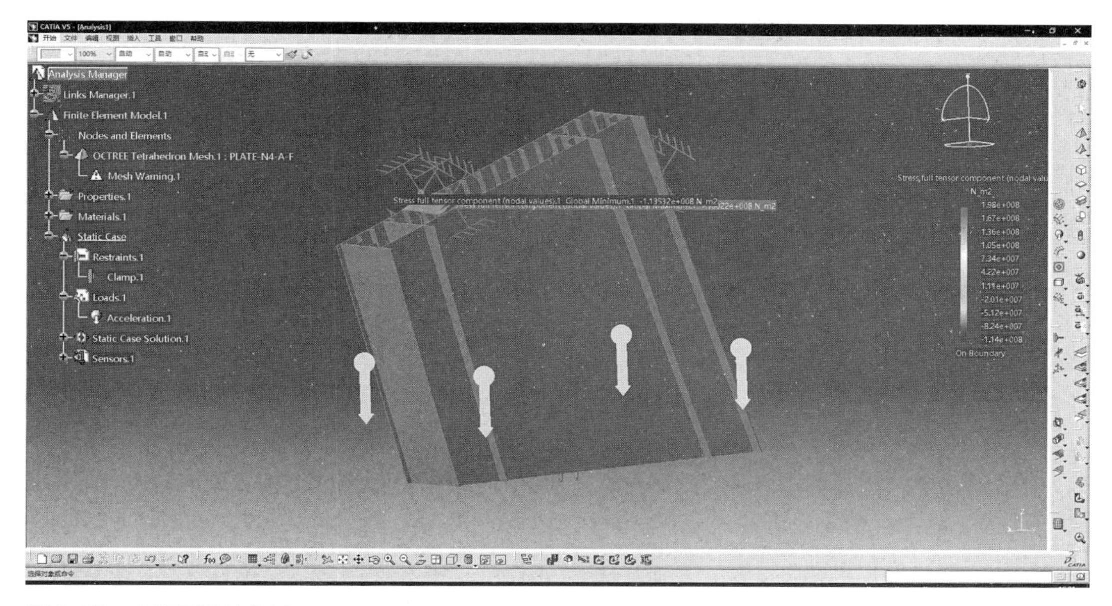

图 9-72　有限元计算分析

吊耳在设计之前必须对节段从节段的卸车到安装就位的吊装施工步骤有明确认识。依照节段重量确定吊耳的基本形式。通过 CATIA 的制图步骤保证吊耳的设计满足施工要求。应用 CATIA 进行吊耳的设计相对于以往常规的吊耳设计更为精确，准确的三维模型使吊耳的构造、受力达到最优化。

9.3　数字仿真技术

9.3.1　基于 BIM 技术的吊装仿真

1. 数据轻量化处理

由于施工过程中，施工涉及的主塔模型数据、机械模型数据和场地模型数据较大，为更加精确地控制和实际工况进行比对，为方便进行后续的吊装仿真模拟，将过程已定型的产品进行轻量化处理，处理过程举例说明如下：

（1）数据拆分：将机器模型数据以相对静止的过程划分到同一个部件中，再以约束命令进行相对的位置的驱动，这样便于在施工每一个主塔节段时，可以快速调整，形成机械模型数据的骨架参数化模型，如图 9-73 所示。同理，将场地模型数据，按照不同的种类进行绘制，便于后期在相对位置进行调整时，可能以简单通过调整约束的方式即可快速调整模型。

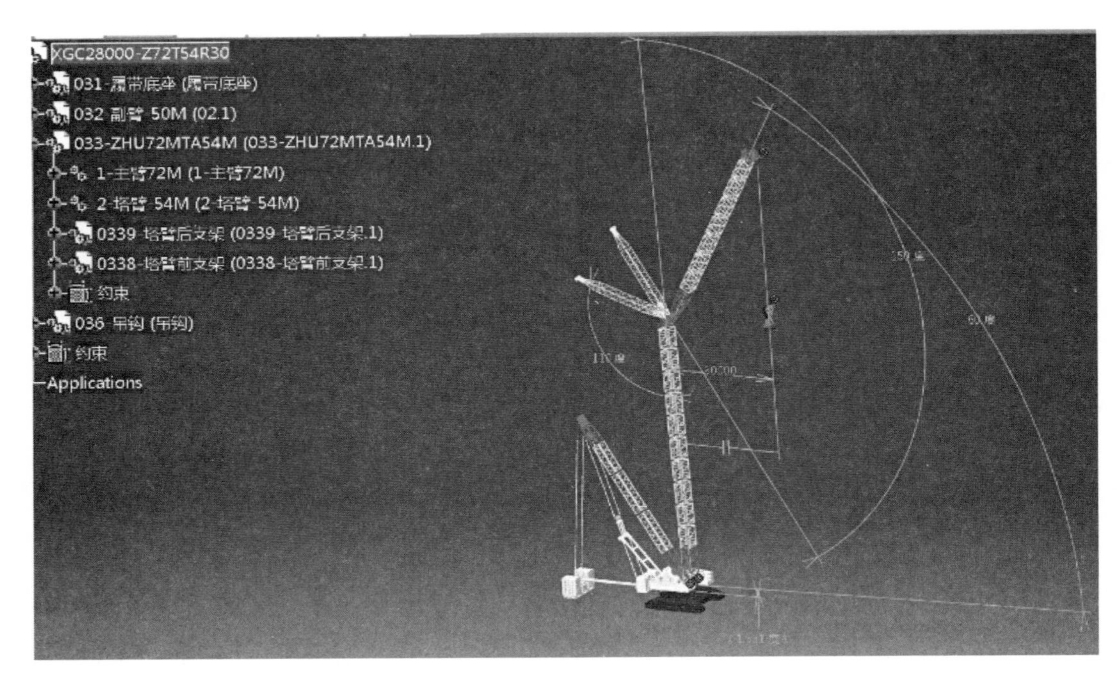

图 9–73 机械模型数据的骨架参数化模型

（2）批量数据处理：将参数化模型按照设定好的文件夹形式通过软件的批量处理功能（图 9–74）转化为轻量化 cgr 格式数据，便于后续的数据使用，这样避免技术人员转化数据时人为转化的操作失误情况，同时也可提高转化数据的速度。

图 9–74 通过软件的批量处理功能

2. 数据结构划分

仿真软件中通过流程列表、产品列表和资源列表（ProcessList，ProductList，ResourcesList）对数据内容进行了有效的划分，如图 9–75 所示，为后续数据组织提供很好的依据。根据工程的特点，将仿真模拟的命令有序地存放在流程列表中；将本工程的设计模型放置在产品中；将其他过程资源放置到资源列表中。

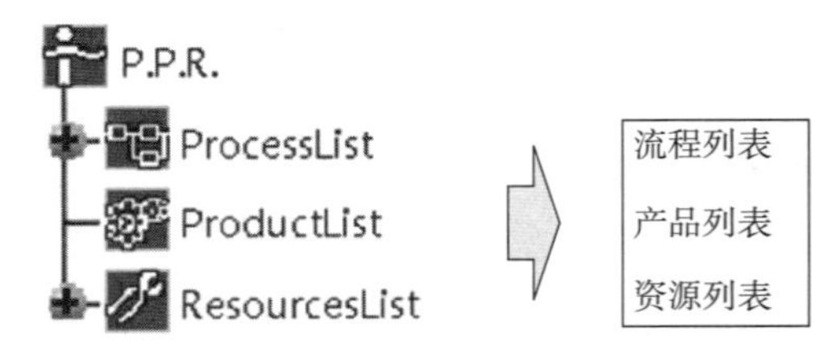

图 9–75 对数据有效的划分

3. 吊装仿真数据创建

（1）进程库（Process Library）创建

在软件中的进程库（图 9–76）创建主要用于在流程中对分布分项工程的管理划分和人、

机、工程及场地等数据节点进行提前规划命名，形成一整套项目过程的规划记录，便于项目内吊装事宜信息统一管理。

（2）录入分部分项划分信息和管理信息

录入分部分项划分时，采取使用以下规则对每个分部分项工程进行命名：“分部工程代号”—“分部工程”—“子分部工程代号”—“子分部”—“分项工程”，如图 9–77 所示。

图 9–76 进程库创建

具体每个分项工程中的项目管理主要为：人员管理、设备管理和场地管理（包括场地变化和场地内的材料管理），用于分别统筹分项工程中的资源管理，如图 9–78 所示。

（3）嵌入进程库

通过软件中的嵌入进程库（Insert Activity Library）（图 9–79）使得进程库与流程列表（Process List）进行关联。同理也将进程库的人员管理、设备管理和场地管理信息在分项工程中进行相关的管理设定。

（4）导入场地管理数据

将提前规划好的轻量化规划场地模型通过插入资源（Insert Resources）导入至资源列表（Resources List），形成场地资源模型，如图 9–80 所示。

（5）导入机器设备模型

将过程中所需的关键设备轻量化模型，通过设备建立（Device Building），先建立机器设备模型方便后期的命令设定和快速关联性操作。注意在操作过程中有些吊装节点使用到了平衡梁。在机器中平衡梁起到的作用类似于机器抓手工具，软件在设计中机器抓手工具可以

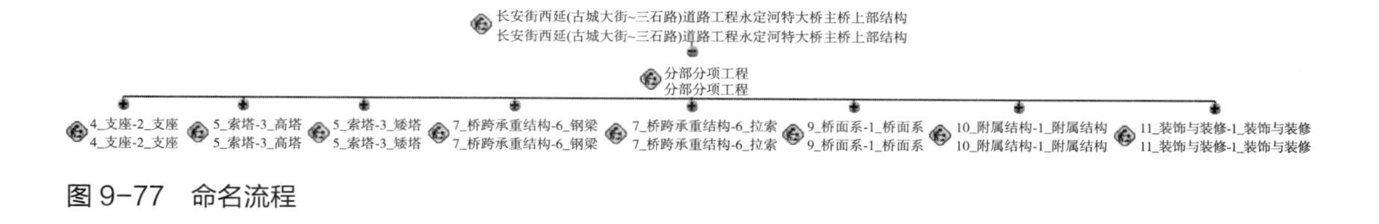

图 9–77 命名流程

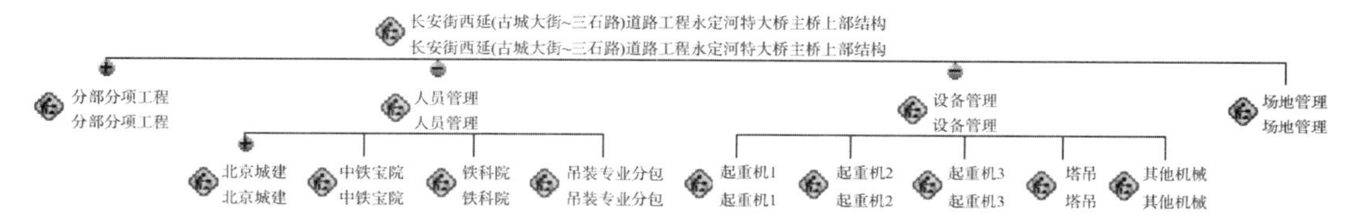

图 9–78 分项工程中的资源管理

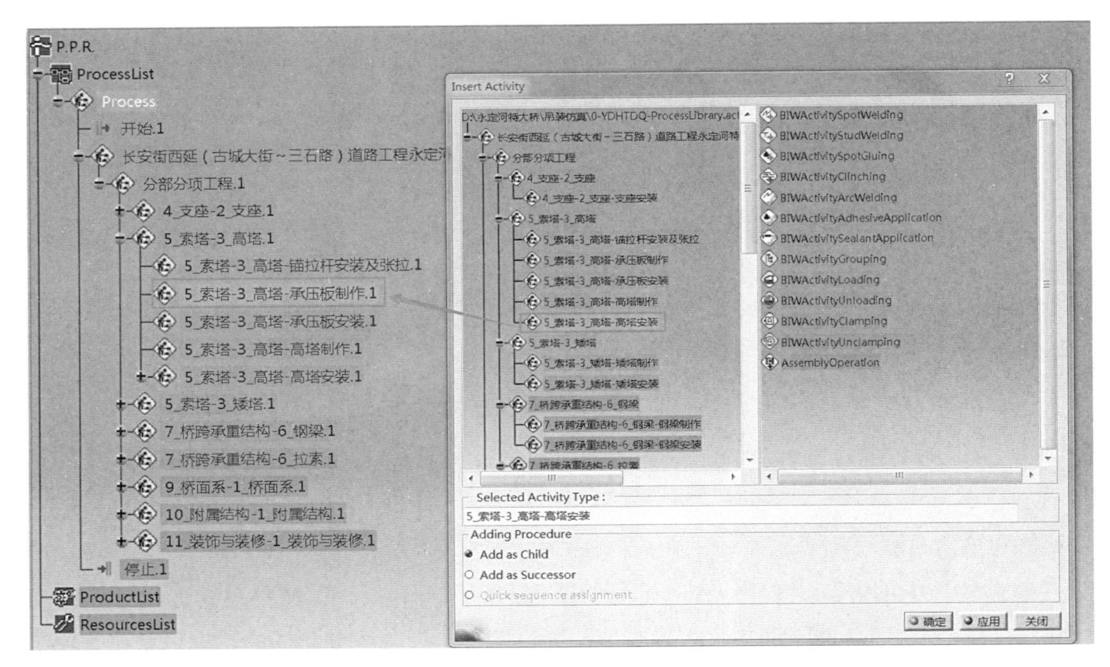

图 9-79　软件中的嵌入进程库

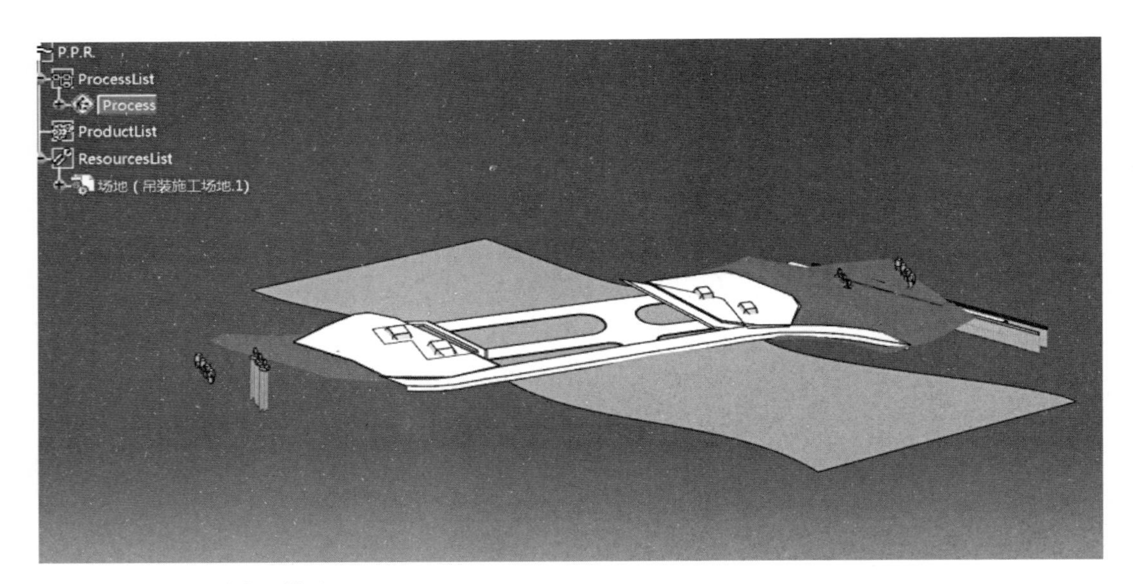

图 9-80　形成场地资源模型

传递机器的动作，可以降低机器设定的繁琐程度。再将机器设备模型依次导入至资源列表（Resources List）。

（6）导入工程主体

将参数化的工程主体模型按照分部分项计划进行划分后，导入至产品列表（Product List），结合项目进度后形成主体工程的进度关联模型。举例（高塔导入情况，如图 9-81 所示）。

4. 吊装仿真模拟及优化

（1）形成初版吊装仿真模拟方案

如图 9-82 所示的吊装仿真的进度计划与理论模型姿态对比。在本工程的实际吊装过程中，由于主塔每段重量较大，最重的节段达到了 600 多 t，且每段的形状为不对称的六面体，对于吊装关心的重心问题，可以先进行动作模拟分析，提前对起重机站位问题和每节段吊装时的合理姿态进行提前分析，从而达到对吊装过程初步控制。

在起重机站位情况下，可以对运输主塔节段的运量轴线车的运输路线进行提前规划，结合轴线车的实际工况下的速度，提前确定运输每节段主塔所需的时间，并为后续运输过程中安全员的风险辨识提供一定依据。

由于本工程的吊装属于重点危险风险源，结合相关的安全管理规定，可以通过模拟提前

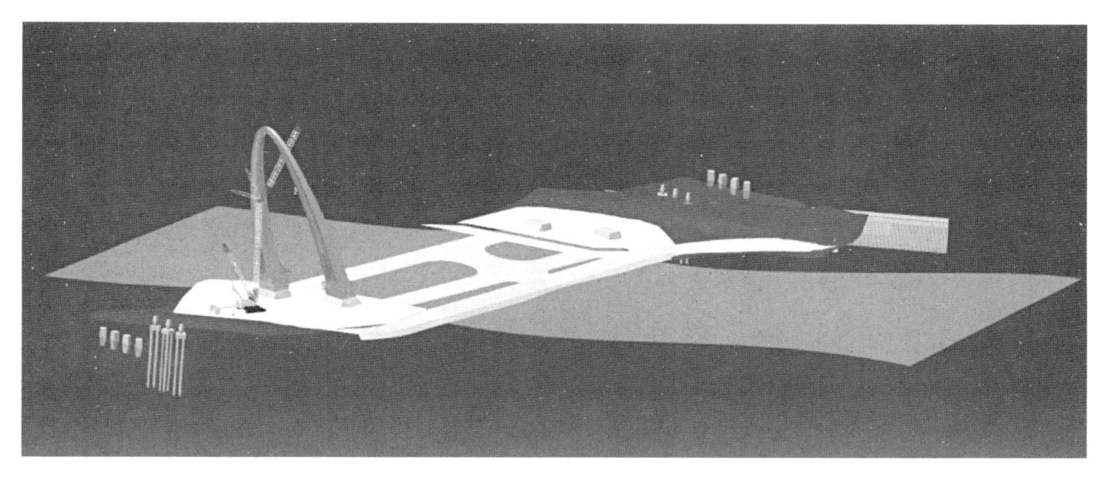

图 9-81　高塔导入

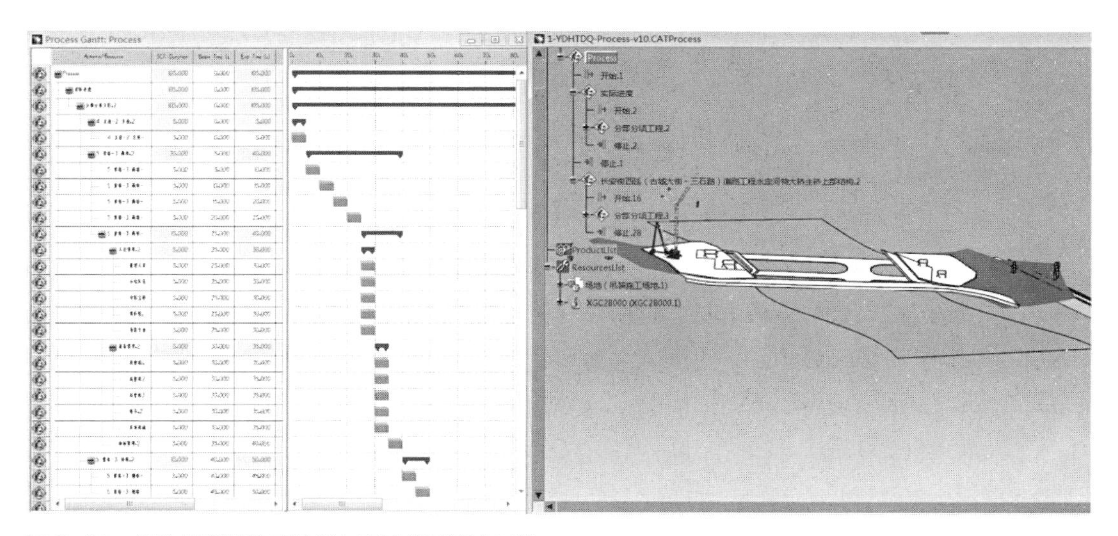

图 9-82　吊装仿真的进度计划与理论模型姿态对比

对危险区域进行区分，这样便于在施工时，提前进行场地内的风险标识规划。

（2）优化调整吊装仿真方案

由于工程过程有一些不确定的问题导致实际的吊装安排计划不能完全按照初版吊装仿真情况进行，此时要结合实际现场的情况，有序地对吊装所需的资源进行梳理，及时对每个阶段的布置的任务进行及时调整，以达到最佳的吊装条件，从而对吊装过程进行有效的控制和资源的利用。

在软件中利用已经设定好的计划进行，进行实际进度的编制。形成实际进度和计划进行的对比，从而直观地反映出吊装过程中，各个阶段任务安排的情况，从而达到资源的有效合理利用。

9.3.2 三维扫描的曲板验收

根据永定河大桥工程异性钢结构构造复杂、非一致曲率曲板加工精度控制难度大的特点，施工单位在工程的建设中开展 BIM 与三维激光扫描的钢构件空间位形测量及质量控制技术研究，并取得了一定的工程实践。通过测量机器人对众多目标进行高速自动识别、照准、跟踪、测角、测距和三维坐标测定等目标，利用点云并进行快速制作平面图、立面图和剖面图的技术，利用构件特征点与测量控制点设置靶标，根据基准点拼接法、最小二乘法拼接、特征点拼接三种基本理论方法实现构件的虚拟预拼装，逐步取代工程的实体预拼装。

1. 三维扫描设备

首先根据扫描钢结构的尺寸、角度范围，选择合适的扫描设备。扫描设备精度不小于（1mm@50m）。在扫描作业前通过对靶标点的扫描结果与全站仪进行校核，偏差不大于 1mm。在预设地点设置好靶标，纸质、球形靶标采用如图 9-83 所示的靶标。

图 9-83 靶标形式图

2. 钢结构曲面（体）三维扫描

（1）基本规定

1）测站选择原则：宜减少转站数，保证入射角度不小于 45°。

2）仪器设站处，基础平整稳固，保证整个扫描过程中无振动。

3）构件特征点与测量控制点处设置靶标。

4）三维扫描多站扫描拼接方法共分三种：基准点拼接法、最小二乘法拼接、特征点拼接。

①基准点拼接法要求：（按导线点的布设要求）基准点设置不少于 3 个。

②最小二乘法拼接：每站扫描重合率的要求为 60%。

③特征点拼接在目标物上设置 3 个特征点，每站扫描都要通视 3 个特征点。

5）扫描数据提取原则，宜在点云状态下提取数据，点云状态下无法提取的，进行逆向工程后进行提取。

（2）板单元三维扫描

1）板单元扫描对象选择原则，宜选择不带肋的面，不具备条件时可选择带肋面。

2）测量控制点选择在成型控制点中心半径 200mm 内。

3）根据基本规定要求设置测站，测站数不大于 3。

4）仪器设站处，基础平整稳固，保证整个扫描过程中无振动。

5）板单元扫描宜采用基准点拼接法。

6）扫描数据提取应采用点云数据进行提取。

（3）钢节段三维扫描

1）钢节段扫描对象选取未被遮挡的顶面与两个侧面。

2）测量点选择在三个壁板的中心线上，均布四个测量点。

3）根据基本规定中的要求设置测站，测站数不大于 5。

4）仪器设站处，基础平整稳固，保证整个扫描过程中无振动。

5）钢节段扫描宜采用基准点拼接法，无法使用时，可采用最小二乘法拼接。

6）扫描数据提取：测量点数据应采用点云数据进行提取，端口尺寸、端口平整度、端口与轴线夹角数据的提取可采用逆向工程提取。

3. 质量检验与验收

（1）基本规定

1）质量检验与验收应包括板单元与钢结构节段的特征点、测量点、点云数据与设计模型的偏差，并划分为主控项目和一般项目两类。

2）板单元、钢结构节段的三维扫描质量检验与验收项目，分为主控项目和一般项目两类。

板单元、钢结构节段的特征点和测量点数据，全数检查，检查方法为靶标提取数据与设计模型数据进行对比。特征点偏差为主控项目，测量点偏差和点云色谱图为常规项目。

3）扫描数据提取原则，宜在点云状态下提取数据，点云状态下无法提取的，进行逆向工程后进行提取。

4）数据整理原则：删除噪点；删除与扫描对象无关的点云。

5）扫描对象特征点与测量控制点数据的提取。

（2）板单元质量检验与验收

1）板单元验收项目包括：特征点间距（具体如长、宽、高等）；板单元成型控制点坐标；扫描面轮廓度。

2）板单元验收特征点间距、板单元成型控制点坐标为主控项目，扫描面轮廓度为一般项目，见表 9-5。

3）特征点间距包括长、宽、对角线长度。

板单元质量检验与验收主控项目表　　表 9-5

项目		允许偏差（mm）	简图
特征点间距	长	≤3.0	（板端、每道横隔板设 3 个测点）
	宽	≤2.0	
	横向平面度	≤3.0	a f l
	纵向弯曲矢高 f	±4.0	
板单元成型控制点	控制点高程	≤3.0	

（3）钢节段质量检验与验收

1）钢节段验收项目包括：特征点间距、扫描面轮廓度。

2）钢节段验收主要项目包括特征点间距，扫描面轮廓度为常规项目，见表 9-6。

3）钢节段的主控项目与一般项目进行区分。

4）特征点间距包括长、宽、高、对角线长度。

钢节段质量检验与验收主要项目表　　表 9-6

项目	允许偏差（mm）	简图
高度*	±2.0	
断面尺寸	端口：±2.0 其他：±4.0	
端面平面与轴线夹角	<20″	
端面的平面	±2.0	
两端口特征点（每端口每个壁板 3 点）坐标偏差	≤3.0	
纵横向旁弯Δ（纵基线处特征点旁弯）	≤4.0	
四个壁板中线点连线偏差	4	

注：* 表示主控项目。

（4）钢节段三维扫描虚拟预拼装

1）三维扫描虚拟预拼装在软件中实现。

2）根据节段三维扫描点云数据逆向建模。

3）建立各节段端口最佳拟合平面。

4）将各端口外轮廓点投影到各相应拟合平面。

5）将下节段上端口最佳拟合面与上节段下端口最佳拟合面进行相合。

6）将下阶段上端面外轮廓投影点与上节段下端面外轮廓投影点按照最小二乘法原理进行优化。

7）完成 5）及 6）过程，实现上下两节段的预拼装，其他节段按照此方法拼装。

8）提取拼接完成后的数据，验收标准见表 9–7。

钢节段三维扫描虚拟预拼装验收标准　　表 9–7

项目	允许偏差（mm）	条件
预拼装长度	±2*n*	两端节段横基线间距（*n* 为节段数量）
	±2.0	相邻节段横基线间距
轴线错位	≤1.0	相邻节段纵基线对位偏差
对接错边	≤2.0	相邻节段板边错边
对接间隙	0～+2.0	安装匹配件后环缝对接间隙
轴线偏离度（纵桥向）	≤3.0/*L*	*L* 为预拼装长度，以米计
轴线偏离度（横桥向）	≤3.0/*L*	*L* 为预拼装长度，以米计
斜拉索锚管间距	±3.0	相邻锚管中心线间距
	±5.0	极边锚管中心线间距

9.4 智能管理

9.4.1 基于 BIM 的施工管理

1. 人员管理

基于 BIM 的人员管理通过在云端存储永定河特大桥项目的各参与方人员（包括参建管理人员、施工人员、施工班组、供应商等人员）的人员信息，包括职位、姓名、性别、联系方式、所属单位等信息（图 9–84），并搭建基于永定河特大桥项目的参与方人员的树形组织架构，以便于项目管理员对进入现场的各单位施

图 9–84　人员管理系统二维码

工管理人员及工人的可视化管理，一般采取以下具体措施正确识别其所属单位和身份。

（1）施工场地的门禁识别

由于施工项目的工作性质要求，工程建设人员来自四面八方，导致施工场地人员更加复杂化，因此纯人工对施工场地进行门禁管理已不能满足施工单位的安全要求，因此，也就愈发突显出运用一款自动化、现代化的门禁系统软件的必要性。但是很多软件都没有形成功能规模化和统一化的系统，如：有的软件只能实现图像监控，却不能实现管理功能；有的虽然基本功能具备，但不够现代化，如没有可供用户使用的地图查询功能等。

通过在 BIM 平台网页端录入全参建人员的树形结构的组织架构，包括现场人员—所属施工班组—所属单位公司，并将人员信息及其相关信息存储在云端。基于 BIM 搭建的门禁系统就可以实现通过计算机等先进设备而对门禁进行规模化和统一化管理，从而实现基于 BIM 的集成化管理。

（2）工作流的可视化

随着时代的发展，微信客户端已经广泛的普及在人们的日常生活中，因此在进行人员管理时，我们可以充分地利用时代的智能产品。基于此，在 BIM 平台中推出微信端模块，利用已经录入永定河特大桥项目的人员信息及相关信息的云端数据，实现 B/S、C/S、微信端的数据传输和协同，搭建基于微信端的工作流模块，以便可以随时、随地的把相应通知、工作流填报给指定人员，这些指定人员在微信端接收到上级的通知和对应的工作流，如图 9–85 所示。

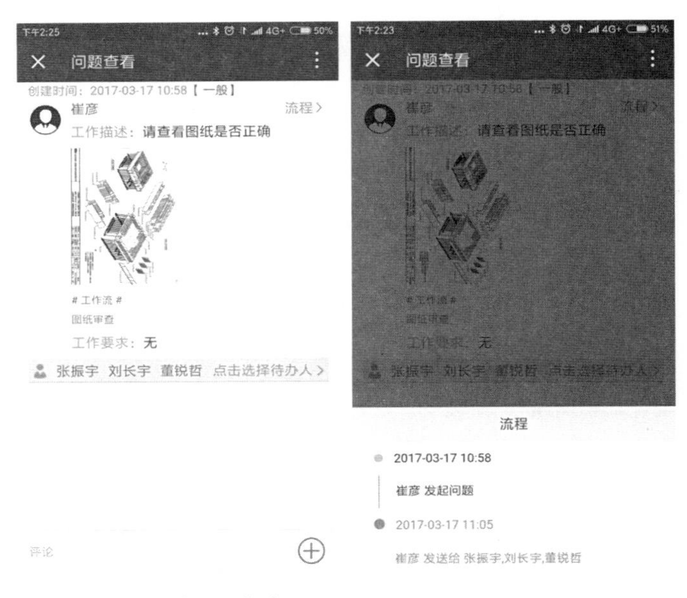

图 9–85　微信端的工作流显示

同样，在网页端工作流模块也可以实现相应通知和工作流的发布和查看。

2. 进度管理

基于 BIM 的进度管理主要是对永定河特大桥项目的施工进度进行整体把控及可视化的管理，主要通过结合施工项目的模型查看实时施工进度，并衍生出针对施工项目经理部根据合同规定编制的施工进度计划的任务管理和任务分派的管理功能，目前可以采用微信端、网页端实现对实时施工进度的填报和描述，如图 9–86 所示，通过可视化的便捷化管理实现对施工的全过程经常进行检查、对照、分析，及时发现实施中的偏差，并调整工程建设施工进

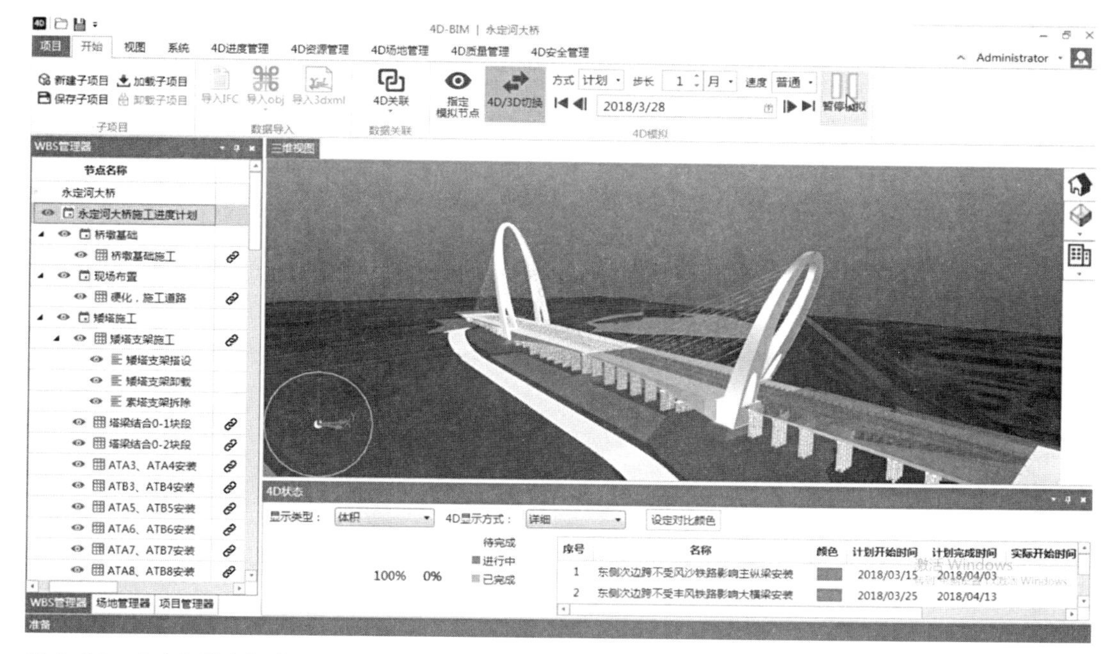

图 9-86　永定河特大桥进度管理系统

度计划，排除干扰，保证工期目标实现的全部活动。其主要实现功能如下所示：

（1）在 BIM 平台客户端中，导入施工项目经理部根据合同规定编制的施工进度计划的相应格式，完成施工进度计划与 BIM 模型的一一对应关联，从而在 BIM 平台可以实现按照天、周、月、年的步长方式的进度模拟。

（2）在 BIM 平台客户端中，可以实现施工任务日常的实际任务开始和完成时间的填报，结合对应施工任务的 WBS 节点，即可分析得出施工任务相对应的 WBS 节点项的施工状态，这种施工状态一般表示为：提前开始、按时开始、推迟开始；提前完成、按时完成、推迟完成，并结合图形和颜色可以直观地表示出施工任务节点的施工状态。

（3）在 BIM 平台客户端中，可以结合平台中的各 WBS 节点对施工单位的各参建人员进行任务分配，其主要是通过在项目的每个 WBS 节点中添加上施工计划的人、材、机的数量，配置等相关信息，并结合微信端发送给进度填报人员，进度填报人员根据接收到的任务工单进行下一步的施工工序。

（4）进度填报人员可以通过基于 BIM 的微信端实时地在现场填报实际使用材料情况、当日出勤人数、当日使用机械等信息，并可以结合拍摄现场照片，添加备注，说明真实的进度情况。

（5）根据以上填报的和统计的信息，结合 BIM 平台的分析功能，实现施工进度计划中已填报的计划信息的分析、汇总，最后得出可以直观查看每日消耗各项材料的折线图，以及一个施工任务的进度完成情况饼图，并将每日进度导出成日报进行存档。

3. 质量安全管理

基于 BIM 的安全与质量管理的核心业务主要包含安全与质量问题的排查、辨识、预警（预警标准和方法根据不同项目的不同需求而定，需要到项目上进行详细调研）、标识、整改、审核、检查及更新。首先是项目负责人制定安全与质量检查计划，并督促安质部执行；其次是安质部的安全员根据自己的职责范围进行安全与质量的排查、辨识，如发现问题填写安全与质量隐患通知单，转由相关负责人进行整改。相关负责人整改完毕，需要提交相应的安全员进行问题的复查，复查通过的即可更新问题为完成，若问题仍未通过则通知相关负责人继续进行整改。具体业务流程按问题的流转如图 9–87 所示。其中微信安全与质量管理如图 9–88 所示，BS 端安全与质量管理如图 9–89、图 9–90 所示。

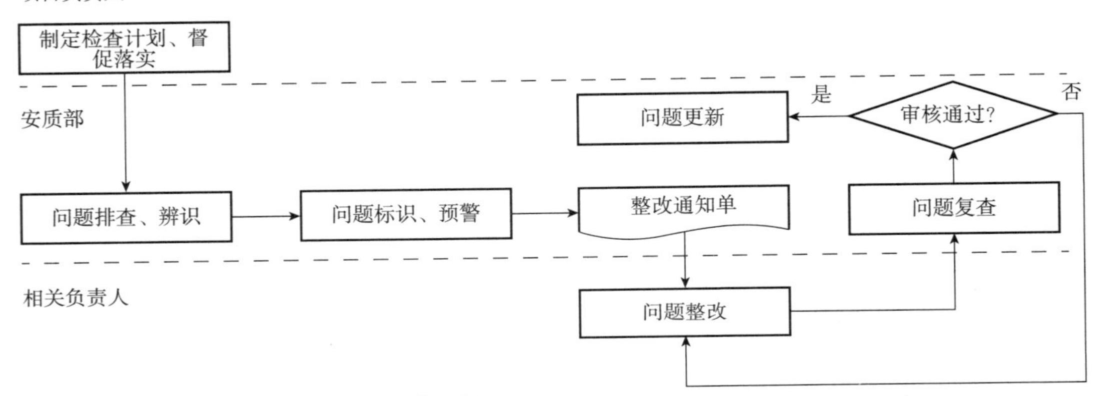

图 9–87 基于 BIM 的安全与质量管理流程图

图 9–88 基于微信端的安全与质量工作实例

4. 档案管理

基于 BIM 的档案管理主要是对永定河特大桥项目在施工过程中产生的项目管理与技术文件，借助 BIM 信息数据库和客户端接口实现档案的及时化管理和实时化调用，并实现整体把控整个施工过程中的文档。目前可以通过客户端上传施工过程中的相关文件，实现施工档案的实时上传和归档，通过可视化的便捷化管理实现对施工全过程的档案进行检查、对照、分析，及时发现

北京城建永定河特大桥　项目列表　方案应用

质量安环问题　全部　基本信息管理

首页 / 质量安环 – 质量安环问题

新建问题　　第1-20条，共40条数据

#	问题图片	问题位置	问题描述	整改要求	问题分类	严重程度	专业分类	发起人	经办人	问题状态	时间	操作
1		高规格	冯冯冯	冯冯冯	通知	一般		寇志强	戴博	(未记录)	2017-06-10	查看 删除
2		矮塔北支	管线压砸在铁板下。	套管，管线抬高走线。	安全	严重		李根深	赵连友 李根深 吕振健	请整改	2017-07-17	查看 删除
3		矮塔北支	定位板安装，行走区无搭板。	搭板满铺，两端固定牢固。	安全	一般		李根深	李根深	请整改	2017-07-17	查看 删除
4		矮塔北支	动火证过期，审批动火证未及时张贴公示。无看火人。无消防器材。	停工。配备消防器材，指定看火人后方可施工。	安全	严重		李根深	赵连友 李根深 吕振健	请整改	2017-07-17	查看 删除
5		桥区矮塔	河南京大车辆停放到塔吊作业半径内。塔吊司机无法辩识车内有无人员。存在安全隐患。	车辆停放到指定区域	安全	重大		李根深	赵连友 李根深 吕振健	请整改	2017-07-17	查看 删除

图 9–89　BIM 安全与质量系统 BS 平台端的任务信息归集

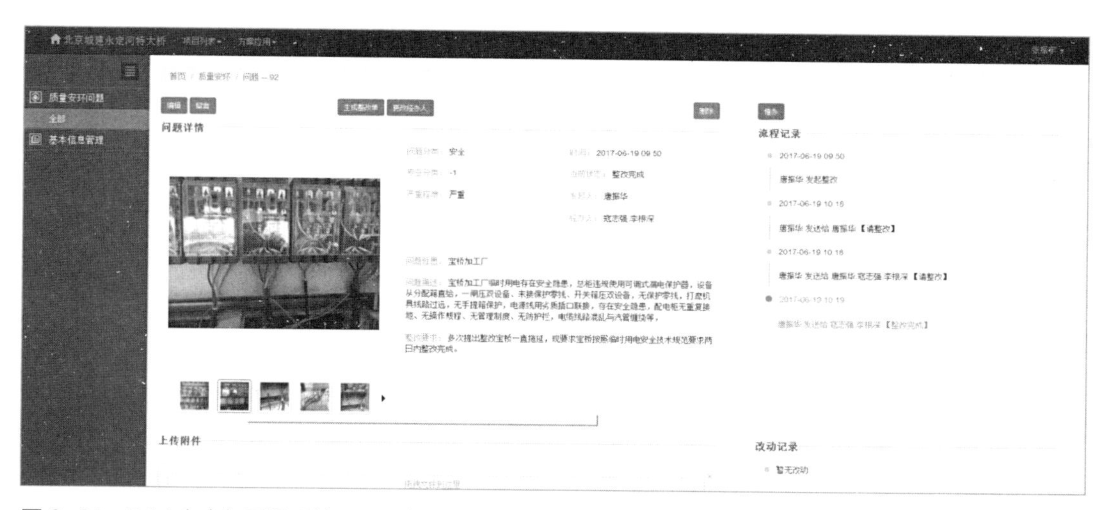

图 9–90　BIM 安全与质量系统 BS 平台端的任务管理

其中的偏差，保证工期目标实现的全部活动，如图 9–91 所示。

5. 预制件管理

永定河特大桥构件从下料到安装涉及构件厂、物资部、工程部、项目总工等多个部门和负责人，同时也涉及扬州加工厂、北京拼装场、项目部等不同地点。多参与方及其分散性布局为信息传输带来了一定困难。针对于此难题，平台提出了基于物联网和 BIM 的跨平台物料管理流程。

（1）预制构件分解树：预制构件管理 BIM 将项目进行构件分解，将项目分为钢塔截断与钢梁截段，然后分别对于钢塔截断与钢梁截段进行数据分解，如图 9–92 所示。

（2）零部件构成管理：将钢塔截断与钢梁截段再次进行分解，分解成为零部件，通过平台零部件构成管理，里面体现出构件与其零部件之间的关系、数量和质量等信息，如图

9–93 所示。

（3）工序库管理：由于钢构桥，工序繁杂，系统提供自主添加工序，定义工序先后顺序，并在微信（小程序）端进行扫码、更改构件状态，如图 9–94 所示。

（4）预制件追踪：构件生产完成后，构件厂应打印二维码并张贴在构件上。构件从扬州

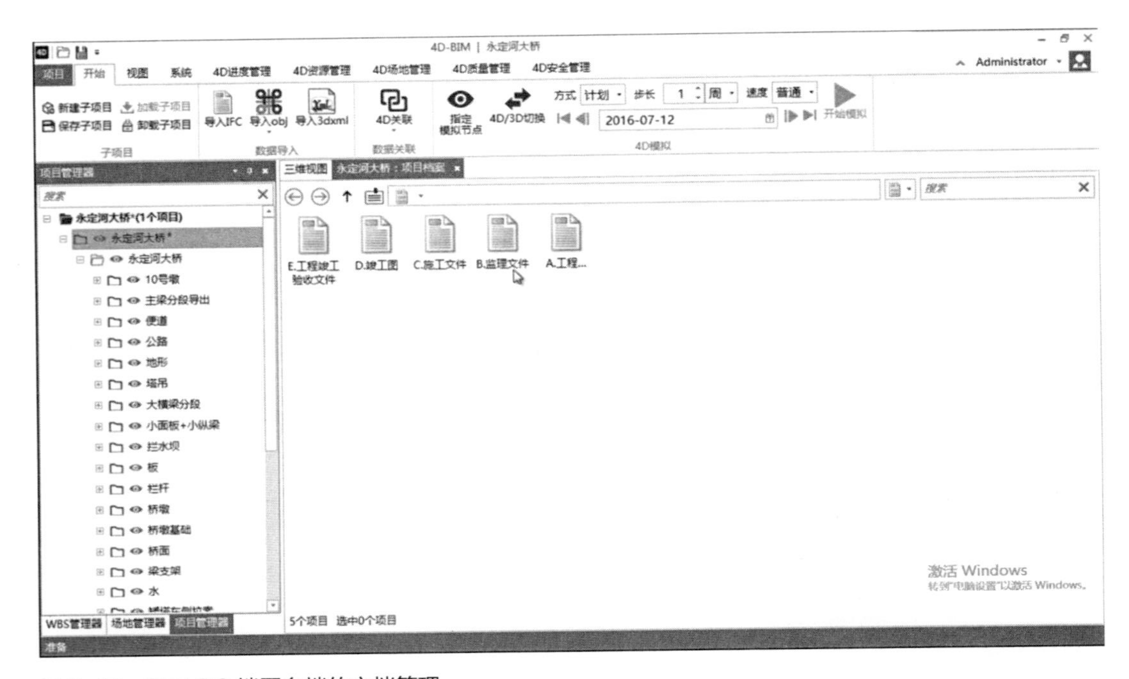

图 9–91　BIM PC 端平台端的文档管理

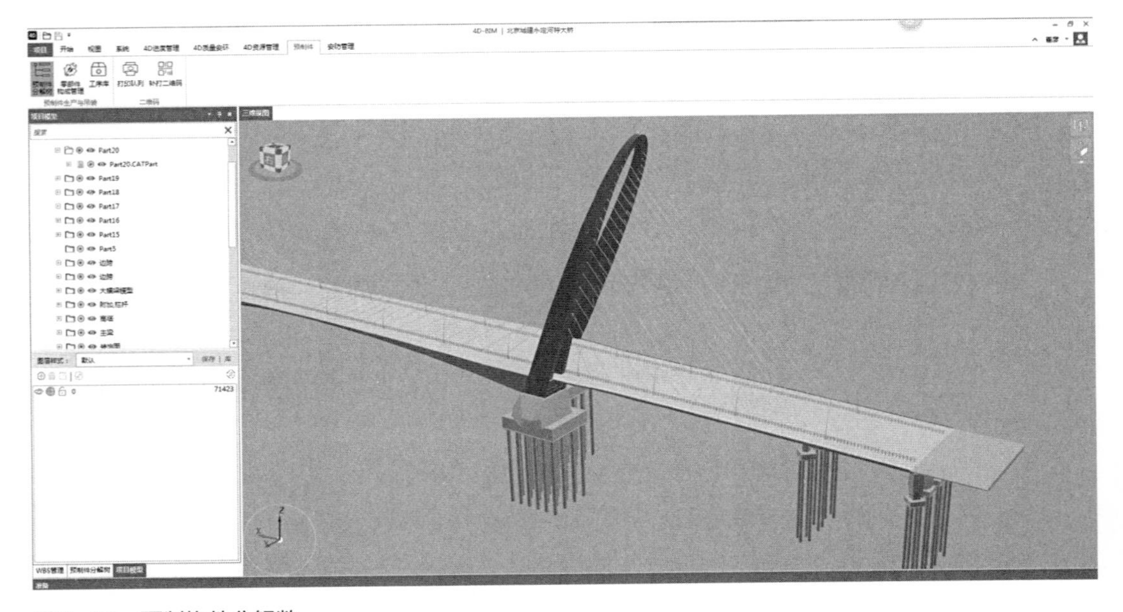

图 9–92　预制构件分解数

发货、北京到货、板单元组拼、截段组拼完成、截段涂装完成分别进行扫码操作。扫码过程中记录扫码人员的操作时间和具体操作内容，同时应限制各扫码人员权限，避免错误扫码，如图 9–95 所示。例如，发货的构件既不能再次进行发货扫码，也不能提前进行安装扫码，而仅能进行入库扫码。扫码后相关信息应立即通过网络同步至中心服务器，并通过二维码中的唯一标识与构件相集成，如图 9–96 所示。

（5）预制件状态查询与分析（Web 端）：扫码信息集成至服务器后，各客户端均可实时进行预制件状态的查询和分析。Web 端系统的特点是对客户端配置要求低，便于多参与方异地协同。因此，计算量少或以图表方式呈现的分析功能宜在 Web 端系统研发。例如预制

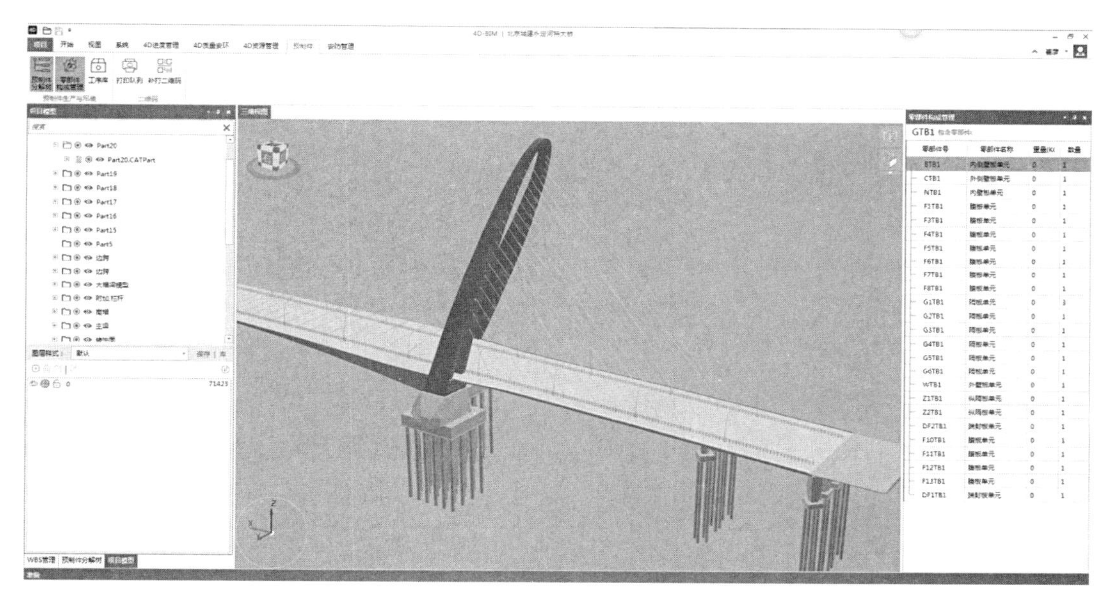

图 9–93　零部件构成管理

图 9–94　系统添加工序

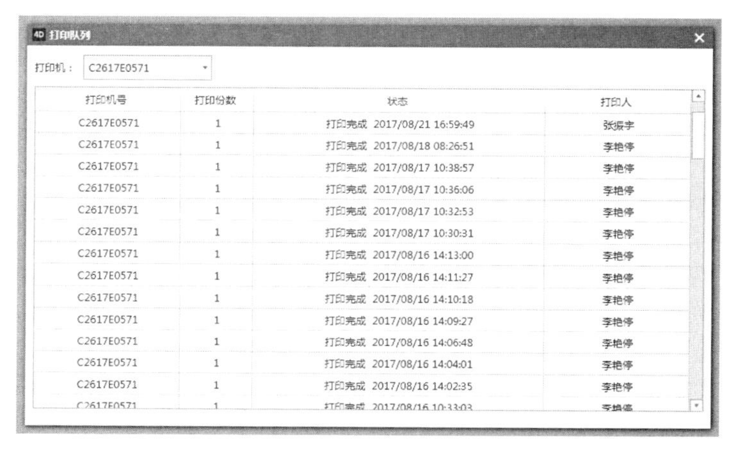

打印机号	打印份数	状态	打印人
C2617E0571	1	打印完成 2017/08/21 16:59:49	张振宇
C2617E0571	1	打印完成 2017/08/18 08:26:51	李艳停
C2617E0571	1	打印完成 2017/08/17 10:38:57	李艳停
C2617E0571	1	打印完成 2017/08/17 10:36:06	李艳停
C2617E0571	1	打印完成 2017/08/17 10:32:53	李艳停
C2617E0571	1	打印完成 2017/08/17 10:30:31	李艳停
C2617E0571	1	打印完成 2017/08/16 14:13:00	李艳停
C2617E0571	1	打印完成 2017/08/16 14:11:27	李艳停
C2617E0571	1	打印完成 2017/08/16 14:10:18	李艳停
C2617E0571	1	打印完成 2017/08/16 14:09:27	李艳停
C2617E0571	1	打印完成 2017/08/16 14:06:48	李艳停
C2617E0571	1	打印完成 2017/08/16 14:04:01	李艳停
C2617E0571	1	打印完成 2017/08/16 14:02:35	李艳停

图 9–95　预制件追踪

件状态统计、进度延误警报、库存不足预警等功能。

（6）预制件状态查询与分析（PC端）：与Web端系统相比，PC端系统计算和显示性能更强，适于与模型相关的各类复杂分析功能。例如可视化的物料状态展示和库存不足预警等功能。

图 9-96　预制件二维码

9.4.2　施工监控

基于BIM的施工监控是将施工现场中的每个监控点的信息上传到云端存储，随后可以在B/S、C/S及客户端随时调看任意一个监控点的监控数据，相比于传统的施工监控，基于BIM的施工监控便捷化了施工监控的查看流程。同时，根据上传的监控数据，采用数据综合展示系统进行展示。

1. 技术架构

数据综合展示系统采用B/S架构，客户端机器无需安装任何模块，系统的升级仅需要通过对系统的Web服务器和应用服务器进行在线升级即可完成，可大大降低系统维护的工作量。

B/S架构分为四层结构：客户端、表示层、应用层和数据层。客户端是系统与使用者直接交互的层次，使用了Web Browser（如IE等）作为客户端程序；表示层实现了业务逻辑与PHP页面表现的分离；应用层实现全部的业务逻辑；数据层的功能是存储海量数据。这四层分别由浏览器（Browser）、WWW服务器（Web Server）、应用服务器（Application Server）、数据库服务器（Database Server）构成，各层负责自己的任务，层间有成熟的协议，形成一个完整的有机整体。

数据综合展示系统的主要特点：B /S架构的管理系统，零客户端维护；执行效率高，稳定性、安全性好；支持Windows各版本操作系统；强大的管理功能，全面覆盖永定河施工管理的各个领域；系统具有良好的开放性和扩展性；丰富的信息共享。

2. 系统功能

数据综合展示系统（图9–97）具有以下功能：

（1）提供强大的展示功能，全面覆盖施工管理的各个领域，包括数据监测、人员监测、视频监控、材料库预警、机械检测、质量安全监控、进度监控等。

（2）通过计算机网络实现办公室、项目部、现场情况的信息展示。

3. 数据综合展示系统界面

永定河特大桥数据综合展示系统中的数据都是通过数据库中填报的真实数据进行读取和展示。展示数据会根据项目情况进行实时变化。

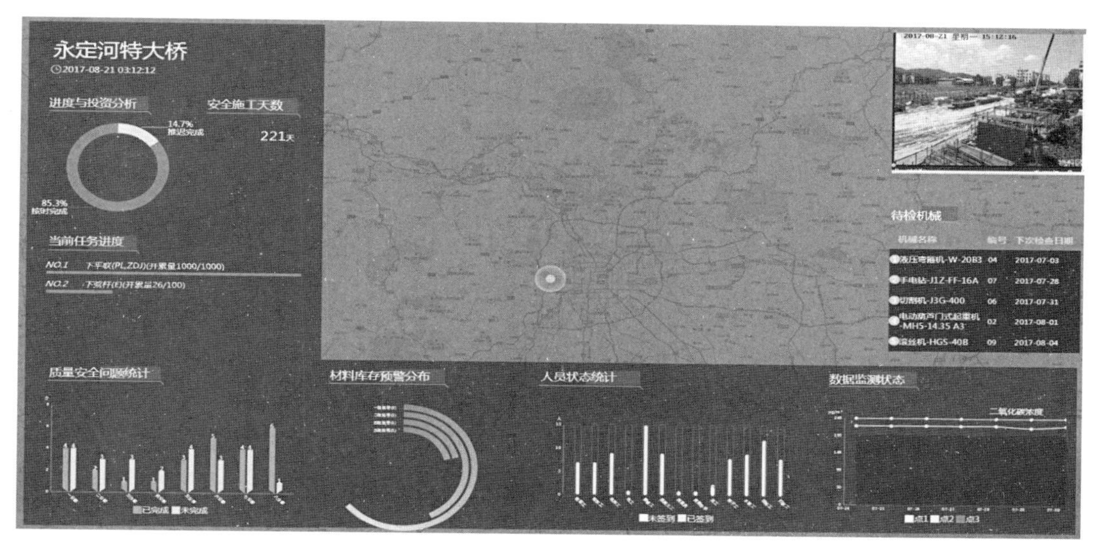

图 9-97　BIM 综合信息显示系统

4. 平台优势

整个系统具有较好的实用性和先进性、可靠性和稳定性、安全性和共享性，而且界面友好，操作简便。可以让管理人员足不出户了解现场情况，即时有效地进行管理，解放人员劳动强度，提高工作效率，提高施工管理方的信息化管理水平，使得项目管理朝着高效化、信息化、精细化的方向发展。

9.5　智慧建造实践总结

随着中国城市化进程的加快和经济的迅速发展，未来大型场馆、交通枢纽、工业厂房以及商务高层建筑的投资将不断加速，中国钢结构的市场规模还将稳步增长，因此 BIM 技术的应用有效地提高了钢结构工程的数字化、智能化的水平，对于提高钢结构工程的施工水平以及工程建造实施整体效率有着非凡的提升（图 9-98）。

三维数字模型设计、数字仿真技术及三维扫描技术、数字模拟三维扫描虚拟预拼装技术的成熟应用，不仅有效地提升异型钢结构生产制造领域的产业水平，而且对于传统验收控制手段设计深化、实现设计意图，以及施工手段的提升均带来了巨大的变革，它对于产业升级的意义十分巨大。

基于 BIM 的钢结构安装智能管理 4D-BIM 平台系统，通过将 BIM 与 4D 技术有机结合，建立基于设计 catia 的模型，读取 catia 模型信息和相应参数，以模型信息为基础来实现基于 BIM 的施工进度、安全与质量、物料管理、现场监控的 4D 集成管理、实时控制和动态模拟，它为钢结构制造智能化生产提供了数字化、信息交互的有效途径。

图 9-98　永定河特大桥夜景

第 10 章

基于 BIM 的千佛阁复建工程实践

10.1 工程概况

戒台寺位于北京市门头沟区，始建于隋代开皇年间（公元 581～600 年），建有全国最大的佛教戒坛，可授佛门最高戒律——菩萨戒，故有“天下第一坛”、“选佛场”之称，现属国家重点文物保护单位。千佛阁正面的门额上挂有乾隆皇帝手书的“智光普照”的金字横匾，楹柱上“金粟显神光人天资福，琉璃开净域色相凭参”的楹联也是乾隆手书。阁内正中供有高大的卢舍那铜质佛像，两侧的砖墙镶有琉璃壁饰。阁分上下两层，在每层左右两侧的墙壁上各有 5 个大佛龛，每个大佛龛内分为 28 个小佛龛，在小佛龛内又各分三龛，每龛内都供有一尊 10cm 的木雕小佛像，全阁共计有小佛像 1680 尊，是名副其实的千佛阁。老北京市民有九月九登高的习俗，戒台寺的千佛阁曾是当时登高赏景的最佳去处之一。

千佛阁位于大雄宝殿后面的台基之上，原戒台寺内最重要的建筑物，建于辽咸雍年间（1065～1075 年），明嘉靖二十五年（1550 年）重建，三重檐楼阁式木结构建筑，如图 10-1 所示，1965 年落架保护，“文化大革命”开始，修建计划搁置。此次施工恢复三重檐楼阁式木结构建筑（图 10-2），高 23.77m、宽 23.4m、进深 26.5m，建筑面积 975m^2，是最高等级的“大五脊庑殿式”古建筑。

图 10-1 千佛阁原貌

图 10-2 千佛阁彩画效果图

10.2 BIM 技术应用背景

1. 建筑规制等级高，历史文化意义重要

戒台寺是中国北方保存辽代文物最多、最完整的寺院，而千佛阁是戒台寺中轴线上主殿，建筑形式为重檐庑殿形式。千佛阁复建工程是华北地区最大的文物复建工程，复建之后千佛阁将弥补戒台寺中轴线上没有主殿的缺憾，对恢复戒台寺的历史原貌及研究北京地区辽、金时期历史文化具有重要的意义。

千佛阁宽 21m，进深 24m，为三重檐楼阁式木结构建筑，阁楼高 30 余 m，其殿顶采用了古建筑中最高等级的“大五脊庑殿式”，是中国建筑中的最高型制，象征皇权、神权等国家最高统治权利，因此，千佛阁用材硕大、体量雄伟、装饰华贵富丽，具有较高的文物价值和艺术价值。

2. 建筑体量大、构件种类多、结构复杂

千佛阁大殿内的 4 根主梁成井字形排列，承受次梁所带来的压力，是大殿上层建筑的核心承重物。而支撑 4 根主梁的重檐金柱，由底部直通三重檐屋顶，辅以其他梁柱基石，来承受全殿 7000t 的重量。

千佛阁内部构件涉及藻井、斗拱、顶棚、隔扇等 500 多种复杂形式的木构件；各种构件榫卯形式不一，极为复杂；其中藻井的构造是由一层层纵横井口趴梁和抹角梁按四方变八方、八方变圆的外形要求叠落起来的。第一层方井，在面宽方向施用长趴梁，使之两端搭在顶棚梁上，两根长趴梁之间使用短趴梁，形成方形井口。而附在方井口的斗拱，做银锭榫卯挂在里口的枋木上。第二层八角井，是在第一次方井趴梁上再叠置井口趴梁和抹角梁，以构成八角的内部骨架。最上层的圆井，是用一层层厚木板挖、拼而成，叠落下来形成圆穹，斗拱凭榫卯挂在内壁。

3. 传统图纸表达存在局限

千佛阁建成于辽代，距今已有近 1000 年历史，习惯于钢筋水泥的现代建筑技术人员仅通过二维图纸难以准确地掌握当初的设计理念以及文化底蕴。另外，千佛阁工程构造极其复杂，仅木构件便有 500 多种，如此复杂的设计及做法，难以仅凭二维图纸来表达。

因此，鉴于本工程的特殊性和重要性以及 BIM 技术的优点，在本工程复建中引入了 BIM 技术。通过应用 BIM 技术，对古建筑构件信息进行精细化出图，将复杂节点深化设计，通过模拟施工对比分析不同施工方案，依据精细深化方案降低现实施工与设计之间的偏差，减少返工浪费，有效缩短工期，提高工程质量和投资效益。

10.3 基于 BIM 的设计施工

古建筑与新建 BIM 技术应用有本质区别，古建筑（文保建筑）是建筑中没有生命终结的建筑类型，它只有在“生病”时进行维修（通常 30～50 年进行一次“器官”替换），基于这样的条件，我们需要使用 BIM 技术为它做整套古建筑 DNA 基因，方便我们在各个层面应用这些数据对古建筑管理（应用 BIM 技术属于数据制造阶段，在之前有数据收集整理等阶段，在之后有数据应用等阶段）。

在设计施工阶段，本次使用BIM技术，主要对复杂节点（数字模型工艺交底），对柱、梁、枋材料量化管理，对现场施工进行信息数字化管理，提高深化设计能力（如模型素材库建立、榫卯应用等）经验管理、施工质量精度。

10.3.1 BIM技术应用内容

应用BIM技术，将工程构件放样信息及时录入数据库，施工现场根据BIM模型数据信息进行构件加工，结合BIM模型和软件实施协同管理，对工程质量、进度信息进行整合与传递，将施工工匠和管理人员从二维思考转换到三维理解中来，集中精力进行工程质量（古建筑形体等）与进度的策划，实现工程预判管理。

1. 项目应用流程

（1）数据收集

通过业主、博物馆及在网络上全面收集关于千佛阁现有的文字资料、影响资料和数据资料，全方位拍摄现有建筑的照片作为参照，在此基础上，对资料进行系统整理、分类，提取能用来建立模型的数据，包括标高、尺寸、形状等数据。

（2）数据组建

1）古建筑BIM构件族制作

通过对每一个古建筑细胞（构件）制作设计，满足这个细胞在工程中需要的数据（设计单位要方案和施工图，施工单位的放样和量化管理，以及其他软硬件配合需要的数据），这个细胞制作设计非常重要，项目深度完全取决于对细胞（构件）的设计。

2）古建筑BIM模型搭建

按照八个不同阶段，将古建筑BIM构件族按部位、按顺序组合拼装到一起，构成每个阶段的部分，最后将八个阶段整合到一起，形成最终的古建筑模型。

3）古建筑施工工艺模型

将本项目整体模型按照古建筑的施工工序、施工部位、施工特点进行构件的拆分，然后将模型导入Navisworks中，依据本项目的施工总进度计划，结合古建筑模型构件的拆分，将每个构件一一对应进度计划每项内容，实现古建筑施工工序的模拟。

2. BIM技术应用路线

首先，先确认甲方提供的千佛阁图纸齐全，随后进行BIM框架设计，随后对千佛阁工程进行建模，完成提量、工艺、进度模拟、工艺优化等相关应用点，满足项目需求的同时，依据族数据，制作千佛阁古建筑构件，最后进行BIM模型现场拼装，利用基因数据检查传统做法（图10-3）。

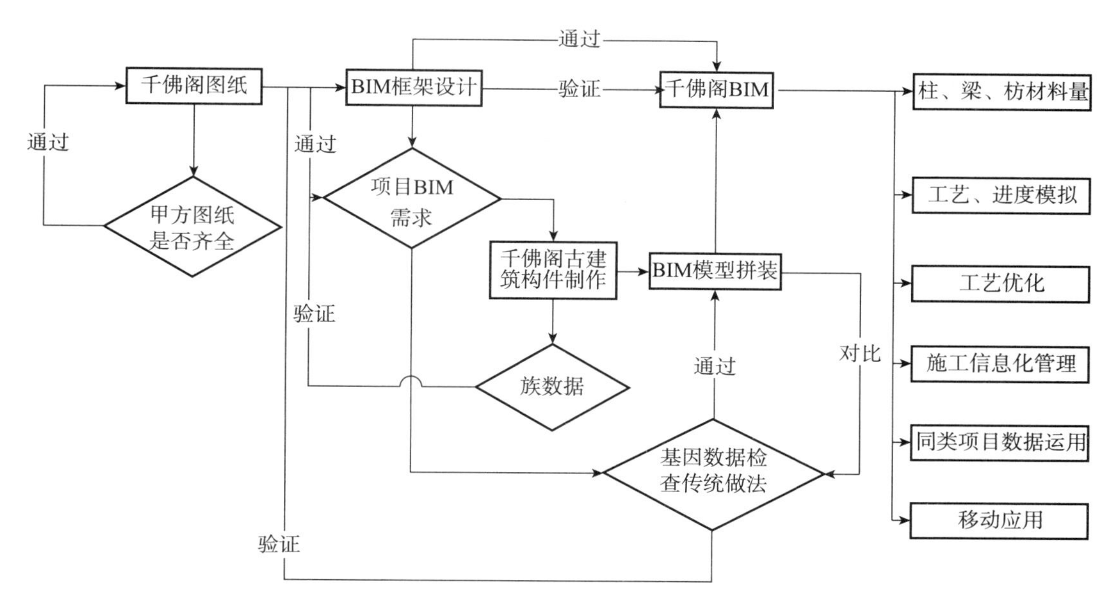

图 10-3　BIM 技术应用路线图

10.3.2　BIM 技术采用的软件

本项目建模采用 Revit 制作构件族，采用 Bentley 和 Revit 拼装，施工模拟采用 Navisworks 及 Gproject 软件，各软件功能见表 10-1。

采用的软件及功能　　表 10-1

序号	软件名称	功能
1	Revit	古建筑族制作
2	Bentley、Revit	模型拼装（合模）
3	Navisworks	施工模拟（数字工匠）
4	Unigine	数据展示（虚拟现实）
5	Microsoft SQL	全生命数据管理（数据库）
6	FARO	三维扫描（数字监理）

注：Revit、Navisworks、Microsoft SQL 通过数据关联、完成项目质量和进度管理。

10.3.3　BIM 数据制造过程

1. 族的制作

古建筑 BIM 模型族在建造阶段分为买料、制作、安装三个步骤，在制作族模型的过程中要考虑其在三个阶段的不同形态，使得可以通过修改族参数适用于各个阶段。

以制作柱族为例：

（1）柱子的用料可分为加荒料（买料）、下料和实际用料，在制作族的过程中，需首先考虑材料的用途，再进行族的制作。

（2）在柱族建模过程中，需要画出下料与实际用料，而买料参数可用实际用料 × 木材用料系数计算得出。

（3）设买料、下料、实际用料的平面面积为 a、b、c，高为 h_1、h_2、h_3，得出买料体积为（$a \times h_1$）m³，下料体积为（$b \times h_2$）m³，实际用料体积为（$c \times h_3$）m³。

通过族参数，将数字信息应用在工程的各个阶段，方便统计与管理项目的进程，避免了传统做法带来的信息不明晰而出现偏差，大大降低了错误率；通过对每一个古建筑细胞（构件）进行制作设计，提供其在工程中需用的数据信息，如图 10-4～图 10-9 所示。

2. 模型拼装

古建筑 BIM 模型拼装，需要对建筑重要错落部位层面设置标高，方便 BIM 模型搭建和

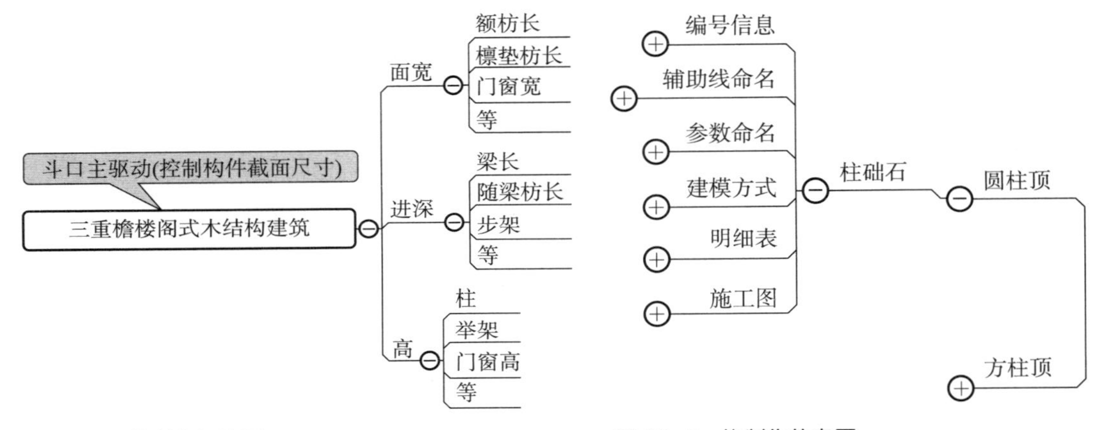

图 10-4　族制作架构图

图 10-5　族制作信息图

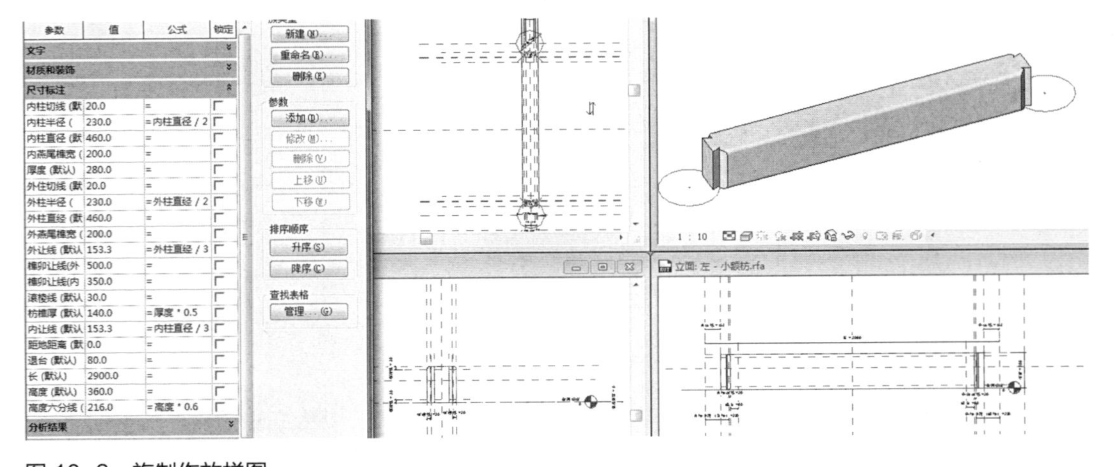

图 10-6　族制作放样图

后期修改。本工程标高设计主要有：台基、上身、屋面三大块，每一块标高都需要详细设计，如上身拼装标高设计分为：穿插枋、高柱头高、平板枋高、通过这个标高设计可以很好地参数化控制尺寸。

依据古建筑施工经验对容易出现修改或更换构件位置进行控制，如五踩斗拱换成三踩，控制标高定在平板枋，檩就需要再定另一个标高，不能放在平板枋高，这样设置后即使换五踩为三踩或者别的构件样式，只需要挪动檩标高和替换构件就可以调整完成，如图10-10～图10-14所示。

对构件三维模型的属性等参数，为避免在BIM项目中重复添加信息，本项目将Microsoft SQL数据库应用于施工过程数据管理中，同时使用IFC格式做数据转换，解决不同数据的使用要求。

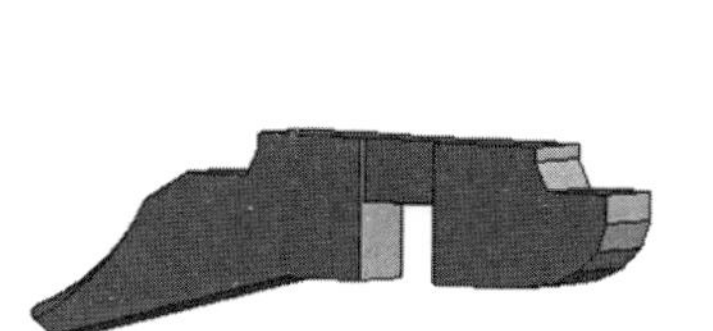

图10-7　族制作模型昂角图

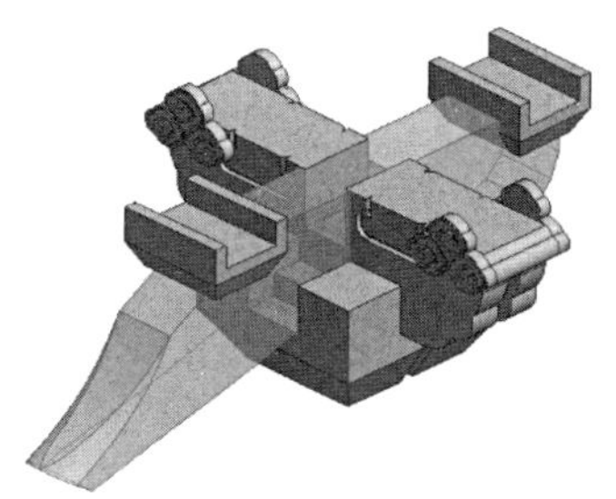

图10-8　族制作模型厢拱图

图10-9　模型图

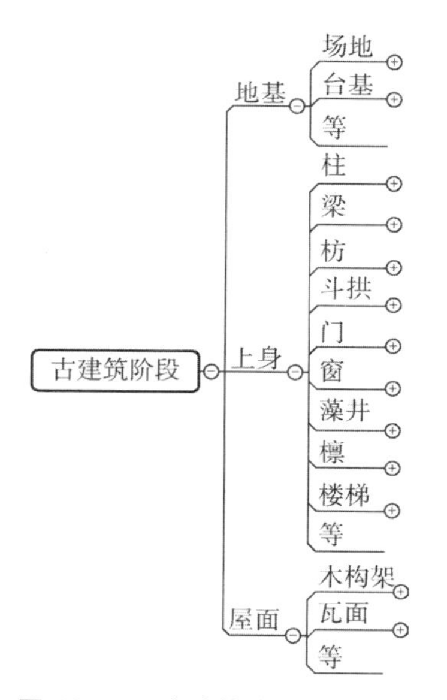

图10-10　古建筑阶段图

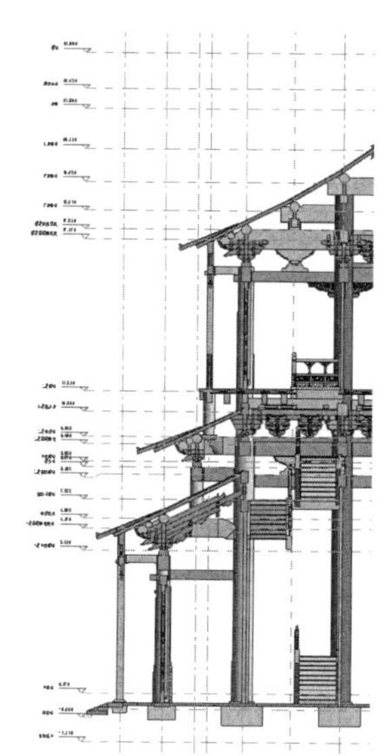

图10-11　模型西侧标高设置图

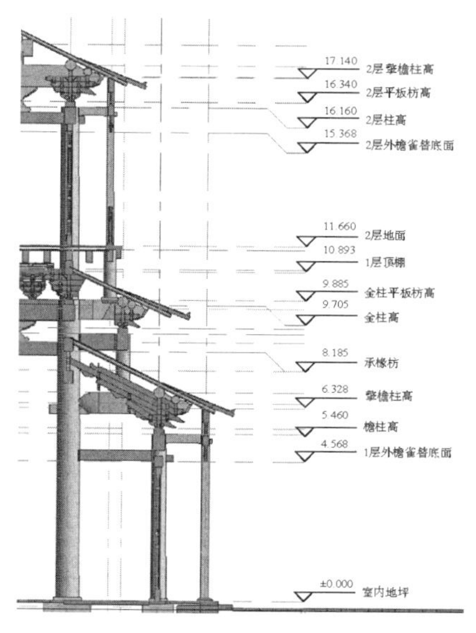

图10-12　模型东侧标高设置图

图 10-13　工艺模型图

图 10-14　工艺剖面模型图

10.3.4　BIM 技术应用的主要成果

1. 模型搭建，实现科学提料、构件放样加工

构件轴侧图和平面图如图 10-15、图 10-16 所示。

（1）具体流程

进口木材编号分类→木材选购进修→大木作构件加工→大木件构件加工。

（2）木材用料情况见表 10-2。

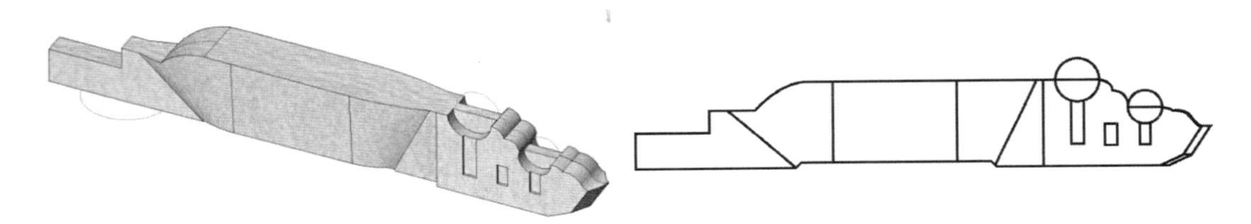

图 10-15　构件轴侧图　　　图 10-16　构件平面图

木料用材情况明细比对表　　　表 10-2

序号	木材名称	产地	使用部位	估算材料用量（m^3）	BIM 统计用量（m^3）
1	铁红木	南非	里围金柱、角科斗拱、柱头科斗拱	289	256
2	红松	俄罗斯	平身科斗拱、木装修	820	806
3	花旗松	北美	檐柱、金柱、梁、枋	785	765
4	杉木	中国	椽子	300	290
5	合计			2470	2408

2. 榫卯拼插，体现隐蔽节点

梁柱榫卯、隔扇、顶棚榫卯如图 10–17～图 10–19 所示。

3. 碰撞检查，避免返工

受二维图纸局限，通过模型构件族的制作及搭建，发现图纸设计缺陷共 24 处，主要解决的问题有：

（1）校核了平、立剖面不相符轴线尺寸。

（2）更正了受力构件檩标高（图 10–20）错误。

（3）修正了楼梯处斗拱设计不合理。

原设计图纸为整攒斗拱，模型虚拟漫游中发现，会影响人无障碍上下通行，应改为半攒（图 10–21）。

（4）保证角柱（掰生、收分）的开榫槽位置的精准

角柱开榫位置复杂，以往工人全凭经验，实际操作过程中，难免出现计算错误，现场安

图 10–17　梁柱榫卯图

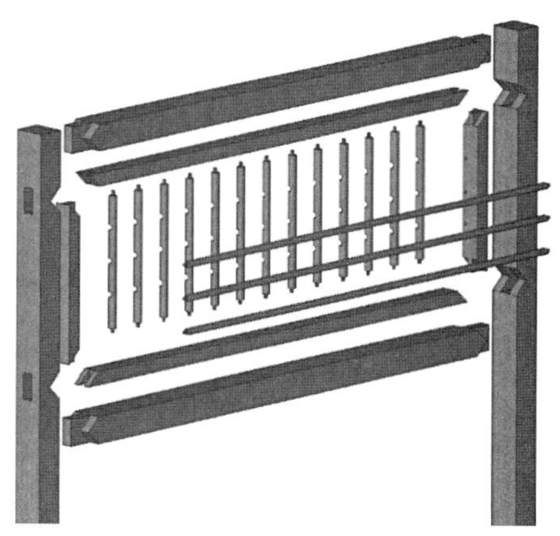

图 10–18　隔扇图

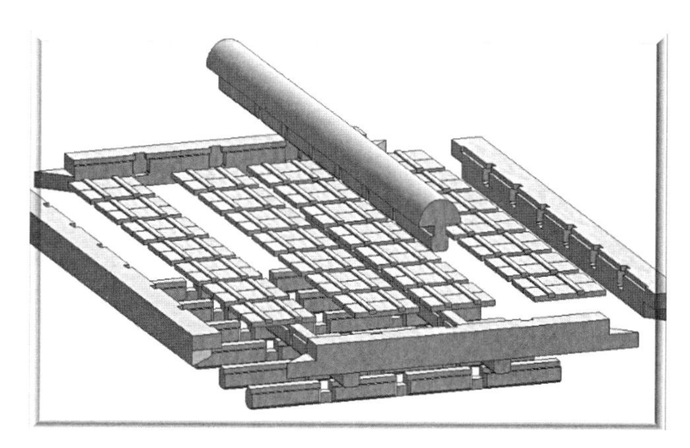

图 10–19　顶棚榫卯图

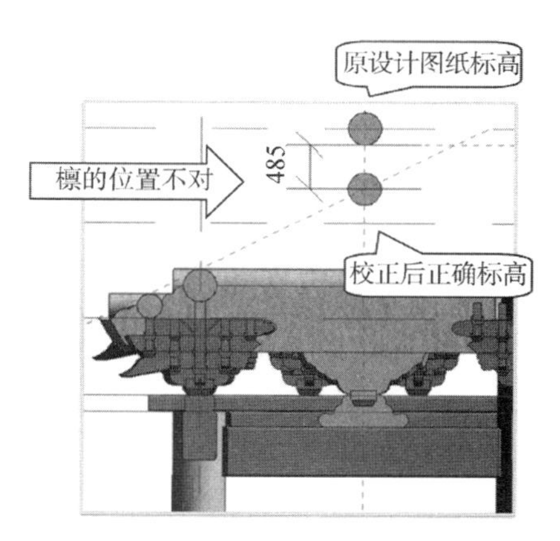

图 10–20　构件檩标高图

装时才能发现问题（图 10-22）。

（5）发现枋子的榫头和围护墙的碰撞问题

转角处的枋子如应用传统规矩榫头，将和围护墙体发生碰撞，模型中实时体现出来，需改变榫头的加工方式。

4. 工艺交底，人人有底

本工程脚手架分为大木脚手架、瓦面脚手架、油漆彩画脚手架，通过定制制作 BIM 古建筑脚手架，合理管理使用脚手架和安排脚手架搭建时间以及脚手架材料进场时间，有效地解决了大木吊装安装问题（图 10-23、图 10-24）。

5. 定位精准，砌筑规矩

按照优化设计要求，对基础工程的台明进行设计建模，砌筑规范，符合实际需求（图 10-25）。

图 10-21 楼梯处斗拱图

图 10-22 角柱图

图 10-23 脚手架搭建图

图 10-24 脚手架搭建局部位置图

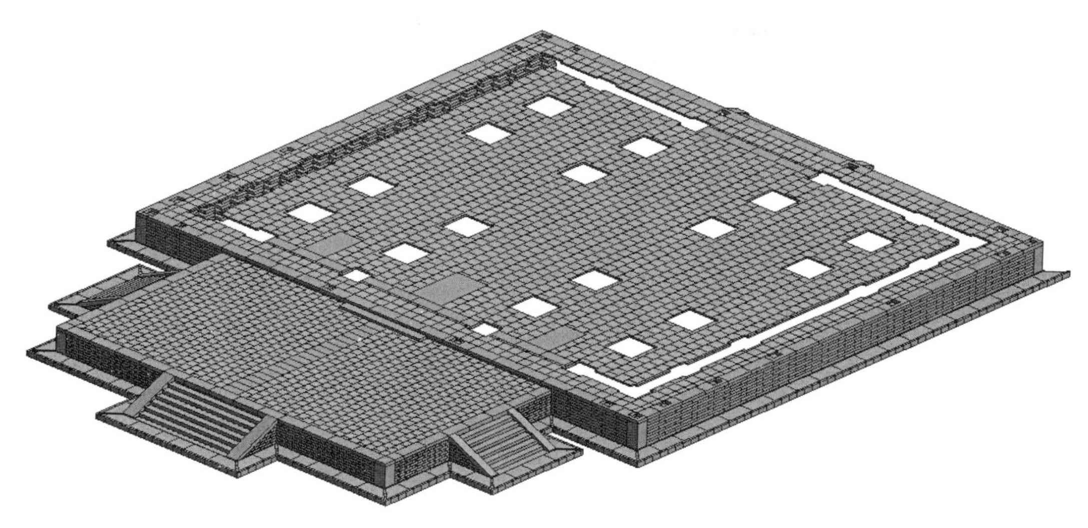

图 10-25 基础工程——台明图

6. 构件安装，准确无误

对主体结构的大木构件，按模型位置，吊装安装，减小位置偏差。实现模型与实体位置成 1 : 1（图 10-26～图 10-29）。

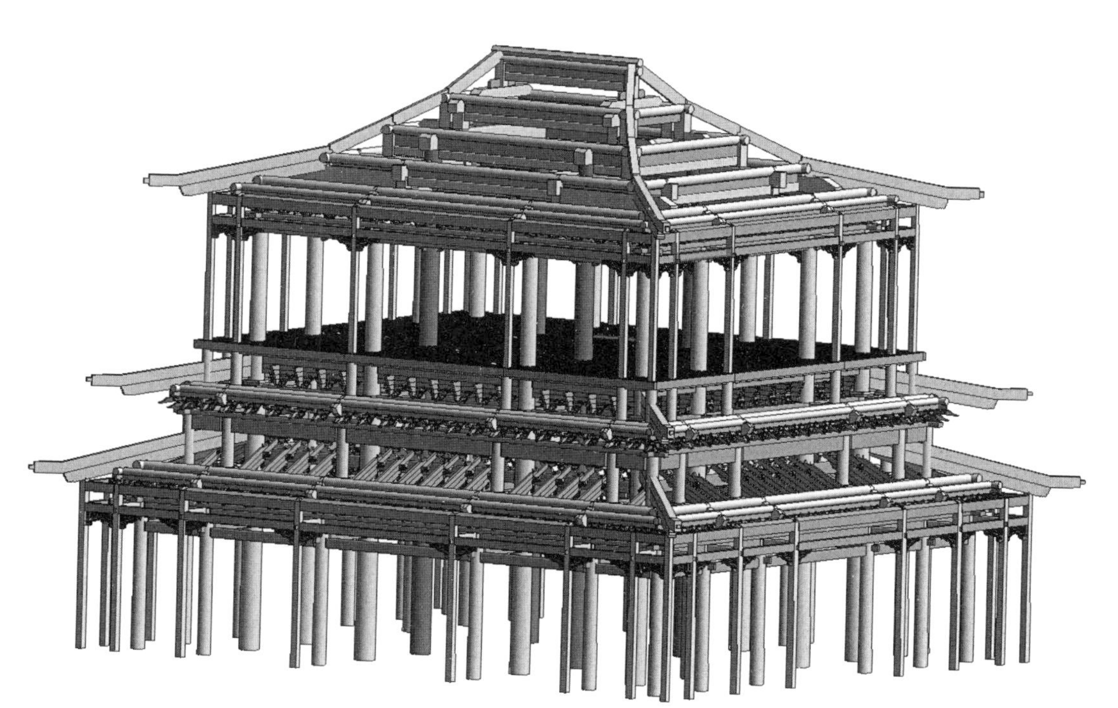

图 10-26 主体工程——大木图

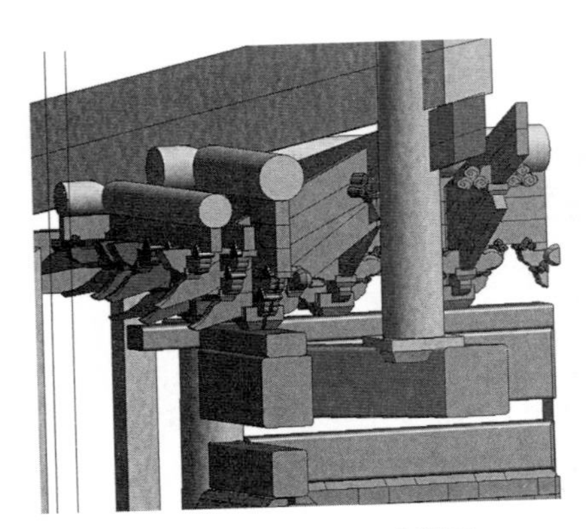

图 10-27　主体工程——斗拱图

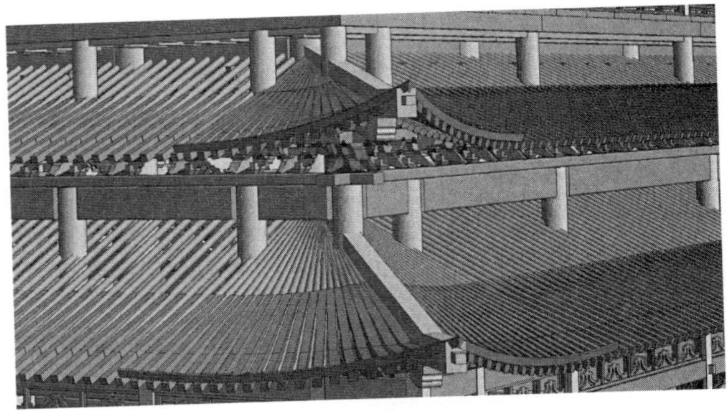

图 10-28　主体结构——翼角椽望模型图

图 10-29　主体结构——翼角椽望实景图

7. 磨砖对缝，排布规矩

为了墙体美观，对墙砖排布进行优化比对，选取最美观的排布方式排布墙砖（图 10-30、图 10-31）。

8. 加工细致，安装牢固

如图 10-32～图 10-34 所示。

9. 排布合理，排水通畅

如图 10-35、图 10-36 所示。

图 10-30　主体结构——墙体砌筑图

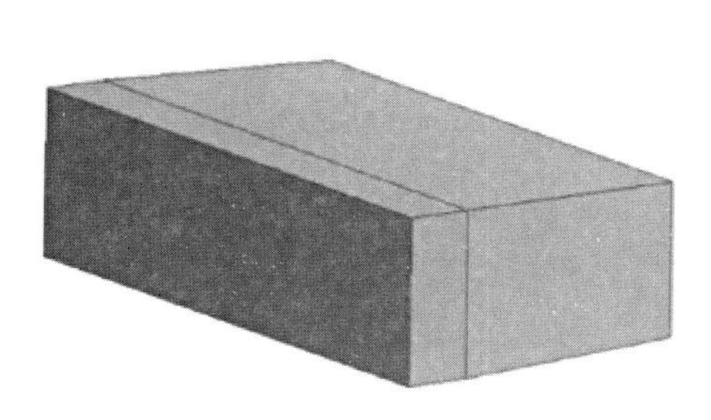

图 10-31　五扒皮砖图

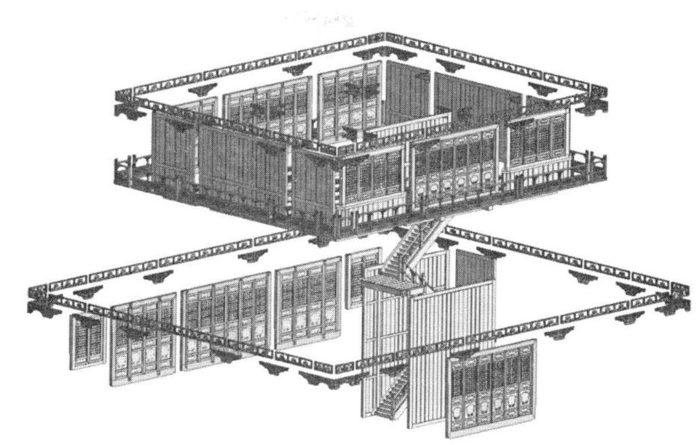

图 10-32　装饰装修工程——隔扇图

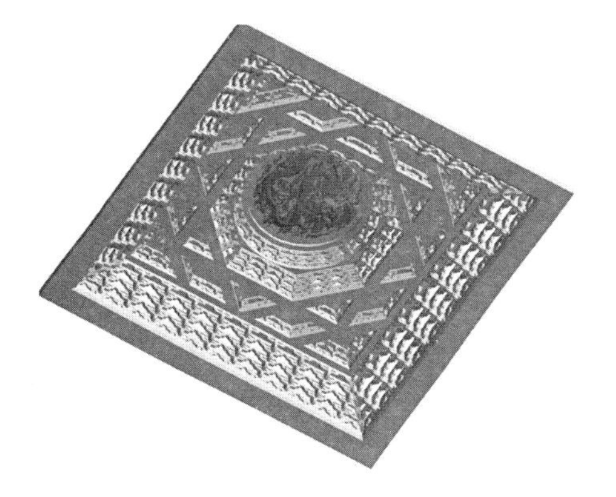

图 10-33　装饰装修工程——藻井模型图

图 10-34　装饰装修工程——藻井实体图

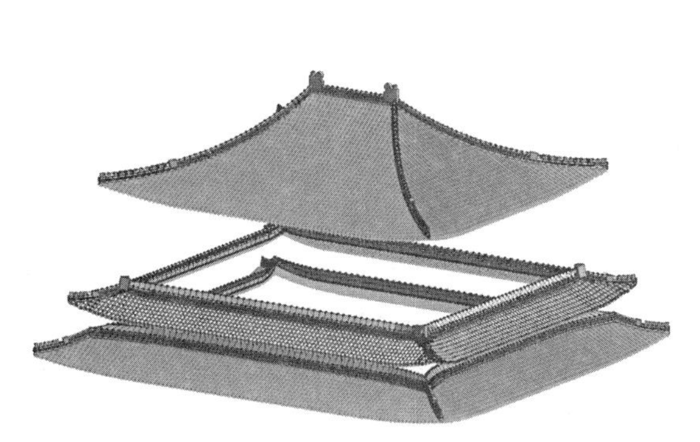

图 10-35　屋面工程——瓦面和脊图

图 10-36　屋面工程——瓦面和脊局部图

10. 复合校正，原貌恢复

如图 10–37、图 10–38 所示。

图 10–37　建筑模型渲染图

图 10–38　建筑实景图

10.4　施工现场管控

10.4.1　施工现场管控方式

采用凭借老工匠的记忆外加上现代化 BIM 建模的技术手段，有效控制保证 BIM 模型与原建筑外貌一致。通过模型三维可视化交底给新工匠的方式，来实现现场施工质量的管控。按构件划分给各个工匠负责拼装，进行模拟建造，总结整理出真实的施工工期。

通过现代化手段——古建碰撞检查，有效地控制设计偏差。把当时参与拆卸千佛阁的老工匠组织到一起，依据老工匠的述说将构件建成 BIM 模型，和构件形体榫卯样式匹配起来，并通过老照片拍摄角度和 BIM 模型进行对比，有效解决了设计偏差，例如发现楼梯斗拱碰头，顶棚藻井高度和横木碰撞，四根中柱到顶等技术质量问题，实现了精准预制加工放样，保证了工程质量。

10.4.2　进度计划安排

使用 BIM 数据模型，通过三维扫描控制、全过程数据管理、施工模拟进行进度计划合理安排，对机械设备、材料进场顺序、施工场地布置、施工人员、容易出现质量返工的部位等在施工中容易出现进度安排问题的方面进行合理计划、优化改进。

10.4.3　深化设计阶段解决问题

通过建模对木材截面长度、对制作工艺（榫卯类型）进行优化；导出高质量的施工图、构件加工图（放样图）；导出材料下料单（材料量化）；根据模型优化，提出合理需求，选择木材种类（图 10–39、图 10–40）。

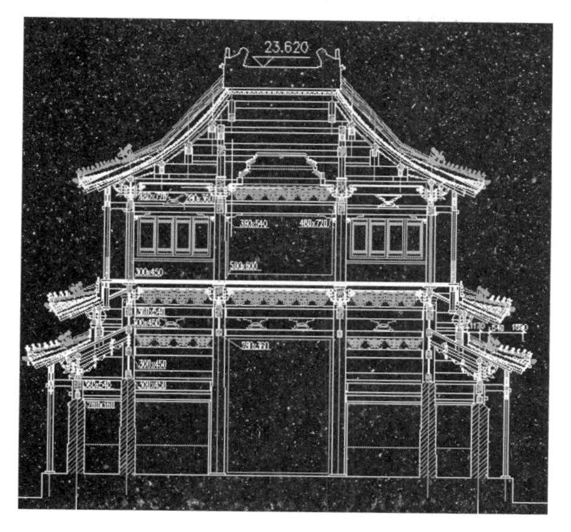

图 10-39　原设计 CAD 剖面图

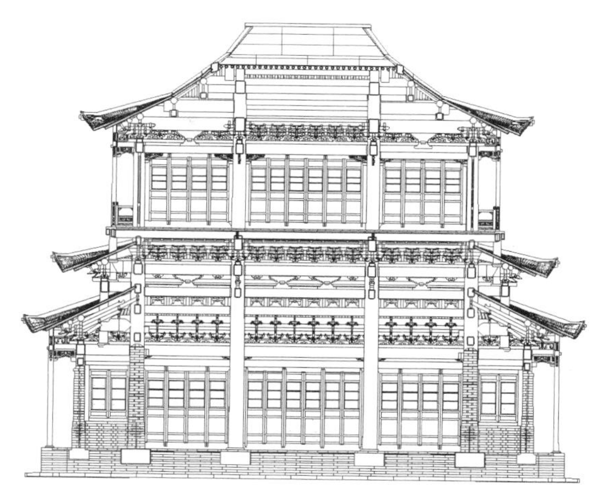

图 10-40　BIM 导出 CAD 剖面图

10.4.4　施工阶段解决的问题

及时发现并解决图纸问题；确定最佳脚手架搭设方案；确定最佳吊装方案；确定最佳墙体砌筑方案；确定最佳地面铺装方案；确定最佳瓦面排布等方案；应用模型构件直接下料，实现了预制加工；通过工序模拟，保证了传统传承；合理安排施工，避免了安全和质量隐患；应用软件自带功能，进行材料统计及造价统计；对构件实际信息与模型构件进行匹配，可供修缮参考（图 10-41～图 10-43）。

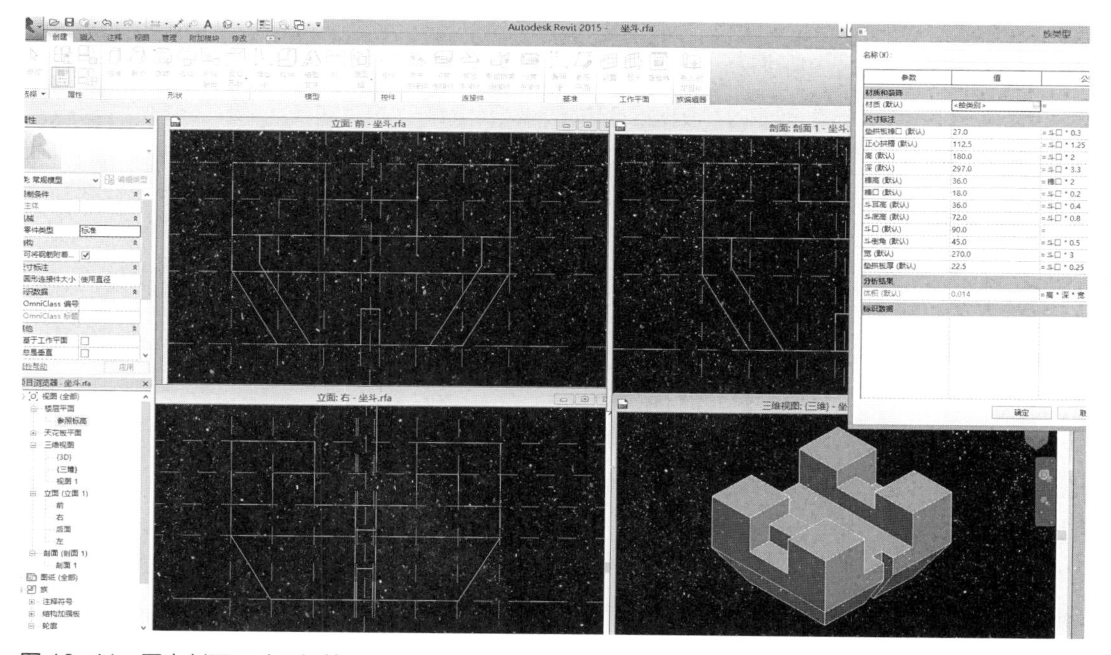

图 10-41　平立剖面尺寸不相符

图 10-42　解决技术难题会议

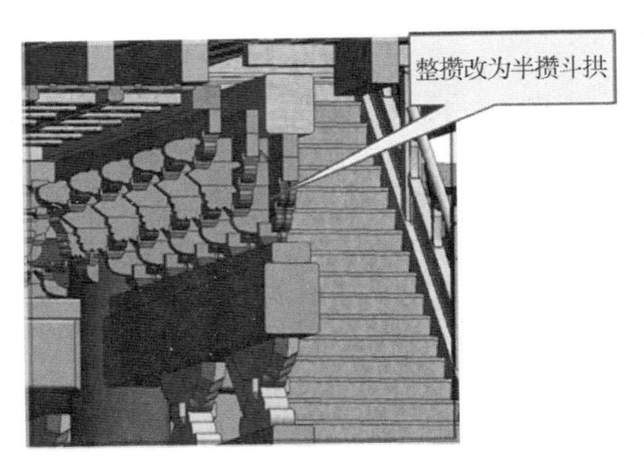

图 10-43　技术难点

10.4.5　工艺模型解决的问题

合理安排施工场地布置（尤其是在寺院内建筑没有空地）、材料进场顺序（阶段化）、机械设备（吊车等）、施工人员（尽量避免工序交叉作业窝工现象）；提前找出容易出现的质量隐患部位（隐蔽验收）；对容易出安全事故的部位做出提前预防（安装临时措施）；提前准备好分部分项验收条件；项目各个参与方可以沟通交流施工现场状态；安排调整施工进度。

10.5　辅助维护

对每一个建设项目，项目的总承包方在竣工验收时都需要将竣工文档移交给业主。交接过程的主要挑战是确保建筑信息的完整性，而 BIM 技术很巧妙地解决了这一问题，因为它反映了实际的建筑条件与各种信息。BIM 建筑信息模型可以提供作为信息存储库存储和交付竣工的信息，而且其在数字信息获取和交换项目方面具有灵活性。

基于 BIM 技术的管理平台采用云储存、云计算等先进的计算机技术与互联网 + 相结合，为用户提供直观的管理平台和永不丢失的数据保存，能有效地提高管理水平和降低管理成本。

基于 BIM 技术的业主方档案资料协同管理平台，可以将运营、维保阶段需要的信息，包括维护计划、检验报告、工作清单、设备故障时间等列入 BIM 模型，实现高效的协同管理；项目总承包方施工交付时交给业主的是经过几个阶段不断完善的 BIM 参数模型，其拥有建设项目中各专业、各阶段的全部信息，该模型为日后各专业的设备管理与维护提供依据；让 BIM 实现项目全生命周期的管理，为业主方提供及时、直接、完整、关联的项目信息服务和决策支持。

实现BIM竣工的模型信息与实际建筑信息一致。例如，在后期维护时当业主发现某些维护问题时，依照传统的思维模式，需要检查多处甚至整改建筑物。基于BIM竣工交付的运营，可以在建筑信息模型中模拟出现的问题，快速查找出现问题的故障点，然后通过BIM信息模型获取出现问题部件的规格、材质、制造商、零件号码等信息，快速解决问题。

10.6 BIM技术的应用效益

10.6.1 经济效益

（1）精准构件加工制作、运输、安装，有效地缓解了现场的堆料问题，避免了返工浪费，节约工期。

（2）实现了预制加工，相比估算下料，节约了木材约18万元，减少了加工工人10名，缩短了加工周期50天。

（3）通过工序模拟，保证了施工质量，及时调整进度安排，提前了工期20天，减少了施工人员15人，节约工程造价8万元。

（4）共节约了工程造价26万元。

10.6.2 节能环保效益

（1）节约了木材消耗，对大自然的保护做出微薄之力，整个施工过程绿色环保，无建筑污染，保护了古建筑环境。

（2）节约了施工机械损耗，保障了现场人员施工环境及文物风景区的自然环境。

10.6.3 社会效益

文保建筑是建筑类型中唯一没有生命终结的建筑，应用BIM技术能够保存古建筑数据，解决信息断层等问题，为下次古建筑修缮、构件替换提供完整的数据支持。传承和发扬了传统技艺，延续了古建筑的生命，弘扬了传统文化，社会效益显著。

综上所述，BIM技术在建筑工程的整个施工过程中都有所应用，它渗进了整个建筑工程的全生命周期。BIM技术的应用节省了整个建筑工程的施工周期，同时有效地节约了建筑工程所需要投入的资金，避免了在建筑工程的施工过程中每一个阶段因信息不流通导致的错误施工情况。同时也为整个建筑物后期的管理维护提供了巨大的帮助，基于BIM的信息化交付与运营维护在我国的建筑业发展中存在很大的价值。

第 11 章

基于 BIM 平台的建筑室内空气环境单元式控制

11.1 智能新风系统研究

近些年来，由于生活水平的不断提高，人们对环境的关注度越来越高，而不仅仅是只满足于物质生活的需要，环境问题已渐渐被普通大众所关注，包括近年来严重的雾霾问题、沙尘暴问题等。而除了室外大环境的污染问题，室内空气环境也逐渐被大众所重视，比如室内空气污染物的检测、空气的净化，市面上也出现了很多关于空气净化的家居等。在这样一个大背景下，加上互联网思维的渗透，使得智能家居系统应运而生。

在智能家居系统中，建筑室内空气环境单元是最初始的一环，也是极为重要的一环，在百姓日益关注环境的今天，室内环境也和人们的健康息息相关，据估算，普通人每天停留在室内的时间平均为 15h，所以对室内空气质量的检测就显得尤为重要，根据近年的总结，我国每年大约有 32 亿美元的经济损失来源于室内空气污染，而根据国际报道，全世界大约 1/3 的建筑物都存在着有害于健康的室内空气。这些空气的存在不仅严重的影响着人们的身体，也成为引发各种其他病症和死亡的主要因素。因此就目前的社会发展而言，做好相关的室内环境监测工作就显得格外重要。

国家对室内环境污染的重视程度也越来越高，室内环境监测与治理也逐渐发展成为一个新的国民经济产业。室内环境监测是朝阳行业，它与人们的生活密切相关。我们离不开与我们朝夕相伴的空气，但是工业化时代不能保证我们拥有一个绿色的家居环境。而装饰装修的不当又加重了室内空气的污染程度，因此，营造一个良好的居住环境，提高建筑、建材、装饰业的水平，保障人民的身体健康是卫生、建筑、环保等行业共同面临的难题。

图 11-1 展示了我国室内环境检测市场规模的变化，可以看出近年来，室内环境检测市场规模逐年大幅增加，这也直接凸显出人们对室内环境的重视程度也是逐年增长，可以预见在接下来的几年里，人们肯定会对室内环境提出更高的要求。

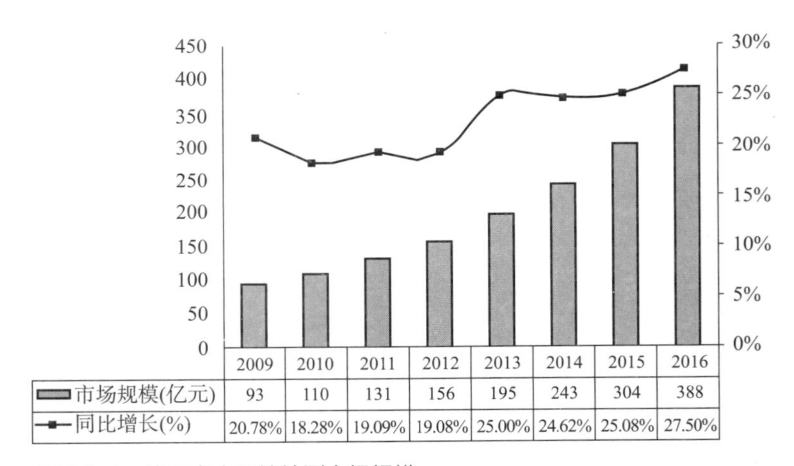

	2009	2010	2011	2012	2013	2014	2015	2016
市场规模(亿元)	93	110	131	156	195	243	304	388
同比增长(%)	20.78%	18.28%	19.09%	19.08%	25.00%	24.62%	25.08%	27.50%

图 11-1　我国室内环境检测市场规模

11.1.1 现状

自20世纪70年代开始，法、德、英、美、日等国就开始对室内空气污染及其对人体健康的危害展开研究。各国先后在室内空气中检测出500多种有毒有害物质，其中有20多种被认定是致癌物质。据世界卫生组织统计，全球近一半的人处于室内空气污染中，35.7%的呼吸道疾病、22%的慢性肺病和24.5%的肺癌是由室内空气污染引起的。而据我国室内环境监测中心发布报道，我国75.5%的呼吸道疾病是与室内空气污染有关的，65.5%的肺癌源于室内污染，远超世界平均水平。

目前，控制室内环境污染物指标的国家标准有两个：一个是由国家质检总局和建设部联合发布，并于2002年1月1日起实施的《民用建筑工程室内环境污染控制规范》(GB 50325—2010)；另一个是由国家质检总局、卫生部、国家环保总局联合发布，并于2003年3月1日起实施的《室内空气质量标准》(GB/T 18883—2002)。

首先，国标《民用建筑工程室内环境污染控制规范》(GB 50325—2010)适用于新建、改建、扩建的民用建筑和装饰工程，即在完工后、交付使用前的检测和验收，是强制执行的国家标准。它规定了由建筑装修材料产生的甲醛、氨、苯、TVOC、氡气这五项污染物指标。工程验收时，只有当室内环境污染物浓度的全部检测结果符合该标准规定时，方可判定该工程室内环境质量合格，否则，不准交付使用。

2003年3月1日起实施的《室内空气质量标准》(GB/T 18883—2002)，规定了人们在正常居住或工作条件下，能保证人体健康的各项物理性能指标、化学污染性指标、微生物指标和放射性指标的限值。同时，也包括温度、湿度、空气流速、新风量、二氧化硫、二氧化氮、一氧化碳、二氧化碳、氨、臭氧、甲醛、苯等参数指标。该标准与《民用建筑工程室内环境污染控制规范》的同种污染物参数指标相比略为宽松，因为，民用建筑工程和装饰工程交付使用后，除了建筑材料及装修材料产生的污染外，还有生活中由于烧饭、抽烟、生活垃圾、家具等产生的污染。

2012年新修订的《环境空气质量标准》(GB 3095—2012)增加了细颗粒物(PM2.5)8h浓度限值监测指标，也是由于近年来严重的雾霾问题，使得人民大众对PM2.5的关注度越来越高。

PM2.5是指大气中当量直径小于或等于2.5μm的颗粒物，也称为可入肺颗粒物。它的直径还不到人的头发丝粗细的1/20。虽然PM2.5只是地球大气成分中含量很少的组分，但它对空气质量和能见度等有重要的影响。与较粗的大气颗粒物相比，PM2.5粒径小，富含大量的有毒、有害物质且在大气中的停留时间长、输送距离远，因而对人体健康和大气环境质量的影响更大。

如图11-2所示，在清华大学建筑环境监测中心的一项调查中，甲醛、PM2.5、苯被评为室内主要污染的来源。

为了改变室内空气环境，通常有以下几种做法：

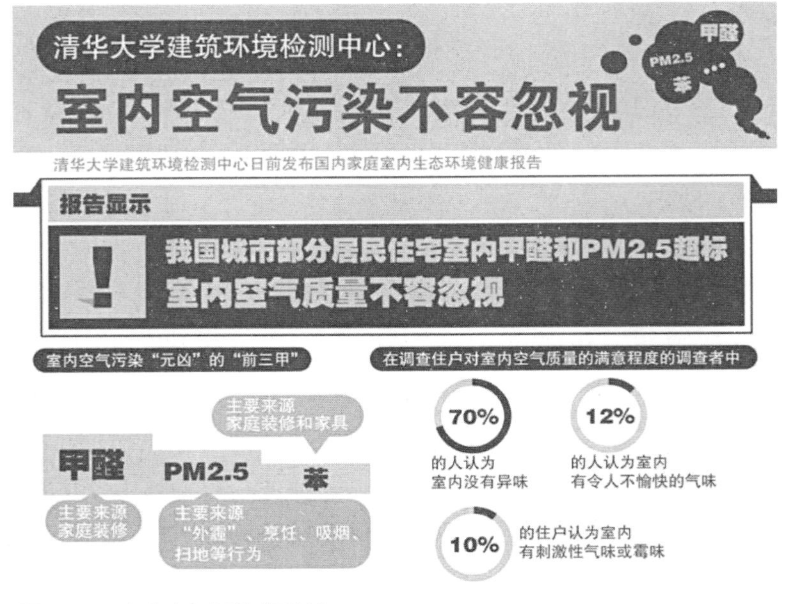

图11-2　室内空气污染“元凶”

（1）传统的开窗通风：开窗是人们原始理念中的通风方式。但是由于开窗引起的灰尘、噪声、蚊虫、不安全性，以及其通风的不确定性、局限性、能量损失巨大等弊端，开窗通风的传统方式已被人们慢慢放弃。而且在雾霾天气时，开窗通风反而引起更加严重的空气污染。

（2）换气扇时代：电机风压非常小，不加管道时瞬间排风量大，加了管道后排至风道排风量会大打折扣。用时开，不用时关，不能持续不断的通风换气。噪声大，随着使用时间的增长更加明显，且易损坏，维修成本高昂。

（3）小型家用中央空调：通常没有新风装置；也可以增加正压的新风，但新风在已成正压区域难以送入；所以污浊空气只能通过门缝、窗缝及厨房卫生间排风口缝隙排出室外，换气量小，无法有效解决通风换气问题，影响人体舒适性要求。

（4）空调：只形成封闭的循环系统，室外新鲜空气补充很少，无法解决通风换气问题，噪声大，耗电量大，维护成本高。

（5）全热交换空气净化机：近十年左右出现的一种室内空气处理设备，但其作用、重要性是从2003年“非典”时期才被人们较广泛的认识。

全热交换空气净化机：顾名思义，是换气设备，其作用是排出室内污浊空气、送入室外新鲜空气，并对空气进行必要处理、能量回收，全热交换器可使室内空气“吐故纳新”，是室内的呼吸系统，从而使人们在清新的室内空气环境中工作、学习、休息及娱乐。

全热交换空气净化机可以分为净化、新风、全热三个部分。

国家“空气净化器”相关标准中把空气净化器定义为“从空气中分离和去除一种或多种

污染物的设备，对空气中的污染物有一定去除能力的装置”。主要是指房间内使用的单体式空气净化器以及集中空调通风系统内的模块式空气净化器。

11.1.2 新风系统

新风系统是一种新型室内通风排气设备，属于开放式的循环系统，让人们在室内也可以呼吸到新鲜、干净、高品质的空气。新风机运用新风对流技术，通过自主送风和引风，使室内空气实现对流，从而最大程度地进行室内空气置换，新风机内置多功能净化系统保证进入室内的空气洁净健康。

新风系统在居家、医疗、工业领域均有应用，居家领域以单机类的家用空气净化器为市场的主流产品。最主要的功能是去除空气中的颗粒物，包括过敏源、室内的 PM2.5 等，同时还可以解决由于装修或者其他原因导致的室内、地下空间、车内挥发性有机物空气污染问题。由于相对封闭的空间中空气污染物的释放有持久性和不确定性的特点，因此使用新风系统净化室内空气是国际公认的改善室内空气质量的方法之一。

新风系统主要由马达、风扇、空气过滤网等系统组成，其工作原理为：机器内的马达和风扇使室内空气循环流动，污染的空气通过机内的空气过滤网后将各种污染物清除或吸附，某些型号的空气净化器还会在出风口加装负离子发生器（工作时负离子发生器中的高压产生直流负高压），将空气不断电离，产生大量负离子，被风扇送出，形成负离子气流，达到清洁、净化空气的目的。

新风机主要分为排风式新风机和送风式新风机两种类型，可以在绝大部分室内环境下安装，安装方便，使用舒适。新风机是家居生活的健康伴侣，新风系统的示意图如图 11-3 所示。

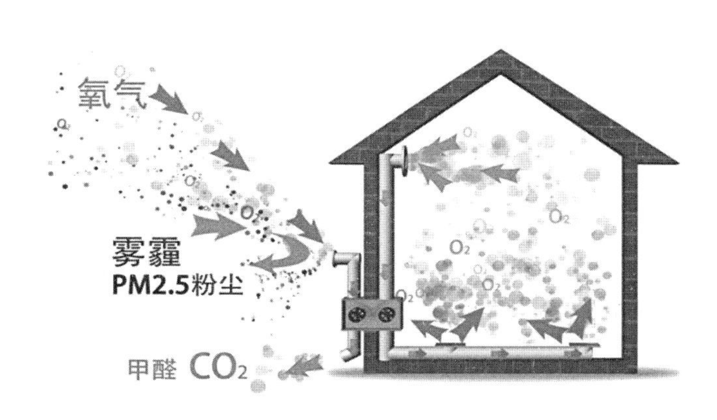

图 11-3　新风系统示意图

据统计，目前新风系统在欧美家庭的普及率已经高达 96.56%，而我国目前只有 1% 的新建住宅配置了新风系统，可见，我国新风系统使用率与欧美国家相比还是存在很大的差距。北欧斯堪的纳维亚地区，中央新风系统（VMC）存在至今已有 50 年历史了。70 年代，西班牙 90% 以上的新建住宅中装有中央新风系统。德国标准化组织（DIN）早在 20 世纪中叶就发表了 DIN1964 第二部分“通风和空调：技术卫生要求”的修订案，在德国住宅通风系统已经与建筑物融为一体，成为不可或缺的重要组成部分。1989 年美国 ASHRAE 制定了《室内空气品质通风规范》，今天的美国，室内安装新风系统成为了一种生活必备品。美国 2005 年的新风系统年销售量已突破 2100 万台。1956 年英国政府首次颁布了《清洁空气法案》，1968 年又颁布了一项清洁空气法案，1974 年出台《空气污染控制法案》，2001 年伦敦市发布了《空气质量战略草案》。英国从 1977～1999 年，新风系统在英国的销售量已经突破 7500 万台，97.81% 的家庭都已经安装上了新风系统，基本上属于每家每户都在享受新风系统了。2000 年，欧盟统一了住宅通风标准，在欧洲，新风系统成了建筑科技发展的必然选择，人们早已离不开新风系统。

新风系统提供的新风量是指室内新鲜空气的总量。新风系统的目的就是供给人们正常的生理需氧量，冲淡室内 CO_2、甲醛等有害气体或气味。《室内空气质量标准》（GB/T 18883—2002）确定新风量不应小于 $30m^3/h$·人，这是根据人体的生理需要量而定的，如要保证 CO_2 的浓度不超过国家标准的 0.1%，则必须保证新风量为 $30m^3/$（h·人）。

新风系统不仅能保持室内空气清新，还可节能降耗，也具有附加调温调湿、消毒等功能，可用于各类室内场所，故虽然新风系统市场仍处于发展阶段，但其也必然和空调一样，慢慢被人们所认识、接受、使用及广泛应用。为了保护人体健康、预防和控制室内空气污染，我国于 2003 年 3 月 1 日发布实施了《室内空气质量标准》（GB/T 18883—2002），这不仅是人们生活水平提高带来的必然需求，也是人类社会向前发展的必然趋势。

由于新风系统市场现仍处于市场发育期，不少相关用户由于资金等问题仍采用单向排风、有组织或无组织送风的方式，或干脆采用自然通风，这在某些条件下是合适的，但如果被处理的房间远离户外大气或无法有效进行室内外空气交换，就应采用全热交换器，因其不仅可解决远距离通风问题，而且可有效组织气流、回收热能，达到节能换气的目的。

单元式空气调节机为一种向封闭空间、房间或区域直接提供处理空气的设备，它主要包括制冷系统以及空气循环和净化装置，还可以包括加热、加湿和通风装置，是除具有空气调节处理功能的家用空调以外的分散式空调。

近年来，雾霾天气为新风行业带来了无限商机。与发达国家相比，新风系统较晚进入中国市场，可以说是一个借“霾”崛起的新兴行业。在这雾霾肆虐的时代，新风系统被称为改善室内空气污染最有效的解决方案之一，其普及率正在逐年攀升。数据显示，新风系统在我国民用市场潜力至少在 1.68 亿台以上，潜在的消费规模高达 17000 亿元。未来，国内新风市场将不断扩大，各项相关标准也正在制定中。近年来新风系统销售额如图 11-4 所示。

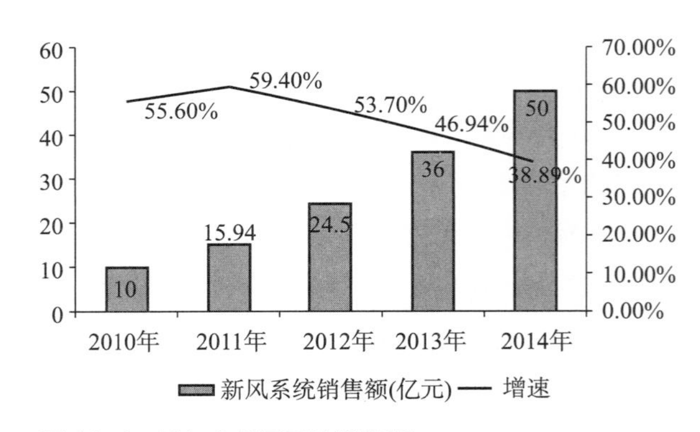

图 11-4　近年来新风系统销售额

11.1.3 智慧家居

新风系统是智慧家居的一部分，智能家居是利用先进的计算机技术、网络通信技术、综合布线技术，依照人体工程学原理，融合个性需求，将与家居生活有关的各个子系统如安防、灯光控制、窗帘控制、煤气阀控制、信息家电、场景联动、地板采暖等有机地结合在一起，通过网络化综合智能控制和管理，实现“以人为本”的全新家居生活体验。用户可以方便地管理家庭设备，比如：通过触摸屏、无线遥控器、电话、互联网或者语音识别控制家用设备，更可以执行场景操作，使多个设备形成联动；另一方面，智能家居内的各种设备相互间可以通信，不需要用户指挥也能根据不同的状态互动运行，从而给用户带来最大程度的高效、便利、舒适与安全。

几年前一些经济比较发达的国家提出了“智能住宅”的概念，住宅智能化是智能家居的先导，智能家居是住宅智能化的核心。那么达到一个什么样的标准才可以称之为智能化家庭呢？智能化家庭与智能大厦概念和定义一样，至今尚没有取得一致的认同。美国电子工业协会于1988年编制了第1个适用于家庭住宅的电气设计标准，即《家庭自动化系统与通讯标准》，也称之为家庭总线系标准（HBS）；我国也从1997年初开始制定《小康住宅电气设计（标准）导则》（讨论稿），在《导则》中规定了小康住宅小区电气设计总体上应满足以下要求：高度的安全性、舒适的生活环境、便利的通信方式、综合的信息服务、家庭智能化系统。同时也对小康住宅与小区建设在安全防范、家庭设备自动化和通信与网络配置等方面提出了三级设计标准，即：第一级为“理想目标”，第二级为“普及目标”，第三级为“最低目标”。

在新加坡有近30个社区（住宅小区）近5000户的家庭采用了“家庭智能化系统”，美国已有近4万户家庭安装了这一类的“家庭智能化系统”。三星公司从2003年春节后，开始在中、韩两国同时推出其智能家居系统，通过机顶盒和网络，将家居自动控制、信息家电、安防设备以及娱乐和信息中心这四部分集成一个全面的、面向宽带互联网的家居控制网络。

智慧社区是指充分借助物联网、传感网等网络通信技术把物业管理、安防、通信等系统集成在一起，并通过通信网络连接物业管理处，为小区住户提供一个安全、舒适、便利的现代生活环境。从而形成基于大规模信息智能处理的一种新的管理形态社区。智慧社区的提出，是从强调以技术为核心到强调以技术为人服务为核心的一种转变。社区是城市的单位，是城市人生活区域，智慧社区建设是智慧城市建设的一个重要组成部分，智慧社区和智慧城市建设在许多领域概念相通。

在智慧城市建设的推动下，智慧社区也呈现如火如荼的发展局面。智慧社区充分借助电子信息技术，涉及智能楼宇、智能家居、安防监控、智能社区医院、社区管理服务、电子商业等诸多领域，在新科技创新和信息产业技术的发展下，充分发挥信息通信（ICT）、产业发达、RFID相关技术领先、电信业务及信息化基础设施优良等优势，通过建设基础设施、认证、安全等平台和示范工程，加快产业关键技术攻关，构建社区发展的智慧环境，形成基于海量信息和智能过滤处理的新的生活、产业发展、社会管理等模式，面向未来构建全新的社区形态。

在中国社会大发展的进程中，城市社区是其重要的组成部分，而在城市社区中满足居民的需求是至关重要的。只有满足了居民各方面的需求才能促进社区的发展进而促进社会的发展。不同的社区不同的居民根据自身情况对于社区的需求又各不相同，在此主要分析居民对于社区的服务需求。社会的发展使居民对于社区需求的要求越来越高，社区需求是因人而异的，居民的年龄、性别、收入、文化程度等因素都会对社区需求产生影响，除此之外还要考虑民族风俗习惯、家庭结构、居住条件等因素，总之，提供社区服务就要了解这些需求、差异，同时还要认识到这些需求不是一成不变的，而是不断变化着的。

构建智慧社区要遵循以下指导思想：采用先进的概念、技术和方法，注意结构、设备、工具的相对成熟，既反映当今的先进水平，又保证在未来若干年内占主导地位，同时坚持面向应用，注重实效，坚持实用、经济的原则，注重选用的技术和设备的协同运行能力，保护系统投资的长期效应以及系统功能不断扩展的需求，保证系统的开放性和标准性。为了适应系统变化的要求，充分考虑以最简便的方法、最低的投资，实现系统的扩展和维护，从而有效保护业主的初期投资，突出方案的经济性。

智慧社区的远景发展趋势主要体现在技术和应用两个方面。其中，技术方面表现为网络泛在化、系统集成化、设备智能化、设计生态化；应用方面主要表现在智慧应用渗透到居民生活的领域广泛、对特殊人群的生活保障服务不断完善。

在国家层面大举推进新型城镇化建设之际，作为拉动内需新引擎的智慧城市建设，近两三年来受到诸多政策支持，智慧城市发展已然上升到国家战略高度，智慧城市建设所覆盖的领域也在逐步完善，城市的公共服务、便民服务、信息消费、产业发展等市场也将逐步启动。在互联网 + 的政策理念推动下，智慧城市的发展趋势主要有以下几点：

（1）信息成为新的日用品和生活必需品，形成信息流。

（2）移动互联网带来人们生活方式的变化，形成消费者的“移动生活形态”，成为生活流。

（3）数字化与智能化媒体消解了媒体间的边界，形成媒体流。

（4）基于大数据的云服务平台，构成社会发展的全新视角，形成数据流。

（5）互联网思维，无限协作与无边界聚合的外驱力发展，形成发展流。

智慧城市，我们还只是在“智慧”的道路上迈出了第一步，关于“智慧城市”的发展，依旧是今后我们国家以及各行业精英研究的重点课题，如何达到未来城市的美好构想，每个人都有着自己不同的答案，的确，城市因为“智慧”而美好，而在不远的将来，高效、节能、环保为主旨的“智慧城市”将彻底地融入我们的生活中。

11.2 智能新风系统设计理念

11.2.1 执行机构设计理念

全热交换净化新风机是一种将室外新鲜气体经过初效过滤、净化、热交换处理后送进室内，同时又将室内受污染的有害气体进行热交换处理后排出室外，而室内的温度基本不受新风影响的一种高效节能、环保型的高科技产品。

全热交换过程是室内排出的污浊空气和室外送入的新鲜空气，既通过传热板交换温度，同时又通过板上的微孔交换湿度，从而达到既通风换气又保持室内温、湿度稳定的效果。当全热交换器在夏季制冷期运行时，新风从排风中获得冷量，使温度降低，同时被排风干燥，使新风湿度降低；在冬季运行时，新风从排风中获得热量，使温度升高，同时被排风加湿，如图 11–5 所示。

全热交换净化机主要由热交换系统、动力系统、净化系统、降噪系统及外壳组成。核心器件是净化器及全热交换芯体。

1. 热交换系统

目前，无论在国内或是国外，在全热交换器上采用的热交换器有静止和旋转两种形式，其中转轮式热交换器也属于旋转式类型。从正常使用和维护角度出发，静止式优于旋转式，但对于大型机来说，一般只能靠转轮式热交换器才能实现，因此可以说静止式和旋转式各有优缺点。

为了易于布置设备内的气流通道，以缩小整机体积，全热交换器采用了叉流、静止板式热交换器。亦即：冷热气体的运动方向相互垂直，其气流属于湍流边界层内的对流换热性质。

因此充分的热交换可以达到较高的节能效果。全热交换主机如图 11–6 所示。

2. 动力系统

全热交换器动力部分采用的是高效率、降噪声风机。将经过过滤、净化和热交换处理后

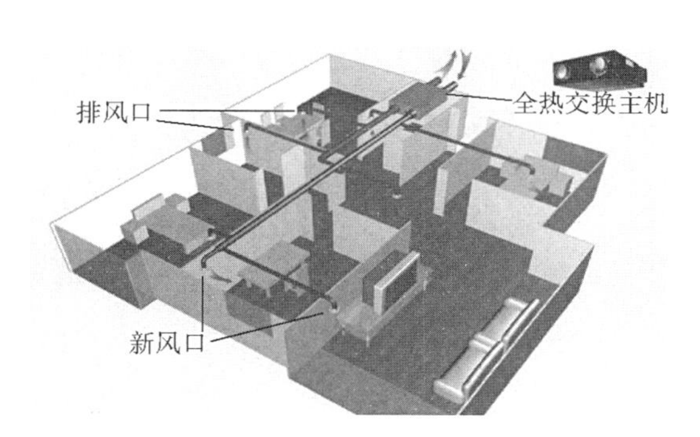

图 11–5 全热交换净化新风系统原理图

图 11–6 全热交换主机

的室外新鲜空气强制性送入室内，同时把经过过滤、净化和热交换处理后的室内有害气体强制性排出室外。

3. 净化系统

净化系统主要是通过以上几种净化技术实现的，目前民用化的使用频率最高的是 HEPA 过滤网和静电集尘技术。两种净化技术各有优缺点，有的净化系统将两种净化技术配合使用，即实现了超级净化，又降低了 HEPA 滤网耗材的更换，受到用户的一致好评。

4. 降噪系统

全热交换器主机外壳内侧粘贴聚乙烯发泡材料，钣金件结合处有长效密封材料，可有效降低整机的噪声。

5. 外壳

全热交换器外壳采用框架结构。分别采用冷板喷塑、不锈钢板等不同材质，亦可根据用户实际需求选择不同材质加工。

11.2.2 净化新风机的研发

通过深入调查和研究，我单位率先提出了户式集中全热交换净化新风系统的理念，并在海梓府小区实施，2013 年 11 月 19 日，由北京市住房和城乡建设委员会主持召开“户式集中全热交换净化新风系统”关键技术专家论证会，经过专家论证，认为此方案设计合理、可行，运行、维护成本低，易于操作，适合在住宅中推广使用。取得了“家用空气净化处理及热能回收装置”的实用新型专利和“家用空气净化处理及热能回收装置和方法”发明专利授权。

11.2.3 人机界面设计理念

触控屏集成国际通用标准 ModBus RS-485 通信协议，可以与集成有该通信接口的空气净化器、新风机系统、空调等设备进行联机，实现智能联动、实时监测、自动控制功能。可安装在房屋墙壁的 86 盒位置。

在人机界面设计中，采用简洁清新的颜色布局，力求给用户以最舒适的交互体验，整个交互界面清晰明了，可以实时将最主要的环境信息直观地展示在触控屏上，这其中包括 CO_2 的浓度、PM2.5 的指数等。

在操作面板设计上，可以选择新风、净化等模式，设置温度，风速按钮可以调节风速的高低，另外，该系统也支持设置日期时间、密码等基础功能，如图 11-7 所示。

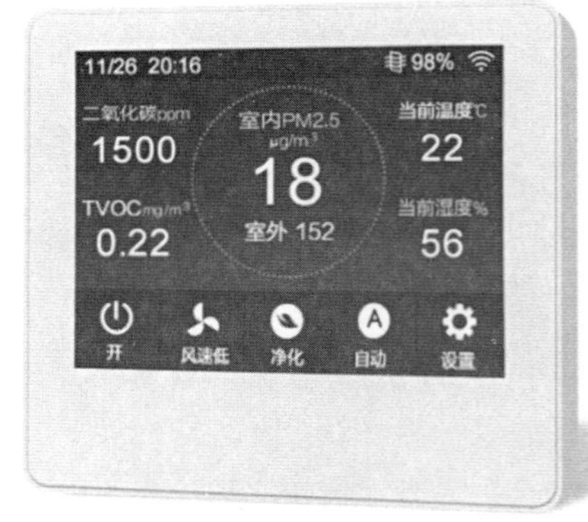

图 11-7 触控屏

手机 APP 的界面设计如图 11-8 所示，整体设计使用暗色系的科技感配色，简洁明了，将最主要的 PM2.5，温度、湿度、CO_2、TVOC 等主要信息最直观地展现给用户。在 APP 的中间部分显示了滤网清洁或更换的剩余天数和当前的定位信息。APP 的下方可以通过按钮设置 WIFI 的连接、风速的设置、查看历史记录等功能，整体设计信息突出，功能控制操作便捷。

另外，整个新风系统也支持大屏显示，可应用于别墅、酒店、影院、学校、医院、写字楼等高级环境，主要显示空气质量监测仪采集所在空间的空气中 PM2.5、TVOC、CO_2、温湿度等，如图 11-9 所示。

图 11-8　手机 APP 界面

图 11-9　大屏显示

11.2.4　后台服务管理系统设计理念

云端服务器是自有服务器，对所有检测仪及新风净化大数据记录分析，为客户开发 API 数据接口，客户很方便地追访维护已售出的新风机设备。PC 端后台可登录厂商独立账号，集中管理厂商所有在线设备。可以对一组设备进行分组建群管理，统一开、关设备，查看数据报警设备，查看实时检测数据、历史数据以及统一开启和关闭新风净化系统，历史数据可以导出 Excel 表格。

在整个后台管理系统的设计中，充分考虑到针对不同接口标准的匹配情况，使得管理系统可以适配不同的接口标准。

11.2.5 控制策略

新风系统的控制策略分为以下三种：手动、自动、定时。

手动：用户可以根据自己的需要，选择手动设置 CO_2 和 PM2.5 的控制策略，比如在雾霾较严重的天气下，可以选择设置优先控制 PM2.5，使得净化设备的风速提高，加快净化过程。

自动：根据 CO_2 浓度值设置是否通新风，一种方式是根据默认值（出厂设定值）选择新风 / 净化，即当 CO_2 值大于 560PPM 小于 1500PPM 时新风打开并低速运行，当 CO_2 值小于 560PPM 时新风关闭，当 CO_2 值大于 1500PPM 小于 2000×10^{-6} 时新风转速为中速，当 CO_2 值大于 2000PPM 时新风机以最高速运行。第二种方式是：用户可以自行设置各挡位 CO_2 浓度值，并保存，系统将按照用户设定值实现自动控制。

关于 CO_2 与 PM2.5 的优先控制问题，风速的控制可以先采用以最高风速需求为最终控制方式简单实现，而在 CO_2 浓度值达到停止阈值范围的要求时，关闭新风阀，开启内循环。其他项目进行算法研究时，再充分考虑经济节能等复杂优化算法需求功能。

净化设备根据 PM2.5 值设置，默认设置当 PM2.5 值（默认值需要在开发时重新确定）大于 335μg/m³ 时高档风速，当 PM2.5 值大于 135μg/m³ 小于 335μg/m³ 时中档风速，当 PM2.5 值大于 35μg/m³ 小于 135μg/m³ 时低挡风速，当 PM2.5 值小于 35μg/m³ 时风机停。此设置值可根据客户实际需要任意设置，点击保存后，在自动模式时净化设备就以此设置值自动运行，点击取消，即不保存设置值。

定时：定时功能为用户提供了更加智能的选择方案，在夜晚通过定时功能可以更加节约电量，白天也可以决定开启和关闭整个控制系统的时间。

11.3 智能新风系统控制核心技术

11.3.1 净化技术

净化技术从物理结构上分为：被动式的空气净化和主动式的空气净化。被动式的空气净化，是用风机将空气吸入机器，通过内置的滤网过滤空气，主要能够起到过滤粉尘、去除异味和消毒等作用。这种滤网式空气净化器多采用 HEPA 滤网 + 活性炭滤网 + 光触媒（冷触媒、多元光触媒）+ 紫外线杀菌消毒 + 静电吸附滤网等方法来处理空气。其中 HEPA 滤网有过滤粉尘颗粒物的作用，活性炭滤网等主要具有吸附异味的作用，因此，可以看出，市面上带有风机、滤网、光触媒、紫外线、静电等各种不同标签、看似十分混乱的空气净化器所采用的工作原理基本是相同的，都是被动吸附过滤式的空气净化。

主动式的空气净化原理与被动式空气净化原理的根本区别就在于，主动式的空气净化器摆脱了风机与滤网的限制，不是被动的等待室内空气被吸入净化器内进行过滤净化，之后再通过风机排出，而是有效、主动的向空气中释放净化灭菌因子，通过空气弥漫性的特点，到达室内的各个角落对空气进行无死角净化。在技术上比较成熟的主动净化技术主要是利用负氧离子作为净化因子处理空气和利用臭氧作为净化因子处理空气两种。这两种就是典型的基于主动净化原理而进行工作的空气净化器。

1. 紫外线净化技术

紫外线杀菌作用原理与其核酸、蛋白质及酶的作用有关，通过紫外线对微生物的照射，以改变及破坏微生物的组织结构（DNA- 核酸），破坏细胞或病毒的核酸结构和功能。导致核酸结构突变，生物体丧失复制、繁殖能力，功能遭受破坏，从而达到消毒、杀菌的目的。紫外线净化杀菌在许多空气净化器中都普遍使用，同时还被用来做实验室和手术室的杀菌。

2. 光触媒净化技术

光触媒 [Photo=Light]+ 触媒（催化剂）[catalyst] 的合成词，目前所使用的光触媒技术主要来源于日本。主要有两种类型：（1）在物体表面涂抹二氧化钛液体；（2）将二氧化钛用胶粘剂粘在活性炭表面，或沉积在金属材料表面，如镍网或不锈钢网。

但这两种方法因为存在四个严重的问题而难以推广：（1）空气净化效果比较差；（2）纳米二氧化钛脱落到空气中对人不安全（强氧化性）；（3）氧化能力太弱；（4）二氧化钛被空气中的灰尘和有机物覆盖以后很容易失效。因此，美国、德国和英国的科学家认为目前光触媒技术在 15 年内很难达到实际应用的水平。

3. 介质过滤净化技术（HEPA）

HEPA 过滤材料的组成是由非常小的玻璃纤维交织而成的类似滤纸的空气过滤材料，通常有多层皱折，以扩大其表面积和增加对空气中颗粒物的捕捉效率。HEPA 过滤材料可有效清除 0.3μm 以上颗粒物，其捕捉人体可吸入浮游污染物的效率最高可达 99.97%，是世界上公认的较好的空气净化过滤材料。不足：阻力大、滤网需要定期更换，否则，可能滋生更多的细菌。

4. 静电集尘技术

静电集尘是利用高压静电吸附的原理去除空气中的微粒污染物，如灰尘、煤烟、花粉、香烟味和厨房油烟等；同时还可有效吸附空气中的气态污染物及滤除空气中的致病微小生物。静电净化是在高压电场强度作用下，在电晕极小范围内气体电离，产生大量自由电子及正离子，当空气通过电场时，离子及电子会附着在粉尘上，在电场力作用下，荷电粉尘向其极性相反方向运动，最终附着在集尘板上，达到净化目的。

5. 活性炭吸附净化

使用吸附原理净化空气是一项历史悠久的技术。吸附是由于吸附剂和吸附质分子间的作用力引起的，这些作用力分为两大类——物理作用力和化学作用力，它们分别引起物理吸附和化学吸附。活性碳是最常用的吸附剂，因为其表面积非常大，它对许多有害气体都是很有效的，但非常容易饱和，一旦饱和，净化材料本身又变成污染源。

6. 负离子净化技术

负离子具有极强的吸附和氧化作用，因此它能高效快速的杀灭空气中的细菌、病毒等各种微生物，可快速消除空气中有机异味、臭味、化学挥发物、尘埃、烟雾等。负氧离子有“空气维生素”的美称，空气中负氧离子浓度增加，可以使人感觉神清气爽，呼吸顺畅，头脑清醒，目前在许多空气净化器中均配有负离子发生器，但其弊端是在产生负氧离子的同时也会产生部分负氮离子，而负氮离子对人体是有伤害的，所以在使用时需谨慎。

以上几种空气过滤净化技术在市场上均有相应产品，但出现的形式大多是独立产品即用于一定空间内的空气净化，能在一定时间内将封闭空间的空气进行过滤净化。目前用于新风系统的过滤净化基本上属介质过滤类型，如 HEPA 滤网过滤、静电集尘，配合粗中效过滤、活性碳吸附等净化技术。

11.3.2 热交换技术

热交换技术分为全热交换和显热交换，全热交换主要是空气既通过传热板交换温度，同时又通过板上的微孔交换湿度，从而达到既通风换气又保持室内温、湿度稳定的效果。显热交换是空气通过传热板只交换温度，不交换湿度，主要用在湿度变化较小的情况，如图 11–10 所示。

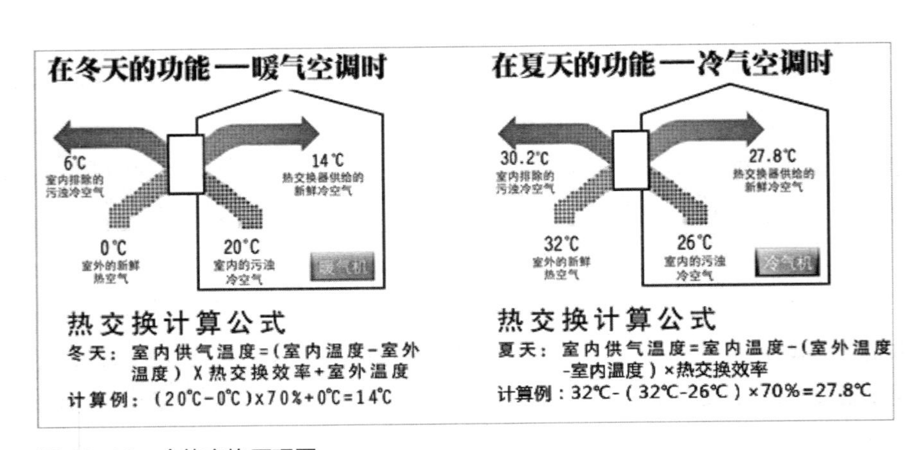

图 11–10　全热交换原理图

11.3.3 智能新风控制系统控制技术

智能新风控制系统是为新风设备打造的一站式解决方案，包括空气质量监测仪、智能主控板、液晶触控屏三部分，集微信一键互联、远程便捷操控、全自动智能运行于一体，如图11–11 所示。

由图 11–12 可以看出：智能新风控制系统由三部分组成，即执行机构、人机界面、后台服务管理系统。

执行机构包括：空气质量检测仪、智能主控板、新风机（三挡）、净化器、风阀五部分。

人机界面包括：液晶触控屏、手机 APP、PAD 远程、智能环境监控系统四部分。

后台服务管理系统包括：互联网云服务、服务器后台管理、智能环境监控系统三部分。下面对系统各环节进行介绍：

（1）空气质量检测仪：智能采集所在空间的空气中 PM2.5、TVOC、CO_2、温湿度等空气质量参数，通过 RS–485 传入智能主控板，并通过智能主控板向云端上传采集数据，手机微信可查看。

（2）智能主控板：接收空气质量检测仪采集的空气质量参数，并根据人机界面操作，对新风机、净化器、风阀合理控制，最大限度地满足客户不同情况的个体需求。

（3）新风机目前市场应用有三种：一种是交流 220V 强控三挡风机；另一种是直流强控三挡风机；第三种是医院、学校对风压要求高的场所用变频器控制电机。

（4）净化器：有效、主动地向空气中释放净化灭菌因子，通过空气弥漫性的特点，到达室内的各个角落对空气进行无死角净化。

（5）风阀：风阀是工业厂房民用建筑的通风、空气调节及空气净化工程中不可缺少的中央空调末端配件，一般用在空调，通风系统管道中，用来调节支管的风量，也可用于新风与回风的混合调节。

（6）液晶触控屏：液晶触控屏是一款配合新风净化器使用的真彩色可触摸控制的液晶屏，可以从工业空气质量监测仪读取空气质量检测数据显示在屏上，同时屏上有对新风机的

图 11–11　智能新风控制系统效果图

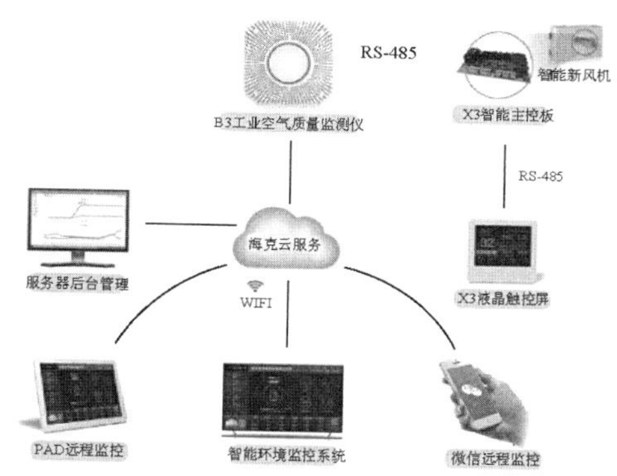

图 11–12　智能新风控制系统

触摸控制按键。

（7）手机微信端：微信界面控制部分显示：开关、风速、模式、滤网剩余等，工业空气质量监测仪微信界面显示空气品质 PM2.5、TVOC、CO_2、温湿度等。同时微信公众号可以接收新风机厂商的推送信息，同时新风机厂商和新风机使用客户可通过手机微信端进行互动。

（8）PAD 远程：可应用于别墅、酒店、影院、学校、医院、写字楼等高级环境，主要显示工业空气质量监测仪采集所在空间的空气中 PM2.5、TVOC、CO_2、温湿度等。

（9）后台服务管理系统：PC 端后台可登录厂商独立账号，集中管理厂商所有在线设备。可以对一组设备进行分组建群管理，统一开、关设备，查看数据报警设备，查看实时检测数据、历史数据，以及统一开启和关闭每个教室的新风净化系统。历史数据可以导出 Excel 表格。

（10）互联网云服务：云端服务器是我司自己的服务器，对所有检测仪及新风净化大数据记录分析，为客户开发 API 数据接口，客户很方便地追访维护已卖出的新风机设备。

（11）智能环境监控系统：监控系统可以实时监控室内环境的相关指标，对污染情况可以有一个全局的把控。

11.3.4 基于 BIM 平台维护管理

建筑信息模型（Building Information Model，BIM）技术通过 3D 数字化技术为运维管理提供虚拟模型，直观形象地展示各个机电设备系统的空间布局和逻辑关系，并将其相关的所有工程信息电子化和集成化，对运维管理起到非常重要的作用。其中，BIM 是以三维数字技术为基础，集成了建筑工程项目各种相关信息的工程数据模型，是对工程项目设施实体与功能特性的数字化表达。近十年来的研究和应用表明，BIM 对于支持传统建筑业的技术改造、升级和创新，具有巨大的应用潜质和经济效益。

维护维修管理为机电设备管理人员提供了日常的管理功能，这些功能包括：在系统中为构件添加相应的维护计划，系统会按照该计划定期地提醒物业人员对构件进行日常的维护工作，并在维护工作后，辅助录入维护日志；当需要进行维修时，物业管理人员根据报修的项目进行维修，并可查询备品库中该构件的备品数量，提醒采购人员制定采购计划。维修完成后，辅助录入维修日志。并且记录此次使用备品的数量，备品库中对应的备品减少。

事实上整个设计、施工、运营的过程就是一个不断优化的过程，当然优化和 BIM 也不存在实质性的必然联系，但在 BIM 的基础上可以做更好的优化、更好地做优化。优化受三方面的制约：信息、复杂程度和时间。没有准确的信息做不出合理的优化结果，BIM 模型提供了建筑物的实际存在的信息，包括几何信息、物理信息、规则信息，还提供了建筑物变化以后的实际存在。复杂程度高到一定程度，参与人员本身的能力无法掌握所有的信息，必须借助一定的科学技术和设备的帮助。现代建筑物的复杂程度大多超过参与人员本身的能力极限，BIM 及与其配套的各种优化工具提供了对复杂项目进行优化的可能。基于 BIM 的优化可以做以下几方面的工作：

（1）项目方案优化：把项目设计和投资回报分析结合起来，设计变化对投资回报的影响可以实时计算出来；这样业主对设计方案的选择就不会主要停留在对形状的评价上，而更多的可以使得业主知道哪种项目设计方案更有利于自身的需求。

（2）特殊项目的设计优化：例如裙楼、幕墙、屋顶、大空间到处可以看到异型设计，这些内容看起来占整个建筑的比例不大，但是占投资和工作量的比例和前者相比却往往要大得多，而且通常也是施工难度比较大和施工问题比较多的地方，对这些内容的设计施工方案进行优化，可以带来显著的工期和造价改进。

11.3.5　空气质量检测传感器及接口技术

对室内环境的检测主要用到的传感器包括 PM2.5 传感器、CO_2 传感器、TVOC 传感器、温度传感器、湿度传感器等。通过无线模块实时地发送检测到的数值，用户可以随时查看室内环境数值，当数值超标时还会向用户发送报警信息，用户查看到相应的数值以便进行对应的处理。

对于室内空气检测系统来说，必须拥有全面、可靠的环境信息采集分析能力，为了实现环境信息检测的精确性、全面性并且方便使用，智能家居的环境检测系统应具有以下各种特点：

（1）多对象检测：环境监测系统需要检测多种环境信息，如温度、湿度、有害气体浓度等，这样才能为用户提供全面的环境信息参考。

（2）多点检测：需要对同一环境参数在不同地点和不同时间分别进行测量，这是因为各种环境信息在不同时间和空间的分布不具有均匀性，由此实现监测的全面性和高精度性，甚至有时需要对同一环境参数在多点进行测量。

（3）系统灵活：当有新的环境参数需要被测量时，要求系统的可扩展性灵活，方便增加节点，以降低成本。

《民用建筑工程室内环境污染控制规范》（GB 50325—2010）是为了预防和控制民用建筑工程中建筑材料和装修材料产生的室内环境污染，保障公众健康，维护公共利益，做到技术先进、经济合理。该规范适用于新建、扩建和改建的民用建筑工程室内环境污染控制。该规范控制的室内环境污染物有氡（Rn–222）、甲醛、氨、苯和总挥发性有机化合物 TVOC。

另一项国家颁布的标准《住宅设计规范》（GB 50096—2011）规定：住宅室内空气污染物的活度和浓度应符合以下规定：氡≤$200Bq/m^3$，游离甲醛≤$0.08mg/m^3$，苯≤$0.09mg/m^3$，氨≤$0.2mg/m^3$，TVOC≤$0.5mg/m^3$。近些年，该标准还添加了 PM2.5、CO_2、温度、湿度等重要参数指标。

空气质量检测仪由电源模块、MPU、PM2.5 传感器模块、CO_2 传感器模块、TVOC 传感器模块、温湿度传感器模块、485 模块、WIFI 模块、继电器输出模块组成。传感器实时采集当前环境某种特定的空气质量，通过各种传感器的接口电路与 MPU 通信；MPU 通过 485 模块和 WIFI 模块接收用户操作并把空气质量实时数据传给用户；MPU 根据用户操作控制 5 个输出继电器。接口电路如图 11–13 所示。

主程序流程图如图 11–14 所示。

PM2.5 检测程序流程图如图 11–15 所示。

其他程序流程相近，在此不再赘述。

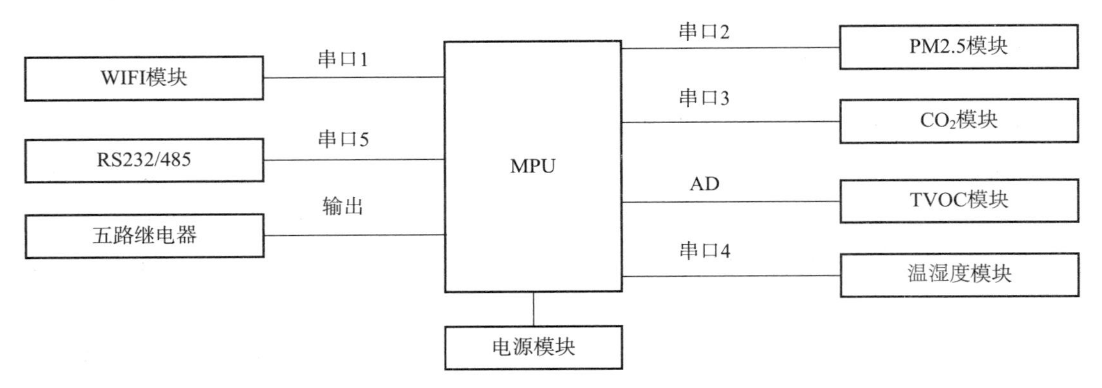

图 11–13　空气质量检测仪接口电路示意图

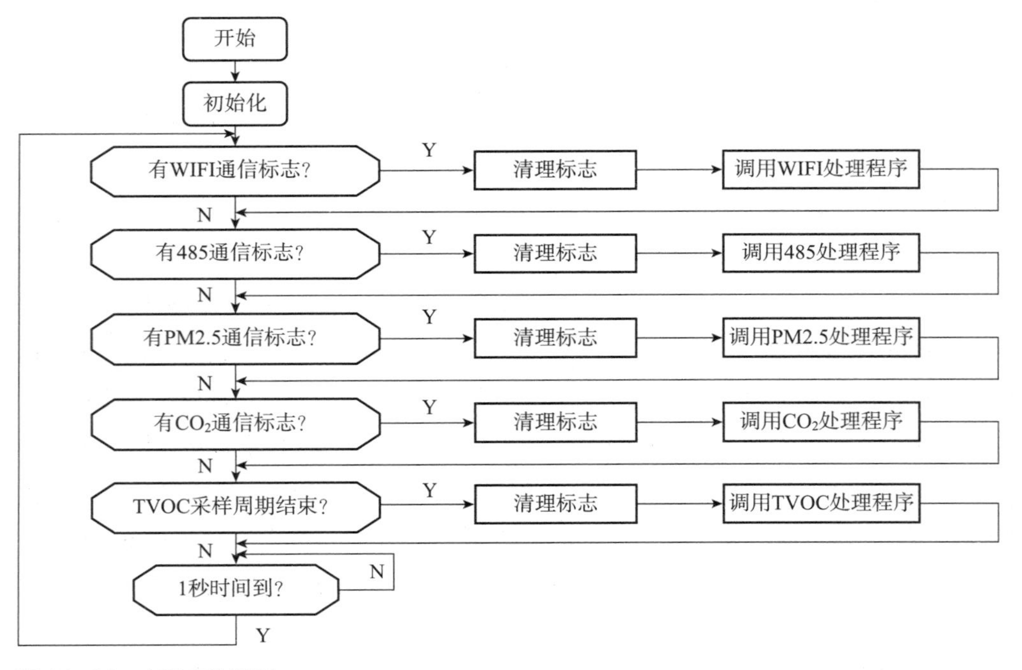

图 11–14　主程序流程图

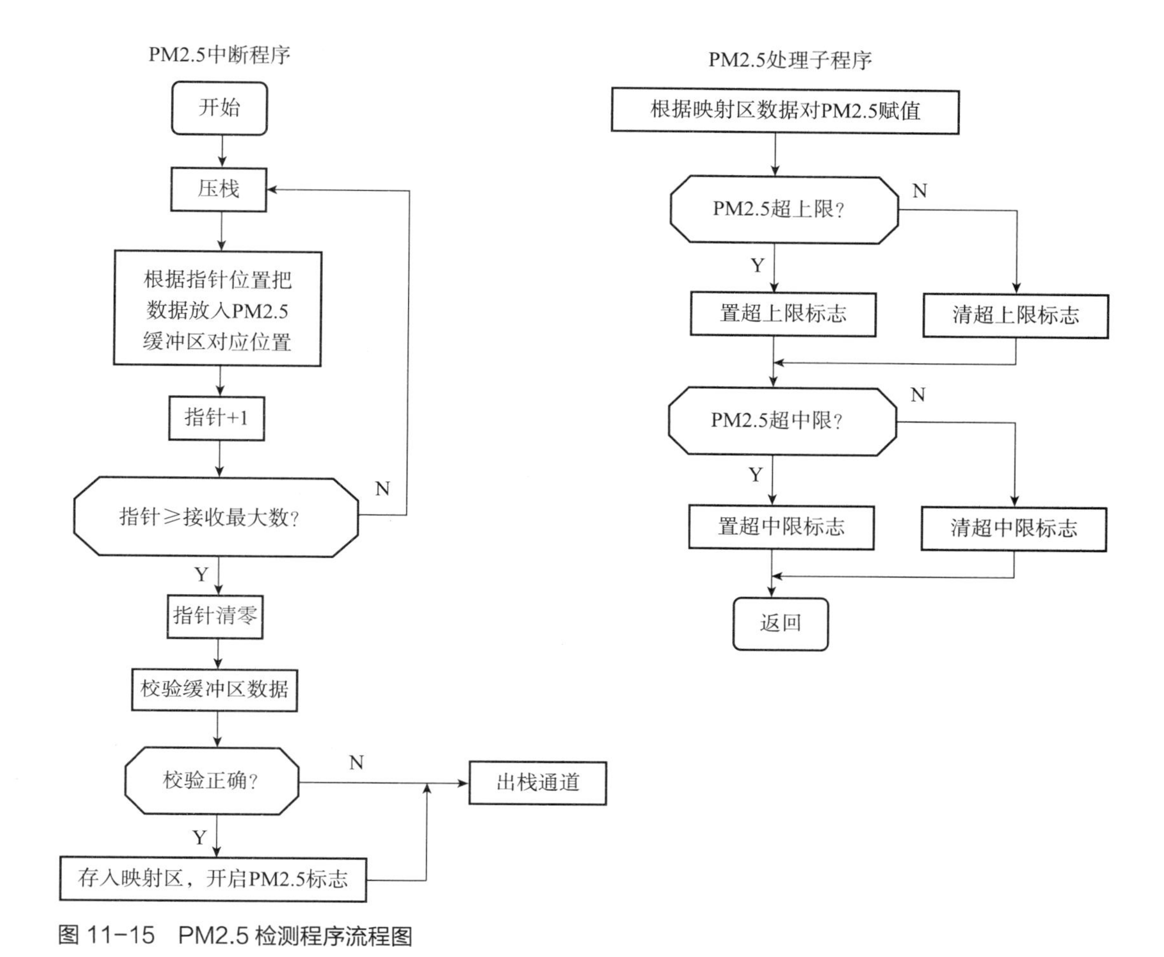

图 11-15　PM2.5 检测程序流程图

11.4　智能新风系统设计依据

11.4.1　设计依据和要求

户式新风系统采用热回收式新风系统，应经技术经济分析后采用。新风系统的气流组织应能保证室外新风先进入卧室、起居室等人员的主要活动区，并将室内污浊空气排至室外。送风方式可采用上送风、侧送风和下送风等方式。对于无法安装吊顶式新风系统的居住建筑，宜安装壁挂式、立柜式或墙式新风系统，并应保证气流组织合理和避免噪声。

1. 新风量要求

居住建筑新风系统的最小新风量宜按最小换气次数法确定。换气次数应符合表 11-1 的规定。

居住建筑新风系统最小换气次数　　表 11-1

人均居住面积 F_p	每小时换气次数
$F_p \leqslant 10m^2$	0.70
$10m^2 < F_p \leqslant 20m^2$	0.60
$20m^2 < F_p \leqslant 50m^2$	0.50
$F_p > 50m^2$	0.45

居住建筑新风系统的设计新风量应能满足《室内空气质量标准》(GB/T 18883—2002)规定的 CO_2 浓度限值要求。

居住建筑新风系统的新风量设计时，除满足最小新风量要求外，还应校核最小新风量是否满足《室内空气质量标准》规定的 CO_2 浓度限值要求。《室内空气质量标准》中规定室内 CO_2 的标准值为：0.10%（日平均值）。按照标准要求，计算人员不同活动状态下，最小新风量的室内 CO_2 浓度见表 11-2（建筑室内净高按 2.8m 计）。

不同人员活动状态下最小新风量的室内 CO_2 浓度　　表 11-2

人均居住面积 F_p	每小时换气次数	人均新风量（m^3/h）		人员不同活动状态下的 CO_2 浓度（%）				
				睡觉	极轻	轻	中等	重
$F_p \leqslant 10m^2$	0.70		19.6	0.1135	0.1283	0.1573	0.2492	0.4216
$10m^2 < F_p \leqslant 20m^2$	0.60	16.8	33.6	0.0829～0.1257	0.0915～0.1430	0.1085～0.1769	0.1620～0.2840	0.2626～0.4852
$20m^2 < F_p \leqslant 50m^2$	0.50	28	70	0.0606～0.0914	0.0647～0.1018	0.0729～0.1221	0.0986～0.1846	0.1469～0.3071
$F_p > 50m^2$	0.45		63	0.0629	0.0675	0.0765	0.1051	0.1587

2. 去除室内污染物要求

采用稀释通风把室内的污染物浓度稀释到标准值以下，是控制室内空气质量的最有效方法之一。如果居住建筑安装新风系统是为了去除室内的污染物，应根据污染物的种类、污染物的散发量以及污染物标准计算所需要的新风量。根据风量平衡原理和污染物质量平衡原理，室内污染物浓度稳定在标准值及以下时，所需要的新风量计算见公式（11-1）：

$$Q = \frac{x}{y_2 - y_0} \tag{11-1}$$

式中　Q——新风量（m^3/h）；

x——室内污染物散发量（mg/h）；

y_2——室内污染物标准值，根据《室内空气质量标准》(GB/T 18883—2002)确定（mg/m^3）；

y_0——室外污染物浓度（mg/m^3）。

新风机应根据设计风量和风压进行选型，并应符合下列规定：

（1）新风机的风量应在设计新风量基础上附加风管和设备的漏风量，附加率为5%～10%。

（2）新风机送风口与管道相连接，通过送风管道经送风口将新风送入室内时，新风机的风压应在系统计算的压力损失上附加10%～15%；新风机送风口直接将新风送入室内时，可不考虑风压。

（3）新风系统在运行过程中，会由于设备和风管漏风等原因导致系统的末端送风量小于新风机的送风量，因此，进行新风机选型时，新风机的风量应在设计新风量的基础上附加5%～10%，即新风机风量为1.05～1.10× 设计新风量。

（4）对于新风机送风口与管道相连接，通过送风管道经送风口将新风送入室内时，新风机需要克服管道的阻力将新风送入室内，因此，在新风机选型时应在系统计算的压力损失上附加10%～15%。如果新风机送风口直接送新风送风室内，新风机不需要克服阻力，新风机选型时可不考虑风压。

（5）选择具有净化功能的新风机，对PM2.5净化效率应大于80%，净化能效应达到表11-3中的合格级。

带净化功能的新风机对PM2.5的净化效能分级　　表11-3

净化效能等级	净化能效 [m^3/（W·h）]	
	单向流	双向流
高效级	$\eta \geq 5.00$	$\eta \geq 3.00$
合格级	$2.00 \leq \eta < 5.00$	$1.25 \leq \eta < 3.00$

（6）选择具有净化功能的新风机，对PM2.5净化效率及净化能效的要求，根据我国环境PM2.5的浓度水平，将空气质量分为6个等级，见表11-4。

空气质量等级划分　　表11-4

序号	等级划分	PM2.5浓度水平（μg/m^3）	备注
1	优	0～35	
2	良	35～75	
3	轻度污染	75～115	
4	中度污染	115～150	
5	重度污染	150～250	
6	严重污染	>250	其中，>500为爆表

图11-16～图11-18为北京市2014～2016年北京市PM2.5日平均值的变化曲线。根

据统计，北京市 2014～2016 年每年严重污染（PM2.5 浓度＞250μg/m³）天数的比例分别为 4.1%、4.1% 和 2.7%；重度污染（PM2.5 浓度＞150μg/m³）天数的比例分别为 12.6%、12.3% 和 10.7%。

如果不考虑室内 PM2.5 的产生量，则室内稳定 PM2.5 浓度应为送风空气中 PM2.5 浓度 y_0。假设室外 PM2.5 浓度为 Y，新风系统的净化效率为 η，则 $y_0=Y\cdot\eta$。由此计算得出室外不同污染状态下，室内 PM2.5 浓度满足要求的最小净化效率见表 11–5。

不考虑室内 PM2.5 的产生量时的新风系统最小净化效率　　表 11–5

序号	室外 PM2.5 浓度（μg/m³）	室内 PM2.5 浓度（μg/m³）	新风系统净化效率 η
1	115	75	34.8%
2	150		50.0%
3	250		70.0%
4	350		78.6%

如果考虑室内 PM2.5 的产生量，则需要明确室内 PM2.5 的产生量。目前没有确定的室内 PM2.5 产生量。根据相关文献，对于没有明显室内污染源的住宅，75% 的 PM2.5 来自室外；对于有明显室内污染源（吸烟、烹饪）的住宅，室内 PM2.5 中仍然有 55%～60% 来自室外。根据中国人的饮食习惯，每天的烹饪时间取为 4h。由此加权计算得出，住宅建筑室内 PM2.5 日均浓度有 27.9% 来自于室内各类因素的产生。由此计算得出室外不同污染状态下，室内 PM2.5 浓度满足要求的净化效率见表 11–6。

考虑室内 PM2.5 的产生量时的新风系统净化效率　　表 11–6

序号	室外 PM2.5 浓度（μg/m³）	室内 PM2.5 浓度（μg/m³）	新风系统净化效率 η
1	115	75	53.0%
2	150		64.0%
3	250		78.4%
4	350		84.6%

考虑安全系数，在室外达到严重污染 250μg/m³，新风净化系统的效率达到 80% 可使室内 PM2.5 浓度控制在 75μg/m³ 以下。结合 2014～2016 年北京市室外 PM2.5 浓度状况（图 11–16～图 11–18），新风净化机的效率 80%，室内 PM2.5 浓度控制在 75μg/m³，不保证率在 5% 以下。因此，本条规定具有净化功能的新风机，对 PM2.5 净化效率应大于 80%。

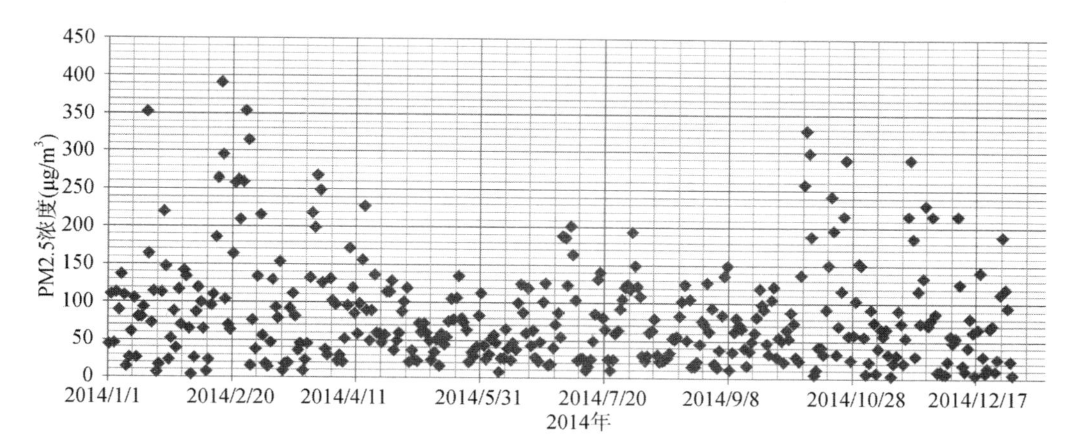

图 11-16　2014 年北京市的 PM2.5 浓度

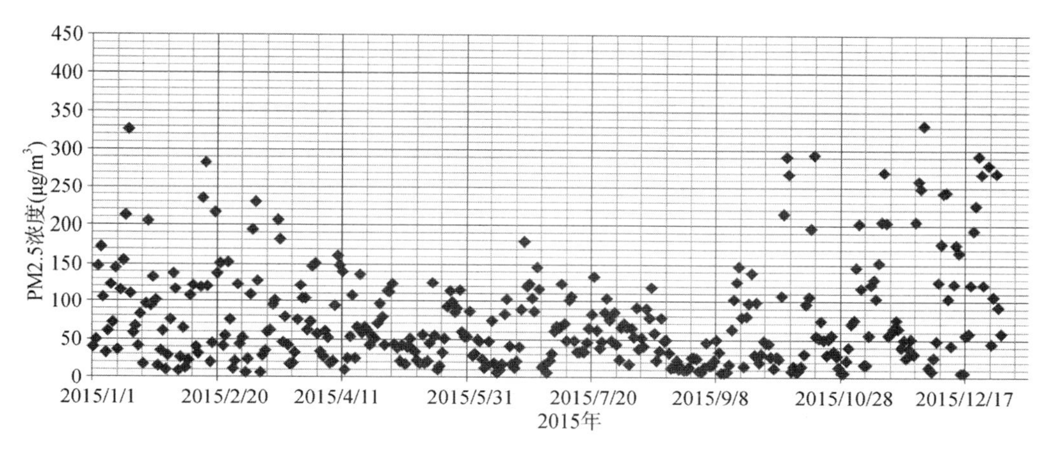

图 11-17　2015 年北京市的 PM2.5 浓度

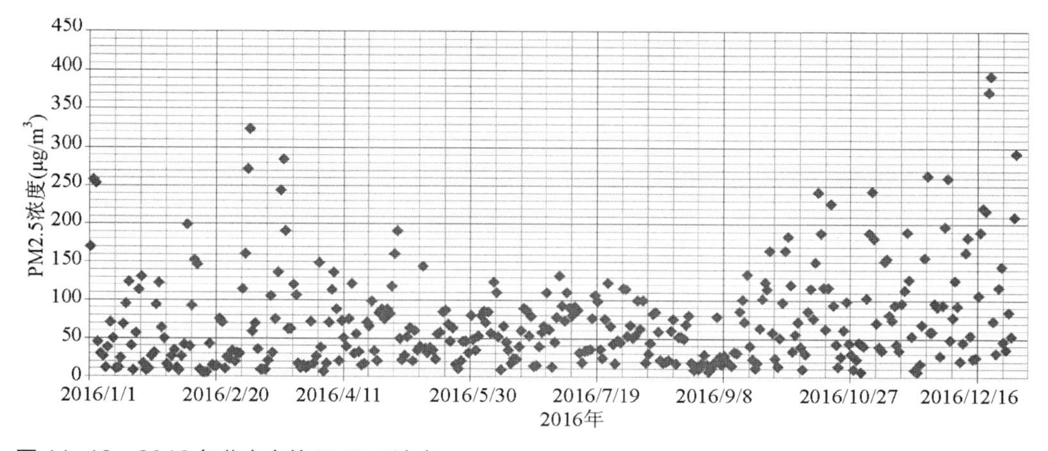

图 11-18　2016 年北京市的 PM2.5 浓度

3. 风量、风压、输入功率及噪声要求

风量：实测风量不应小于额定风量的95%；风压：实测风压不应小于额定风压的93%。

输入功率：输入功率不应超过表11-7规定数值的110%。

通风器的输入功率规定　　表11-7

额定风量（m^3/h）	输入功率（W）	
	普通型	节能型
≤50	20	13
51～100	45	23
101～200	90	45
201～400	180	90
401～600	240	150
601～800	300	180
801～1000	350	230

注：1．表中的风量是标准工况下，通风器出口静压为25Pa时的风量。
2．分档位通风器，取最高档进行测试。
3．带空气—空气能量回收的动力型通风器的输入功率按照《空气—空气能量回收装置》（GB/T 21087—2007）的相应规定执行。

新风净化机的噪声不超过表11-8的规定。

新风净化机的噪声规定　　表11-8

洁净空气量（m^3/h）	噪声［dB（A）］	
	普通型	静音型
Q≤200	≤45	≤42
200<Q≤400	≤50	≤47
400<Q≤800	≤55	≤52
800<Q≤1200	≤60	≤57
1200<Q≤1600	≤63	≤60
Q>1600	≤68	≤65

4. 风口选型及布置

室外进风口、排风口的选型及布置应符合下列规定：

（1）进风口的空气流速宜为3.5～4.5m/s。

（2）进风口和排风口宜选用防雨、隔声型风口，并设置防止蚊虫的过滤措施。

（3）进风口应远离建筑污染物排放口和热源设备，水平或垂直距离应不小于1.5m，且垂直布置时，进风口应位于污染物排放口和热源设备的下方。

（4）进风口和排风口的布置应避免室外进风和排风的短路。进风口和排风口布置在同一高度时，宜在不同方向设置，在相同方向设置时的水平距离不应小于 1.0m；新风口和排风口垂直布置时，新风口宜设置在排风口的下方，垂直距离不宜小于 1.0m。

为避免室外噪声和气流噪声影响室内环境，进风口和排风口宜选择隔声型风口。此外为了避免蚊虫及其他小动物通过风管进入室内，室外的进风口和排风口应设置有效的过滤网等措施。

为避免燃气热水器排出的烟气和厨房排放油烟经进风口进入室内带来的污染和安全隐患，以及卫生间排出污染空气进入室内带来的污染，并防止室外热源散热通过送风影响室内环境，规定进风口应远离污染物排放口和热源设备，且水平或垂直距离应不小于 1.5m。同时为防止排风对新风的污染并影响进风口的气流，进风口和排风口的布置应遵循避免短路的原则。

室外新风口的气流流动近似于流体力学中所述的汇流，根据汇流的特点，随着离开汇点距离的增大，流速呈二次方衰减。因此，室外新风口速度的影响范围是以风口中心为中心，半径为风口直径的半球面。新风口的影响范围较小。

对于室外排风口，排风口的气流流动类似于自由射流，冬夏季时，由于排风口温度与室外温度不同，形成热射流和冷射流。冷射流时，射流发生变形向下弯曲。根据模拟计算分析，进风口和排风口垂直布置时，排风口至少高于进风口 1.0m 以上，排风口的气流才不会影响进风口气流。如果进风口、排风口在同一高度，为了避免相互影响，进风口和排风口宜在不同方向设置，如果在同一方向设置时，水平距离不小于 1.0m。

室内送、排风口的选型及布置应符合下列要求：

（1）送风口应带有调节风量功能，宜设导流装置。

（2）送风口的出口风速宜为 2～3m/s。

（3）排风口不应设在送风射流区内和人员经常停留的地方，不宜设在餐桌区域。排风口的吸风速度应符合《民用建筑供暖通风与空气调节设计规范》（GB 50736—2012）的相关规定。

（4）送、排风口的布置应遵循合理气流组织的原则，避免送风和排风的短路，宜远送近回。

5. 风管性能要求

风管宜采用圆形、扁形或长、短边之比不大于 4 的矩形风管。风管的规格、性能与厚度等应按现行国家标准《通风与空调工程施工质量验收规范》（GB 50243—2016）的有关规定执行。

风管的耐压强度和漏风量应符合下列规定：

（1）风管的强度应能满足在 1.5 倍工作压力下接缝处无开裂。

（2）矩形风管的允许漏风量应符合

$$Q \leqslant 0.1056P^{0.65}$$

式中　Q——风管在其工作压力下，单位面积风管单位时间内的允许漏风量［$m^3/(h \cdot m^2)$］；

P——风管系统的工作压力（Pa）。

（3）圆形金属风管、复合材料风管以及采用非法兰形式的非金属风管的允许漏风量，应为矩形风管规定值的 50%。

11.4.2 施工与安装

1. 新风机安装

新风机的搬运和吊装应符合产品说明书的有关规定，并应做好设备的保护工作。

保证施工安全，新风机的搬运和吊装应严格按照产品说明书的规定。如果说明书不详细可参照有关安装图集。为防止因搬运或吊装而造成设备损伤而影响设备的完好及正常运行，在搬运和吊装时应做好保护工作。

吊装新风机和落地新风机安装时应预留检修空间，吊装时应根据机组的尺寸预留不小于 400mm × 400mm 的检修口；落地式安装时，距离操作面应留至少 600mm 的检修空间。

新风机安装应固定平稳，并有防松动措施，吊装时应有减振措施。新风机安装不平稳、松动会造成运行时产生振动和噪声增加。吊装时需要采取适当的减振措施，以避免新风机运行时产生振动。

壁挂式新风机室内安装时应保证挂板与墙面固定牢固，新风机与挂板的悬挂正确。

新风机的电源应独立供给，接线应正确、坚固，并有良好接地。电源线应绝缘良好，不得裸露在外面，新风机应有独立的控制装置。

2. 风管及部件的制作和安装

采用现场制作风管及部件，应按照现行国家标准《通风与空调工程施工规范》（GB 50738—2011）的相关规定进行制作。

采用成品风管及部件，安装前应已进行进场检验合格，满足安装要求。很多居住建筑新风系统，安装时采用的是成品风管，相关部件也是成品，均不需要现场制作。此时应保证采用的成品风管及部件在安装前已经进行了进场检验合格，并满足安装要求。

风管穿出屋面和外墙时应在管口设防雨防虫装置，风管穿过外墙时，水平段设置 0.01～0.02 的坡度，坡向室外；风管穿屋面时，风管与屋面的交接处应有防渗水措施。

可伸缩性金属或非金属软风管的长度不宜超过 2m，并不应有死弯或塌凹。

风管与新风机连接宜在设备就位后安装，应采用软管连接，软接的长度宜为 150～300mm。

风管各管段的连接，应采用可拆卸的形式，风管和部件可拆卸的接口，不得装设在墙和楼板内。

风管安装时，不应悬空排管，风管支、吊架的制作和安装应符合现行国家标准《通风与空调工程施工规范》（GB 50738—2011）的规定。

金属风管（含保温）水平安装时，支、吊架的最大间距应符合表 11-9 的规定。

金属风管（含保温）水平安装时，支、吊架的最大间距（mm）　　表 11–9

<table>
<tr><th rowspan="2">风管边长 b 或直径 D</th><th rowspan="2">矩形风管</th><th colspan="2">圆形风管</th></tr>
<tr><th>纵向咬口风管</th><th>螺旋咬口风管</th></tr>
<tr><td>≤400</td><td>4000</td><td>4000</td><td>5000</td></tr>
<tr><td>>400</td><td>3000</td><td>3000</td><td>3750</td></tr>
</table>

非金属与复合风管水平安装时，支、吊架的最大间距应符合表 11–10 的规定。

水平安装非金属与复合风管支、吊架的最大间距（mm）　　表 11–10

<table>
<tr><th colspan="2" rowspan="3">风管类别</th><th colspan="7">风管边长 b</th></tr>
<tr><th>≤400</th><th>≤450</th><th>≤800</th><th>≤1000</th><th>≤1500</th><th>≤1600</th><th>≤2000</th></tr>
<tr><th colspan="7">支、吊架最大间距</th></tr>
<tr><td rowspan="2">非金属风管</td><td>无机玻璃风管</td><td>4000</td><td colspan="3">3000</td><td>2500</td><td colspan="2">2000</td></tr>
<tr><td>硬质聚氯乙烯风管</td><td>4000</td><td colspan="6">3000</td></tr>
<tr><td rowspan="4">复合风管</td><td>聚氨酯铝箔复合风管</td><td>4000</td><td colspan="6">3000</td></tr>
<tr><td>酚醛铝箔复合风管</td><td colspan="4">2000</td><td colspan="2">1500</td><td>1000</td></tr>
<tr><td>玻璃纤维复合风管</td><td colspan="2">2400</td><td colspan="2">2200</td><td colspan="3">1800</td></tr>
<tr><td>玻镁复合风管</td><td>4000</td><td colspan="3">3000</td><td>2500</td><td colspan="2">2000</td></tr>
</table>

风管系统安装后应进行严密性检验，检验方法应符合现行国家标准《通风与空调工程施工质量验收规范》（GB 50243—2016）的规定，并应在合格后交付下道工序。

风口与风管的连接宜采用法兰连接，也可采用槽形或工形插接连接，连接应严密、牢固。

风口不应直接安装在主风管上，风口与主风管间应通过短管连接。

室内安装的同类型风口应规整，与装饰面应贴合严密。

阀门安装的位置、高度、进出口方向应符合设计要求，便于操作，手动或电动操作装置启闭应灵活、可靠。

3. 过滤设备安装

独立的新风过滤设备单元应安装在新风机室外侧新风管道上，安装应平整、牢固，方向正确，与管道的连接应严密。

新风机内的过滤设备应安装牢固、方向正确；过滤设备与新风机壳体间应严密无穿透缝。

4. 监测与控制系统施工

温湿度、CO_2、PM2.5 等传感器宜安装在距地面 1.2～1.5m 的墙壁上，且应避免家具、门窗和阳光照射的影响。

传感器的安装应在室内装修完成之后，安装应牢固、美观，不应破坏室内装饰布局的完整性。

监测与控制系统的导线穿管敷设应符合下列规定：

（1）导管直径要与所穿导线的截面、根数相适应，管内导线不应有接头。

（2）明配管应横平竖直、整齐美观；暗配管宜沿最近的路线敷设，宜减少弯曲；埋地管路不宜穿过设备基础。

11.4.3 系统调试与验收

居住建筑新风系统安装完毕投入使用前，应进行系统调试，新风系统的调试和试运转应在新风机试运转合格后进行。新风系统正常试运转不应少于 2h。

系统调试所使用的测试仪器和仪表，性能应稳定可靠，其精度等级及最小分度值应能满足测定的要求，并应符合国家有关计量法规及检定规程的规定。

居住建筑新风系统运行前应在室外新风入口和室内排风口处设置临时用过滤器对系统进行保护。

1. 调试与试运行

居住建筑新风工程的系统调试，应由施工单位负责、监理单位监督，设计单位与建设单位参与和配合。系统调试的实施可以是施工企业本身或委托给具有调试能力的其他单位。

系统调试前，负责单位应编制调试方案，报送专业监理工程师审核批准；调试结束后，应提供完整的调试资料和报告。

设备试运转和调试应符合下列规定：

（1）新风机中的风机，叶轮旋转方向正确、运转平稳、无异常振动与声响，其电机运行功率应符合设备技术文件的规定，正常运转不应少于 8h。

（2）风量调节阀手动、电动操作应灵活、可靠。

（3）控制系统的检测元件和执行机构应能正常动作。

系统联合试运转及调试应符合下列规定：

（1）系统总风量调式结果与设计风量偏差应在 ±10% 范围之内。

（2）系统运转中，设备及主要部件的联动必须符合设计要求，动作协调、正确，无异常现象。

（3）系统经调试，各风口的风量与设计风量允许偏差应在 ±15% 范围之内。

室内噪声应符合设计规定要求，见表 11-11。

室内噪声的测试按照《民用建筑隔声设计规范》（GB 50118—2010）附录 A“室内噪声级测量方法”进行。

卧室、起居室（厅）内的允许噪声级（dB）　　表 11-11

房间名称	允许噪声级	
	昼间	夜间
卧室	≤45（一般住宅）	≤37（一般住宅）
	≤40（高要求住宅）	≤30（高要求住宅）
起居室（厅）	≤45（一般住宅）	
	≤40（高要求住宅）	

2. 竣工验收

居住建筑新风系统工程的竣工验收，应由建设单位负责，组织施工、设计、监理等单位共同进行，验收结果应以符合设计、技术要求为合格，合格后应办理竣工验收手续。

居住建筑新风系统工程竣工验收时，应检查竣工验收的资料，一般包括下列文件及记录：

（1）图纸会审记录、设计变更通知书和竣工图；

（2）主要材料、设备、成品、半成品和仪表的出厂合格证明及进场检（试）验报告；

（3）隐蔽工程检查验收记录；

（4）工程设备、风管系统、管道系统安装及检验记录；

（5）设备单机试运转记录；

（6）系统联合试运转与调试记录；

（7）分部（子分部）工程质量验收记录；

（8）观感质量综合检查记录；

（9）通风效果检验报告。

通风效果检验应在系统调试完成后进行，通风效果检验项目及限值要求符合表 11-12 的规定时应判定为合格，验收应在检验合格后进行。

通风效果检验项目及限值要求　　表 11-12

序号	检验项目	限值要求	测试条件
1	CO_2 浓度	≤0.1%	（1）测试前门窗关闭 12h 以上，新风系统运行 24h 以上； （2）已入住的居住建筑，在人员正常使用时测试；没有入住的居住建筑，模拟人员的实际活动状态； （3）室内 PM2.5 的测试应选择室外 PM2.5 浓度大于 115μg/m^3 的天气进行； （4）测试时间应至少 45min，采集频率宜为 1min，取测试时间段的算术平均值作为测试结果； （5）如果测试结果不符合限值要求，应重新进行测试，测试时间应至少 18h
2	PM2.5 浓度	≤75μg/m^3	

通风效果的检验应采用抽样检验，抽样检验的户数不应低于总住户的2%，且不应低于3户。

3. 运行维护

居住建筑新风系统应明确运行维护单位。投入使用前，负责运行维护的单位应制定相关的运行与维护制度或手册，并对使用人员进行运行培训。

新风系统的新风机、送排风口、风管系统及部件等应做日常和定期的维护保养，并满足下列要求：

（1）每年对新风机进行一次清洁、维护保养。

（2）对于设置有静压差超限报警的过滤设备，应根据报警提示对过滤器进行清洗或更换；对于没有设置报警的过滤设备，宜根据当地的大气状况和运行时间定期进行维护保养，时间不宜超过1年。

（3）热回收新风系统的热交换芯，每2年进行清洁和维护保养。

（4）每3～6个月对风口进行清洗，保证风口上无积灰、过滤网中无粉尘污渍。

（5）每3～6个月对过滤网或者静电除尘芯体进行更换或者清洗。

（6）根据传感器要求对监测传感器定期进行复核或标定，每半年检查新风监控系统并进行保养。

11.4.4 工程规范标准要求

1. 主编北京市地方标准《居住建筑新风系统技术规程》

为了规范居住建筑新风系统的设计标准、技术要求、施工验收和运行管理等，保证工程质量，改善和提高室内空气质量，有必要制定企业或地区工程规范。

而关于居住建筑新风系统技术可依据的现行标准只有国家标准《民用建筑供暖通风与空气调节设计规范》GB 50736—2012中的3.0.6条、6.3.4条对最小新风量做了很少的规定和北京市地方标准《北京市居住建筑节能设计标准》DB 11/891—2012中的4.5.2条中对排风热回收装置做了很少的规定。导致居住建筑新风系统在施工及验收中没有直接可参考的标准，使得施工质量良莠不齐，验收没有标准可依据，新风系统的效果无法完全实现，严重影响了新风系统的应用和技术发展。

为此，北京城建集团与中国建筑科学研究院于2016年6月共同申报编制北京市地方标准《居住建筑新风系统技术规程》，2016年8月12日北京市质量技术监督局关于印发2016年北京市地方标准制修订增补项目计划的通知京质监发〔2016〕53号批准该标准立项。2016年12月7日标准编制组召开了第一次会议成立编制组，讨论编制大纲、编制进度计划和编制工作分工；2017年2月17日召开了第二次会议讨论了标准初稿，2017年6月30日正式在北京市质量技术监督局网站开始广泛征求意见，目前该标准已完成送审稿准备召开专家预审会，计划于2017年底之前完成该标准的送审报批工作。

2. 主编专项图集《单元式净化新风系统技术图集》

随着建筑新风系统的不断发展，各种新技术、新产品不断涌现，为更好的规范“户式集中全热交换净化新风系统”的设计与安装，2017 年 3 月北京市城乡规划标准化办公室组织编制专项图集《户式集中全热交换净化新风系统》，计划于 2017 年 10 月底完成最终的排版、校对与印刷工作。

11.5 工程案例分析

11.5.1 背景介绍

1. 项目介绍

海梓府项目位于大兴亦庄经济开发区博兴西路与泰河二街交叉口东，住宅建筑面积约 160173m^2，其中：花园洋房，精装修，户数 1694 户，户型面积 77～120m^2，层高 2.9m。叠拼 9 栋楼，共计 80 户。

2. 参与单位介绍

北京城建投资发展股份有限公司是以房地产为主业的大型专业品牌地产商，也是海梓府项目的开发商，从 2012 年开始在居住建筑新风系统技术方面开展研究与应用，2014 年在亦庄海梓府项目中应用了 1800 套户用新风系统，经实际检测室内空气净化率高于 75%，换气次数高于 1 次 /h，热交换效率高于 70%，积累了大量研究与应用数据。

中国建筑科学研究院为本项目做了夏季、冬季工况测试，是我国工程建设领域最权威的研究机构，在室内环境和建筑节能领域承担了国家十五、十一五、十二五科技支撑计划，储备了一批关键技术和大量基础数据。在拥有的国家实验室和国家级空调设备检验中心就新风系统的各项指标做了大量测试，积累了丰富的测试数据。

3. 选用户式集中全热交换净化新风系统的功能要求

针对亦庄地区空气环境不佳的具体情况，北京城建兴华地产有限公司和北京市天银地热开发有限责任公司经共同研究，决定采用户式集中全热交换净化新风系统解决室内空气质量问题。该系统应满足以下条件：充裕的新风量；新风应经过净化，保障室内空气质量达标；节能低碳环保；系统运行时，噪声应符合国家标准；系统控制方式简单、便利；系统便于维护，运行成本低。

4. 整体方案的设计依据

（1）《民用建筑供暖通风与空气调节设计规范》（GB 50736—2012）；

（2）《通风与空调工程施工规范》（GB 50738—2011）；

（3）《室内空气质量标准》（GB/T 18883—2002）；

（4）《建筑设计防火规范》（GB 50016—2014）。

5. 空气净化技术的选用

空气过滤净化技术的运用在我国早期主要用于洁净厂房、电子厂房、重要的公共建筑等空气质量要求较高的领域。技术应用主要为两方面：粉尘颗粒的过滤及有害气体的净化。

基于技术调研论证，结合我国空气质量，特别是北京地区 PM2.5 居高不下的特点，我们提出一种户式集中全热交换净化新风系统，针对室外空气质量状况增加空气净化处理的新型新风系统。

结合目前各种技术应用的领域及优势，空气净化处理选择采用静电集尘吸附技术。目前，静电吸附主要用于大型公共建筑的空气处理或小型的家用空气净化处理器（封闭空间），市场上没有针对家用（户式）新风系统的小型机组。通过与声誉较好的净化设备生产厂家（霍尼韦尔）沟通，厂家根据本系统提出的技术指标，研发了可用于本系统的家用管道式电子空气净化机组。

电子空气净化机组由金属过滤网、高压电离器、集尘室、颗粒活性碳过滤网组成。大部分“重”的颗粒物在通过电子空气净化机的金属过滤网时被过滤，更小的颗粒物随气流进入电离区（PWM 电流型高频变换技术，输出稳定的直流高压，形成强电场）时，被高电压电离赋予正电荷。当带正电荷的粒子通过带有负电荷的集尘板时被吸附在集尘板上，强电场可击穿附着在颗粒物表面的细菌、病毒和微生物的细胞壁，并将其杀死。空气中残留的气体污染物（如：甲醛、硫化氢、氨气、一氧化碳、二氧化碳、二氧化氮、二氧化硫、硫化氢等残余有害气体）到达颗粒活性碳混合过滤网时被吸附，被净化的空气进入室内。

11.5.2 样板间设计及运行效果测试

1. 系统设计标准

（1）充足的新风量

本系统设计换气次数高于 1 次 /h，ASHRAE62-1989 美国采暖、制冷与空调工程师学会规定最低新风量为 0.35 次 /h，同时不少于每人 25CMH，我国《室内空气质量标准》（GB/T 18883—2002）规定，新风量不少于 30m^3/（h·人）。

（2）较高的 PM2.5 去除率

室外严重污染及以下（不高于 250μg/m^3），室内 PM2.5 浓度达到良（低于 75μg/m^3）。

（3）全热交换效率高于国家规范

《空气—空气能量回收装置》（GB/T 21087—2007），全热回收装置焓交换效率要求，夏季全热交换效率＞50%，冬季全热交换效率＞55%。

（4）系统运行噪声符合国家规范

《民用建筑隔声设计规范》（GB 50118—2010）里对住宅的隔声作出如下要求：

普通住宅：卧室：昼间≤45dB（A）；夜间≤37dB（A）。

起居室≤45dB（A）。

高等级住宅：卧室：昼间≤40dB（A）；夜间≤30dB（A）。

起居室≤40dB（A）。

（5）CO_2 浓度符合国家规范

《室内空气质量标准》（GB/T 18883—2002）规定，CO_2 浓度日均值低于 0.1%，即 1000×10^{-6}。

（6）室内臭氧浓度优于国家规范

《室内空气质量标准》（GB/T 18883—2002）规定，臭氧浓度 1h 均值低于 $0.16mg/m^3$。

以上标准包含了室内空气质量各项指标的限值，其中 PM2.5 浓度限值的室内标准还没有出台，现以室外标准替代。我单位研发的户式集中全热交换净化新风系统，在高效节能的情况下可有效地解决室内空气质量中新风量和可吸入颗粒物 PM2.5 的问题，增加室内新风量的同时去除空气中的可吸入颗粒物 PM2.5，同时保证 CO_2 浓度达标，臭氧浓度达标。

该净化新风系统设计方案的依据是世界卫生组织定义的“健康住宅”标准，第三条：安装换气性能良好的换气设备，能将室内污染物质排至室外，特别是对高气密性、高隔热性来说，必须采用具有风管的中央换气系统，进行定时换气。欧美发达国家在 20 世纪 80 年代已经执行此标准，我国还未执行。

为了保障户内空气质量和使用要求，该系统的气流组织如图 11-19 所示，送风口设置在各室内恰当位置，在厅内统一设置回风口，卧室及书房至起居厅，有气流顺畅保证措施。

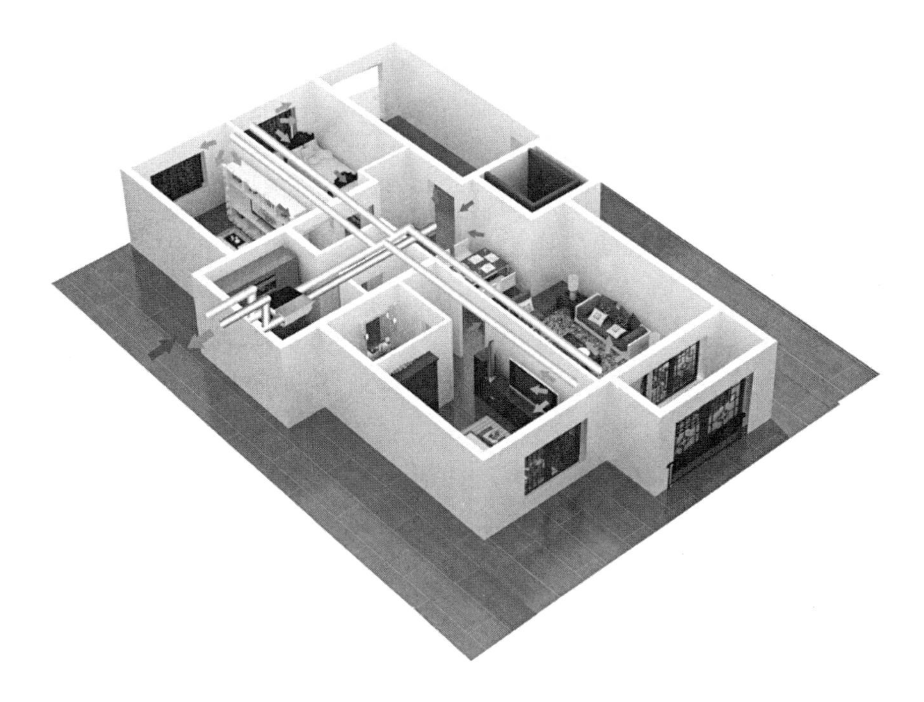

图 11-19　户内气流组织图

海梓府项目样板间在建筑材料、外保温材料、层高、面积、布局、装修装饰材料等均与实体楼一致，打造了实体楼的真实环境。

海梓府项目的样板间，层高 2.9m，分 A、B 两个户型，A 户型建筑面积 97.63m^2，设计新风量 207m^3/h，中档换气次数 1.1 次 /h，B 户型建筑面积 77.83m^2，设计新风量 165m^3/h，中档换气次数 1.3 次 /h。如图 11–20 所示，左侧为三居 A 户型，右侧为两居 B 户型，由北京工业大学建工学院对两个户型进行连续监测，由国家空调设备质量监督检验中心对本系统 B 户型进行冬夏季工况检测。

2. 选用设备及控制模式

户式集中全热交换净化新风系统采用全热交换新风机与电子空气净化机组合系统，设置四种空气净化控制模式：

（1）全新风模式：关闭混风阀，室外空气经空气净化机处理后进入室内，室内空气直接排到室外。适用于春夏秋三季。

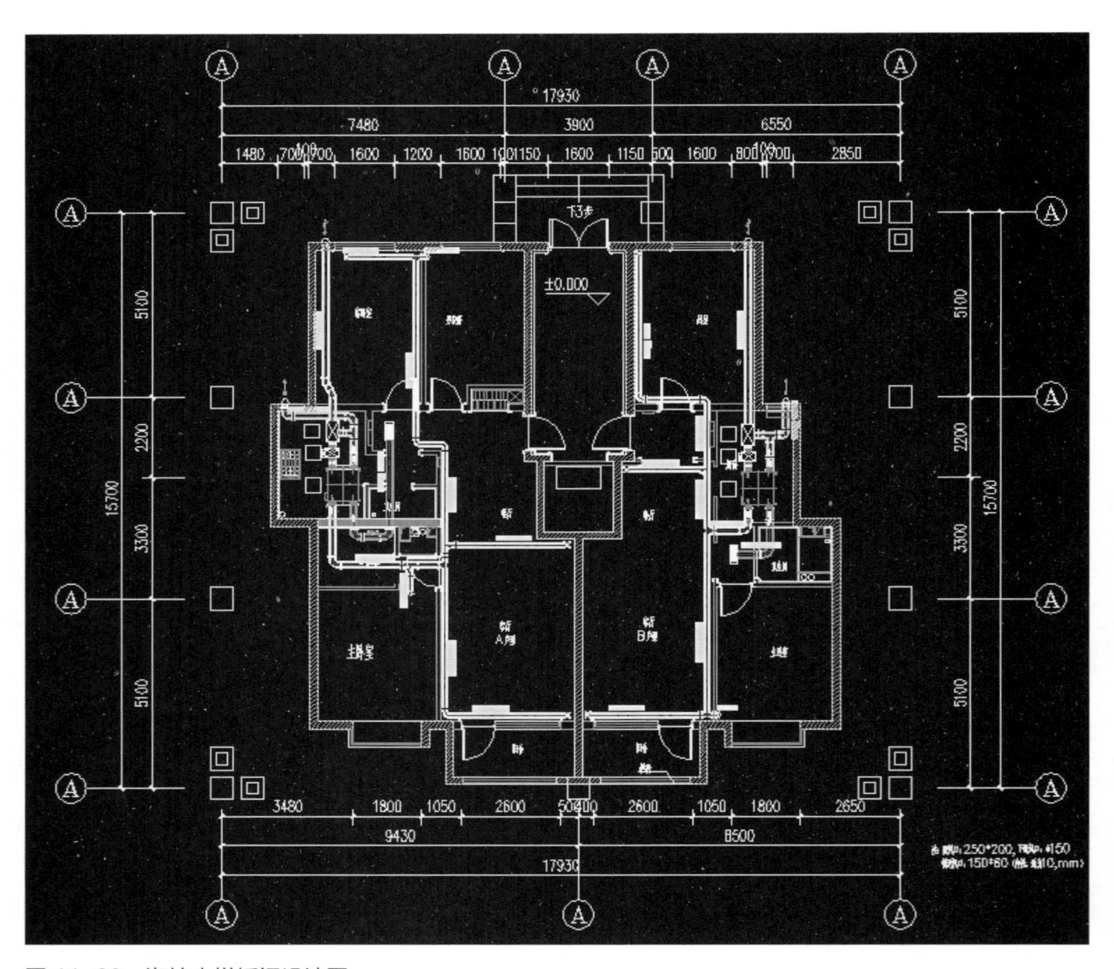

图 11–20　海梓府样板间设计图

（2）混风模式：安装在排风管道和混风箱中间的混风阀开启，流经空气净化器的空气部分来自室外新风，部分来自室内回风，在保证室内空气品质的基础上，更加体现节能的理念，适用于室外空气严重污染情况及严冬季节。

（3）CO_2 浓度控制启动模式：在系统控制器上设置 CO_2 浓度感应器，设置在回风口附近的 CO_2 浓度传感器自动检测室内 CO_2 浓度，并将检测值用信号线反馈到系统控制器。可设置为两种启动模式：1）模拟量信号输出。即，CO_2 浓度低于 350×10^{-6}，设备停止运行，CO_2 浓度在 350×10^{-6}～800×10^{-6} 之间，设备低档启动；CO_2 浓度在 800×10^{-6}～1000×10^{-6} 之间，设备为中档启动，CO_2 浓度大于 1000×10^{-6}，设备高档启动。2）开关量信号输出。即，CO_2 浓度在 1000×10^{-6} 以下，设备停止运行，CO_2 浓度在 1000×10^{-6} 以上，设备高档启动。根据用户需求设置启动模式。

（4）定时自动启动模式：本系统每天有 8 个时间段的开关机任意设置，设定自动启动模式后，默认按照最后一次关机的模式启动设备。

3. 相关指标检测结果及分析

由北京工业大学建工学院对海梓府样板间两个户型进行连续监测，由国家空调设备质量监督检验中心对本系统 B 户型的冬夏季工况进行检测，北京工业大学建工学院对样板间的连续性监测结果如下：

（1）送风量测试

经检测，系统各档风量满足设计要求，低档、中档实测风量与设计风量比较为正差，三档风量实测值与设计值比较，负差为 3.4%，符合设计要求（表 11-13）。

送风量测试表（m^3/h） 表 11-13

档次	主卧	客卧	客厅	餐厅	总风量	设计值
低档	55	30	30	65	180	120
中档	78	45	51	85	259	250
高档	106	50	72	110	338	350

（2）PM2.5 去除率

2014 年 1 月 2 日～2014 年 9 月 15 日期间，对本系统连续监测，结果显示设备 PM2.5 去除率随着使用时间的增长，去除效率逐渐下降，其中 1 月 20 日、2 月 26 日、6 月 18 日三次对电子空气净化机进行清洗，清洗后设备去除 PM2.5 效率明显提高。系统 PM2.5 去除率受环境影响很大，开门、开窗、人员活动等均会影响系统去除效率，如图 11-21、图 11-22 所示。

连续设备去除率均值为 85.0%，系统效率均值为 71.1%。即，当室外空气质量为重度污染及以下，室内空气可达到优良状态。

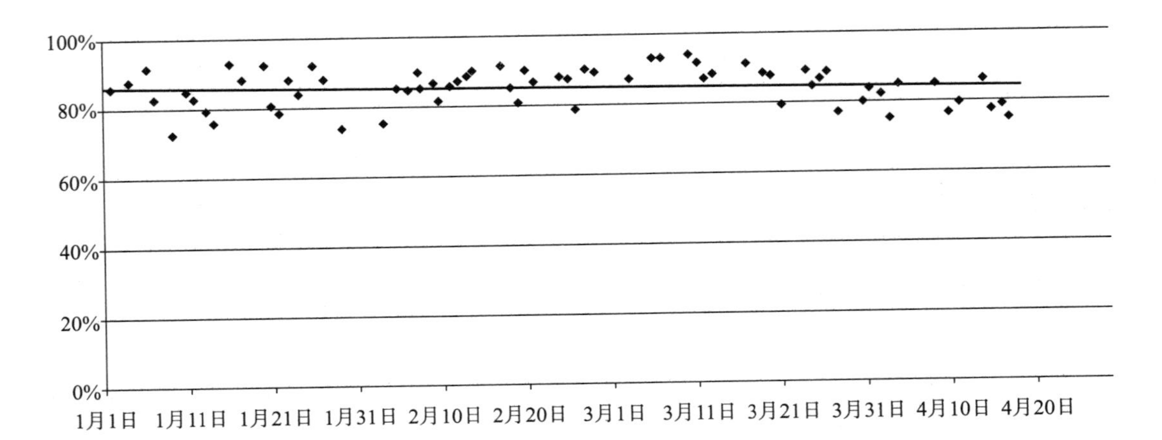

图 11-21　1~4 月设备 PM2.5 去除率曲线图

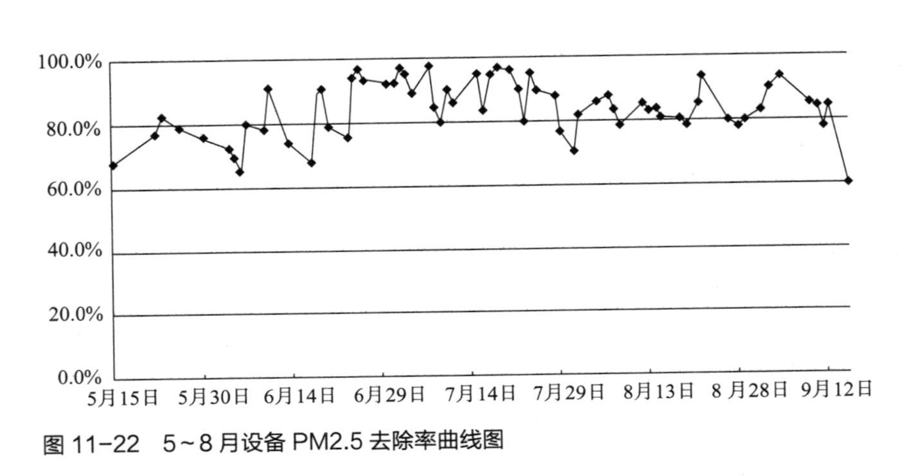

图 11-22　5~8 月设备 PM2.5 去除率曲线图

国家空调设备质量监督检验中心对本系统进行了两次检测，结果见表 11-14。

PM2.5 测试结果　　表 11-14

测试时间	2014 年 3 月 25 日		
测试状态	实测值（μg/m³）		
	新风 PM2.5	送风 PM2.5	室内 PM2.5
高档	192	18	49
中档	233	27	58
测试时间	2014 年 7 月 28 日		
测试状态	实测值（μg/m³）		
	新风 PM2.5	送风 PM2.5	室内 PM2.5
高档	160	9	21
中档	96	6	13

（3）热交换效率

室内外温差越大，全热交换效率越高，因此冬季热交换效率更高，冬季全热交换效率均值高于 75%，如图 11–23 所示，夏季全热交换效率受湿度影响较大，表 11–15 为换热效率较高的记录。连续的监测结果显示，温度交换效率均值为 75.6%，全热交换效率均值为 77.8%。

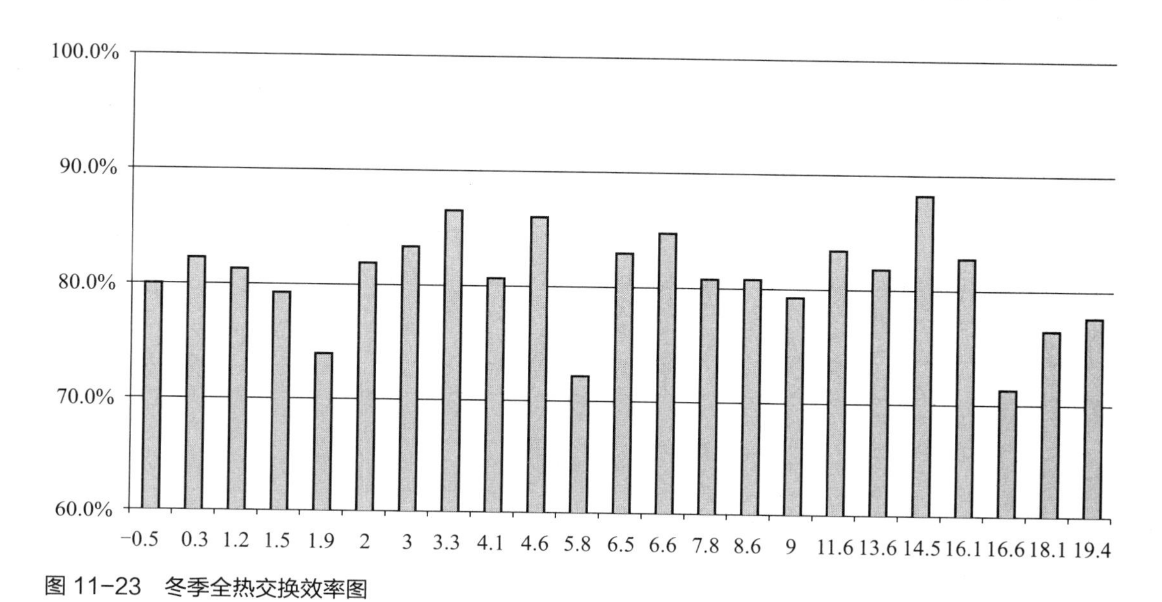

图 11–23　冬季全热交换效率图

夏季全热交换效率表　　表 11–15

时间	室外温度（℃）	室外相对湿度（%）	室内送风温度（℃）	室内送风相对湿度（%）	室内回风温度（℃）	室内回风相对湿度（%）	温度效率	全热效率
6.26	30	63	27.4	55.4	26.7	57	78.8%	92.9%
7.3	33	57	29.6	50.3	28.3	53.1	72.3%	78.9%
7.22	30.2	51.5	29.7	42.5	29.5	41	71.4%	80.0%
7.25	30	51.2	29.2	48.5	29	48.2	80.0%	88.4%
7.29	30.2	51.5	29.7	42.5	29.5	41	71.4%	80.0%

国家空调设备质量监督检验中心对本系统进行了两次检测，结果见表 11–16。

换热效果检测　　表 11–16

检测时间	2014 年 3 月 25 日	
设备状态	高档	中档
温度交换效率	78%	81%

续表

检测时间	2014 年 7 月 28 日	
设备状态	高档	中档
温度交换效率	60%	73%
湿量交换效率	60%	75%
焓交换效率	59%	75%

（4）噪声检测

国家空调设备质量监督检验中心对本系统进行了两次检测，仅对系统高档和中档运行进行了检测，低档几乎没有噪声，检测结果见表 11-17、表 11-18。

夏季工况下实测噪声值　　表 11-17

测试位置	实测值 [dB（A）]	
	高档	中档
客厅	44	40
卧室 1	40	36
卧室 2	34	31
检测时间	2014 年 3 月 25 日	

冬季工况下实测噪声值　　表 11-18

测试位置	实测值 [dB（A）]	
	高档	中档
客厅	46	39
卧室 1	41	31
卧室 2	38	32
检测时间	2014 年 7 月 28 日	

国家空调设备质量监督检验中心的测试时间是白天，因为样板间与工程所在地相邻，背景音较大。而且样板间没有安装室内门，即在厨房与客厅及卧室连通的情况下进行测试。

（5）臭氧检测

国家建筑工程质量监督检验中心对海梓府样板间餐厅进行了臭氧浓度检测，实测值为 0.08mg/m^3，远低于国家标准限值 0.16mg/m^3。

（6）CO_2 浓度监测

安装在室内的 CO_2 浓度监测器可对室内 CO_2 浓度进行实时监测，保证 CO_2 浓度不超标。

测试结果表明：

（1）系统高档运行时，《民用建筑隔声设计规范》（GB 50118—2010）规定的起居室噪声值为普通住宅≤45dB（A），第一次测试结果低于此限值，第二次测试结果比此限值高 1dB（A），经分析背景音不同，所测噪声值也不同，厨房与客厅的连通状态也影响噪声值。

（2）系统高档运行时，卧室噪声值完全可以达到高等级住宅的要求。

（3）系统中档运行时，起居室的噪声值完全可以达到高等级住宅的要求。

（4）系统中档运行时，卧室噪声值完全可以达到高等级住宅昼间要求，完全可以达到普通住宅夜间要求。

4. 测试结论

经过北京工业大学建工学院的连续监测，国家空调设备质量监督检验中心对本系统进行了两次检测，本系统的运行可得出以下结论：

（1）中档实测风量 259m^3/h，相当于使用面积 90m^2 的住宅，换气次数为 1.1 次 /h，满足新风量设计标准。

（2）设备 PM2.5 去除率达到设计标准。

（3）热交换效率超过设计标准。

（4）实测设备噪声满足国家规范要求。

（5）室内臭氧浓度低于国家标准。

（6）CO_2 浓度达到设计标准。

经过一年多的测试工作，测试结果表明，户式集中全热交换净化新风系统在使用中是可行的，也是有效的，我们的一代产品是成功的。目前正在研究二代产品，二代产品将突破室外空气质量的局限性，在室外任何空气质量的情况下，室内空气均可以达标，另外，二代产品在系统控制上也有突破，更加智能化，更加便捷化。

2014 年 11 月 3 日，由北京市住房和城乡建设委员会组织召开科学技术成果鉴定会，进行“户式集中全热交换净化新风系统研究”，鉴定委员会一致认为：该项目具有良好的社会和经济效益，其综合技术达到国内领先水平，通过鉴定。推荐在实际工程中推广使用。证书编号是：京建科鉴字 [2014] 第 049 号。

11.6 智慧建造总结

11.6.1 主编标准和图集

1. 地方标准

目前，居住建筑新风系统技术可依据的现行标准只有国家标准《民用建筑供暖通风与空气调节设计规范》GB50736– 2012 中的 3.0.6 条、6.3.4 条对最小新风量做了很少的规定和北京市地方标准《北京市居住建筑节能设计标准》DB11/891—2012 中的 4.5.2 条中对排风热回收装置做了很少的规定。导致居住建筑新风系统在施工及验收中没有直接可参考的标准，使得施工质量良莠不齐，验收没有标准可依据，新风系统的效果无法完全实现，严重影响了新风系统的应用和技术发展。

为此，北京城建集团与中国建筑科学研究院于 2016 年 6 月共同申报编制北京市地方标准《居住建筑新风系统技术规程》，2016 年 8 月 12 日北京市质量技术监督局关于印发 2016 年北京市地方标准制修订增补项目计划的通知京质监发〔2016〕53 号批准该标准立项。2016 年 12 月 7 日标准编制组召开了第一次会议成立编制组，讨论编制大纲、编制进度计划和编制工作分工；2017 年 2 月 17 日召开了第二次会议讨论了标准初稿，2017 年 6 月 30 日正式在北京市质量技术监督局网站开始广泛征求意见，2017 年 9 月完成了送审稿并召开了专家预审会，2017 年 12 月完成送审报批。

北京市地方标准《居住建筑新风系统技术规程》编制完成发布后，可规范居住建筑新风系统的设计标准、技术要求、施工验收和运行管理等，保证工程质量，改善和提高室内空气质量，对设计、施工、监管单位有着重要的指导意义。

2. 技术图集

随着建筑新风系统的不断发展，各种新技术、新产品不断涌现，为更好的规范“户式集中全热交换净化新风系统”的设计与安装，2017 年 3 月北京市城乡规划标准化办公室组织编制专项图集《单元式净化新风系统专项技术图集》，2017 年 11 月完成最终的排版、校对与印刷工作。

11.6.2 智能新风系统技术

（1）电子空气净化即与全热回收装置分别设置，加强电子空气净化器的净化能力，使得一次净化率提高，室内在短时间内实现空气净化，室内 PM2.5 达到国家规范要求，减少人体在 PM2.5 不达标环境中的时间，充分保证人身健康状态。

（2）采用中央新风系统，通过管道将处理过的新风送到室内各个房间，使得室内整体环境达到舒适状态，克服了独立净化设备只能净化局部空间的缺陷。

（3）四种控制模式的设置，可实现不同季节、不同人群对不同时间段室内空气品质的要求，而且根据实际情况节约运行费用。

（4）本系统适用于普通住宅、高档住宅、别墅、办公室（楼）等民用建筑。要改善室内空气污染，提高室内空气质量的最直接有效的办法就是提高室内空气的流通。加快室内污染空气的排出，加速室外新鲜空气的注入。为了改善室内通风的现状，中国已于2003年颁布了《室内空气质量标准》（GB/T 18883—2002），规定了各项室内空气指标值，其中规定新风量不小于30m^3/（人·h），CO_2浓度不超过1000×10^{-6}（室外平均值为400×10^{-6}～500×10^{-6}）。户式集中全热交换净化新风系统将全面达到这个标准。

附录　模型交付精度要求

LOD300 模型精度要求　　附表 1

（摘自《建筑信息模型施工应用标准》）

	模型元素	元素信息
现状场地	• 场地边界（用地红线） • 现状地形 • 现状道路、广场 • 现状景观绿化 / 水体 • 现状市政管线	几何信息： • 尺寸及定位信息 • 等高距应为 1m • 简单几何形体表达 • 场地及其周边的水体、绿地等景观可以二维区域表达 非几何信息： • 设施使用性质、性能、污染等级、噪声等级
设计场地	• 新（改）建地形 • 新（改）建道路 • 新（改）建绿化 / 水体 • 新（改）建室外管线 • 气候信息 • 地质条件 • 地理坐标	几何信息： • 尺寸及定位信息 • 等高距应为 1m • 水体、绿化等景观设施应建模，建模几何精度应为 300mm 非几何信息： • 与现状场地的填挖关系
道路及市政	• 散水 / 明沟、盖板 • 停车场 • 停车场设施 • 室外消防设备 • 室外附属设施	几何信息： • 尺寸及定位信息 • 建模几何精度应为 1m 非几何信息： • 道路用途及级别信息
墙体	• 面层	几何信息： • 尺寸及定位信息 • 墙体核心层和其他构造层可按独立墙体类型分别建模 • 外墙墙定位基线应与墙体核心层外表面重合；内墙定位基线宜与墙体核心层中心线重合 • 应输入墙体各构造层的信息，构造层厚度不小于 3mm 时，应按照实际厚度建模 非几何信息： • 区分外墙和内墙 • 区分剪力墙、框架填充墙、管道井壁 • 必要的非几何信息
幕墙系统	• 支撑体系 • 嵌板体系	几何信息： • 尺寸及定位信息 • 幕墙系统应按照最大轮廓建模为单一幕墙，不应在标高，房间分隔等处断开 • 幕墙竖挺和横撑断面建模几何精度应为 5mm 非几何信息： • 必要的非几何属性信息如各构造层、规格、材质、物理性能参数等 • 内嵌的门窗应输入相应的非几何信息

续表

	模型元素	元素信息
楼板	• 框材 / 嵌板 • 填充构造	几何信息： • 尺寸及定位信息 • 构造层厚度不小于 5mm 时，应按照实际厚度建模 • 主要的无坡度楼板建筑完成面应与标高线重合 非几何信息： • 应输入楼板各构造层的信息 • 必要的非几何属性信息，如特定区域的防水、防火等性能
屋面	• 基层 / 面层 • 保温层 • 防水层	几何信息： • 尺寸及定位信息 • 楼板的核心层和其他构造层可按独立楼板类型分别建模 • 构造层厚度不小于 3mm 时，应按照实际厚度建模 非几何信息： • 应输入屋面各构造层的信息 • 必要的非几何属性信息，如防水保温性能等
地面	• 基层 / 面层 • 保温层 • 防水层	几何信息： • 尺寸及定位信息 • 地面完成面与地面标高线宜重合 非几何信息： • 地面可用楼板或通用形体建模替代，但应在“类型”属性中注明“地面” • 必要的非几何属性信息，如特定区域的防水、防火等性能
门窗	• 框材 / 嵌板 • 填充构造	几何信息： • 尺寸及定位信息 • 门窗建模几何精度应为 5mm • 门窗可使用细度较高的模型 非几何信息： • 应输入外门、外窗、内门、内窗、天窗、各级防火门、各级防火窗、百叶门窗等非几何信息
梁柱支撑	• 基层 / 面层 • 保温层 • 防水层	几何信息： • 尺寸及定位信息 • 柱子宜按照施工工法分层建模 • 柱子截面应为柱子外廓尺寸，建模几何精度宜为 10mm 非几何信息： • 非承重柱子应归类于“建筑柱”，承重柱子应归类于“结构柱”，应在“类型”属性中注明 • 外露钢结构柱的防火防腐等性能
楼梯	• 基层 / 面层 • 栏杆 / 栏板	几何信息： • 尺寸及定位信息 非几何信息： • 楼梯或坡道应建模，并应输入构造层次信息 • 平台板可用楼板替代，但应在“类型”属性中注明“楼梯平台板”

续表

	模型元素	元素信息
垂直交通设备	主要设备	几何信息： • 尺寸及定位信息 • 建模几何精度为 50mm 非几何信息： • 可采用生产商提供的成品信息模型，但不应指定生产商 • 必要的非几何属性信息，包括梯速，扶梯角度，电梯轿厢规格、特定使用功能（消防、无障碍、客货用等）、联控方式、面板安装、设备安装等方式等
建筑装修	• 地板 • 吊顶 • 墙饰面 • 家具 • 设备	几何信息： • 尺寸及定位信息 • 建模几何精度宜为 20mm 非几何信息： • 可采用生产商提供的成品信息模型，但不应指定生产商 • 应输入必要的非几何信息
空间或房间	• 空间或房间	几何信息： • 尺寸及定位信息 • 空间或房间的面积，应为模型信息提取值，不得人工更改 非几何信息： • 空间或房间的宜标注为建筑面积，当确有需要标注为使用面积
生活水系统	• 给水排水管道 • 管件 • 阀门 • 仪表 • 水泵 • 喷头 • 卫生器具 • 地漏 • 设备 • 电子水位警报装置	几何信息： • 设备、主要管道、主要管件、主要阀门、喷头、管道支吊架仪表信息 • 金属槽盒等应具有空间占位尺寸、定位等几何信息 • 影响结构构件承载力或钢筋配置的管线、孔洞等应具有位置、尺寸等几何信息 非几何信息： • 设备、金属槽盒等还应具有规格、型号、材质、安装或敷设方式等非几何信息 • 大型设备还应具有相应的荷载信息
消防水系统	• 消防管道 • 消防水泵 • 消防水箱 • 消火栓 • 喷淋头	几何信息： • 输入全部设备（如冷水机组、水泵、空调机组等）的外形控制尺寸和安装控制间距等几何信息及非几何信息，输入全部管线的空间占位控制尺寸和主要空间分布 • 输入管道主要信息 • 影响结构的各种竖向管井的占位尺寸 • 影响结构的各种孔洞位置和尺寸 非几何信息： • 设备、金属槽盒等还应具有规格、型号、材质、安装或敷设方式等非几何信息 • 大型设备还应具有相应的荷载信息

续表

	模型元素	元素信息
强电	• 桥架 • 柴油发电机 • 柴油罐 • 变压器 • 开关柜 • 灯具 • 母线 • 开关插座 • 消防设备 • 灭火器 • 报警装置 • 安装附件 • 监测设备 • 终端设备 • 接地装置 • 测试点 • 断接卡	几何信息： • 设备、金属槽盒等应具有空间占位尺寸、定位等几何信息 • 影响结构构件承载力或钢筋配置的管线、孔洞等应具有位置、尺寸等几何信息 非几何信息： • 设备、金属槽盒等还应具有规格、型号、材质、安装或敷设方式等非几何信息 • 大型设备还应具有相应的荷载信息
弱电	• 通信设备 • 机柜 • 监控设备机柜 • 通信设备工作台 • 路闸 • 智能设备	几何信息： • 设备、金属槽盒等应具有空间占位尺寸、定位等几何信 • 影响结构构件承载力或钢筋配置的管线、孔洞等应具有位置、尺寸等几何信息 非几何信息： • 设备、金属槽盒等还应具有规格、型号、材质、安装或敷设方式等非几何信息 • 大型设备还应具有相应的荷载信息
暖通风系统	• 风管 • 风口 • 末端 • 阀门 • 风机 • 空调箱	几何信息： • 设备、风管、阀门、末端、金属槽盒等应具有空间占位尺寸、定位等几何信息 • 影响结构构件承载力或钢筋配置的管线、孔洞等应具有位置、尺寸等几何信息 非几何信息： • 设备、金属槽盒等还应具有规格、型号、材质、安装或敷设方式等非几何信息 • 大型设备还应具有相应的荷载信息
暖通水系统	• 暖通水管道 • 阀门 • 仪表 • 水泵 • 锅炉 • 冷却塔 • 板式热交换器 • 风机盘管	几何信息： • 设备、主要管道、主要管件、主要阀门、喷头、管道支吊架仪表信息。 • 金属槽盒等应具有空间占位尺寸、定位等几何信息 • 影响结构构件承载力或钢筋配置的管线、孔洞等应具有位置、尺寸等几何信息 非几何信息： • 设备、金属槽盒等还应具有规格、型号、材质、安装或敷设方式等非几何信息 • 大型设备还应具有相应的荷载信息

附表 2

LOD500 模型精度要求

（摘自《建筑信息模型施工应用标准》）

	模型元素	元素信息
现状场地	• 现状地形 • 现状道路、广场 • 现状景观绿化 / 水体 • 现状市政管线	几何信息： • 包括 LOD300 的所有信息 • 等高距应为 0.1m 非几何信息： • 同 LOD 300
设计场地	• 新（改）建地形 • 新（改）建道路 • 新（改）建绿化 / 水体 • 新（改）建室外管线 • 气候信息 • 地质条件 • 地理坐标	几何信息： • 包括 LOD300 的所有信息 • 等高距应为 0.1m 非几何信息： • 同 LOD300
道路及市政	• 散水 / 明沟、盖板 • 停车场 • 停车场设施 • 室外消防设备 • 室外附属设施	几何信息： • 包括 LOD300 的所有信息 • 等高距应为 0.1m • 项目设计的水体、绿化等景观设施应建模，建模几何精度应为 100mm 非几何信息： • 根据项目需求，包括如路面及道路附属设施的构件及施工细节。如路面材料，人行道面板材料、消防栓位置等
墙体	• 面层 • 安装构件	几何信息： • 同 LOD300 非几何信息： • 根据项目需求，包括如钢筋、节点、防水、面层等细节；构件的编码、安装位置、安装时间、负责人等施工信息； • 根据项目需求，包括墙体装修细节； • 对预制构件，包括材料信息、编号信息、表面处理方法等
幕墙系统	• 支撑体系 • 嵌板体系 • 安装构件	几何信息： • 包括 LOD300 的所有信息 • 幕墙竖梃和横撑断面建模几何精度应为 3mm 非几何信息： • 根据项目需求，包括幕墙构件细节，如面板、支承结构的螺栓、嵌板、竖挺等构件细节以及相关施工细节
楼板	• 框材 / 嵌板 • 填充构造 • 安装构件	几何信息： • 同 LOD300 非几何信息： • 根据项目需求，包括如钢筋、垫圈、螺母等细节构件的编码、安装位置、安装时间、负责人等施工信息 • 根据项目需求，包括如节点螺栓连接、防水、面层等施工细节及施工方式 • 根据项目需求，包括楼板装修细节；预制构件的材料信息；预制混凝土构件的编号信息；预制混凝土构件的表面处理方法

续表

	模型元素	元素信息
屋面	• 基层 / 面层 • 保温层 • 防水层 • 安装构件	几何信息： • 同 LOD300 非几何信息： • 根据项目需求，包括如屋面檩条、钢筋、垫圈、螺母等细节构件的编码、安装位置、安装时间、负责人等施工信息 • 根据项目需求，包括如钢排架螺栓连接、梁柱节点螺栓连接、防水、面层等施工细节及施工方式 • 根据项目需求，包括屋面装修细节 • 预制构件的材料信息；预制混凝土构件的编号信息；预制混凝土构件的表面处理方法
地面	• 基层 / 面层 • 保温层 • 防水层 • 安装构件	几何信息： • 包括 LOD300 的所有信息 非几何信息： • 根据项目需求，包括如木地板压沿木、垫层等细节构件的编码、安装位置、安装时间、负责人等施工信息 • 根据项目需求，包括地面装修细节
门窗	• 框材 / 嵌板 • 填充构造 • 安装构件	几何信息： • 包括 LOD300 的所有信息 • 门窗建模几何精度应为 3mm 非几何信息： • 根据项目需求，包括门窗构件细节，如门框、门扇、亮子、门槛、窗框、窗台、玻璃、防水等构件细节以及相关施工细节
梁柱支撑	• 基层 / 面层 • 保温层 • 防水层 • 安装构件	几何信息： • 包括 LOD300 的所有信息 非几何信息： • 根据项目需求，包括柱子构件细节和施工细节信息，如钢柱施工中采用的垫板和螺栓的选型及个数。 • 预制构件的材料信息； • 预制混凝土构件的编号信息； • 预制混凝土构件的表面处理方法
楼梯	• 基层 / 面层 • 栏杆 / 栏板 • 防滑条 • 安装构件	几何信息： • 包括 LOD300 的所有信息 • 建模几何精度为 20mm 非几何信息： • 根据项目需求，包括如钢筋、垫圈、螺母等细节构件的编码、安装位置、安装时间、负责人等施工信息。 • 根据项目需求，包括如节点螺栓连接、防水、面层等施工细节及施工方式。 • 根据项目需求，包括楼梯或坡道装修细节
垂直交通设备	• 主要设备 • 附件	几何信息： • 包括 LOD300 的所有信息 • 建模几何精度为 20mm 非几何信息： • 根据项目需求，包括如钢筋、垫圈、螺母等细节构件的编码、安装位置、安装时间、负责人等施工信息。 • 根据项目需求，包括如节点螺栓连接、防水、面层等施工细节及施工方式

续表

	模型元素	元素信息
建筑装修	• 室内构造 • 地板 • 吊顶 • 墙饰面 • 梁柱饰面 • 天花饰面 • 楼梯饰面 • 指示标志 • 家具 • 设备	几何信息： • 包括 LOD300 的所有信息 • 建模几何精度宜为 10mm 非几何信息： • 根据项目需求，包括如节点螺栓连接、防水、面层等施工细节及施工方式
空间或房间	• 空间或房间	几何信息： • 同 LOD300 非几何信息： • 同 LOD300
生活水系统	• 给排水管道 • 管件 • 安装附件 • 阀门 • 仪表 • 水泵 • 喷头 • 卫生器具 • 地漏 • 设备 • 电子水位警报装置	几何信息： • 包括 LOD300 的所有信息，并将主要的管道、管件、阀门喷头、管道支吊架、仪表等信息完善。 • 建模几何精度 20mm 非几何信息： • 根据项目需求，包括系统施工细节信息
消防水系统	• 消防管道 • 消防水泵 • 消防水箱 • 消火栓 • 喷淋头	几何信息： • 包括 LOD300 的所有信息 • 完善输入管道主要信息 • 建模几何精度 20mm 非几何信息： • 根据项目需求，包括系统施工细节信息
强电	• 桥架 • 桥架配件 • 柴油发电机 • 柴油罐 • 变压器 • 开关柜 • 灯具 • 母线 • 开关插座 • 消防设备 • 灭火器 • 报警装置 • 安装附件 • 监测设备 • 终端设备	几何信息： • 包括 LOD300 的所有信息 • 建模几何精度 20mm 非几何信息： • 根据项目需求，包括系统施工细节信息

续表

<table>
<tr><th></th><th>模型元素</th><th>元素信息</th></tr>
<tr><td>强电</td><td>• 接地装置
• 测试点
• 断接卡</td><td rowspan="2">几何信息：
• 包括 LOD300 的所有信息
• 建模几何精度 20mm
非几何信息：
• 根据项目需求，包括系统施工细节信息</td></tr>
<tr><td>弱电</td><td>• 通信设备
• 机柜
• 监控设备机柜
• 通信设备工作台
• 路闸
• 智能设备</td></tr>
<tr><td>暖通风系统</td><td>• 风管
• 管件
• 附件
• 风口
• 末端
• 阀门
• 风机
• 空调箱</td><td>几何信息：
• 包括 LOD300 的所有信息
• 完善设备、风管、阀门、末端
• 建模几何精度 20mm
非几何信息：
• 根据项目需求，包括系统施工细节信息</td></tr>
<tr><td>暖通水系统</td><td>• 暖通水管道
• 管件
• 附件
• 阀门
• 仪表
• 冷热水机组
• 水泵
• 锅炉
• 冷却塔
• 板式热交换器
• 风机盘管</td><td>几何信息：
• 包括 LOD300 的所有信息，完善管道、主要管件、主要阀门、喷头、管道支吊架仪表信息
• 建模几何精度 20mm
非几何信息：
• 根据项目需求，包括系统施工细节信息</td></tr>
</table>

参考文献

[1] 李久林．大型施工总承包工程 BIM 技术研究与应用 [M]．北京：中国建筑工业出版社，2014.

[2] 李久林，魏来，王勇等．智慧建造理论与实践 [M]．北京：中国建筑工业出版社，2015.

[3] ALFARO S，DREWS P. Intelligent systems for welding process automation[J]. Mechanical Science & Engineering，2006，28（1）：25-29.

[4] Gan Z X，Zhang H，Wang J J. Behavior-based intelligent robotic technologies in industrial applications[M]．Springer Berlin Heidelberg：Robotic Welding，Intelligence and Automation，2007：1-12.

[5] 张广军，李永哲．工业 4.0 语义下智能焊接技术发展综述 [J]．航空制造技术，2016，506（11）：28-33.

[6] 乌尔里希・森德勒．工业 4.0[M]．北京：机械工业出版社，2014.

[7] 张弘，韩冬辰，国萃．从 CIBIS 到 BIPIS——基于信息物理交互的建筑行业运作模式变革思考 [J]．新建筑，2017，（02）：15-18.

[8] 陈昕．《中国建筑施工行业信息化发展报告（2017）智慧工地应用与发展》介绍 [J]．中国建设信息化，2017，（14）：48-49.

[9] Guide A. Project Management Body of Knowledge（PMBOK® GUIDE）[C]．Project Management Institute. 2013.

[10] Dassault Systems，What is Building Lifecycle Management（BLM）[EB/OL]．http://perspectives.3ds.com/architecture-engineering-construction/what-is-building-lifecycle-management-blm/.

[11] Autodesk，Advances Lifecycle Management for Building，Infrastructure and Manufacturing Markets[EB/OL]．http://usa.autodesk.com/adsk/servlet/item?siteID=123112&id=3999905.

[12] 陈训．建设工程全寿命信息管理（BLM）思想和应用的研究 [D]．上海：同济大学，2006.

[13] 奔特力系统有限公司．建筑产业的先进观念——建筑信息模型 [J]．智能建筑与城市信息，2005，103（6）：122-124.

[14] 方立新，周琦，董卫．基于 IFC 标准的建筑全信息模型 [J]．建筑技术开发，2005，32（2）：98-100.

[15] 李永奎．建筑工程生命周期信息管理（BLM）的理论与实现方法研究：组织、过程、信息与系统集成 [D]．上海：同济大学，2007.

[16] 张志伟等．基于 BIM 的水电工程全生命期管理平台架构研究 [A]．中国图学学会 BIM 专业委员会．第二届全国 BIM 学术会议论文集 [C]．中国图学学会 BIM 专业委员会：2016：5.

[17] 林佳瑞．面向产业化的绿色住宅全生命期管理技术与平台 [D]．北京：清华大学，2016.

[18] 陈柳钦. 国际工程大型投资项目管理模式探讨（一）[J]. 建筑设计管理，2005，(02)：57-60.

[19] 陈柳钦. 国际工程大型投资项目管理模式探讨（二）[J]. 建筑设计管理，2005，(03)：58-62.

[20] 陈柳钦. 国际工程大型投资项目管理模式探讨（三）[J]. 建筑设计管理，2005，(04)：66-68.

[21] 郭璐. 建筑工程项目管理模式选择的影响因素研究 [D]. 上海：华东理工大学，2011.

[22] 刘祉妤. 国内建筑工程项目管理模式研究 [D]. 大连：大连海事大学，2013.

[23] 佘俊杰. 建设工程项目管理模式研究 [D]. 广州：华南理工大学，2014.

[24] 陈沙龙. 基于 BIM 的建设项目 IPD 模式应用研究 [D]. 重庆：重庆大学，2013.

[25] Kent D C，Becerik-Gerber B. Understanding construction industry experience and attitudes toward integrated project delivery[J]. Journal of Construction Engineering and Management，2010，136 (8)：815-825.

[26] AIA. Integrated Project Delivery：A Guide - The American Institute of Architects[Z]. 2007：2015.

[27] 王玉洁. IPD 模式下团队激励机制研究 [D]. 南京：南京工业大学，2013.

[28] 中华人民共和国国家标准. 建筑信息模型施工应用标准. GB/T51235-2017[S]. 北京：中国建筑工业出版社，2017.

[29] 余芳强. 面向建筑全生命期的 BIM 构建与应用技术研究 [D]. 北京：清华大学，2014.

[30] Buildingsmart. IFC4_HTML_distribution[Z]. 2013：2013.

[31] 刘强. 基于云计算的 BIM 数据集成与管理技术研究 [D]. 北京：清华大学，2016.

[32] 张东东. 基于 BIM 与关联数据的 IPD 项目协同工作平台研究 [D]. 北京：清华大学，2017.

[33] AIA. IPD：An Updated working definition [EB/OL]. http://www.aiacc.org/new-ipd-pdf-form/，2016.

[34] Leentje Volker，Robert Klein. Architect participation in integrated project delivery：the future mainspring of architectural design firms [J]. Gestão & Tecnologia de Projects，2010，5 (3)：40-57.

[35] Leicht R M，Lewis A，Riley D R，et al. Assessing traits for success in individual and team performance in an engineering course [C]. Proceedings from the ASCE Construction Research Congress. Seattle，WA，2009：1358-1367.

[36] Rahman M. Motiar，Mohan M. Kumaraswamy. Assembling integrated project teams for joint risk management [J]. Construction Management and Economics，2005，5 (23)：365-375.

[37] Prasanta Kumar Dey. Integrated project evaluation and selection using multiple-attribute

decision-making technique [J]. Production Economics，2006，4（103）：90-103.

[38] 徐韫玺，王要武，姚兵. 基于BIM的建设项目IPD协同管理研究[J]. 土木工程学报，2011，44（12）：138-143.

[39] CMAA. Managing Integrated Project Delivery [EB/OL]. https://cmaanet.org/files/shared/ng_Integrated_Project_Delivery__11-19-09__2_.pdf，2016.

[40] AIA. A195-2008 contract [EB/OL]. http://www.aia.org/aiaucmp/groups/aia/documents/pdf/aiab099877.pdf，2016.

[41] AIA. B195 - 2008 contract [EB/OL]. http://www.aiabookstore.com/aia-documents/aia-documents-b-series/b195-2008-standard-form-of-agreement-owner-architect-ipd.html，2016.

[42] AIA. A295-2008 contract [EB/OL]. http://www.aiabookstore.com/aia-documents/aia-documents-a-series/a295-2008-general-conditions-of-the-contract-ipd.html, 2016.

[43] AIA. C191-2009 contract [EB/OL]. http://krex.k-state.edu/dspace/bitstream/handle/2097/8554/AIA%20C191%20-%202009.pdf?sequence=2，2016.

[44] ConsensusDocs. Consensus300 [EB/OL]. http://www.leanconstruction.org/media/docs/deliveryGuide/Appendix3.pdf，2016.

[45] Lean Leadership Canada. Integrated form of agreement [EB/OL]. http://www.leanleadership.ca/Moose%20Jaw%20IFOA%20IPD%20Agreement%20Public%20copy%20to%20share%20Sept%203%202013.pdf，2016.

[46] AIA. C195-2008 contract [EB/OL]. http://www.aiabookstore.com/aia-documents/aia-documents-c-series/c195-2008-standard-form-single-purpose-entity-agreement-ipd.html，2016.

[47] AIA. C196-2008 contract [EB/OL]. http://www.aiabookstore.com/aia-documents/aia-documents-c-series/c196-2008-tandard-orm-f-greement-single-urpose-nt-owner-pd.htm，2016.

[48] AIA. C197-2008 contract [EB/OL]. http://www.aiabookstore.com/aia-documents/aia-documents-c-series/c197-2008-standard-form-of-agreement-single-purpose-ent-non-owner-ipd.html，2016.

[49] AIA. AIA contract docs [EB/OL]. http://www.aia.org/contractdocs/AIAS076706，2016.

[50] Khanzode A，Senescu R. Making the integrated big room better[J]. DPR Constructi，2012.

[51] Thompson R D, Ozbek M E. Utilization of a co-location office in conjunction with Integrated Project Delivery[C]//48th ASC Annual International Conference. 2012.

[52] Alhava O，Laine E，Kiviniemi A. Intensive big room process for co-creating value in legacy construction projects[J]. Journal of Information Technology in Construction（ITcon），2015，20（11）：146-158.

[53] Kask B，Wood S. Synchronous and asynchronous communication：tools for collaboration

[J]. University of British Columbia，[Online]. Available：http://etec. ctlt. ubc. ca/510wiki/Synchronous_and_Asynchronous_Communication：Tools_for_Collaboration.[Accessed 16 4 2016]. 2009.
[54] CPMC. Cathedral Hill hospital construction management plan. http://www.sf-planning.org/ftp/files/publications_reports/cpmc/cpmc_CHH_ConstrMgmtPlan_9.11.13.pdf [EB/OL]. ，2016.
[55] AIACC. IPD case studies 2012. http://docplayer.net/3191771-lpd-case-studies-aia-aia-minnesota-school-of-architecture-university-of-minnesota-march-2012.html. 2016.
[56] 李朝智，游利娟，张建坤. 最后计划者技术[J]. 东南大学学报（哲学社会科学版），2009（增1）：131-134.
[57] Junior J, Scola A, Conte A. Last planner as a site operations tool[C]//Proceedings, IGLC. 1998.
[58] Hamzeh F R. Improving construction workflow-The role of production planning and control[D]. California：University of California，Berkeley，2009.
[59] 赵道致，扈磊桥. 精益建筑重要工具——最后计划者技术研究[J]. 河北工程大学学报（社会科学版），2007，24（1）：1-3.
[60] Mossman A. Last Planner®：5+ 1 crucial & collaborative conversations for predictable design & construction delivery[J]. The Change Business Ltd.，UK，2013，26.
[61] Interdependence and Uncertainty：A study of the building industry[M]. Routledge，2013.
[62] Hamzeh F R，Ballard G，Tommelein I D. Is the Last Planner System applicable to design?—A case study[C]. Proceedings of the 17th Annual Conference of the International Group for Lean Construction，IGLC. 2009，17：13-18.
[63] Lostuvali B，Alves T C L，Modrich R. Lean product development at Cathedral Hill hospital Project[C]. Annual Conference of the International Group for Lean Construction（IGLC），2012，20：1041-1050.
[64] Cho S，Ballard G. Last planner and integrated project delivery[J]. Lean Construction Journal，2011.
[65] Macomber，H.，Howell，G. and Barberio，J. Target Value Design：Nine foundational and six advanced practices for delivering surprising client value[J]. AIA Practice Management Digest，2007.
[66] Zimina D，Ballard G，Pasquire C. Target Value Design：Using collaboration and a lean approach to reduce construction cost[J]. Construction Management and Economics，2012，30（5）：383-398.
[67] Pishdad-Bozorgi P，Moghaddam E H，Karasulu Y. Advancing target price and target value design process in IPD using BIM and risk-sharing approaches[C]. 49th ASC Annual Internation Conference Proceedings. 2013.

[68] Ballard G. Should project budgets be based on worth or cost[C]. International conference of the international group for lean construction. 2012.

[69] Evans J H. Basic design concepts[J]. Naval Engineers Journal，1959，71（4）：671-678.

[70] Liker J K，Sobek D K，Ward A C，et al. Involving suppliers in product development in the United States and Japan：Evidence for set-based concurrent engineering[J]. IEEE Transactions on Engineering Management，1996，43（2）：165-178.

[71] Ward A，Liker J K，Cristiano J J，et al. The second Toyota paradox：How delaying decisions can make better cars faster[J]. Long Range Planning，1995，36（28）：43-61.

[72] Singer D J，Doerry N，Buckley M E. What is Set-based Design?[J]. Naval Engineers Journal，2010，121（4）：31-43.

[73] Wikipedia. Traditional engineering [EB/OL]. https://en.wikipedia.org/wiki/Traditional_engineering，2016.

[74] Schwab A J，Schilli B，Zinser K，et al. Concurrent engineering[J]. IEEE Spectrum，1993.

[75] 郝晓地，甘一萍，周军等. 数学模拟技术在污水处理工艺设计、优化、研发中的应用（上）[J]. 给水排水. 2004，30(5)：33-36.

[76] 沈童刚，邱勇，应启锋等. 污水处理厂模拟软件 Biowin 的应用 [J]. 给水排水，2009（增），35：459-462.

[77] 胡志荣，周军，甘一萍等. 基于 Biowin 的污水处理工艺数学模拟与工程应用. 给水排水，2008，24（4）：19-23.

[78] 王洪臣，周军，王佳伟等. 5F-A2/O—脱氮除磷工艺的实践与探索 [M]. 北京：中国建筑工业出版社，2009.

[79] 吾喻明. 水文时间序列趋势分析的研究与应用 [D]. 南京：河海大学，2007.

[80] 郭力萌. 基于统计信号处理的时间序列预测模型选择方法研究 [D]. 哈尔滨：哈尔滨工业大学，2015.

[81] 韩路跃，杜行检. 基于 MATLAB 的时间序列建模与预测 [J]. 计算机仿真，2005，22（4）：105-107+182.

[82] 冯国章，王双银，王学斌. 自激励门限自回归模型在枯水径流预报中的应用 [J]. 西北农业大学学报，1995，23（4）：78-83.

[83] 王文圣，丁晶，邓育仁. 一类洪水预报的非线性时序模型——指数自回归模型 [J]. 四川联合大学学报（工程科学版），1997，6（1）：1-11.

[84] 王德明，王莉，张广明. 基于遗传 BP 神经网络的短期风速预测模型 [J]. 浙江大学学报（工学版），2012 46（5）：837-841+904.

[85] 胡志荣，Chapman K.，Dold P.，Jones R. 等. 全污水处理厂数学模拟的 BioWin 模型 [J]. 给水排水，2008，34：159-166.

[86] Richard Jones，Imre Takacs. Modeling the impact of anaerobic digestion on the overall performance of biological nutrient removal wastewater treatment plants[C]. 77th Annual conference of the Water Environment Federation，New Orleans，2004：244-257.

[87] 城镇污水处理厂水污染物排放标准 DB11/890-2012[S].

[88] 密闭空间作业职业危害防护规范 GBZ/T 205-2007[S] 北京：人民卫生出版社，2008.

[89] 工作场所有毒气体检测报警装置设置规范 GBZ/T 223-2009[S] 北京：人民卫生出版社，2008.

[90] 工作场所有害因素职业接触限值　第 1 部分：化学有害因素 GBZ 2.1-2007[S] 北京：人民卫生出版社，2008.